“十四五”高等教育机械类专业新形态系列教材

现代工程制图

（第二版）

张凤莲　朱　静　阎晓琳◎主　编

廖青梅　尹　剑　张　旭　李　娇◎副主编

王国顺　谢　军◎主　审

中国铁道出版社有限公司

CHINA RAILWAY PUBLISHING HOUSE CO., LTD.

内容简介

本教材是根据教育部高等学校工程图学课程教学指导委员会修订的《普通高等学校工程图学课程教学基本要求》，参考同类教材，在总结和吸取多年教学改革经验的基础上编写而成。本教材共分10章，主要内容包括：基本体表达、制图基础、组合体、机件的常用表达方法、零件图、标准件与常用件、装配图、组合体建模、零件建模、计算机绘图、轴测图等，注重培养学生的三维设计能力与二维表达能力。以空间想象可视化为基本思路，将现代三维机械设计软件与工程制图内容有机结合，解决了传统教学方法中只能凭空想象的问题，符合学生认知规律，更有利于培养学生的空间想象能力、空间构形能力及对空间形体的表达能力。

全书采用我国最新制图标准，在内容的选择和组织上主次分明、图文并茂、言简意赅，每章都安排了计算机绘制的实际案例，具有较强的理论性和实践性。

本教材与朱静、廖青梅、张旭主编，中国铁道出版社有限公司出版的《现代工程制图习题集（第二版）》配套使用，适用于普通高等院校机械工程、机械电子工程、机车车辆工程、交通运输工程、材料成型及控制工程等专业的工程制图教学。

图书在版编目(CIP)数据

现代工程制图／张凤莲，朱静，阎晓琳主编．
2版．-- 北京：中国铁道出版社有限公司，2025．3．
（“十四五”高等教育机械类专业新形态系列教材）．
ISBN 978-7-113-31792-8

Ⅰ．TB23

中国国家版本馆CIP数据核字第2024QL5297号

书　　名：**现代工程制图**（第二版）
作　　者：张凤莲　朱　静　阎晓琳

策　　划：曾露平　　　　编辑部电话：（010）63551926
责任编辑：曾露平　包　宁
编辑助理：郭馨宇
封面设计：刘　颖
责任校对：安海燕
责任印制：赵星辰

出版发行：中国铁道出版社有限公司（100054，北京市西城区右安门西街8号）
网　　址：https://www.tdpress.com/51eds
印　　刷：北京鑫益晖印刷有限公司
版　　次：2010年8月第1版　2025年3月第2版　2025年3月第1次印刷
开　　本：787 mm×1 092 mm　1/16　印张：17　字数：478千
书　　号：ISBN 978-7-113-31792-8
定　　价：56.00元

前言

本教材以图学基本理论为主线，注重对学生空间想象能力和工程图表达能力的培养，内容由浅入深、图文并茂。在内容安排上体现了以三维建模为主线，三维建模与二维表达相结合的基本思路，符合形体三维到二维的科学认知规律，有利于培养学生的空间形象思维能力、空间构形能力以及空间形体的表达能力，在有限的学时中，达到培养学生三维设计能力与二维表达能力并举的目的。书中针对不同知识点和例题都配有二维码链接动画、视频，在线SPOC课程资源丰富，帮助学生加强对形体结构的认知和理解，持续支撑学生个性化自主学习。

本次修订工作是在《现代工程制图》第一版基础之上完成的，增加了现代制造所需的计算成图技术相关的知识点，将计算机三维建模贯穿教材不同章节的知识点中，以三维入手，从三维到二维，培养学生空间形象思维，改变了以往传统的知识体系，第二版教材具有新形态教材特点，在重要的知识点内容、例题等设置了二维码链接，利用微视频讲解辅助读者对知识点的细致学习。

大连交通大学的“机械制图”课程在2021年被评为辽宁省线上线下混合式一流课程，2024年获得辽宁省课程思政示范课程、教学名师及团体称号，课程配套教材于2015年被评为辽宁省精品教材。本教材在总结多年教学改革成果的基础上，结合工程类、电子类等专业特点编写而成。其特点如下：

（1）从立体入手，了解立体的分类与形成，了解立体的三维与二维表达方式，理解课程的研究对象、方法和手段，在此基础上进入课程的研究与学习。这种先见森林后见树木的学习方式，有利于学生有目的、有计划地开展学习，有利于调动学生学习的积极性、主动性。

（2）从空间可见、可感知的基本形体投影分析正投影的投影规律，在基本体上认知单一几何要素点、线、面的投影，使抽象的几何要素投影形象化、具体化。使学生初步掌握三维立体与二维投影图之间的对应关系，是培养空间想象能力的第一步。

（3）把传统制图与计算机绘图的基本原理统一起来，将几何图形的信息量化为坐标形式，引入平面图形完全定义、欠定义及过定义的概念，使几何图形的描述具有可检验性。

（4）用二叉树表达，使用基于特征的参数化实体造型的形体分析思路，与传统教学中仅限于简单的叠加、挖切相比，本教材更重视指导学生按符合实际的设计思路进行形体的空间构形，从而培养学生更强的形体分析能力和工程意识。

（5）以三维立体为主线并贯穿整个教材内容，解决了传统教学中只能凭空想象的问题。强调基本几何要素在立体上的表达，强调组合体的空间分析，强调机件的功能、工艺结构，强调装配体的工作原理，使空间想象直观、形象地表达出来，逐渐实现由三维空间表达到二维平面表达的思维转换，有利于空间想象力的培养。

(6) 将“互联网+”思维融入教材，使学生可以随时扫码学习，形成新形态一体化教材。践行“以学生发展为中心”的教学理念，建立线上线下、课内课外、理论实践相结合的多元化教学模式。

参与本教材编写工作的有：大连交通大学张凤莲（第8章、第9章、第10章）、朱静（第3章）、阎晓琳（第7章）、廖青梅（第4章）、尹剑（第5章、第6章、附录）、张旭（第1章）、李娇（第2章）。张凤莲、朱静、阎晓琳任主编，廖青梅、尹剑、张旭、李娇任副主编，王国顺、谢军任主审。

本教材的编写得到了大连交通大学教务处领导、机械工程学院领导、工程图学教研中心同事及家人的大力支持、关心和帮助。在编写过程中，参考了相关的教材、机械制图手册与标准手册等，在此向有关作者表示由衷感谢！

限于我们水平和工程背景的局限，加之时间紧迫，内容不当之处在所难免，敬请各位读者批评指正。

编　者

2024年9月

目录

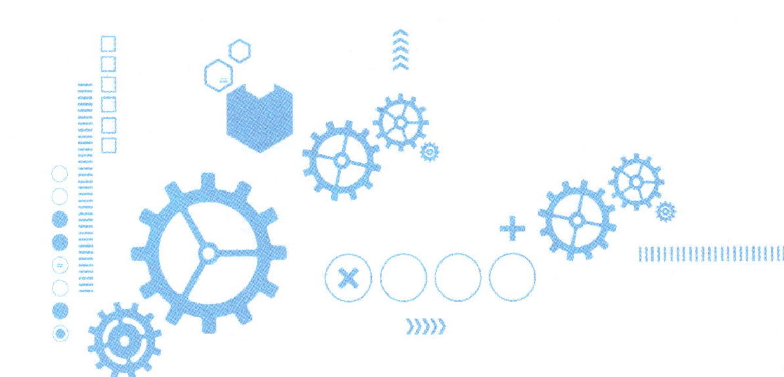

第1章 绪论

1.1 立体的分类与形成

本书所研究的工程对象是机器零部件。任何机器或部件都是由若干零件,按一定的装配连接关系和技术要求装配起来的,从几何构型的角度看,虽然它们的形状各异,但都可看作是由一些立体或基本形体组合而成的。

一、立体的分类

按照立体构成的复杂程度,可以将立体分为基本立体和组合体。基本立体按照传统分类方法分为基本平面体、基本回转体和任意回转体,随着计算机技术在设计领域的应用,按照构形方法分类则更加符合现代计算机辅助设计的思想。组合体的结构则千变万化,但其都是由基本立体按一定的相对位置和组合方式有机组合而形成的。把组合体分解成若干基本体的方法称为形体分析法,是组合的逆过程。

1. 基本立体

基本立体可以看成是由若干表面围成的形状简单的几何体,根据表面性质不同分为平面立体和曲面立体,常见的曲面立体为回转体。

由平面包围而成的实体称为平面立体,常见的平面立体有棱柱和棱锥两种。平面与平面的交线称为棱线,棱线与棱线的交点称为顶点。平面立体通常按其底面边数命名,如图 1-1(a)、(b)所示分别为六棱柱和三棱锥。

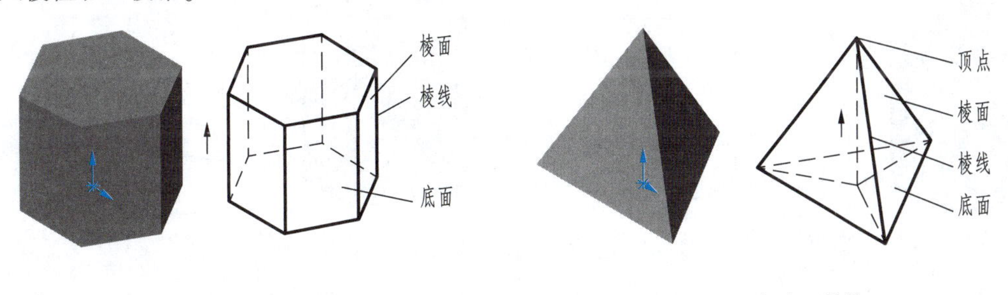

(a) 六棱柱　　(b) 三棱锥

图 1-1　平面立体

回转体是由回转面或回转面和平面围成的实体，常见的回转体有圆柱、圆锥、圆球和圆环，如图 1-2(a)所示。形成回转面的动线(直线、圆或其他曲线)称为母线，围绕其旋转的定线称为轴线，任意位置的母线称为素线，母线上任意一点的运动轨迹均为垂直于轴线的圆，称为纬圆，如图 1-2(b)所示。

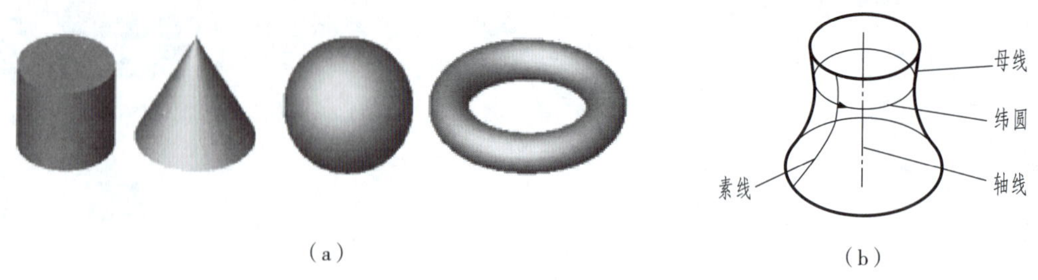

图 1-2　常见回转体及回转面的形成

2. 组合体

基本立体是构成组合体的基本单元，组合体由基本立体通过叠加、挖切等组合方式生成叠加式组合体、挖切式组合体以及更为复杂的综合式组合体，如图 1-3 所示。

(a) 叠加式组合体　(b) 挖切式组合体　(c) 综合式组合体

图 1-3　组合体

二、立体的形成

以计算机三维实体造型的观点阐述立体的形成方式。常见的计算机实体造型方法为特征建模法，特征指各个基本体及可一次成形的简单体，组合体的建模即是各种特征的组合。特征是通过对特征面进行拉伸、旋转、放样等不同运算方式而形成的。

1. 基本体的形成

棱柱、圆柱等柱类基本体，其特征面即为其底面，沿与底面垂直的方向拉伸，即形成各种柱类形体，如图 1-4 所示。

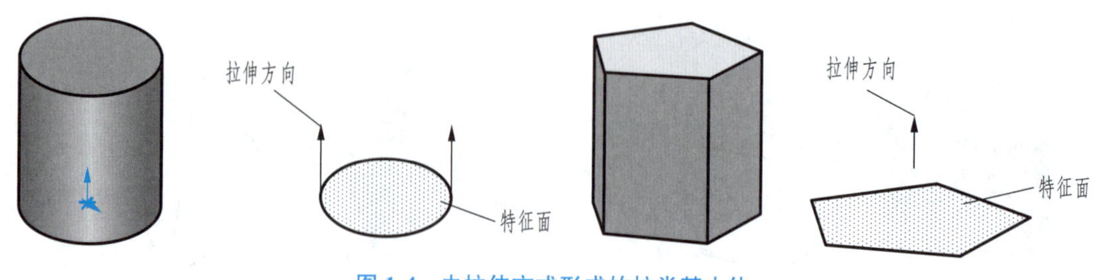

图 1-4　由拉伸方式形成的柱类基本体

回转体均可由特征面绕轴线旋转而成，特征面相对于轴线的位置不同则生成不同的回转体，如图 1-5 所示。

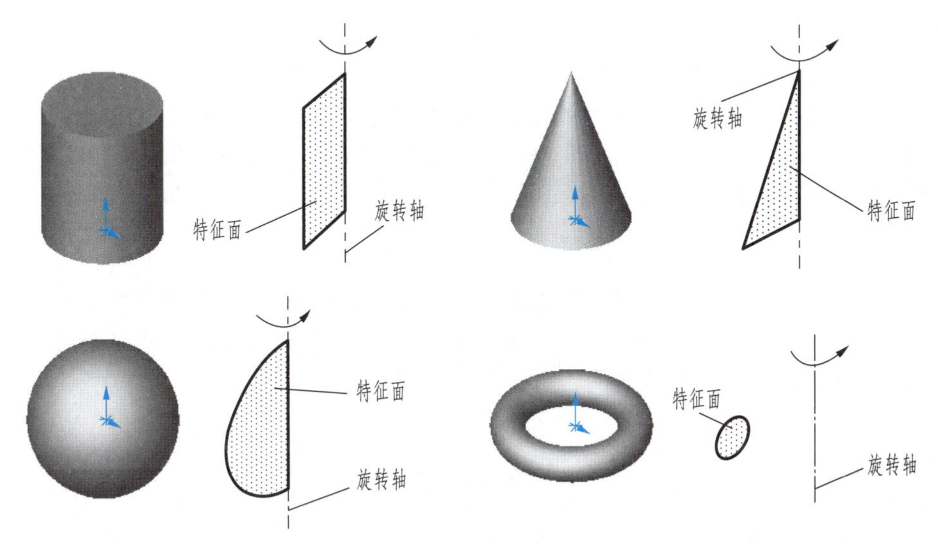

图 1-5 由旋转方式生成的回转体

棱锥、圆锥等变截面基本体,是通过不同形状的特征平面,按一定的顺序、相同的线性比例变化的放样方式过渡而形成的,如图 1-6 所示。

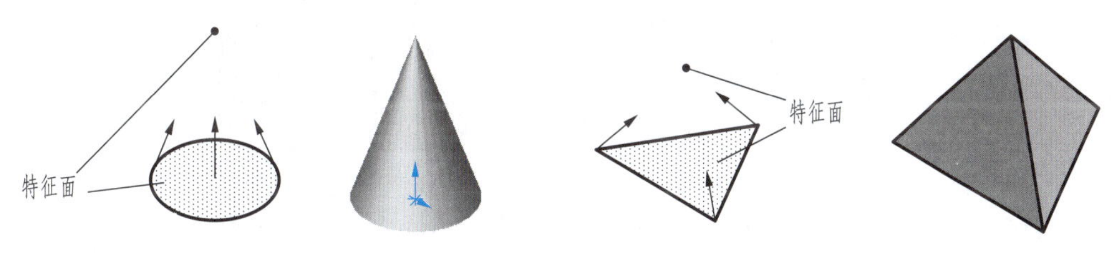

图 1-6 由放样方式形成的锥形基本体

2. 组合体的形成

分析组合体的形成是将较复杂立体分解成若干个简单立体的过程。图 1-7(a)所示的组合体可看作由底板、空心圆柱和肋板叠加构成[见图 1-7(b)]。把复杂立体分解成若干个简单立体,再把若干个简单立体组合在一起,还原成原形,从而对形体的构成形成清晰的思路,这种分析组合体形成过程的分析方法称为形体分析法。形体分析法"化整为零、积零为整"的思想是进行空间造型构思的基础,也是建立组合体的关键所在。

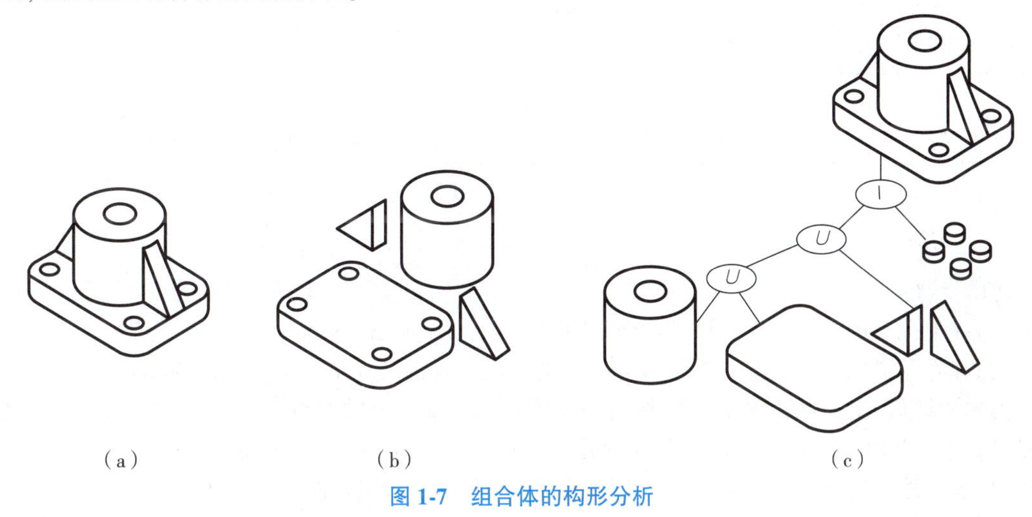

图 1-7 组合体的构形分析

形体分析法可以通过构造实体几何表示法（constructive solid geometry，CSG）直观地加以描述。构造实体几何表示法是计算机实体造型的一种构形方法，它利用正则集合运算，即并（∪）、交（∩）、差（\）运算方式，将复杂体定义为简单体的合成。运用构造实体几何表示法将实体表示成一棵二叉树，即 CSG 树，能形象地描述复杂体构形的整体思维过程，对分析、构建模型有很大帮助。图 1-7（a）所示组合体的 CSG 树如图 1-7（c）所示。

三、基本立体的计算机三维建模

三维建模是指使用计算机以数学方法描述物体和它们之间的空间关系，在虚拟三维空间中构建出具有三维数据的模型，即使用三维制作软件将物体用三维的方式表现出来。本书中的立体三维模型都是通过 Solidworks 2020 软件实现的。

1. 不同方向正五棱柱的建模

建模步骤：

（1）在上视面绘制正五边形［见图 1-8（a）］。

（2）拉伸给定长度 30 mm，形成直立的正五棱柱［见图 1-8（b）］。

（3）若想改变五棱柱的方向，可在 Feature Manager 树中选中草图并右击，在弹出的快捷菜单中选择“编辑草图平面”命令［见图 1-8（c）］，将草图基准面修改为“前视”，则正五棱柱如图 1-8（d）所示。

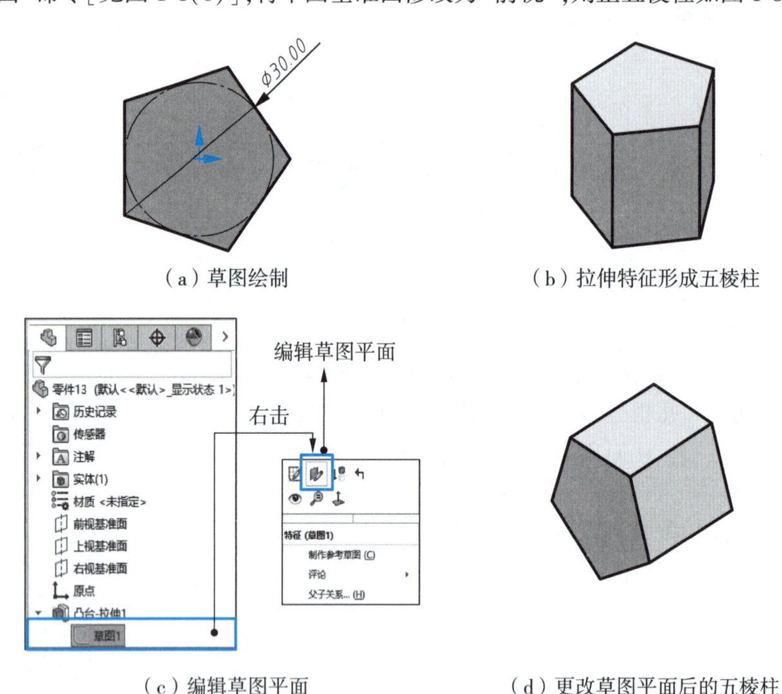

（a）草图绘制　（b）拉伸特征形成五棱柱

（c）编辑草图平面　（d）更改草图平面后的五棱柱

图 1-8　五棱柱建模

2. 三棱锥的建模

建模步骤：

（1）在上视基准面上绘制三棱锥底面草图并完全定义［见图 1-9（a）］。

（2）建立基准面 1，基准面 1 与上视基准面的距离为棱锥高度 40 mm［见图 1-9（b）］。

（3）在基准面上绘制棱锥顶点草图 2，并使顶点与基准面上的原点重合［见图 1-9（c）］，退出草图编辑状态。此时，Feature Manager 树中存在完全独立的草图 1 和草图 2［见图 1-9（d）］。

（4）建立放样特征。选择草图 1、草图 2 为放样草图轮廓，完成建模［见图 1-9（e）］。

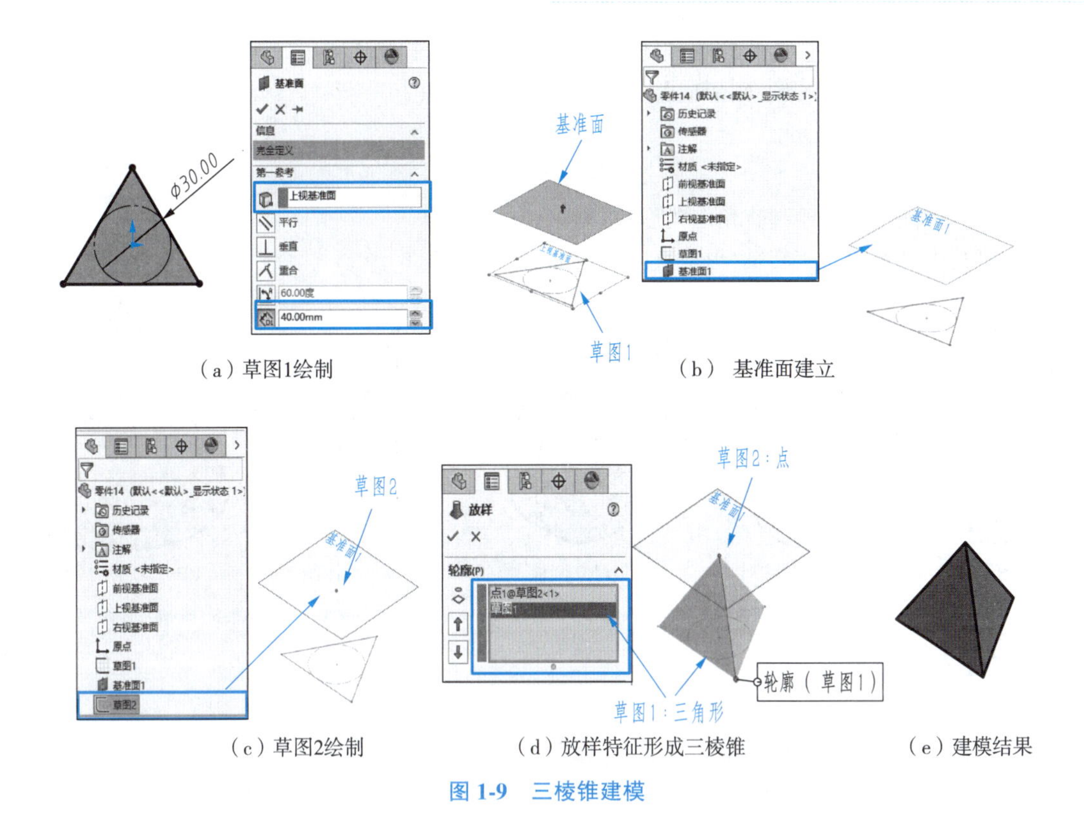

（a）草图1绘制　（b） 基准面建立

（c）草图2绘制　（d）放样特征形成三棱锥　（e）建模结果

图 1-9　三棱锥建模

3. 圆柱的建模(拉伸法)

建模步骤:

(1)在上视面绘制直径 20 mm 的圆[见图 1-10(a)]。

(2)拉伸给定长度 30 mm,形成直立的圆柱[见图 1-10(b)]。

(3)若想改变圆柱方向,可在 Feature Manager 树中选中草图并右击,在弹出的快捷菜单中选择“编辑草图平面”命令[见图 1-10(c)],将草图基准面修改为“前视”,则圆柱如图 1-10(d)所示。

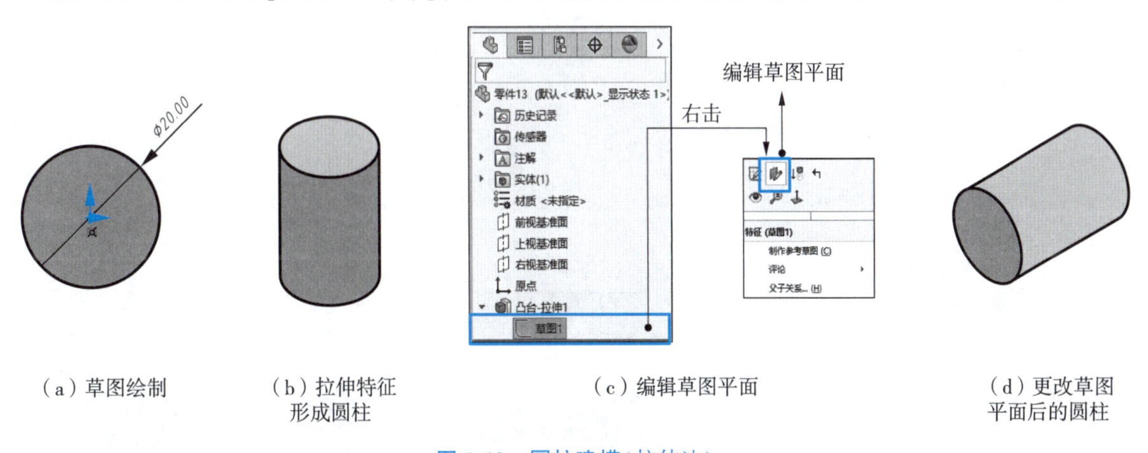

（a）草图绘制　（b）拉伸特征形成圆柱　（c）编辑草图平面　（d）更改草图平面后的圆柱

图 1-10　圆柱建模(拉伸法)

4. 圆柱的建模(旋转法)

建模步骤:

(1)在右视面绘制长方形[见图 1-11(a)]。

(2)以其中某一竖直边为旋转轴,形成直立的圆柱[见图 1-11(b)]。

(3)若以一横边为旋转轴,则形成卧立的圆柱[见图 1-11(c)]。

5. 圆锥的建模(旋转法)

建模步骤:

(1)在右视面用直线绘制直角三角形[见图 1-12(a)]。

(2)以其中竖直边为旋转轴,形成直立的圆锥[见图 1-12(b)]。

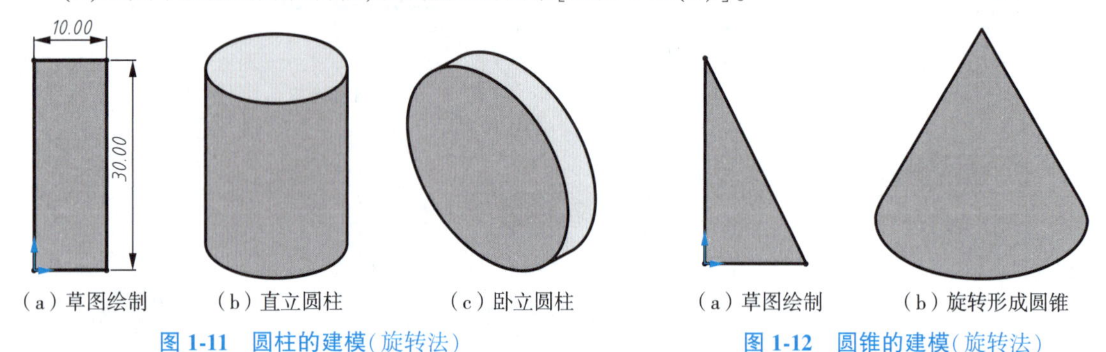

(a)草图绘制　(b)直立圆柱　(c)卧立圆柱

图 1-11　圆柱的建模(旋转法)

(a)草图绘制　(b)旋转形成圆锥

图 1-12　圆锥的建模(旋转法)

6. 圆锥的建模(放样法)

建模步骤:

(1)在上视基准面上绘制圆锥底面草图[见图 1-13(a)]。

(2)建立基准面 1,基准面 1 与上视基准面的距离即为圆锥高度 40 mm[见图 1-13(b)]。

(3)在基准面上绘制圆锥顶点草图 2,并使顶点与基准面上的原点重合[见图 1-13(c)],退出草图编辑状态。此时,Feature Manager 树中存在完全独立的草图 1 和草图 2[见图 1-13(d)]。

(4)建立放样特征,选择草图 1、草图 2 为放样草图轮廓,完成建模[见图 1-13(e)]。

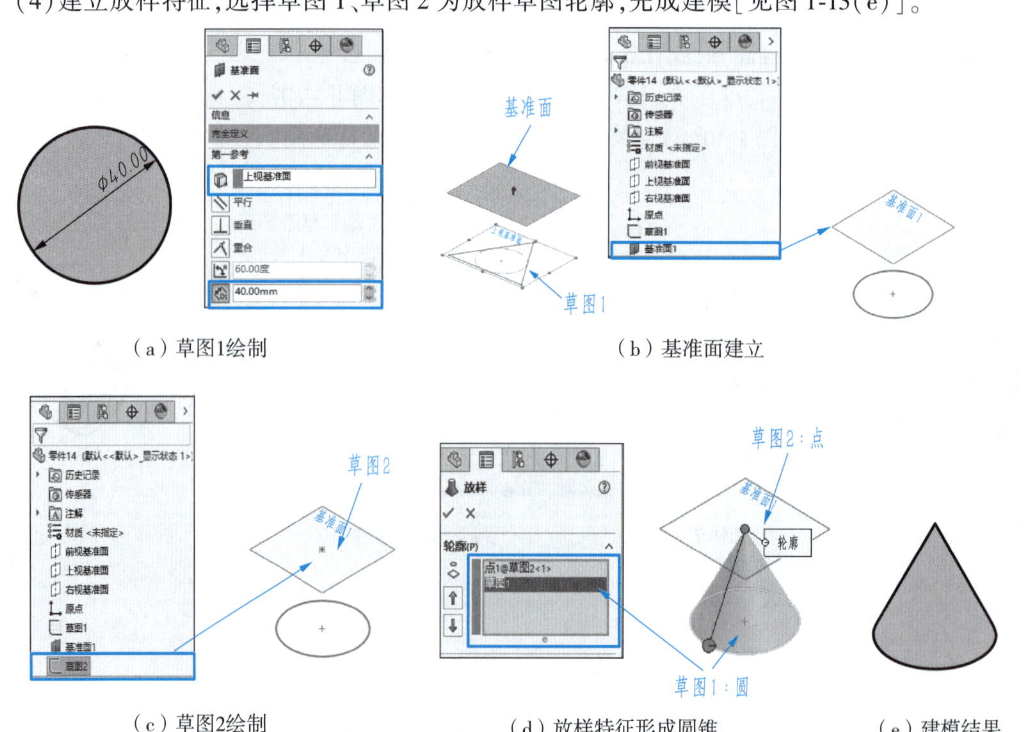

(a)草图1绘制　(b)基准面建立

(c)草图2绘制　(d)放样特征形成圆锥　(e)建模结果

图 1-13　圆锥的建模(放样法)

7. 圆球的建模

建模步骤：

(1)在右视面绘制圆形[见图1-14(a)]。

(2)用直线连接上下两个象限点作为直径[见图1-14(b)]。

(3)修剪左侧半圆最终形成封闭半圆形[见图1-14(c)]。

(4)以直径为旋转轴，形成圆球[见图1-14(d)]。

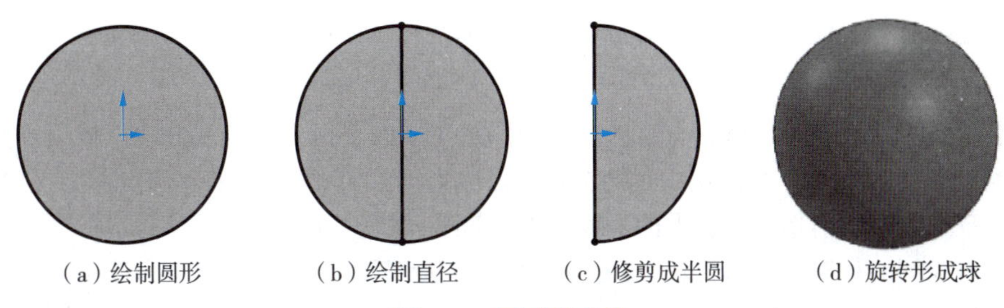

(a)绘制圆形　(b)绘制直径　(c)修剪成半圆　(d)旋转形成球

图1-14　圆球的建模

8. 圆环的建模

建模步骤：

(1)建立草图轮廓，在上视面建立扫描路径草图，在右视面建立扫描轮廓草图，如图1-15(a)所示。在扫描轮廓草图编辑状态下，对轮廓草图⌀20的圆心和路径草图⌀70添加“穿透”关系，并退出草图编辑状态。此时在Feature Manager树中，存在完全独立的草图1及草图2，如图1-15(b)所示。

(2)建立扫描特征，选择扫描路径为草图1，扫描轮廓为草图2，建立扫描特征，得到圆环模型，如图1-15(c)所示。

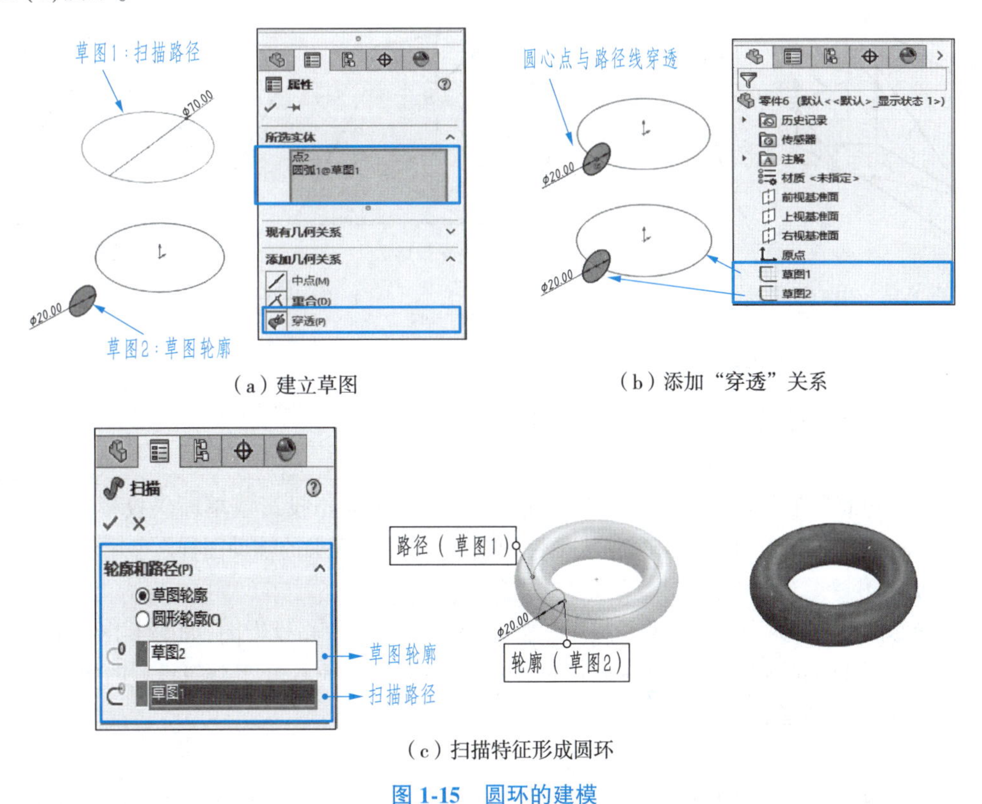

(a)建立草图　(b)添加“穿透”关系

(c)扫描特征形成圆环

图1-15　圆环的建模

1.2 立体的三维与二维表述

一、投影法的基本知识

日常生活中随处可见在光线的照射下，物体会在墙面、地面上出现影子，这就是投影法在自然界中的原型。

投影法就是投射线通过物体，向选定的面投射，并在该面上得到图形的方法。根据投影法得到的图形称为投影(投影图)。投影法中得到图形的面称为投影面，投射线的起源点称为投射中心，发自投射中心且通过被投射形体上各点的直线称为投射线，如图1-16所示。

根据投射线间的相对位置，将投影法分为中心投影法和平行投影法。投射线汇交于一点的投影法称为中心投影法，此时物体投影的大小与其相对投影面的距离有关，且不能反映物体的真实形状，如图1-16所示。

将投影中心 S 移至无穷远，则所有投射线将彼此平行，这种投射线相互平行的投影方法称为平行投影法。平行投影法中，又根据投射线与投影面间夹角的不同分为正投影法和斜投影法。投射线与投影面相互倾斜的平行投影法，称为斜投影法；投射线与投影面相互垂直的平行投影法，称为正投影法，如图1-17所示。

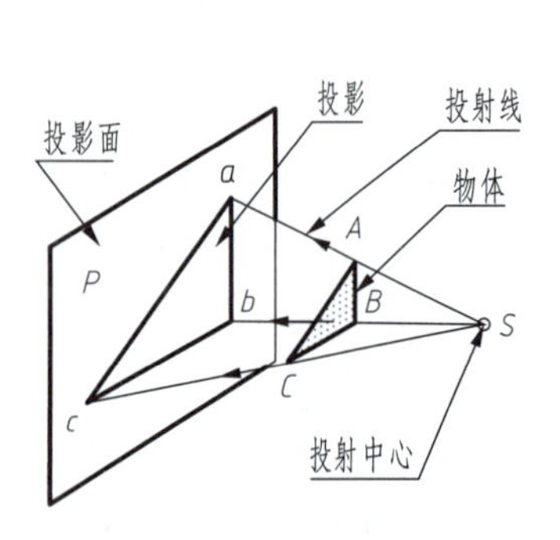

图1-16 中心投影法

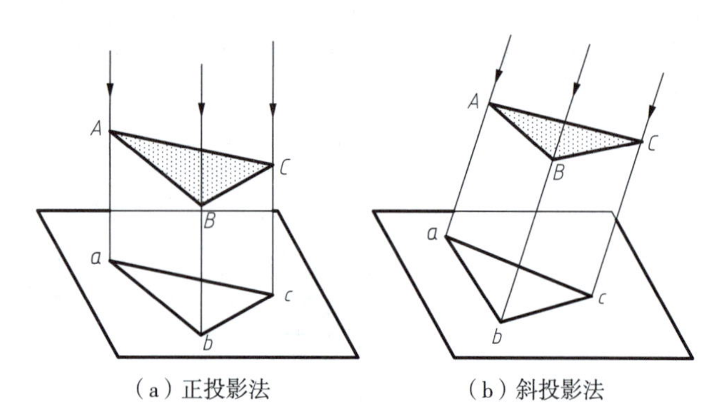

图1-17 平行投影法

二、工程中常用的投影图

用不同的投影法可以得到工程上常用的各种投影图。

1. 轴测投影图

轴测投影图简称轴测图，是用平行投影法投影得到的单面正投影或单面斜投影图，如图1-18(a)所示。轴测图具有较好的立体感，但度量性较差，常用作工程上的辅助图样。

2. 透视投影图

透视投影图简称透视图，是用中心投影法投影得到的单面中心投影图，如图1-18(b)所示。透视图的图像接近于人的视觉影像，富有逼真的立体感，多用于房屋、桥梁等建筑设计的效果图。其缺点是作图复杂、度量性差。

3. 正投影图

将物体向两个或两个以上相互垂直的投影面分别进行正投影，并将投影与投影面一起按一定的规则展开到同一平面上,即得到物体的正投影图,如图 1-18(c)所示。正投影图虽然立体感差,但能完整地表达物体各个方向的形状,度量性好且作图简便,在工程上被广泛应用。

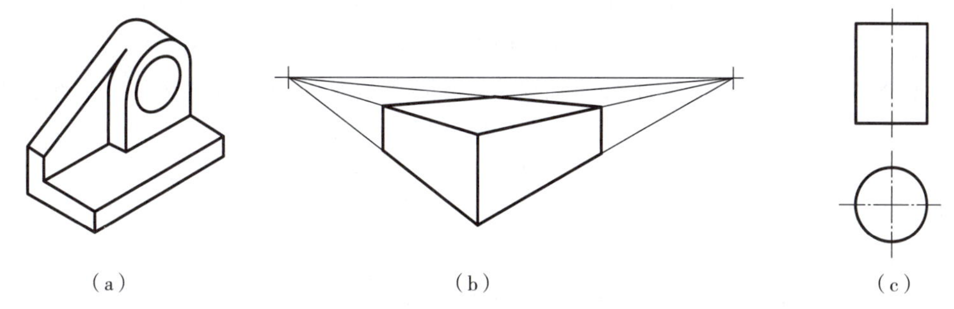

图 1-18 工程上常用的各种投影图

三、正投影的投影特性

正投影法在工程上得到广泛应用,默认不加以说明的投影法均指正投影法。图 1-19 以形体上的线、面为例,说明正投影的投影特性。

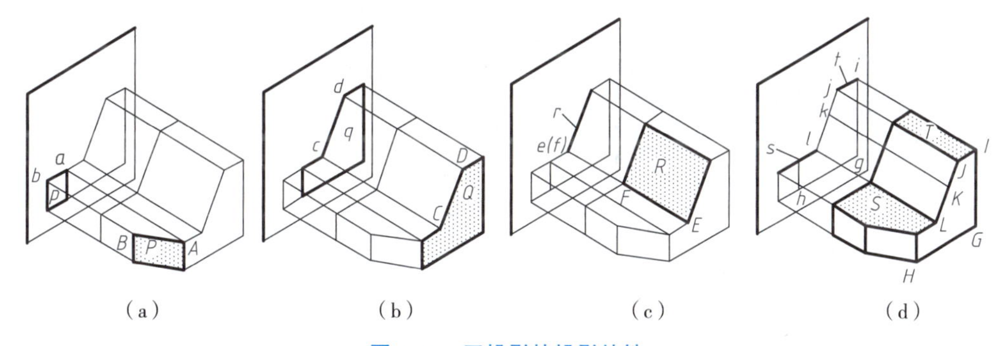

图 1-19 正投影的投影特性

1. 单一几何元素与投影面处于不同位置时的投影特性

(1)类似性。如图 1-19(a)所示,倾斜于投影面的平面 *P* 及直线 *AB* 的投影必为小于原形的类似形和缩短了的直线段。

(2)显实性。如图 1-19(b)所示,平行于投影面的平面 *Q* 及直线 *CD* 的投影必反映原形的实形和实长。

(3)积聚性。如图 1-19(c)所示,垂直于投影面的平面 *R* 及直线 *EF* 的投影必积聚为直线段和点。

2. 两个几何要素处于不同相对位置时的投影特性[见图 1-19(d)]

(1)平行性。两条平行线($GH//IJ$)的投影仍保持平行($gh//ij$)。

(2)从属性。点 *K* 属于直线 *JL*,点 *K* 的投影 *k* 必定属于该直线的投影 *jl*。

(3)等比性。两条平行线的长度比和属于直线段的点分线段之比,在投影中均保持不变,即 $gh:ij=GH:IJ$,$jk:kl=JK:KL$。

四、多面投影体系及视图

国家标准《技术产品文件 词汇 投影法术语》(GB/T 16948—1997)规定:多面正投影是指物体在相互垂直的两个或多个投影面上所得到的正投影,并将这些投影面旋转展开到同一图面上,使该物体的各正投影图有规则地配置,相互之间形成对应关系。在机械制图中,根据国家标准中图样的画法、配置、标注等有关规定，物体用正投影法得到的图形称为视图。

1. 多面投影体系

相互垂直的三个投影面，分别用 H(水平投影面)、V(正立投影面)、W(侧立投影面)表示，两个投影面的交线称为投影轴，分别用 OX、OY、OZ 表示，三个投影面和三根投影轴构成了常见的三面正投影体系。H、V、W 三个投影面将空间分为八个区域，称为分角，排序如图 1-20 所示。在 V 面上的投影称为正面投影，在 H 面上的投影称为水平投影，在 W 面上的投影称为侧面投影。将投影图旋转展开到同一图面上时，保持 V 面不动，其他面旋转至与 V 面重合。

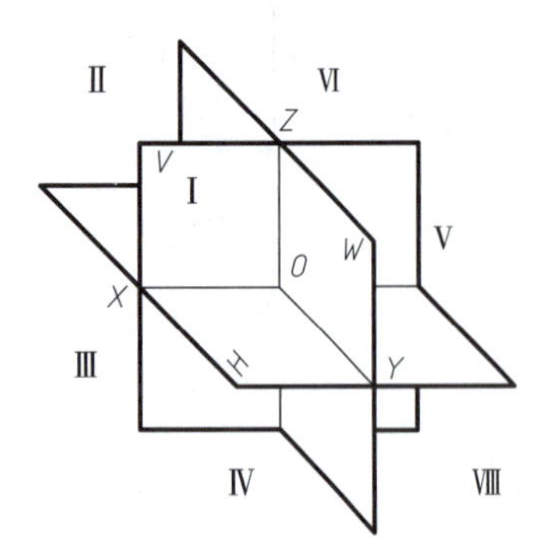

图 1-20 投影面、投影轴及分角

工程界采用多面正投影有两种画法：

(1)第一角投影。又称第一角画法(简称 E 法)。将物体置于第一分角内，并使其处于观察者与投影面之间而得到多面正投影。中国、俄罗斯、英国、法国和德国等国家均采用该画法，其投影方向如图 1-21(a)所示，展开后的投影位置如图 1-21(b)所示。

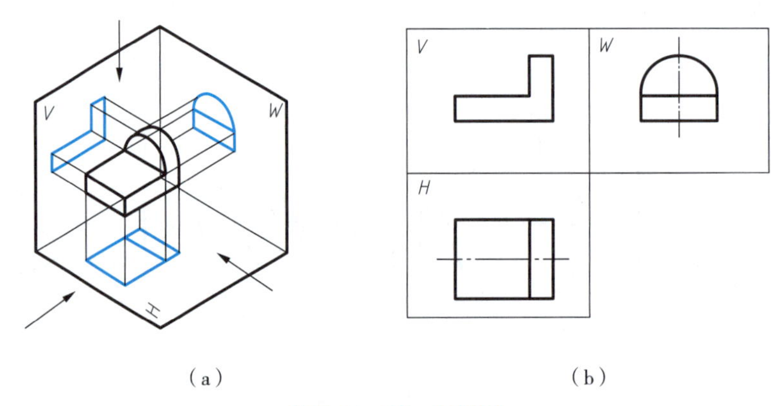

图 1-21 第一角投影

(2)第三角投影。又称第三角画法(简称 A 法)。将物体置于第三分角内，并使投影面处于观察者与物体之间而得到多面正投影。美国、日本、加拿大和澳大利亚等国家均采用该画法，图 1-22(a)所示为其投影方向，展开后的投影位置如图 1-22(b)所示。该画法中，假想投影面是透明的，观察者可以看见投影面后面的立体。

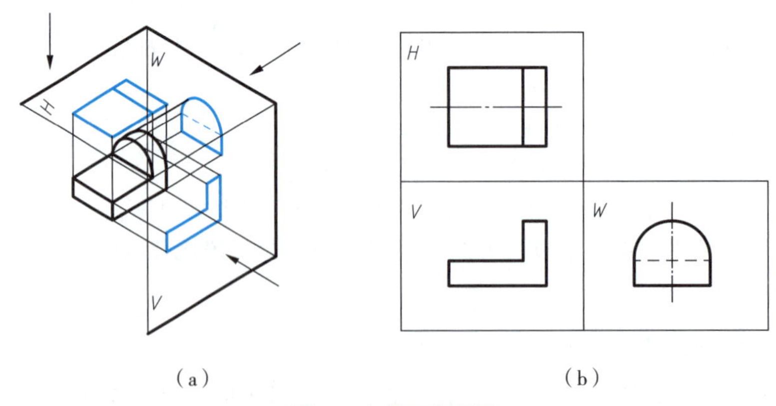

图 1-22 第三角投影

多面正投影具有度量性好、手工绘图简单等优点，广泛应用于机械行业。但由于其每个投影只能反映二维形状，所以立体感差，必须综合多面投影知识进行空间想象和推理，才能确定物体全貌。下文讲述的投影，均指第一角投影。

2. 视图

在机械制图中，由前向后投影，在 V 面得到的正面投影称为主视图；由上向下投影，在 H 面得到的水平投影称为俯视图；由左向右投影，在 W 面得到的侧面投影称为左视图。视图的形成过程如图 1-23(a)所示，使 V 面不动，H 面绕 X 轴向下翻转 90°，与 V 面重合；W 面绕 Z 轴向右翻转 90°，与 V 面重合，即得到一组视图。

视图用于表达物体的形状，与物体和投影面之间的距离无关，因此不必画出投影轴，如图 1-23(b)所示。

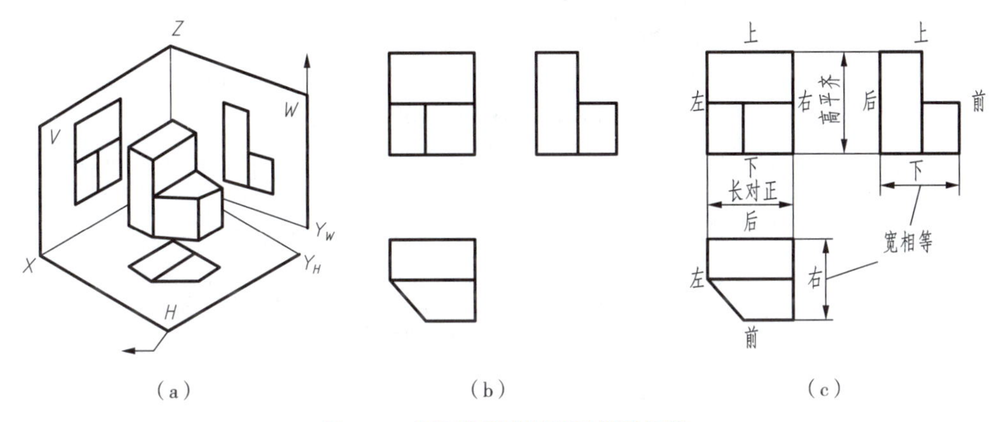

图 1-23 视图的形成过程及投影规律

由视图的形成过程可知，同一张图纸上同时反映上下、左右、前后六个方向。如图 1-23(c)所示，沿 X 轴的左右方向为物体的长度方向，沿 Y 轴的前后方向为物体的宽度方向，沿 Z 轴的上下方向为物体的高度方向。主视图反映立体的上下和左右方位；俯视图反映立体的前后和左右方位；左视图反映立体的上下和前后方位。

各视图间的关系即投影规律：主视图和俯视图都反映物体的长度即长对正；主视图和左视图都反映物体的高度即高平齐；俯视图和左视图都反映物体的宽度即宽相等。“长对正、高平齐、宽相等”是识图、画图都必须严格遵守的最基本的投影规律。

五、轴测投影图

1. 概述

轴测图是将物体连同其直角坐标系，沿不平行于任何坐标平面的方向，用平行投影法将其投射在单一投影面 P 上所得的图形。根据投射方向与轴测投影面是否垂直，可将轴测图分为两类：投射方向与轴测投影面垂直，即用正投影法得到的轴测图称为正轴测图，如图 1-24(a)所示；投射方向与轴测投影面倾斜，即用斜投影法得到的轴测图称为斜轴测图，如图 1-24(b)所示。

将物体连同其空间直角坐标系一起沿投影方向投射到轴测投影面上时，在轴测投影面上坐标轴的长度以及两轴之间的夹角均会发生变化。空间直角坐标轴 OX、OY、OZ 在轴测投影面 P 上的轴测投影 O_1X_1、O_1Y_1、O_1Z_1 称为轴测轴；相邻两轴测轴之间的夹角 $\angle X_1O_1Z_1$、$\angle X_1O_1Y_1$ 和 $\angle Y_1O_1Z_1$ 称为轴间角；轴测轴上的单位长度与相应空间直角坐标轴上的单位长度之比称为轴向伸缩系数。在 OX、OY、OZ 轴上各取一单位长度 μ，在 O_1X_1、O_1Y_1、O_1Z_1 轴上的投影长度分别为 i、j、k，分别用 p、q、r 表示轴向伸缩系数，即 $p=i/\mu$，$q=j/\mu$，$r=k/\mu$。图 1-25 所示为正等轴测图和斜二轴测图的轴间角及轴向伸缩系数。

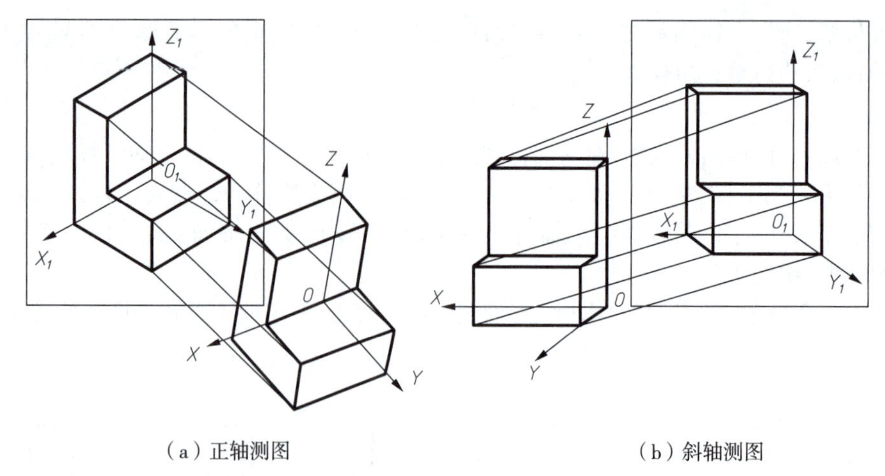

（a）正轴测图　　（b）斜轴测图

图 1-24　轴测图的形成

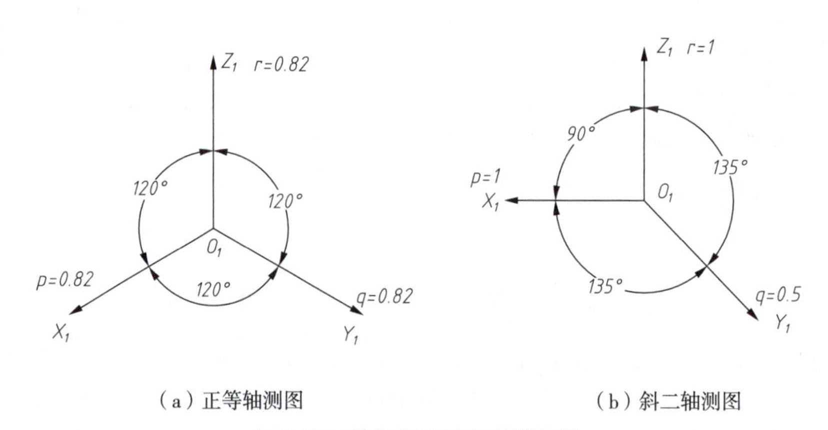

（a）正等轴测图　　（b）斜二轴测图

图 1-25　轴间角及轴向伸缩系数

2. 正等轴测图画法

正等轴测图的轴向伸缩系数 $p=q=r=0.82$，三个轴间角均为 120°。为了作图方便，工程中一般采用简化系数 $p=q=r=1$，即在三个轴测轴方向上的尺寸均按实际长度量取。轴测图的基本作图方法有坐标法、叠加法和切割法，其中坐标法是画轴测图的基本方法。

例 1-1　已知正六棱柱的正投影，求作其正等轴测图。

扫一扫

例 1-1

分析：

画平面立体轴测图的基本方法是沿坐标轴测量，得到平面立体各顶点的投影，该方法称为坐标法。正六棱柱的前后、左右均对称，顶面和底面均为正六边形。作图时可用坐标定点法先作出正六棱柱顶面的正六边形的六个顶点，再在 Z_1 方向上将各顶点向下移动距离 H，得到六棱柱底面的各顶点，最后将对应顶点连接成棱线和棱面，即得到正六棱柱的轴测图。

作图步骤：

（1）确定直角坐标系。在正投影上确定直角坐标系，坐标原点取顶面的中心，如图 1-26（a）所示。

（2）画正六棱柱顶面。沿 X_1 轴方向量取 $O_1I=O1$，得到 I 点，沿 Y_1 方向量取距离 $O_1III=O3$，得到 III 点，过 III 点作 O_1X_1 的平行线，量取 $II\,III=23$，得到 II 点。根据六边形对边平行性作出顶面的轴测投影，如图 1-26（b）所示。

(3)画正六棱柱底面。从顶面各顶点沿 Z_1 方向向下截取六棱柱高度 H,得到底面各点的轴测投影,如图 1-26(c)所示。

(4)完成正六棱柱轴测投影。连接可见的边与棱线,擦去多余作图线,完成正六棱柱的正等轴测图,如图 1-26(d)所示。

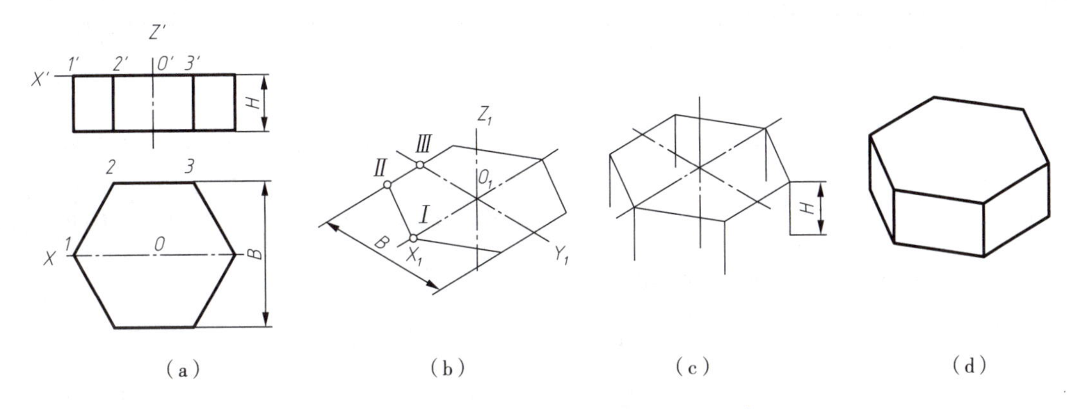

图 1-26　用坐标法正六棱柱正等测图的作图步骤

例1-2　已知平面切割体的正投影(见图 1-27),作出其正等轴测图。

分析:

对于某些以切割为主的立体,可先画出其切割前的完整形体,再按形体形成的过程逐一切割从而得到立体轴测图,该方法称为切割法。图 1-27 所示切割体可以看成是由四棱柱用正垂面及侧垂面两次切割而成。

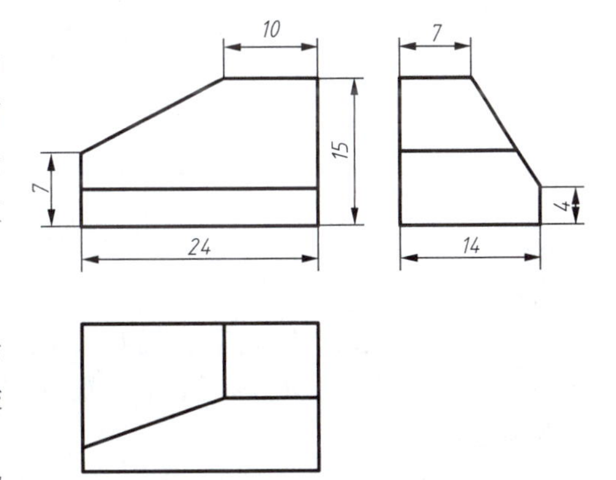

图 1-27　平面切割体的正投影

作图步骤:

(1)画完整形体的正等轴测图。取图 1-27 所示形体的总长(24)、总宽(14)及总高(15),作出四棱柱的正等轴测图,如图 1-28(a)所示。

(2)画正垂的截切面。沿 O_1X_1、O_1Z_1 方向分别量取正垂截切面的定位尺寸 10 和 7,画出截切面的轴测投影,如图 1-28(b)所示。

(3)画侧垂的截切面。沿 O_1Y_1、O_1Z_1 方向分别量取侧垂截切面的定位尺寸 7 和 4,画出截切面的轴测投影,如图 1-28(c)所示。

(4)完成切割体轴测投影。连接可见的边与棱线,擦去多余作图线,完成切割体的正等轴测图,如图 1-28(d)所示。

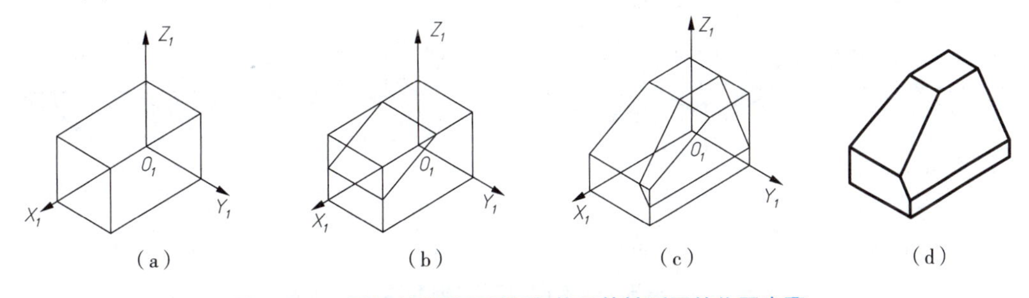

图 1-28　用切割法画平面切割体正等轴测图的作图步骤

例1-3 已知平面组合体的正投影(见图 1-29),作出其正等轴测图。

扫一扫

例 1-3

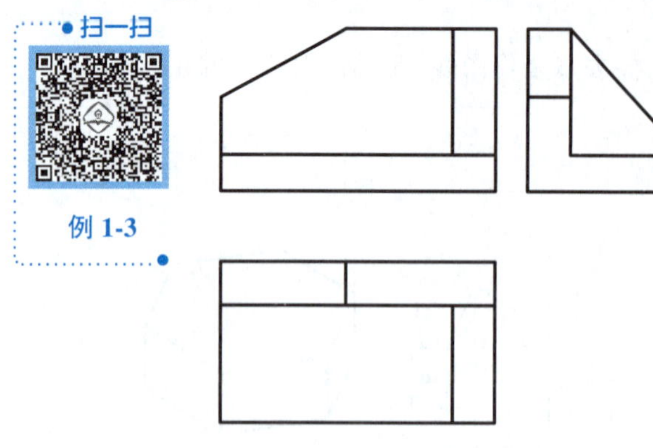

图 1-29 叠加式平面立体正投影

分析:

对于某些以叠加方式为主的组合立体,可先画出其组合过程,逐一画出各个形体再组合,该方法称为组合法。图 1-29 所示的组合体,可以看成是由底板、后立板和侧立板组成。

作图步骤:

按形体组合过程,逐一画底板[见图 1-30(a)]、后立板[见图 1-30(b)]和侧立板[见图 1-30(c)],最后加深可见轮廓线,完成组合体的正等轴测图,如图 1-30(d)所示。

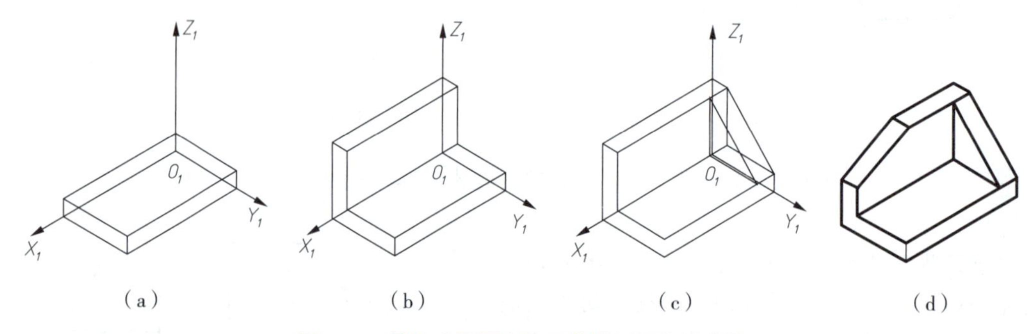

图 1-30 叠加式平面立体正等轴测图作图步骤

例1-4 绘制平行于坐标面的圆的正等轴测投影。

分析:

圆的正等轴测投影为椭圆,该椭圆常采用菱形法近似画出,即用四段圆弧近似代替椭圆弧。图 1-31(a)所示为直径为 d 的水平圆正等轴测投影的画法。

作图步骤:

(1)在 X_1、Y_1 轴上,量取圆的直径 d,分别得到 A、B、C、D 四点。过 A、C 点作 O_1Y_1 轴的平行线,过 B、D 点作 O_1X_1 轴的平行线,得到圆外切正方形的轴测投影,即得菱形。菱形的对角线即为椭圆的长短轴,如图 1-31(b)所示。

(2)分别以 1、2 点为圆心,以 1B 或 2A 为半径,作大圆弧 BC 和 AD,如图 1-31(c)所示。

(3)分别以 3、4 点为圆心,以 3A 或 4C 为半径,作小圆弧 AB 和 CD,连成近似椭圆,如图 1-31(d)所示。

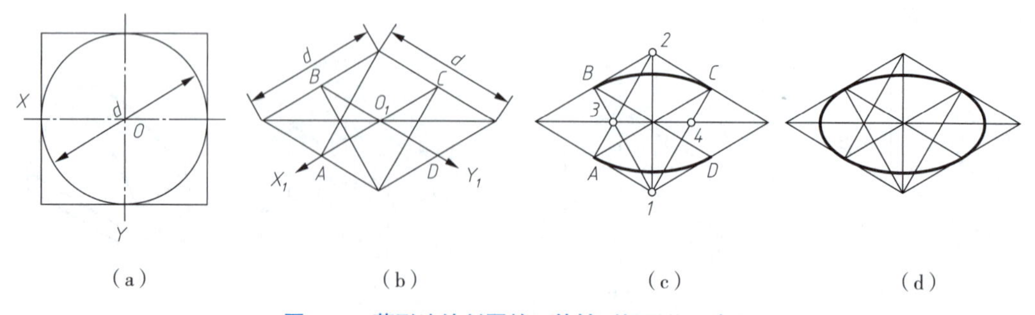

图 1-31 菱形法绘制圆的正等轴测投影作图步骤

图 1-32 画出了平行于三个坐标面上圆的正等轴测图,它们都可用菱形法画出。

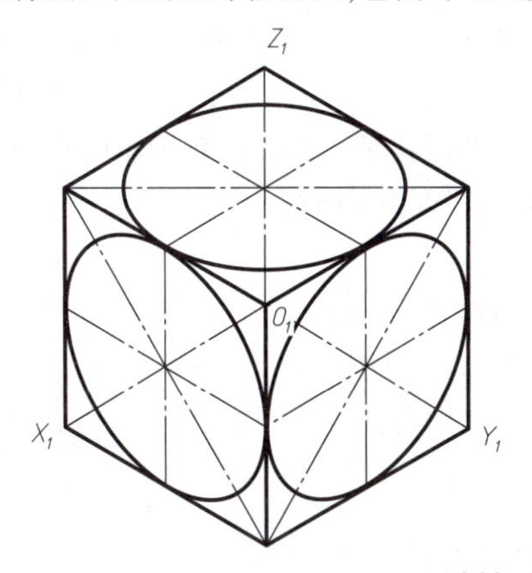

图 1-32 平行于三个坐标面上圆的正等轴测图

例 1-5 回转体的正等轴测图的画法。

画回转体的正等轴测图,只要先画出底面和顶面圆的正等轴测图——椭圆,然后作出两椭圆的公切线即可。如图 1-33、图 1-34 所示为圆柱体和圆台的正等轴测图画法。

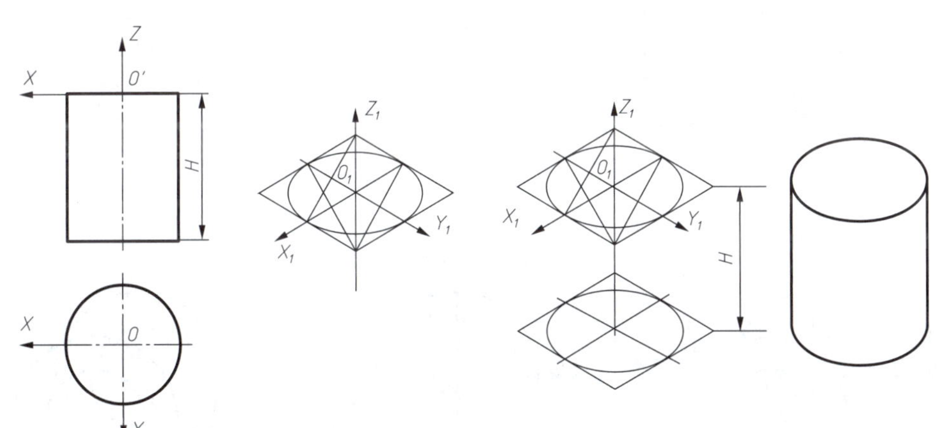

图 1-33 圆柱的正等轴测图画法

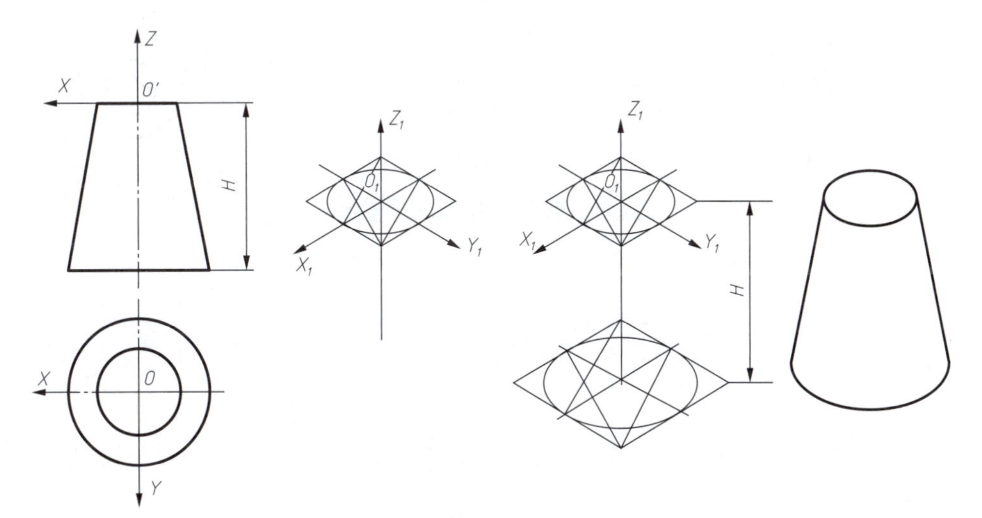

图 1-34 圆台的正等轴测图画法

3. 斜二轴测图及画法

斜二轴测图与正等轴测图在画法上相似，只是轴间角和轴向变形系数不同。由于斜二轴测图的两个轴向变形系数 $p=r=1$，且轴间角 $\angle X_1O_1Z_1=90°$（见图 1-35）。因此，在斜二轴测图中，可反映物体 XOZ 面及其平行面的实形。斜二轴测图特别适合表达单方向平面形状复杂（有圆或曲线）的立体。

例1-6 画出图 1-35(a)所示端盖的斜二轴测图。

扫一扫

例 1-6

分析与作图：

该端盖由一个空心圆筒和一块底板组成，底板与圆筒相切连接，且底板上有一通孔。该端盖表面所有圆与圆弧皆平行于 $X_1O_1Z_1$ 坐标平面。在作图时，首先确定各圆的圆心位置，并画出这些圆的圆弧，然后再作相应圆的公切线，详细步骤如图 1-35(b)～(f)所示。

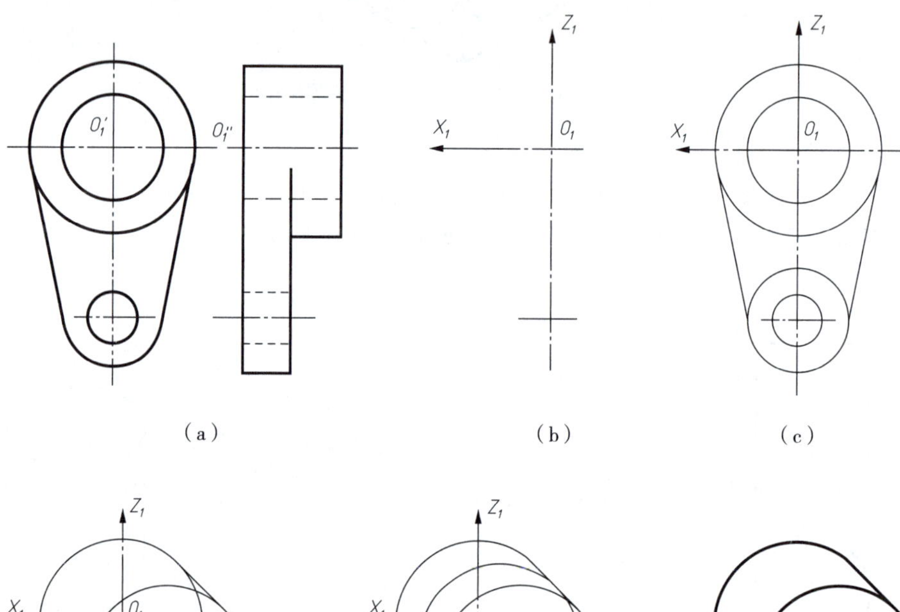

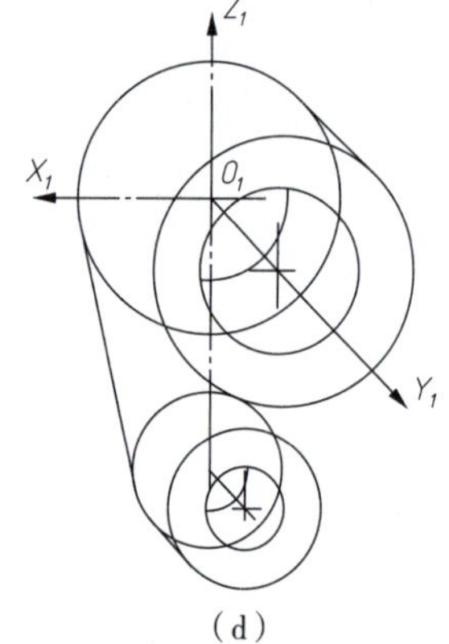

(d)

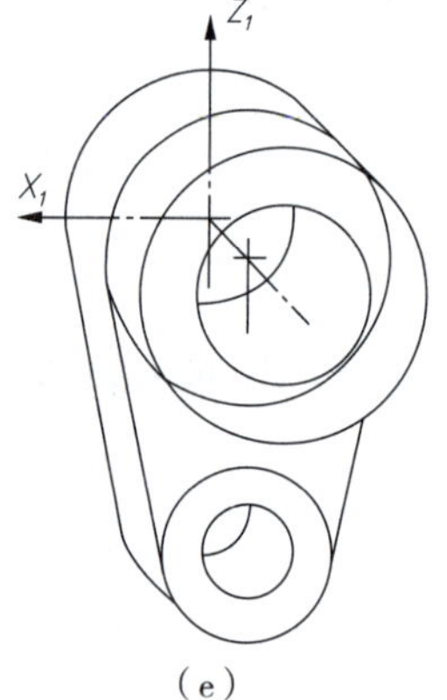

(e)

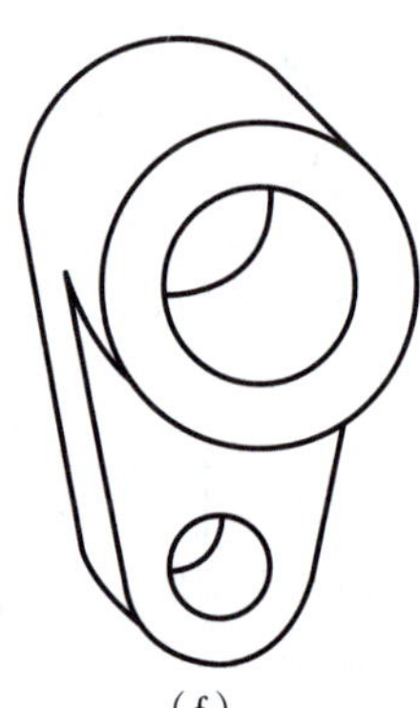

(f)

图 1-35 端盖的斜二轴测图的画法

第2章 制图的基本知识与基本技能

本章主要介绍常见的机械制图国家标准、绘图工具的使用方法、几何作图的方法及平面图形的画法和尺寸标注，并对计算机辅助绘图软件 AutoCAD 的平面图绘制功能做简单的介绍。

2.1 常用机械制图国家标准

工程图样是工程界共同的技术语言，《机械制图》《技术制图》等国家标准是绘制和识读工程图样的准则和依据。本节根据最新的《机械制图》《技术制图》《CAD 工程制图规则》国家标准，摘要介绍有关图纸幅面、比例、字体、图线、尺寸标注等基本规定。

一、图纸幅面和格式（GB/T 14689—2008）

1. 图纸幅面

绘制技术图样时，应优先采用表 2-1 中规定的基本幅面。必要时也允许选用规定的加长幅面，加长幅面的尺寸是由基本幅面的短边成整数倍增加而得，如图 2-1 所示。

表 2-1　图纸幅面及图框尺寸　　单位：mm

<table>
<tr><th>幅面代号</th><th>A0</th><th>A1</th><th>A2</th><th>A3</th><th>A4</th></tr>
<tr><td>B×L</td><td>841×1 189</td><td>594×841</td><td>420×594</td><td>297×420</td><td>210×297</td></tr>
<tr><td>e</td><td colspan="2">20</td><td colspan="3">10</td></tr>
<tr><td>c</td><td colspan="3">10</td><td colspan="2">5</td></tr>
<tr><td>a</td><td colspan="5">25</td></tr>
</table>

2. 图框格式

在图纸上必须用粗实线画出图框，图样应绘制在图框内部。图框格式分为不留装订边与留装订边两种，如图 2-2 所示。同一产品的图样只能采用一种格式。为方便复制，在图纸边长的中点处还应绘制对中符号。对中符号用粗实线绘制，画入图框内 5 mm，当对中符号处于标题栏范围内时，深入标题栏内的部分省略不画。

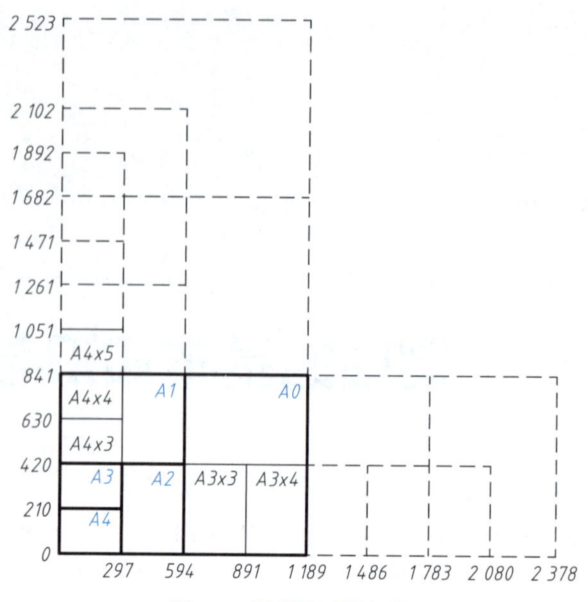

图 2-1　图幅尺寸及加长

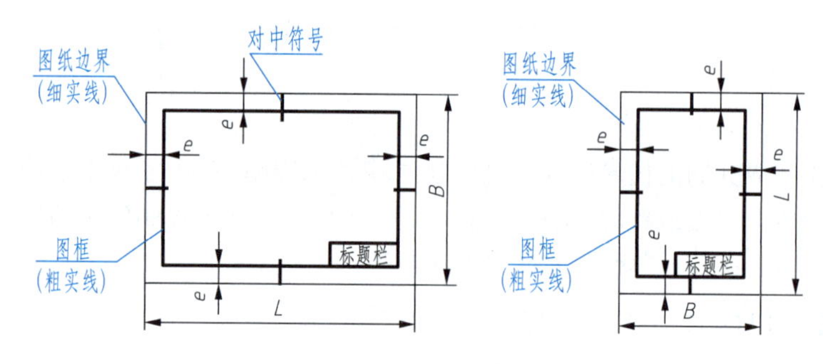

（a）不留装订边的图框格式

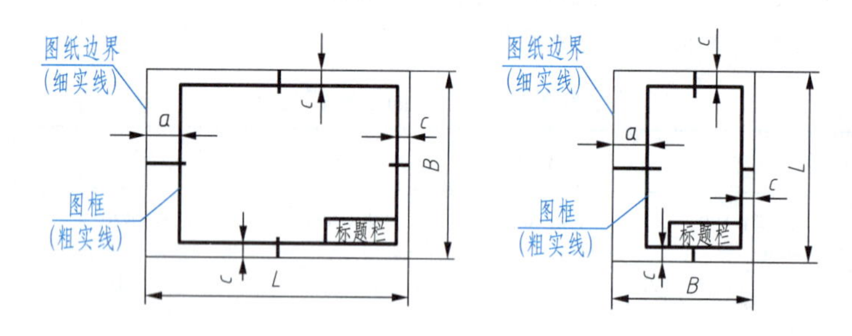

（b）留有装订边的图框格式

图 2-2　图框格式

3. 标题栏

标题栏内提供图样信息、图样所表达的产品信息以及图样的管理信息等内容。每张图纸上都必须画出标题栏。标题栏一般由更改区、签字区、其他区、名称及代号区组成，国家标准《技术制图　标题栏》（GB/T 10609.1—2008）规定其格式和尺寸如图 2-3（a）所示。教学中的练习用标题栏可采用图 2-3（b）所示的简化形式。

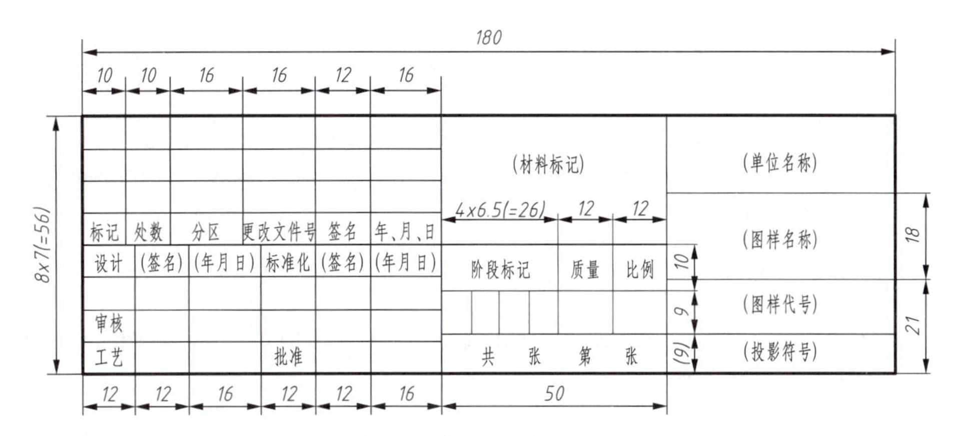

（a）国家标准规定的标题栏格式

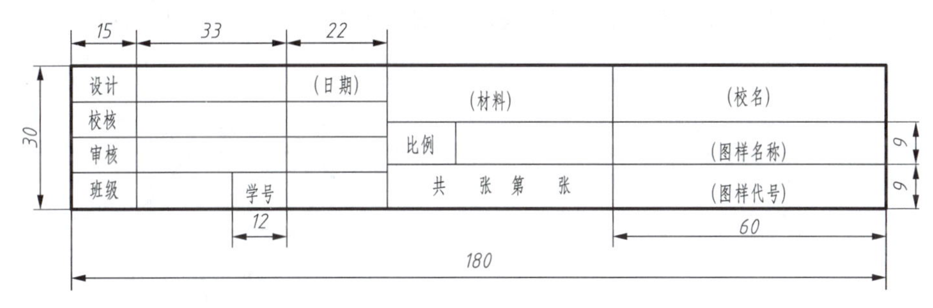

（b）简化的标题栏格式

图 2-3 标题栏的尺寸与格式

标题栏一般位于图纸右下角,看图方向与标题栏方向一致,即以标题栏中文字方向为看图方向。但有时为了利用预先印制好的图纸,允许将标题栏置于图纸右上角。此时,看图方向与标题栏方向不一致,应在图纸的下边对中符号处画出一个方向符号。方向符号是用细实线绘制的等边三角形,其大小和所处位置如图 2-4 所示,看图时应使其位于图纸下方。

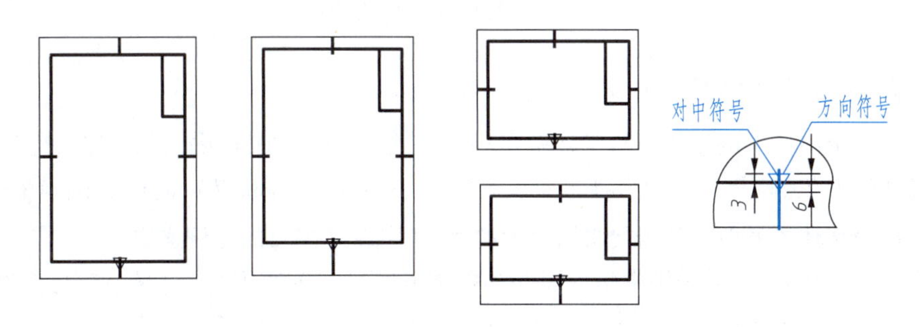

图 2-4 方向符号的画法及应用

二、比例(GB/T 14690—1993)

比例指图中图形与其实物相应要素的线性尺寸之比。选用比例的原则是有利于图形的最佳表达和图纸的有效利用。绘制图样时,一般应选择表 2-2 中所规定的比例,且优先选用原值比例。

表 2-2　国家标准规定的比例系列

种　类	优先选用比例	允许选用比例
原值比例	1 : 1	1 : 1
缩小比例	1 : 2　1 : 5　1 : 10　$1:2\times10^n$ $1:5\times10^n$　$1:1\times10^n$	1 : 1.5　1 : 2.5　1 : 3　1 : 4　1 : 6 $1:1.5\times10^n$　$1:2.5\times10^n$
放大比例	5 : 1　2 : 1　$5\times10^n:1$ $2\times10^n:1$　$1\times10^n:1$	4 : 1　2.5 : 1　$4\times10^n:1$ $2.5\times10^n:1$

注：n 为正整数。

图样所采用的比例，一般标注在标题栏的"比例"栏目中，必要时可注写在视图名称的下方或右侧，且字号应比图名字号稍小，如：

$\frac{1}{2:1}$　$\frac{A}{1:100}$　$\frac{B—B}{2.5:1}$　$\frac{\text{墙板位置图}}{1:200}$　平面图 1:100

不论采用何种比例，图形中所标注的尺寸数值必须是实物的实际大小，与图形的比例无关，如图 2-5 所示。

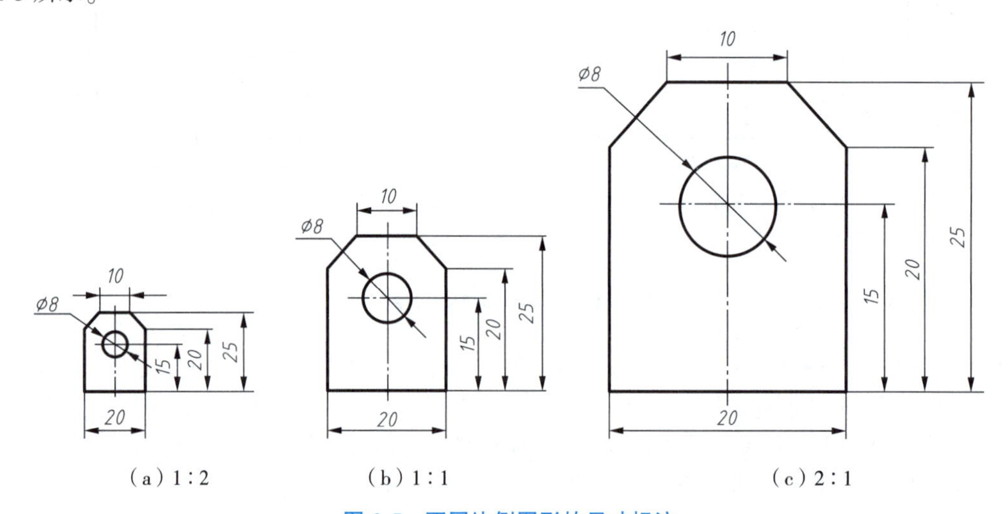

（a）1 : 2　（b）1 : 1　（c）2 : 1

图 2-5　不同比例图形的尺寸标注

三、字体（GB/T 14691—1993）

国家标准规定图样中的字体书写必须做到：字体工整、笔画清楚、间隔均匀、排列整齐。

字体高度（h）的公称尺寸系列为：1.8 mm、2.5 mm、3.5 mm、5 mm、7 mm、10 mm、14 mm、20 mm。字体的高度代表字体的号数。若需要书写更大的字，其字高可按$\sqrt{2}$的比例递增。

汉字应写成长仿宋体，并采用中华人民共和国国务院正式公布推行的《汉字简化方案》中规定的简化字。汉字高度 h 不应小于 3.5 mm，其字宽一般为 $h/\sqrt{2}$。

字母和数字分为 A 型（笔画宽 $h/14$）和 B 型（笔画宽 $h/10$）两种，可写成直体或斜体，斜体字字头向右倾斜，与水平面成 75°夹角。在同一张图样里只允许采用一种型式的字体。

字体书写示例如下：

汉字

字体工整　笔画清楚　间隔均匀　排列整齐

直体大写字母

ABCDEFGHIJKLMNOPQRSTUVWXYZ

斜体大写字母

ABCDEFGHIJKLMNOPQRSTUVWXYZ

直体小写字母

abcdefghijklmnopqrstuvwsyz

斜体小写字母

abcdefghijklmnopqrstuvwsyz

直体、斜体阿拉伯数字

0123456789　　*0123456789*

直体、斜体罗马数字

Ⅰ Ⅱ Ⅲ Ⅳ Ⅴ Ⅵ Ⅶ Ⅷ Ⅸ Ⅹ　　*Ⅰ Ⅱ Ⅲ Ⅳ Ⅴ Ⅵ Ⅶ Ⅷ Ⅸ Ⅹ*

四、图线(GB/T 4457.4—2002,GB/T 17450—1998)

国家标准中规定了绘制机械图样常用的9种图线及应用,见表2-3。

表2-3 常用线型名称、宽度及主要用途

名称	型式	线宽	主要用途
粗实线	————	*d*	可见轮廓线、可见棱边线、相贯线、螺纹牙顶线、螺纹终止线、剖切符号用线
细实线	————	0.5*d*	尺寸线、尺寸界线、剖面线、重合断面轮廓线、引出线
波浪线	～～～	0.5*d*	断裂处边界线、视图与剖视图的分界线
双折线	—\\/—\\/—	0.5*d*	断裂处边界线、视图与剖视图的分界线
细虚线	- - - - (12d, 3d)	0.5*d*	不可见轮廓线、不可见棱边线
细点画线	—·—·— (24d, 3d, 0.5d)	0.5*d*	对称中心线、轴线、分度圆(线)、孔系分布的中心线
细双点画线	—··—··—	0.5*d*	相邻辅助零件的轮廓线、轨迹线、可动零件极限位置的轮廓线、成形前轮廓线
粗虚线	- - - -	*d*	允许表面处理的表示线
粗点画线	—·—·—	*d*	限定范围表示线

机械图样中采用粗细两种线宽,它们之间的比例为 2∶1。粗实线的线宽 d 的尺寸系列为 0.13 mm、0.18 mm、0.25 mm、0.35 mm、0.5 mm、0.7 mm、1 mm、1.4 mm、2 mm,使用时根据图形的大小和复杂程度选定。在同一图样中,同类图线的宽度应一致,推荐优先使用 0.5 mm 或 0.7 mm 的粗实线。

图线用途示例如图 2-6 所示。

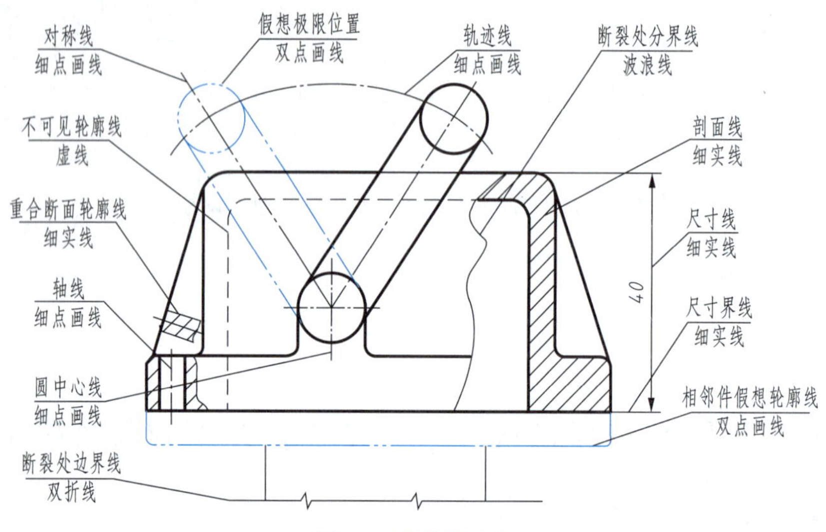

图 2-6　图线的用途

值得注意的是,细点画线的首末两端为长画,并超出所示轮廓线 3～5 mm,当其较短时,可用细实线代替;画圆的对称中心线时,两条细点画线在圆心处应为长画相交。

当虚线在粗实线的延长线时,粗实线应画到分界点,虚线应留有空隙。当虚线与粗实线或虚线相交时,不应留有空隙。当虚线圆弧和虚线直线相切时,虚线圆弧的线段应画至切点,虚线直线则留有空隙;当两个以上不同类型的图线重合时,只画其中一种。优先顺序为:粗实线、虚线、细点画线、细实线。

五、尺寸标注(GB/T 4458.4—2003,GB/T 16675.2—2012)

1. 尺寸标注基本规则

(1)图样上所标注的尺寸应是机件的真实尺寸,且是机件的最后完工尺寸,与绘图比例和绘图精度无关。

(2)图样中的尺寸以毫米为单位时,不需要标注单位符号或名称,若采用其他单位,则应注明相应的单位符号。

(3)机件的每一个尺寸,一般只标注一次,且应标注在反映该结构最清晰的图形上。

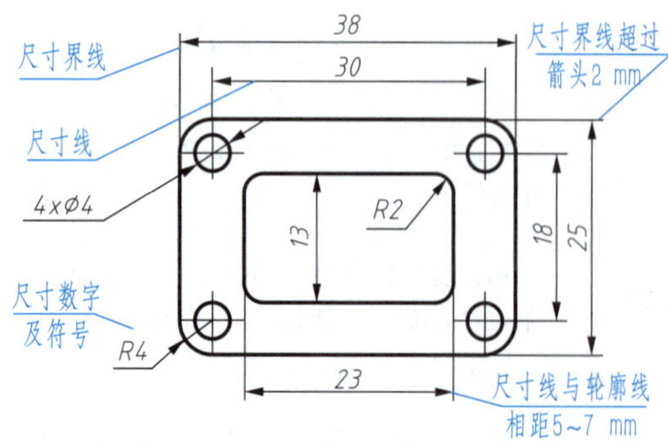

图 2-7　尺寸组成

2. 尺寸的组成

组成尺寸的要素有尺寸界线、尺寸线、尺寸数字及符号,如图 2-7 所示。

(1)尺寸界线。尺寸界线用细实线绘制,并从图形的轮廓线、轴线或对称中心线引出,也可以直接利用轮廓线、轴线或对称中心线作为尺寸界线。尺寸界线一般应与尺寸线垂直,必要时才允许倾斜。在光滑过渡处标注尺寸时，应用细实线将轮廓线延长，从交点处引出尺寸界线，如图 2-8 所示。尺寸界线应超出尺寸线 3 mm 左右。

(2)尺寸线。尺寸线用细实线绘制，必须单独画出，不能用其他图线代替，也不能与其他图线重合或画在其延长线上。尺寸线之间的间隔应均匀一致，一般大于 5 mm。其终端有箭头和斜线两种形式，如图 2-9 所示。一般机械图样中采用箭头形式，土建图样中采用斜线形式。在同一张图纸中，只能采用同一种尺寸终端形式。

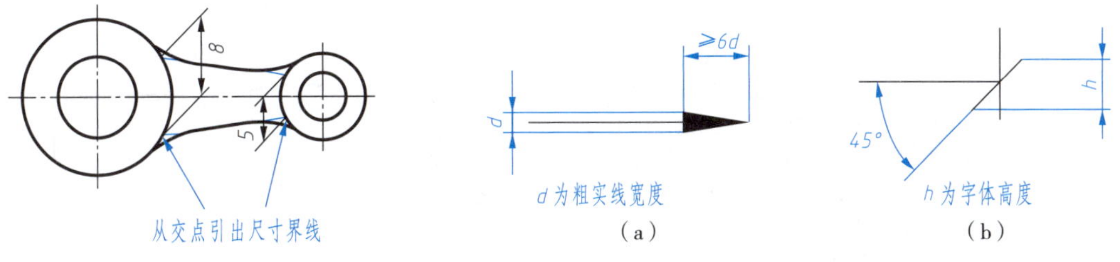

图 2-8　尺寸界线与尺寸线斜交情况　　图 2-9　尺寸线终端

(3)尺寸数字及符号。尺寸数字一般注写在尺寸线的上方，也允许注写在尺寸线的中断处。尺寸数字不可被任何图线所通过，无法避免时，必须将图线断开。尺寸数字的方向如图 2-10 所示，应尽量避免在图中所示 30°范围标注尺寸。

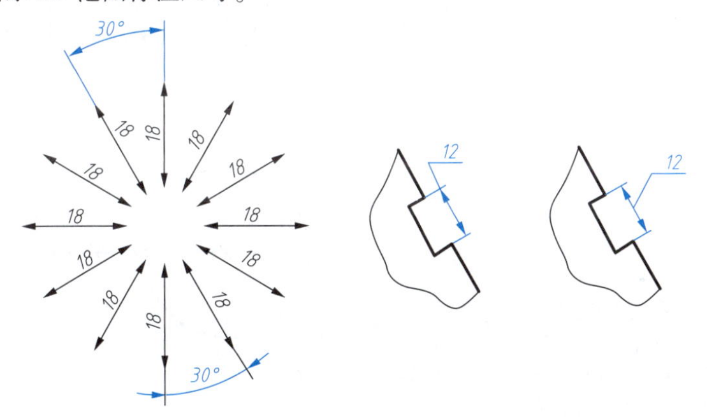

图 2-10　尺寸数字方向

尺寸标注时常用的符号有⌀(直径)、R(半径)、$S⌀$(球直径)、SR(球半径)、t(厚度)、□(正方形)、⌒(弧度)、↧(深度)、EQS(均布)等。

3. 尺寸标注示例

常见尺寸标注的规定及示例见表 2-4。

表 2-4　常见尺寸标注的规定及示例

项目	规　定	示　例
线性尺寸	线性尺寸的尺寸线与所标注线段平行；连续尺寸的尺寸线应对齐；平行尺寸的尺寸线间距相等，且遵循“小尺寸在内，大尺寸在外”的原则	中心线断开 ⌀16　⌀22　⌀12 17　6 46

续上表

项目	规　　定	示　　例
圆弧尺寸	整圆和大于半圆的圆弧标注直径,在尺寸数字前面加注直径代号“∅”;不完整圆的直径尺寸线允许只画一个箭头,无箭头一端要通过中心并延伸少许,如右图(a)所示; 小于或等于半圆的圆弧标注半径,在尺寸数字前面加注半径代号 *R*,其尺寸线无箭头的一端在圆心处,有箭头的一端指向圆弧轮廓线。当半径过大或在图纸范围内无法标注出其圆心位置时,尺寸线可画成折线,将折线终点画在圆心坐标线上;有的图则无须标出圆心位置,如右图(b)所示	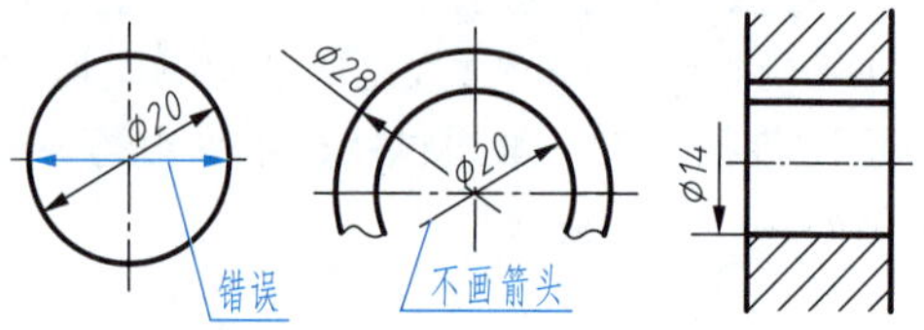 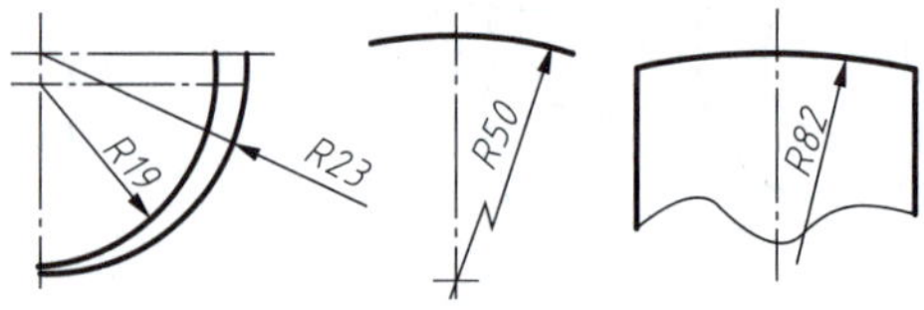 ϕ20 ϕ28 ϕ20 ϕ14 错误 不画箭头 (a) R19 R23 R50 R82 (b)
角度尺寸	标注角度时,尺寸线为圆弧,其圆心为该角的顶角。角度数字一律水平书写,一般注写在尺寸线的中断处或如右图所示	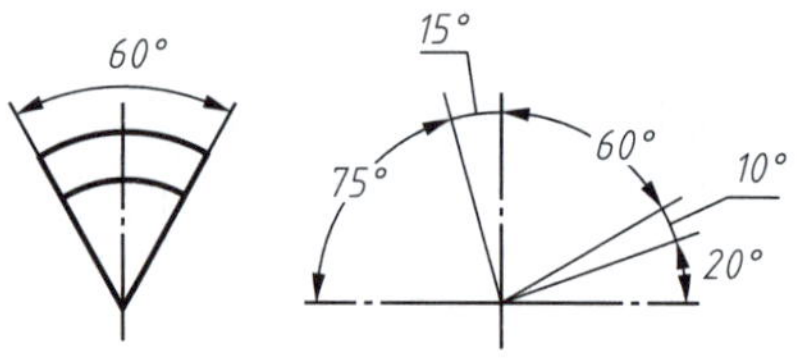 60° 15° 75° 60° 10° 20°
球面尺寸	标注球面的直径或半径,应在符号“∅”或 *R* 前加注符号 *S*,如右图(a)所示;对于螺钉的头部、轴及手柄的端部等,在不致引起误解时,可省略符号 *S*,如右图(b)所示	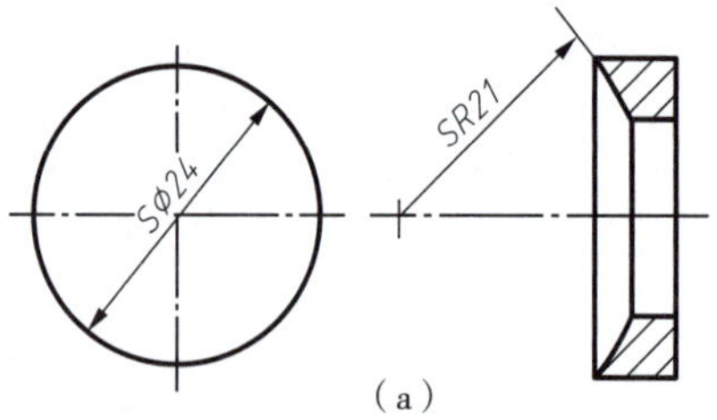 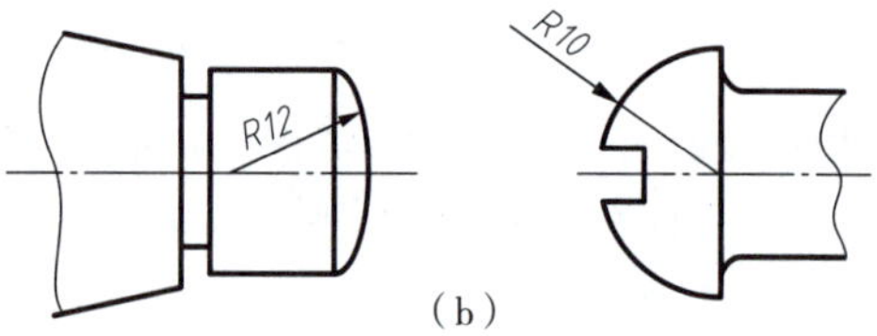 Sϕ24 SR21 (a) R12 R10 (b)
小尺寸	在没有足够的位置画箭头或注写数字符号时,可将箭头、数字符号如右图布置。连续的小尺寸标注时,中间箭头可用斜线或圆点代替	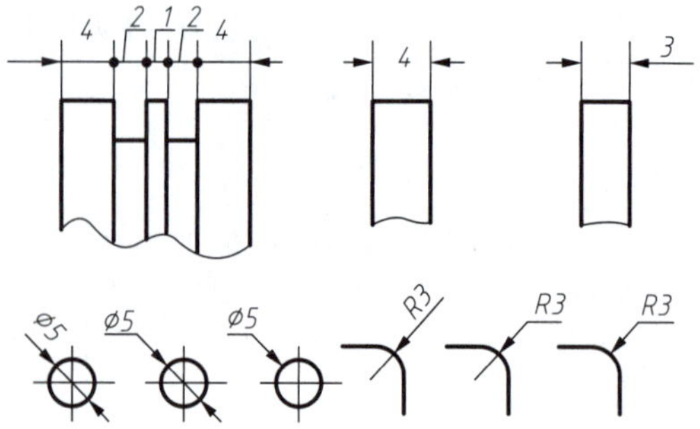 4 2 1 2 4 4 3 ϕ5 ϕ5 ϕ5 R3 R3 R3

2.2　绘图工具及其使用方法

要准确而又迅速地绘制图样,必须正确使用绘图工具和仪器。经常动手实践,不断总结经验,养成正确使用绘图工具的良好习惯,才能逐步掌握绘图技能,提高绘图水平。

常用的绘图工具有图板、丁字尺、三角板、铅笔、圆规、分规等。下面分别介绍各种工具及仪器的使用方法。

一、图板、丁字尺与三角板

图板用作画图时的垫板,要求表面平坦光洁,工作边光滑平直。绘图时将图纸固定在图板左下方的适当位置上。

丁字尺由尺头和尺身组成。使用时,用左手握住尺头,使其工作边紧靠图板左侧导边作上下移动,右手执笔,沿尺身上边自左向右画水平线。由上往下移动丁字尺,可画出一组水平线,如图 2-11 所示。

一副三角板和丁字尺配合使用,可画垂直线和 15°、30°、45°、60°、75°等各种角度的斜线。画垂直线时,将三角板的一直角边紧靠丁字尺尺身工作边,直角在左边,利用另一直角边用铅笔沿三角板的垂直边自下而上画线。将两块三角板配合使用,还可以画出已知直线的平行线或垂直线,如图 2-12 所示。

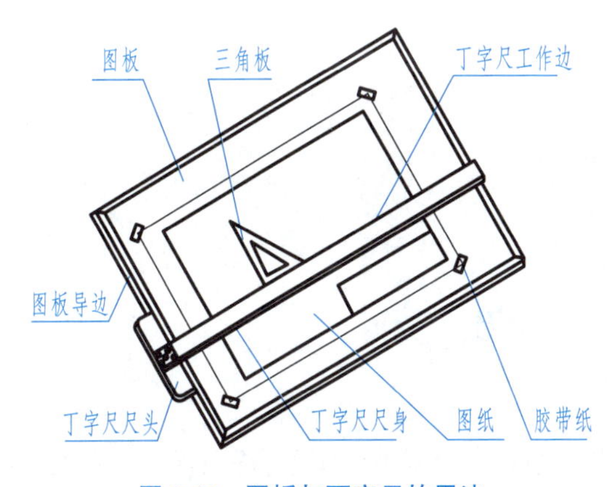

图 2-11　图板与丁字尺的用法

图 2-12　三角板的用法

二、圆规与分规

圆规是用于画圆和圆弧的工具。圆规的一条腿上装有钢针,称为固定腿。钢针两端不同,如图 2-13(a)所示,画圆或圆弧时,常使用带台阶的一端,且钢针尖应比铅芯稍长些。画不同直径的圆或圆弧时,钢针与铅芯和纸面尽可能垂直,特别是在画大圆时更是如此。

分规是用以量取线段和分割线段的工具。为准确度量尺寸,分规的两个针尖并拢时应对齐。分割线段时,分规两针尖沿线段交替作为圆心旋转前进,如图 2-13(b)所示。

三、绘图铅笔

绘图用铅笔的铅芯分别用 B 和 H 表示软硬程度,B 前的数字越大表示铅芯越软,H 前的数字越

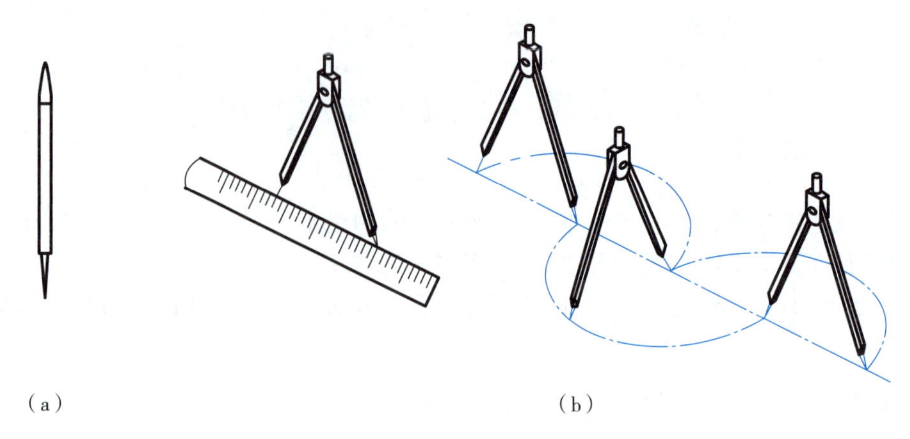

图 2-13　圆规、分规的用法

大表示铅芯越硬。绘图时根据不同使用要求，应备有 2H、H、HB、B 等几种硬度不同的铅笔，通常用 H 或 2H 铅笔绘制底稿，用 B 或 2B 的铅笔画粗实线，用 HB 铅笔标注尺寸和写字。加深图线时，为了保证图线浓淡一致，画圆弧的铅芯应比画直线的铅芯软一号。

铅笔的磨削直接影响图线的质量。铅笔应从无标号的一端削起，画粗实线的铅笔芯磨成凿形，如图 2-14(a)所示。画底稿、各种细线及写字的铅笔芯可磨成锥形，如图 2-14(b)所示。

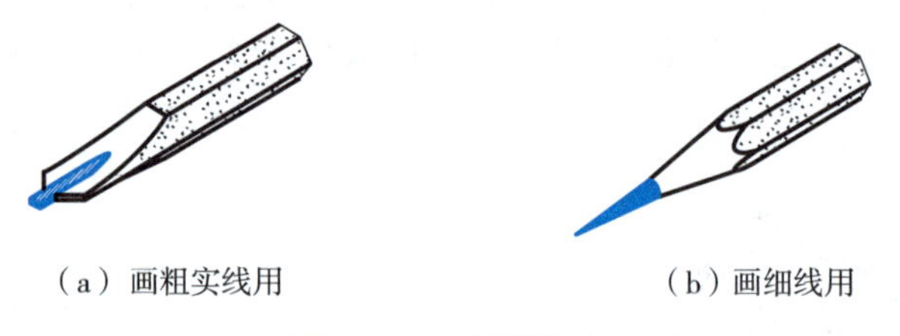

图 2-14　铅笔的削法

2.3　几何作图

多种多样的平面图形基本上都是由直线、圆弧和圆组成。绘制平面图形，首先要掌握常见几何图形作图的原理和方法。

一、正多边形的画法

1. 正六边形

绘制正六边形，通常利用正六边形的边长等于外接圆半径的原理，作图方法如图 2-15(a)所示；也可以用 60°三角板配合丁字尺通过水平直径的端点作四条边，再以丁字尺作上下水平边，绘制正六边形，作图方法如图 2-15(b)所示。

2. 正五边形

绘制正多边形通常利用等分外接圆，依次连接等分点的方法作图。五边形作图方法如图 2-16 所示，取外接圆半径 ON 的中点 M，以点 M 为圆心、MA 为半径作弧，交水平中心线于 H，AH 即为正五边形的边长。等分圆周得到五个顶点，即可作出圆内接正五边形。

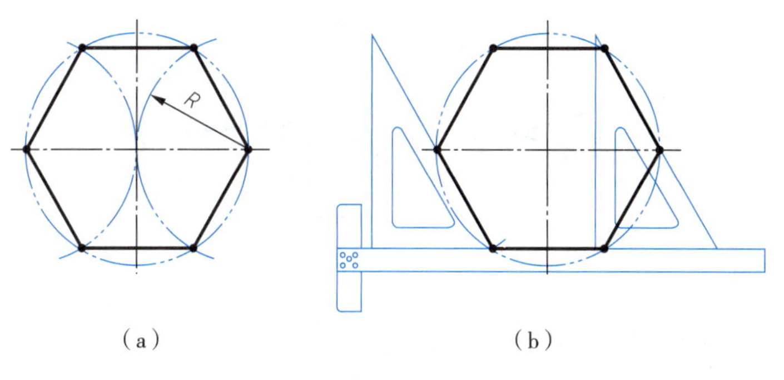

(a)　　(b)

图 2-15　正六边形的画法

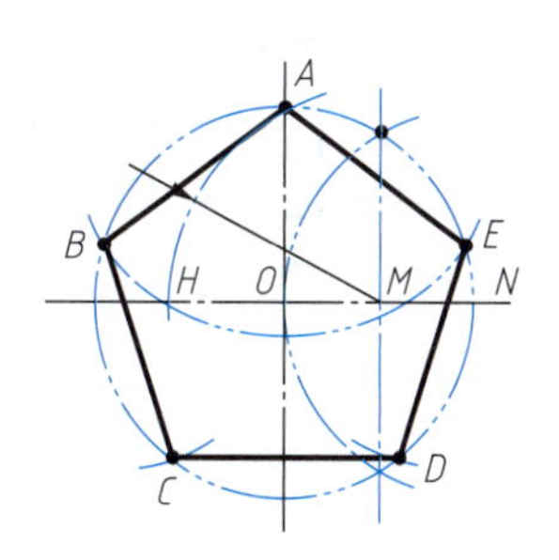

图 2-16　正五边形的画法

二、斜度和锥度

1. 斜度

斜度是指一直线(或平面)对另一直线(或平面)的倾斜程度,其大小用两直线(或平面)间夹角的正切值表示,如图 2-17(a)所示,并把比值化为 1 : n 的形式,即

$$斜度=\tan \alpha=H : L=1 : (L/H)=1 : n$$

标注斜度时,应在斜度值前面加注斜度符号,斜度符号按图 2-17(b)所示绘制,且符号方向应与斜度方向一致,如图 2-17(c)所示。图 2-18 所示为斜度的作图步骤。

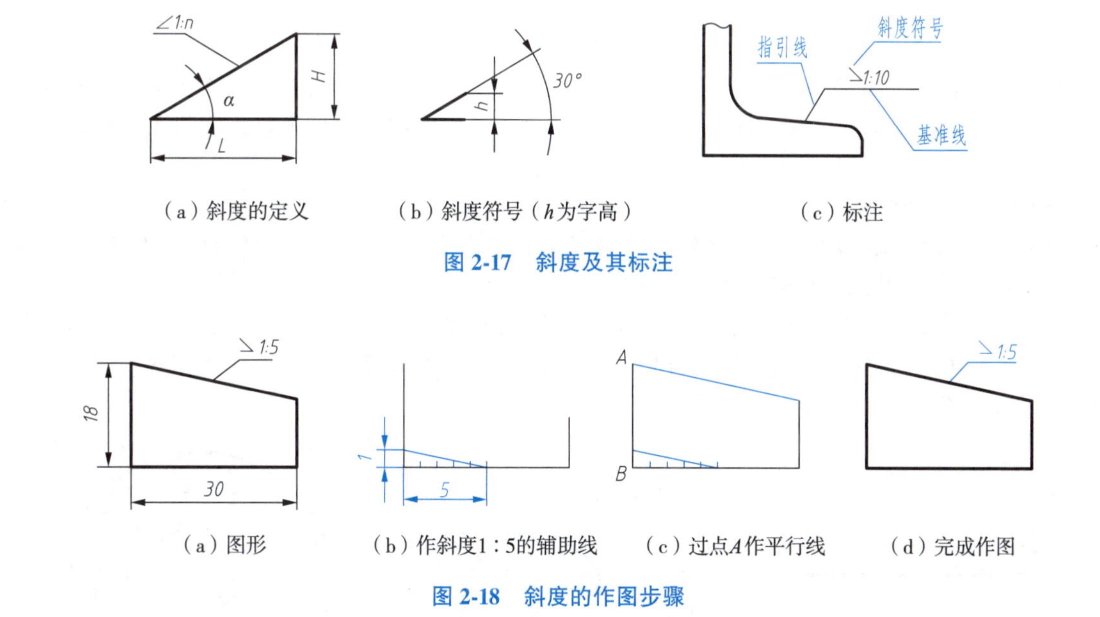

(a) 斜度的定义　(b) 斜度符号 (h为字高)　(c) 标注

图 2-17　斜度及其标注

(a) 图形　(b) 作斜度1 : 5的辅助线　(c) 过点A作平行线　(d) 完成作图

图 2-18　斜度的作图步骤

2. 锥度

锥度是指正圆锥体的底圆直径与圆锥高度之比。如果是圆台,则为两底圆直径之差与圆台高度之比,如图 2-19(a)所示,并把比值化为 1 : n 的形式,即

$$锥度=D/L=(D-d)/L=2\tan \alpha=1 : n$$

标注锥度时,应在锥度值前面加注锥度符号,锥度符号按图 2-19(b)所示绘制。该符号应配置在与圆锥轴线平行的基准线上,基准线通过指引线与圆锥的轮廓素线相连。锥度符号的方向应与锥度方向一致,如图 2-19(c)所示。图 2-20 所示为锥度的作图步骤。

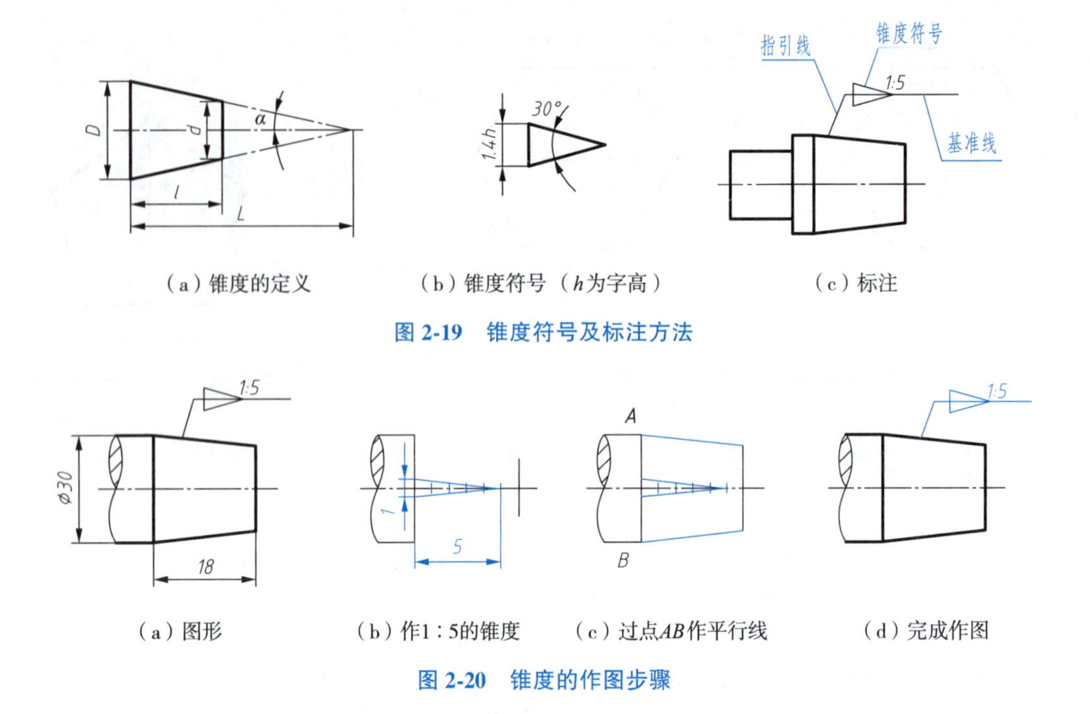

（a）锥度的定义　（b）锥度符号（*h*为字高）　（c）标注

图 2-19　锥度符号及标注方法

（a）图形　（b）作1 : 5的锥度　（c）过点*AB*作平行线　（d）完成作图

图 2-20　锥度的作图步骤

三、圆弧连接

绘制平面图形时，经常遇到一线段（直线段或圆弧线段）光滑过渡到另一线段的情况，这种光滑过渡即为平面几何中的相切，在制图中称为连接，切点即为连接点。常见的圆弧连接是用圆弧连接已知的两条直线、两个圆弧或一直线与一圆弧。圆弧连接作图的关键是确定连接圆弧的圆心和连接点。

圆弧连接的作图原理：

（1）半径为 R 的圆弧与已知直线相切，其圆心轨迹为直线，该直线与已知直线平行，距离为 R，垂足 K 即为连接点，如图 2-21（a）所示。

（2）半径为 R 的圆弧与半径为 R_1 的已知圆弧相切，其圆心轨迹是已知圆弧的同心圆，该圆弧半径 R_2 的大小由相切情况而定。两圆弧相外切时，$R_2=R_1+R$，如图 2-21（b）所示；两圆弧相内切时，$R_2=R_1-R$，如图 2-21（c）所示。

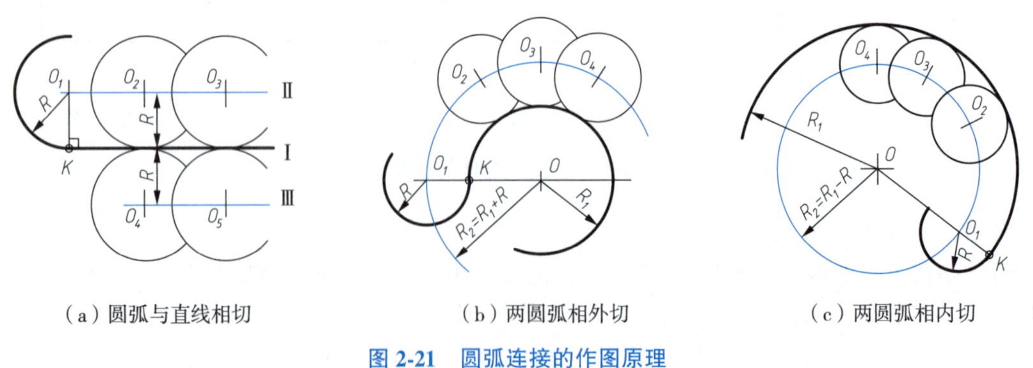

（a）圆弧与直线相切　（b）两圆弧相外切　（c）两圆弧相内切

图 2-21　圆弧连接的作图原理

例2-1　用已知半径为 R 的圆弧连接两已知直线 Ⅰ、Ⅱ，如图 2-22（a）所示。

（1）找圆心。以 R 为间距，分别作直线 Ⅰ 和直线 Ⅱ 的平行线。这两条平行线的交点 O 就是连接圆弧的圆心，如图 2-22(b)所示。

(2)找切点。过圆心 O 分别作已知直线 Ⅰ 和直线 Ⅱ 的垂线。垂足 A、B 就是连接圆弧与已知直线的连接点，如图 2-22(c)所示。

(3)完成圆弧连接。以 O 为圆心、R 为半径，画圆弧 AB，并加深图线，如图 2-22(d)所示。

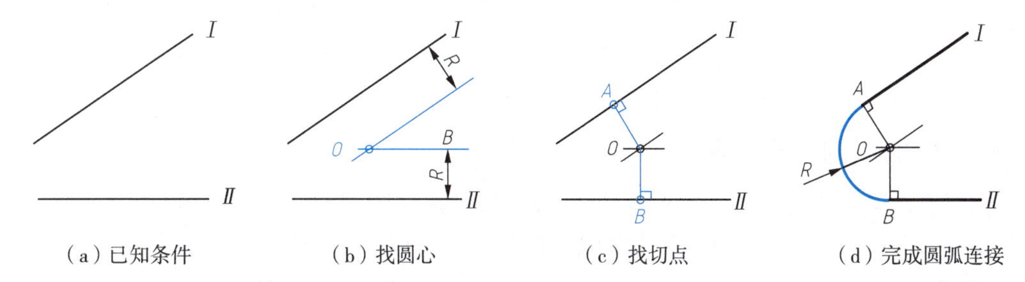

图 2-22　用圆弧连接两已知直线

例2-2　用已知半径为 R 的圆弧连接一已知直线和圆弧 R_1，如图 2-23(a)所示。

(1)找圆心。以 R 为间距，作直线 Ⅰ 的平行线 Ⅱ，并以 O_1 为圆心、R_1+R 为半径画圆弧。该圆弧与平行线 Ⅱ 的交点 O 就是连接圆弧的圆心，如图 2-23(b)所示。

(2)找切点。过圆心 O 作已知直线 Ⅰ 的垂线，并连接 O 与 O_1(圆弧之间的连心线)与圆弧交于点 B。垂足 A 与交点 B 就是连接圆弧与已知直线及圆弧的连接点，如图 2-23(c)所示。

(3)完成圆弧连接。以 O 为圆心、R 为半径，画圆弧 AB，并加深图线，如图 2-23(d)所示。

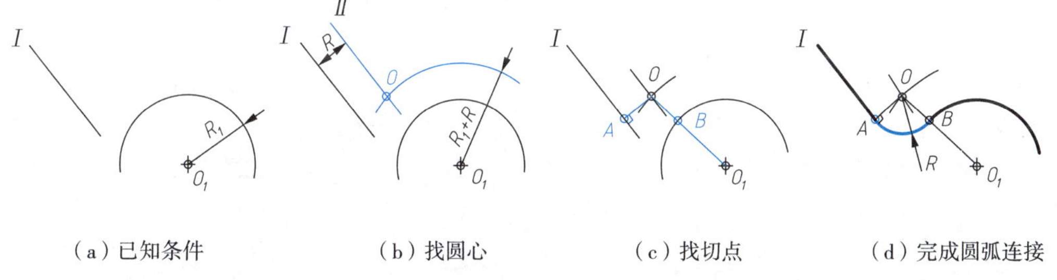

图 2-23　用圆弧连接已知直线和圆弧

例2-3　用已知半径为 R 的圆弧连接两已知圆弧 R_1、R_2，并且与两个圆弧同时相外切，如图 2-24(a)所示。

(1)找圆心。以 O_1 为圆心、R_1+R 为半径画圆弧，再以 O_2 为圆心、R_2+R 为半径画圆弧。两圆弧的交点 O 就是连接圆弧的圆心，如图 2-24(b)所示。

(2)找切点。连接 O 和 O_1 与半径为 R_1 的圆弧交于 A 点，连接 O 和 O_2 与半径为 R_2 的圆弧交于 B 点，A、B 就是连接圆弧与已知圆弧的连接点，如图 2-24(c)所示。

(3)完成圆弧连接。以 O 为圆心、R 为半径，画圆弧 AB，并加深图线，如图 2-24(d)所示。

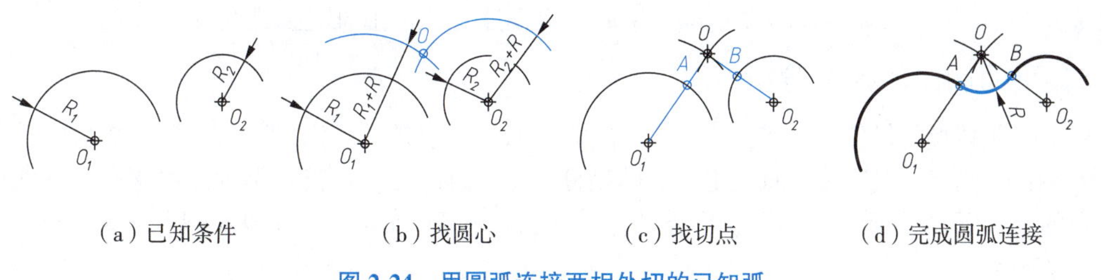

图 2-24　用圆弧连接两相外切的已知弧

2.4 平面图形

平面图形绘制是工程图样的基础，本节通过平面图形的构形分析和尺寸分析，使学生掌握平面图形的绘制步骤及尺寸标注方法。

一、平面图形的构形分析

平面图形常见的构成要素为直线段、圆弧和圆，每个要素之间相互关联。要确定平面图形，就要确定各要素的形状大小和它们的位置及相互关系，即平面图形应有几何关系、尺寸及基准。

1. 基准

确定平面图形及其要素位置的点和线，如同几何中的坐标系。一般选择较大圆的圆心、较长的水平线、垂直线或对称线作为基准。在平面图形中，长度和宽度方向至少各有一个主要基准，还可能有辅助基准。

2. 几何关系

各要素及它们相互之间的关系，如直线的水平或垂直状态、线段（直线或圆弧）的相切、两直线间的平行或垂直等。

3. 尺寸

要素自身的形状、大小和要素间的相对距离（或角度），如圆弧的半径、线段的长度、圆心的位置、距离等。

图 2-25 所示图形的构形分析：将大圆圆心作为基准，即坐标原点。各要素间的几何关系有：两圆心在同一水平线上、两直线均为公切线，如图 2-25(a)所示。有了几何关系限制，无论如何改变各要素的大小和相对位置，均保持约束关系不变，如图 2-25(b)、(c)所示。在此基础上加入尺寸，就唯一确定了该平面图形，如图 2-25(d)所示。

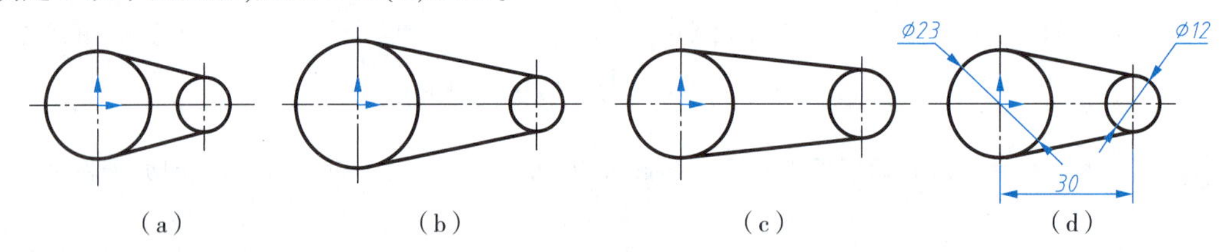

图 2-25　平面图形构形分析

平面图形由于几何关系约束、尺寸数量的不同呈现完全定义、欠定义和过定义等状态。完全定义是指有完整的约束条件和尺寸定义的平面图形，是平面图形唯一确定的状态，如图 2-26(a)所示。欠定义是指没有足够的约束条件和尺寸对平面图形进行全面定义，是平面图形的不确定状态，如图 2-26(b)所示。过定义是指平面图形中存在重复或相互冲突的约束条件或尺寸，是不合理状态，如图 2-26(c)所示应去掉多余的尺寸 64。平面图形设计完成时，图形应该是完全定义的。

二、平面图形的尺寸分析

确定平面图形的任何一个要素都需要一定数量的尺寸或几何关系，例如，确定圆需要圆心坐标 x、y 及半径 R，确定直线则需要直线上一点的坐标 x、y 及直线方向或直线上两点的坐标。在几何关系一定的条件下，尺寸数量决定平面图形的定义状态。平面图形的尺寸按其作用可分为定形尺寸和定位尺寸两类。

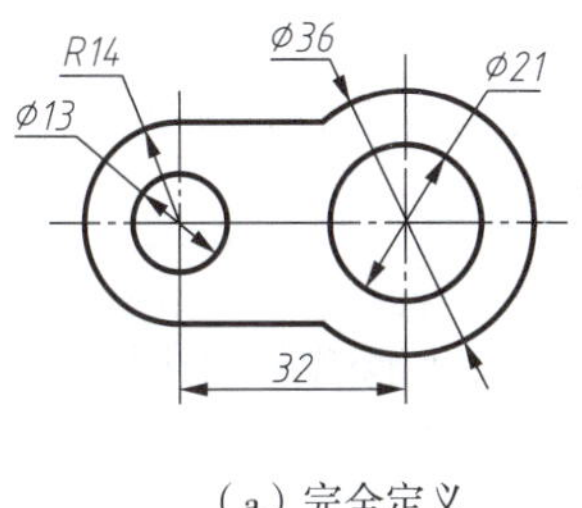

(a) 完全定义

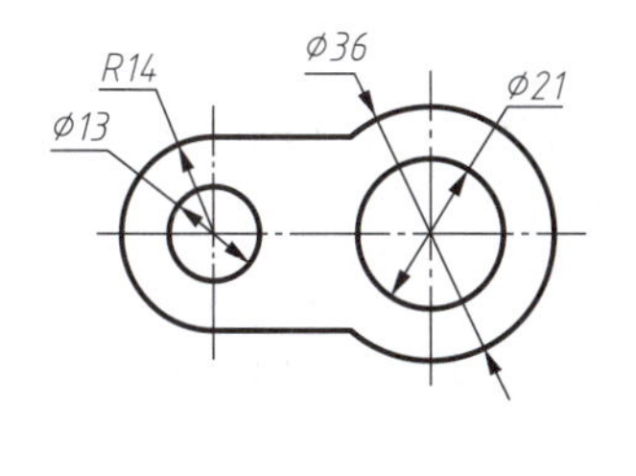

(b) 欠定义

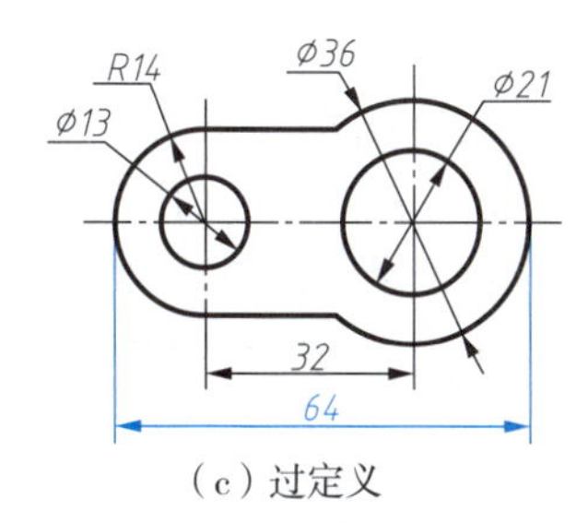

(c) 过定义

图 2-26　平面图形的定义状态

1. 定形尺寸

确定图形形状大小的尺寸称为定形尺寸，如线段长度、圆弧直径或半径、角度的大小等。如图 2-27 中的⌀8、⌀20、*R*15、*R*12、*R*50、*R*10、18 等尺寸。

2. 定位尺寸

确定平面图形各要素之间相对位置的尺寸称为定位尺寸，如圆心位置尺寸等。如图 2-27 中的 8、75、⌀30 等尺寸，其中，尺寸 75 确定圆弧 *R*10 的位置，⌀30 用于确定圆弧 *R*50 的圆心在垂直方向的位置。

图 2-28、图 2-29 所为常见的平面图形尺寸标注实例。

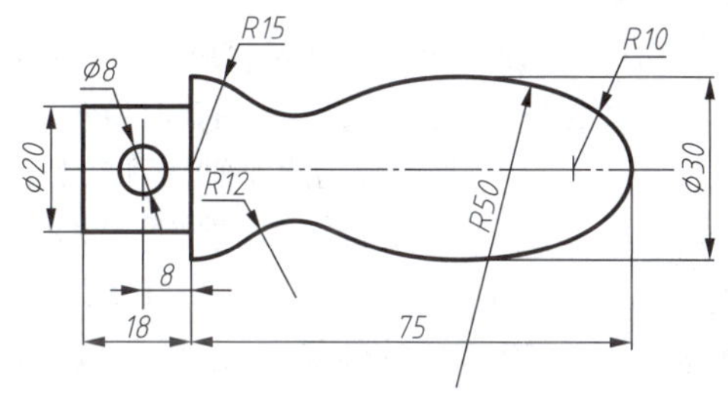

图 2-27　平面图形尺寸分析

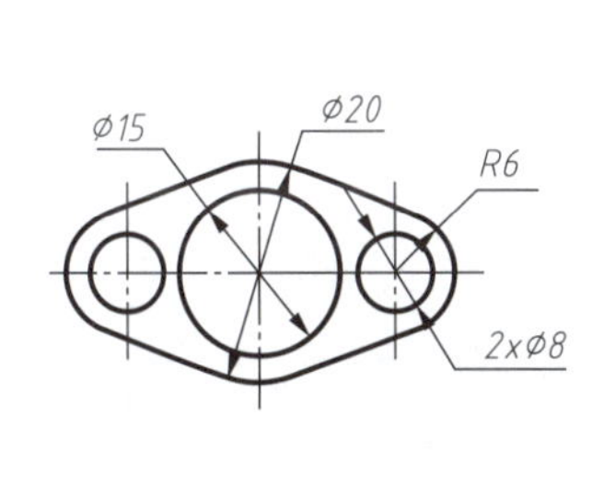

(a) 欠定义

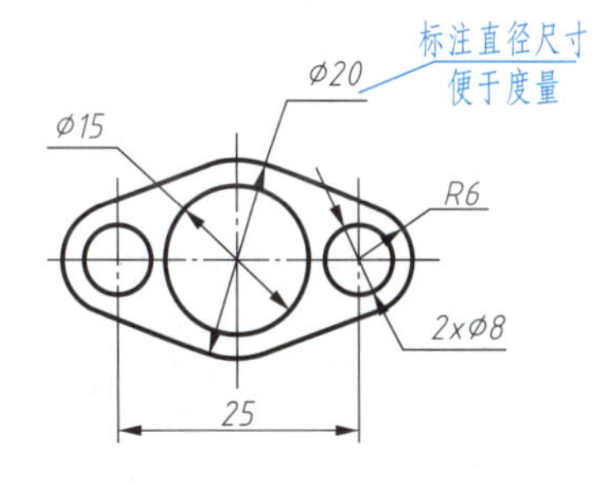

(b) 完全定义

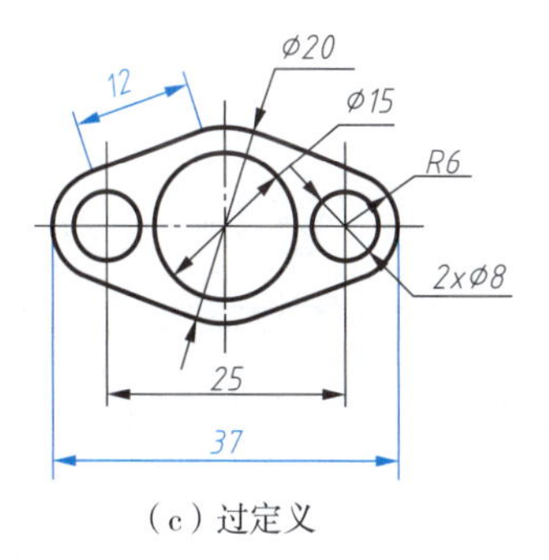

(c) 过定义

图 2-28　平面图形尺寸标注实例(一)

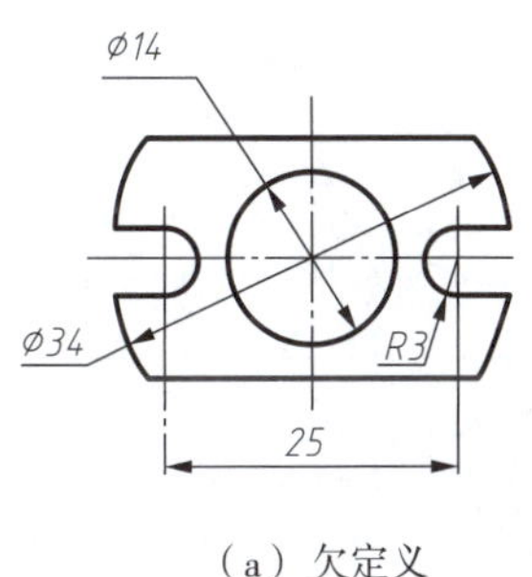

(a) 欠定义

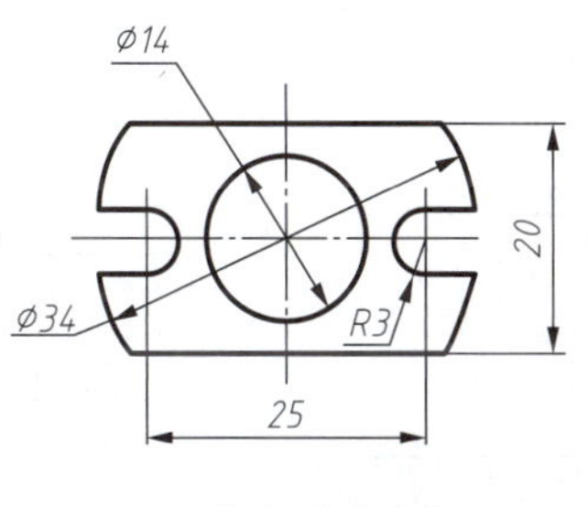

(b) 完全定义

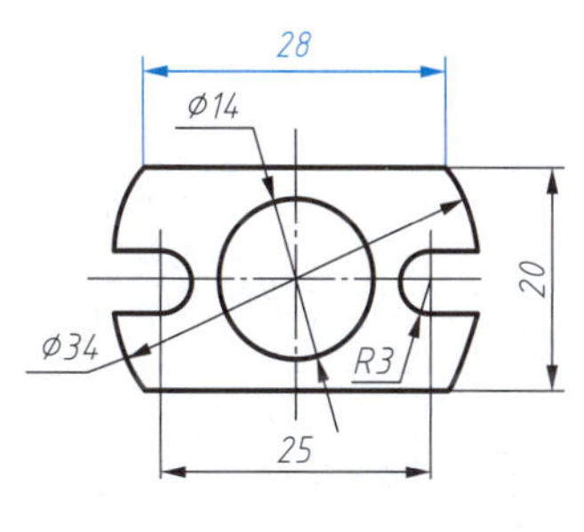

(c) 过定义

图 2-29　平面图形尺寸标注实例(二)

三、平面图形的画图步骤

组成平面图形的各线段根据其尺寸数量的不同可分为已知线段、中间线段和连接线段三种。

1. 已知线段

定形尺寸和定位尺寸全部已知的线段。不依赖于其他任何线段可以直接画出，如图 2-27 中的左端矩形、∅8 的圆及 *R*15、*R*10 的圆弧。

2. 中间线段

定形尺寸已知，缺少一个定位尺寸的线段。需要依赖于一个几何关系才能确定，如图 2-27 中的 *R*50 圆弧。

3. 连接线段

定形尺寸已知，缺少两个定位尺寸的线段。需要依赖于两个几何关系才能确定，如图 2-27 中的 *R*12 圆弧。

在完全定义的平面图形中，两个已知线段之间，可以有任意条中间线段，但必须有且只能有一条连接线段。

绘制平面图形时，应首先分析平面图形的尺寸及其线段，确定基准，然后按照已知线段、中间线段、连接线段的顺序依次作图。图 2-30 所示为平面图形手柄的作图步骤。

扫一扫

图 2-30 平面图形作图步骤

（1）基准线为水平轴线和较长的直线，如图 2-30（a）所示。

（2）画已知线段左端矩形、∅8 的圆及 *R*15、*R*10 的圆弧，如图 2-30（b）所示。

（3）画中间线段 *R*50。利用其与∅30 直线及 *R*10 圆弧相切的几何关系确定其圆心，*R*10 与 *R*50 圆弧的分界点（连接点）在两圆心连线的延长线上，如图 2-30（c）所示。

（4）最后画连接线段 *R*12。利用两个几何关系即与 *R*50 和 *R*15 同时相切确定其圆心，*R*12 与 *R*50、*R*15 圆弧的分界点（连接点）分别在两圆心连线与圆弧的交点处，如图 2-30（d）所示。

（a）确定基准

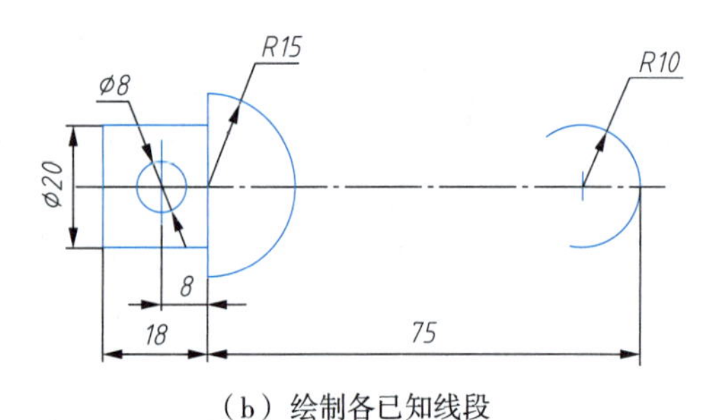

（b）绘制各已知线段

（c）绘制各中间线段

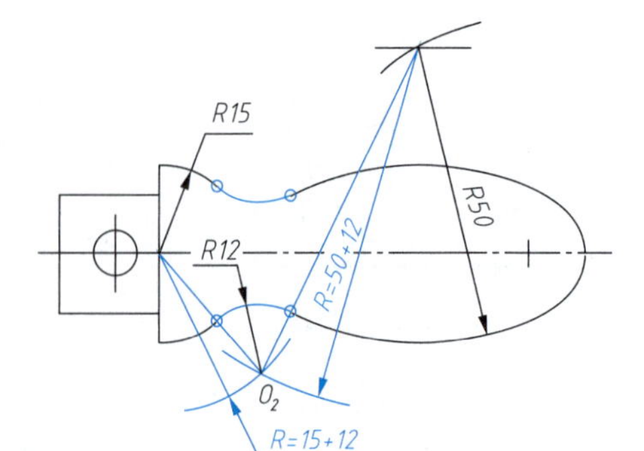

（d）绘制连接线段、完成图形

图 2-30 平面图形作图步骤

四、平面图形的尺寸标注

以图 2-31 为例，介绍平面图形尺寸标注的方法和步骤。首先确定尺寸基准，进行线段分析。图形在水平和竖直方向都是非对称的，因此选择比较重要的直线作为长度和高度方向的尺寸基准。图形中左端矩形、⌀10、⌀20 的圆及 60°倾斜的直线均为已知线段，*R*5 圆弧为中间线段，*R*20、*R*10 圆弧为连接线段，如图 2-31(a)所示。

按已知线段、中间线段、连接线段的顺序标注尺寸，如图 2-31(b)～(e)所示。

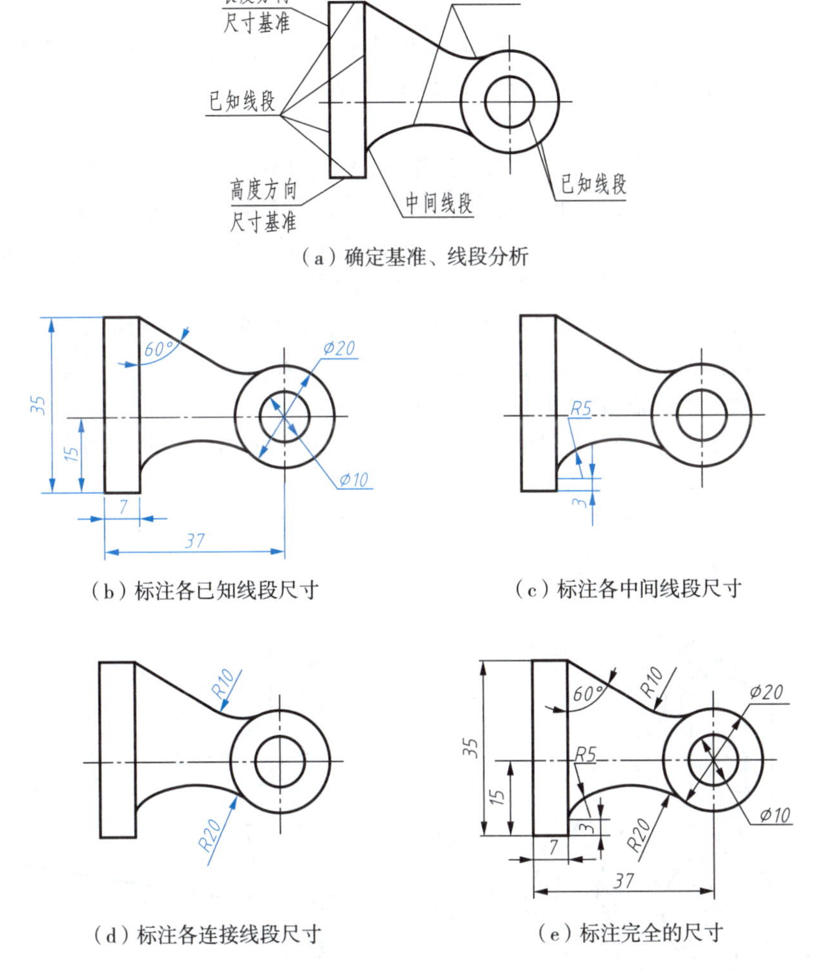

(a) 确定基准、线段分析

(b) 标注各已知线段尺寸

(c) 标注各中间线段尺寸

(d) 标注各连接线段尺寸

(e) 标注完全的尺寸

图 2-31　平面图形尺寸标注步骤

五、平面图形构形设计

平面图形构形设计有以下常用原则：

(1) 构形应表达功能特征。平面图形构形主要用于进行轮廓特征设计，其表达的对象往往是工业产品、设备、工具，如运输设备(车、船或飞行器类)、生产设备、仪器仪表、电器、机器人等。几何图形形状组合的依据，来源于对丰富的现有产品的观察、分析与综合，整个图形的构成应能充分地表达其功能特征。在日常生活中，经常使用的自行车、汽车、家具、家用电器、绘图工具等，都可作为平面图形设计的素材，更多实例如图 2-32 所示。

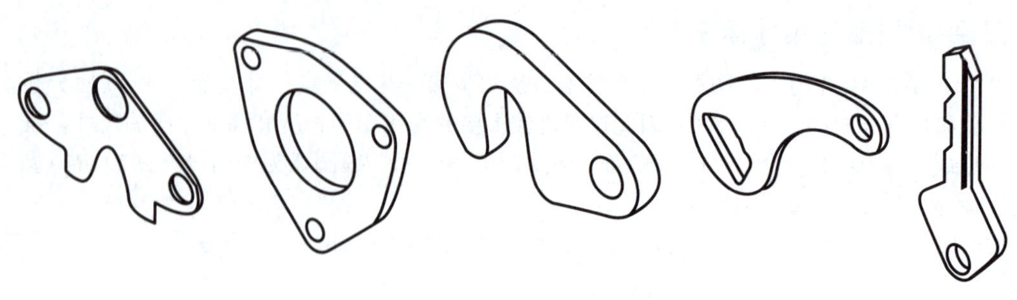

图 2-32　构型设计参考实例

(2)便于绘图与标注尺寸。在平面图形构形设计中,应尽可能考虑用常用的平面图形构成,以便于图形的绘制和标注尺寸。因图形是制造的依据,所以设计的平面图形必须标注全部尺寸,即做到完全定义。

对于非圆曲线(如椭圆)要简化成圆弧连接作图,也必须标注需要的全部特征尺寸。有些工程曲线,如车体、船体、飞行器外形、凸轮外轮廓等需按计算结果绘制,它们往往需要标注若干个离散点的坐标,然后用曲线板逐点光滑连接成轮廓线,这样的过程,对于作图和尺寸标注显然相当复杂。本节的构形设计不是真正的工程设计,已避免采用自由曲线。

总之,构形设计出的平面图形应便于绘制,且容易完整地标注尺寸。构形设计不是一般的美术画,切不可随心所欲地勾画图形,导致需要标注的尺寸繁多,甚至难以注全。一般来说,便于绘制和标注尺寸的图形也便于加工制造,具有良好的工艺性。

(3)注意整体效果。构形设计不仅仅是仿形,更重要的是通过实用、美观、新颖的几何形状设计,培养美学意识、创新能力。因此,在平面图形设计过程中,还应考虑美学、力学、视觉等方面的整体效果。

总之,在构形设计中应积极思考、广泛联想、大胆创造,设计出新颖、富有想象力和寓意的平面图形。平面图形的设计实例如图 2-33 所示。

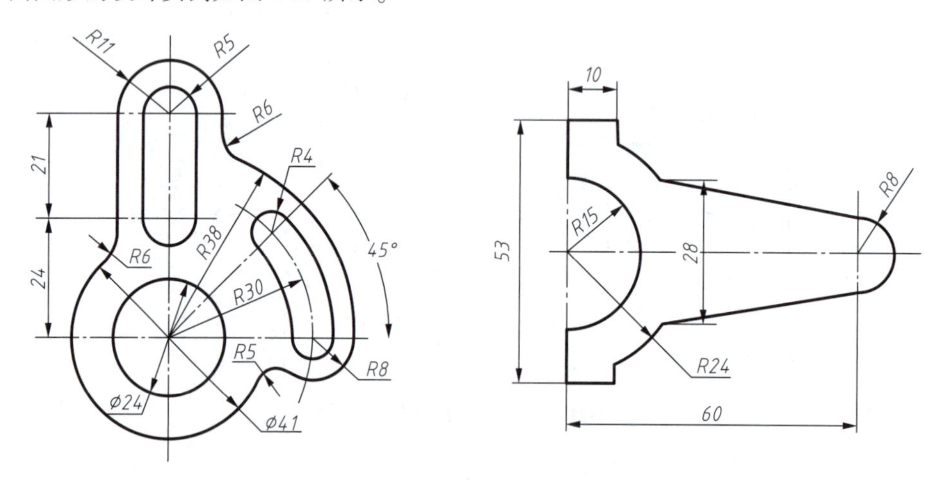

图 2-33　平面图形的设计实例

2.5　手工绘图的方法和步骤

为了满足对图样的不同需求,常用的手工绘图方法有尺规绘图和徒手绘图。为了提高图样质量和绘图速度，不仅要正确使用绘图工具，还必须掌握正确的绘图步骤和方法。

一、尺规绘图的步骤

1. 做好准备工作

将图板、丁字尺、三角板等绘图工具擦拭干净，按不同线型要求削磨好铅笔及圆规铅芯，并调整好圆规脚，备全各种用具。

2. 确定绘图比例及图纸幅面

分析图形，根据图形的大小、复杂程度和数量选取作图比例，确定图纸幅面。选取时应遵守《机械制图》国家标准的相关规定。

3. 固定图纸

用橡皮判断图纸正反面（易起毛的是反面），将图纸平整固定在图板左下方适当位置。图纸上下边应与丁字尺的工作边平行，图纸下边与图板下边的距离大于丁字尺的宽度。

4. 绘制图幅边框、图框及标题栏

在图纸的四周绘制一条粗线，作为图框的边界，线的粗细一般为0.7 mm。标题栏外框线用粗实线绘制，栏内分格线用细实线绘制。在图框的右下角绘制标题栏，如图2-3所示。

5. 布图、绘制底稿

在一张图中，图形应匀称地布置在图框内，并考虑留有注写尺寸和文字说明的位置。布图方案确定后，要画出各个图形的基准线，如对称中心线、轴线及其他主要图线等。绘制底稿时要先画图形的主要轮廓，再画细节部分。

画底稿时不考虑线型，统一使用削尖的2H或H铅笔，按各类图线的长短规格轻轻用细线画出，画线笔迹要尽量细且淡，以便于擦除和修改。

6. 加深图线

底稿完成后要进行仔细检查，确认无误后，进行图线加深。加深粗实线一般用B铅笔及铅芯为2B的圆规；加深虚线、细实线、点画线以及其他各类细线，一般用HB铅笔。加深图线时要用力均匀，同类图线宽度一致、浓淡一致。

加深图线一般应按先曲后直、先实后虚、先粗后细，由上到下、由左到右，所有图形同时加深的原则进行。所有图线加深完后，再画尺寸箭头、注写尺寸数字及符号、填写标题栏及其他文字说明。最后进行全图校核，作必要的修饰。

二、徒手绘图方法

徒手绘制的图样称为草图。徒手绘图是不借助绘图工具，靠目测估计物体各部分的尺寸和比例，徒手绘制图样。草图在工程实践中的用途非常广泛，在讨论设计方案、机器测绘、现场技术交流时，受到现场条件和时间的限制，经常需要徒手绘制草图。

草图绘制对作图纸无特别要求，为了便于控制各部分比例，通常使用方格纸。手握铅笔的位置要比仪器绘图时稍高，以利于运笔及观察目标。笔杆与纸面夹角为45°～60°，执笔要稳而有力。草图一般用HB铅笔绘制，将铅芯修磨成圆锥形。图形中常用的直线和圆的徒手绘制方法如下：

1. 直线的画法

在画直线时，手腕靠近纸面不要转动，眼睛看着画线的终点，轻轻移动手腕和手臂，使笔尖向着要画的方向作近似的直线运动。画长斜线时，为了运笔方便，可以将图纸旋转，使之处于最顺手的方向。画线尽可能靠方格纸上格子的节点定位，尤其是画30°、45°、60°等特殊角度斜线时，可按直角边的近似比例定出端点后连成直线，如图2-34所示。

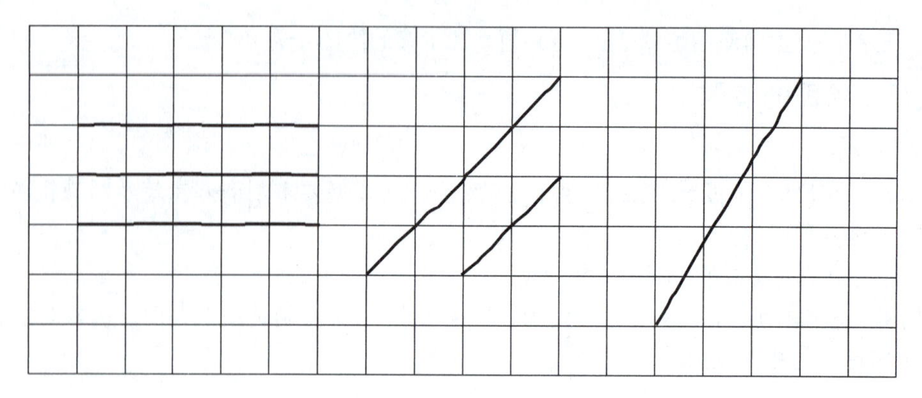

图 2-34　徒手画直线的方法

2. 圆的画法

徒手画圆时，应先定圆心并画两条相互垂直的中心线，再根据半径大小用目测的方法在中心线上定出四点，然后过这四点画圆[见图 2-35(a)]。当圆的直径较大时，可过圆心增画两条 45°斜线，同样目测再定四个点，然后过这八个点画圆[见图 2-35(b)]。

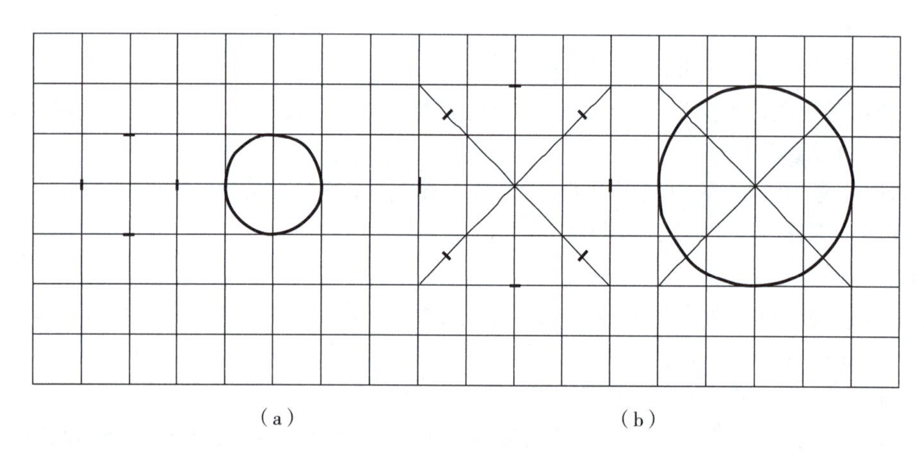

(a)　　　　(b)

图 2-35　徒手画圆的方法

徒手绘图的基本要求是快、准、好。即画图速度要快，目测比例要准，图面质量要好。要求做到投影正确、内容完整、图形清晰无误、图线正确、线型分明、比例匀称、字体工整、图面整洁。

2.6　计算机平面图形绘制基础

计算机绘图是计算机辅助设计与制造的重要组成部分，这种方法作图精度高，出图速度快，可以大大缩短产品的设计过程，提高工作效率，是企业信息化中不可缺少的重要环节。

AutoCAD 是美国 Autodesk 公司于 1982 年推出的交互式图形绘制软件，具有使用方便、易于掌握等特点，是最早得到普及应用的计算机辅助设计软件。随着计算机技术的飞速发展，AutoCAD 也经过多次版本升级，功能不断强大和完善，是目前使用最为广泛的计算机辅助设计软件之一。

本节简要介绍 AutoCAD 2023 中文版的基本绘图功能，并以实例说明绘制平面图样的方法，引导初学者快速入门。因篇幅所限，无法对所有命令做详细介绍，更多功能和应用可查阅相关书籍。

一、AutoCAD 2023 简介

1. AutoCAD 2023 用户界面

启动 AutoCAD 2023 软件后，即进入 AutoCAD 的绘图环境，默认的用户操作界面是基于“草图与注释”工作空间的操作界面，如图 2-36 所示。AutoCAD 2023 预设了三种工作空间，可点击右下角“切换工作空间”按钮⚙，以得到更加便于工作的操作界面。用户也可以根据具体的任务需要，自行调整菜单栏、工具栏、选项板的内容，建立自定义的工作空间。

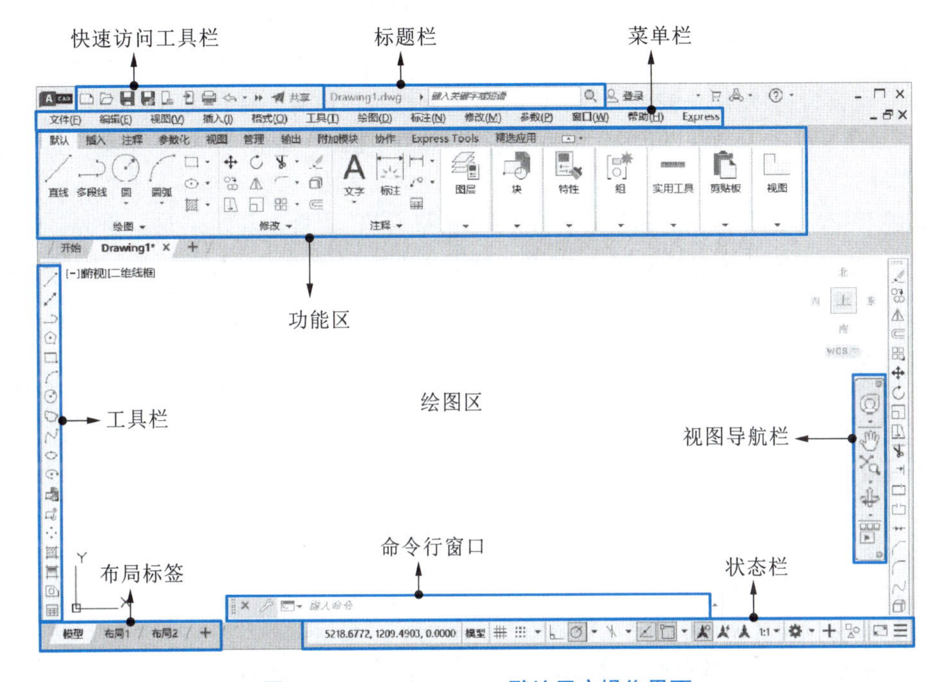

图 2-36　AutoCAD 2023 默认用户操作界面

(1)标题栏：位于应用程序窗口的顶部，显示当前载入的文件名。在启动 AutoCAD 2023 软件后新建的默认文件名为 Drawing1. dwg 。

(2)菜单栏：在初始界面中处于隐藏状态，可通过单击快速访问工具栏最右侧按钮调出，菜单栏中几乎包含了 AutoCAD 的所有绘图命令。还可以通过右击弹出快捷菜单(光标菜单)，光标菜单提供的命令与光标的位置及 AutoCAD 的当前状态有关。

(3)功能区：功能区中包括“默认”“插入”“注释”“参数化”等一系列选项卡，并集成了相关的操作工具，可以通过单击不同的选项卡切换相应的显示面板。用户可以单击选项卡后的按钮，控制显示面板的展开与收缩。

(4)工具栏：在菜单栏中选择“工具”→“工具栏”→“AutoCAD”命令，可以调出需要的工具栏，工具栏是对功能区中相应选项板内容的展开显示，更加方便用户的操作。工具栏是浮动的，单击工具栏的边界并按住鼠标左键，即可把工具栏拖到窗口中的任意位置，绘图时应根据需要打开当前使用或常用的工具栏。一般情况下，用户比较习惯按照 AutoCAD 的经典模式布置工具栏。在经典模式中，“绘图”工具栏位于用户界面左侧，“修改”工具栏位于用户界面右侧，“标准”“样式”“特性”“图层”四个工具栏位于绘图区上方，如图 2-37 所示。

(5)绘图区：是用户的绘图区域，如同手工绘图所需的图纸，用户可在该区域内绘制、编辑图形文件。绘图区没有边界，利用视窗导航栏的功能，可使绘图区任意移动或无限缩放。

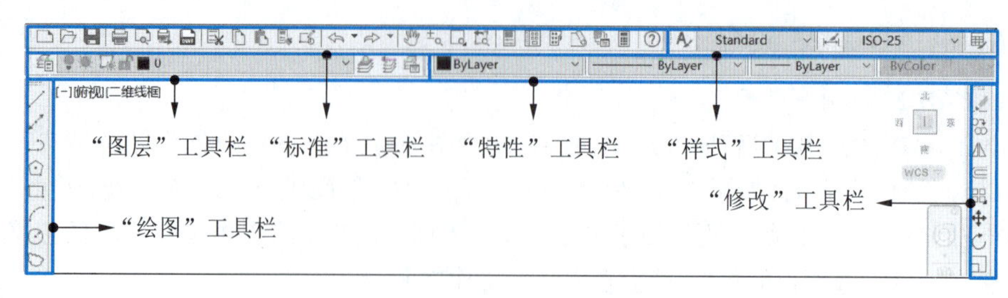

图 2-37　AutoCAD 经典模式

(6)视图导航栏：方便用户对绘图区进行平移、缩放，可动态观察三维立体或创建动画演示。

(7)命令行窗口：显示用户输入命令、命令提示、人机对话内容。在执行 AutoCAD 某些命令时，会自动切换到命令提示区，列出相关提示，用户应时刻关注在命令提示区出现的信息，不必死记硬背命令的操作过程。

(8)状态栏：位于用户操作界面的最底部，可单击最右侧的“自定义”按钮☰，更改显示的内容。其左侧显示当前光标所处位置的坐标值，其余为辅助绘图工具的控制按钮，通过这些按钮可以控制图形或绘图区的状态。

2. 命令的输入方式

AutoCAD 通过执行各种命令实现图形的绘制、编辑、标注、保存等功能。命令的输入方式有以下六种：

(1)在菜单栏中选择相应的输入命令。

(2)在功能区单击相应的按钮输入命令。

(3)在工具栏中单击相应的按钮输入命令。

(4)在命令行窗口输入命令。

(5)按【Space】键或【Enter】键可重复调用上一命令。

(6)在右击快捷菜单中选择所需命令。

若需结束一个命令，可按【Enter】键、【Space】键、【Esc】键或右击选择“确定”命令。

无论通过何种命令输入方式完成命令输入后，在命令提示区都会显示下一步操作的提示，用户可通过命令提示区进行人机对话。对于用户来说，特别是初学者，在不熟悉命令操作程序的情况下，认真查看命令提示是十分必要的。

3. 坐标的输入方式

AutoCAD 提供了世界坐标系(WCS)和用户坐标系(UCS)。由于用户坐标系可以移动原点的位置和旋转坐标系的方向，在三维绘图时很有用。在二维绘图时，则广泛使用世界坐标系。世界坐标系中，X 轴表示界面的水平方向，向右为正；Y 轴表示界面的垂直方向，向上为正。通过键盘输入点坐标的方式有以下四种，如图 2-38 所示。

(1)绝对直角坐标的输入格式：X,Y。X、Y 为输入点相对于原点的坐标值，坐标数值之间用逗号“,”(半角)分隔，如“50,50↙”，↙符号代表按一次【Enter】键。

(2)绝对极坐标的输入格式：$r<\alpha$。r 为该点与坐标原点的距离，α 为该点与 X 轴正向的夹角，逆时针为正，两值之间用“<”符号分隔，如“100<30↙”。

(3)相对直角坐标的输入格式：@ X,Y。X、Y 为输入点相对于前一输入点的坐标差值，即在水平和竖直方向的位移，如“@ 50,50↙”。

(4)相对极坐标的输入格式：@ $r<\alpha$。r 为该点相对于前一点的距离，α 为两点连线与 X 轴正向的夹角，如“@ 100<30↙”。

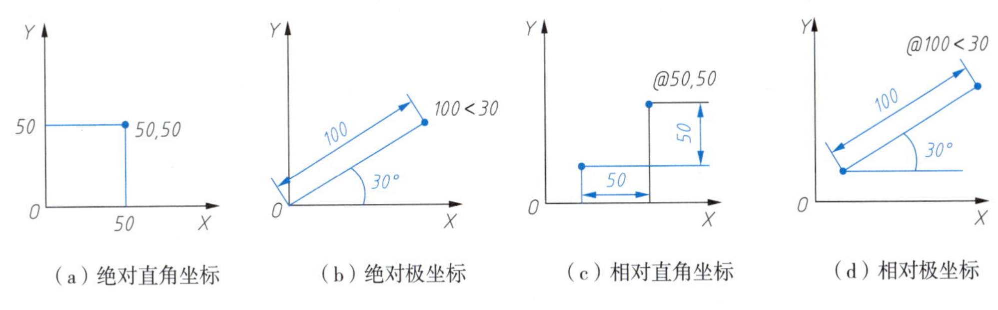

（a）绝对直角坐标 （b）绝对极坐标 （c）相对直角坐标 （d）相对极坐标

图 2-38 键盘输入点坐标

二、平面图形绘制

1. 绘图环境的设置

利用 AutoCAD 在界面上绘图就如同用工具在图纸上画图一样，要选择合适的图纸幅面，设置好需要的线型、颜色、文字和尺寸样式等，这些内容便构成了初始的绘图环境。可将常用的绘图环境保存为样板文件，每次绘图时直接调用，这样既可省去重复设置的麻烦，又可以保持图样特性的一致。

1）绘图单位设置

在菜单栏中选择“格式”→“单位”命令，或在命令行中输入：Units↙，弹出图 2-39 所示的“图形单位”对话框。在该对话框中通常可采用系统默认值，即国家标准规定的图形单位和精度。

2）图幅设置

在菜单栏中选择“格式”→“图形界限”命令，或在命令行中输入：Limits↙，按命令提示区显示的提示，分别输入图幅左下角和右上角点的坐标。图幅设置的系统默认值为 A3 幅面，即左下角坐标（0，0），右上角坐标（420，297）。图幅设置后，为绘图方便，需将整个绘图范围全屏显示，可单击“标准”工具栏上的“全部缩放”按钮，或在视图导航栏中选择此缩放方式。

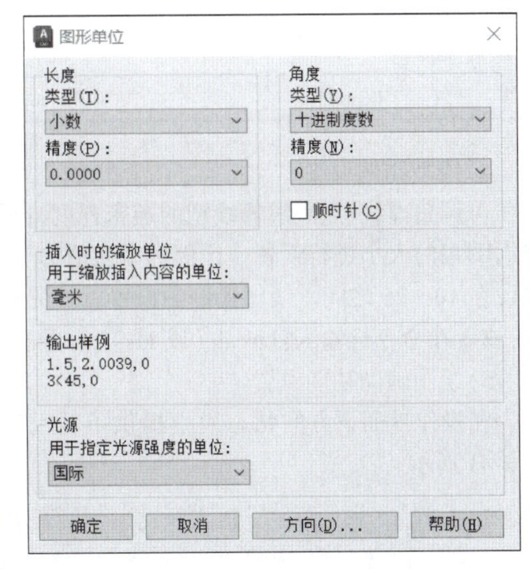

图 2-39 “图形单位”对话框

3）图层设置

AutoCAD 将图线放在图层中管理，图层相当于零厚度的透明纸，把图形中的不同图线分别画在不同的层中，再将这些层重叠在一起就是一张完整的图纸。图层中可以设定颜色、线型及线宽等属性，也可以设定图层开/关、冻结/解冻、锁定/解锁、打印/不打印等状态。通过对图层的操作，可以实现不同图线的分类统一管理。

图层的设置方式为在菜单栏中选择“格式”→“图层”命令，或单击“图层”工具栏的“图层特性管理器”按钮，弹出图 2-40 所示图层特性管理器，即可新建图层、设置当前图层、删除指定层或修改图层的状态、颜色、线型、线宽等参数。常见属性含义如下：

（1）关闭。图层被关闭后，层内图形不显示。

（2）冻结。图层被冻结后，层内图形不显示，也不会被扫描。

（3）锁定。图层被锁定后，层内图形可见，但不能编辑。

(4)不打印。设置后层内图形不能被打印，但只对可见图层有效，对被冻结或关闭的图层不起作用。

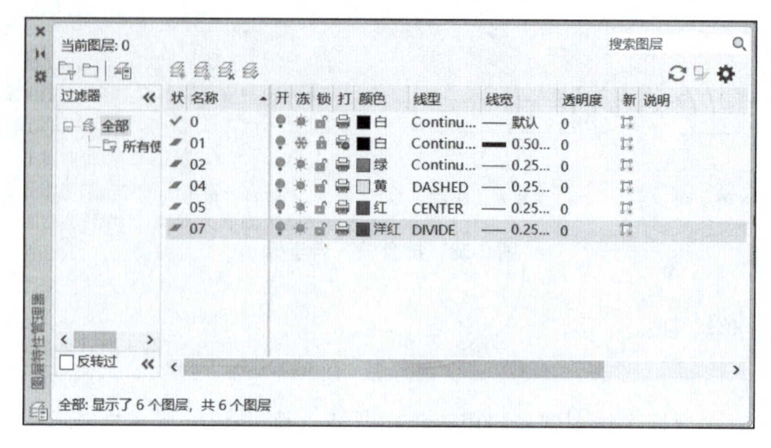

图 2-40　图层特性管理器

国家标准《CAD 工程制图规则》(GB/T 18229—2000)规定了图层的各项属性。常用图线的颜色及其对应图层见表 2-5。

表 2-5　常用图线的颜色及其对应图层

图　线	粗实线	细实线	波浪线	双折线	细虚线	细点画线	细双点画线
颜　色	白	绿			黄	红	粉红
层　号	01	02			04	05	07
线　型	Continuous	Continuous			Dashed	Center	Divide

4)线型比例设置

可调整虚线、点画线等线型的疏密程度，比例太大或太小都会使虚线、点画线看上去是实线，需根据图幅的大小进行设置。比例的默认值为 1，当图幅较小时可设置为 0.5 左右，图幅较大时比例值可设在 10～25 之间。线型比例的设置方式是：在菜单栏中选择“格式”→“线型”→“显示细节”命令，或者在命令行输入：Ltscale(或 Lts)↙，再根据提示输入适当的比例数值。

5)绘图辅助功能设置

在操作界面下方的状态栏中提供了辅助绘图的功能按钮，高亮显示为开启状态，具体功能如图 2-41 所示。

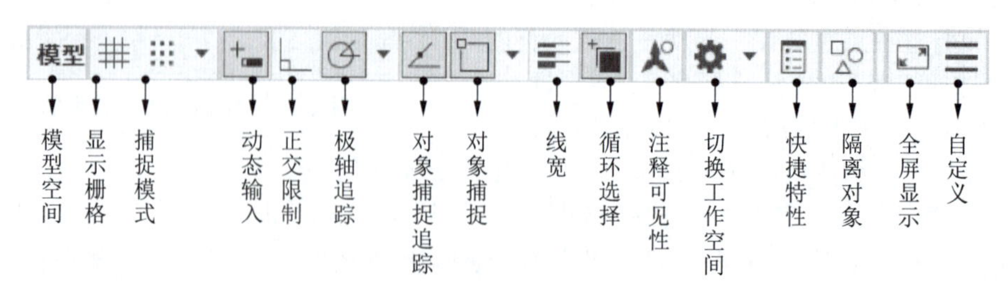

图 2-41　绘图辅助功能

(1)捕捉模式：为鼠标移动设定一个固定步长。在“绘图”命令下，光标移动距离总是步长的整数倍，以提高速度和精度。

(2)栅格显示：可以使绘图区域显示指定间距的栅格点，类似于方格纸。栅格点是一种辅助定位图形，不是图形对象，不能被打印输出。当采取栅格和捕捉模式配合使用时，对于提高绘图精度有重要作用。

(3)正交模式：控制绘制图线方向为水平或垂直，常用于使用鼠标画水平或垂直线的情况。

(4)极轴追踪模式：控制绘制图线的角度按用户设定的角度增量增加。

(5)对象捕捉：精确定位已有图形上的某些特殊几何位置点，如端点、中点、圆心、交点、垂足等，如果捕捉点设置得太多，会在绘图中影响捕捉的准确性，因此可根据当前的绘图需要灵活更改捕捉点的设置。

(6)对象捕捉追踪：与“对象捕捉”配合使用，将会在光标移动时显示捕捉点的对齐路径。

(7)循环选择：当需要选择相邻或者相互重叠的对象时通常是比较困难的，开启该功能再选择重叠对象时，系统会弹出可选的选择项。也可以按住【Shift+Space】组合键，同时用光标重复单击所选对象，此时被选中的实体将在互相重叠的对象中循环切换。

绘图辅助命令是透明命令，可以在执行任何一个命令的过程中插入执行，完成后又恢复到执行原命令状态。为保证方便、快捷地绘图，推荐启动极轴、对象捕捉、对象追踪模式。

6)文本设置

根据国家标准中有关字体的规定，通常可创建“汉字”和“字母和数字”两种文字样式，分别用于文字书写和尺寸标注。在菜单栏中选择“格式”→“文字样式”命令，或在命令行输入：Style↙，也可以在“样式”工具栏中单击“文字样式”按钮，弹出“文字样式”对话框，如图2-42所示。单击“新建”按钮可设置新的文字样式名称，字体采用国家正式推行的简化字，高度等参数按国家标准设置，见表2-6。

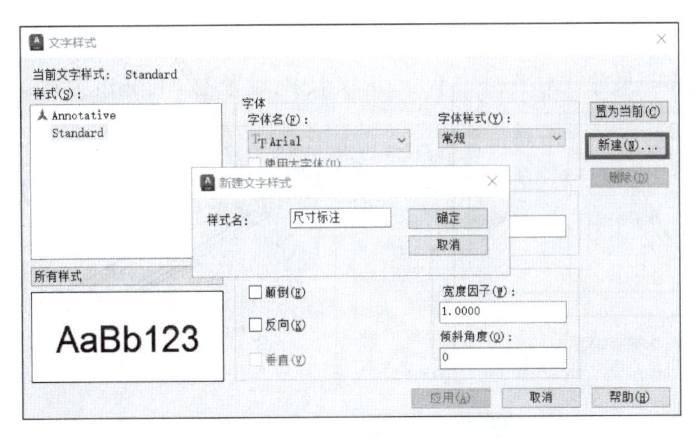

图2-42　“文字样式”对话框

表2-6　字体高度与图纸幅面之间的选用关系　　单位：mm

字符类别	图幅				
	A0	A1	A2	A3	A4
字母与数字高度	5		3.5		
汉字高度	7		5		

7)标注样式设置

用于控制标注的外观，如箭头样式、文字位置和尺寸精度等。用户可以自行创建标注样式，快速指定标注格式，以确保标注格式符合标准。

在菜单栏中选择“标注”→“标注样式”命令,或单击“标注”工具栏上的按钮,弹出“标注样式管理器”对话框,如图 2-43 所示。通常在 ISO-25(国际标准)的基础上新建样式,分别用于标注线性尺寸、非圆的线性尺寸及角度尺寸,单击“新建”按钮,弹出“创建新标注样式”对话框。

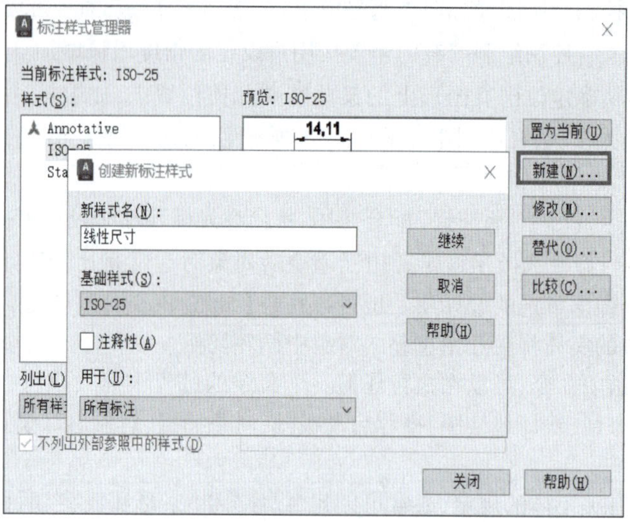

图 2-43 “标注样式管理器”对话框

输入新样式名,单击“继续”按钮可在弹出的“新建标注样式:线性尺寸”对话框中对新样式进行具体的设置,如图 2-44 所示。通常对其中的“线”“符号和箭头”“文字”及“主单位”选项卡进行设置,设置值与所绘图幅大小有关。以 A4 图幅为例,对“线性尺寸”的标注样式可设置为:“线”选项卡中,尺寸界线超出尺寸线值设为 2;“符号和箭头”选项卡中箭头大小设为 3.5;“文字”选项卡中,文字高度设为 3.5,字体与尺寸线对齐;“主单位”选项卡中,设置主单位精度为 0。

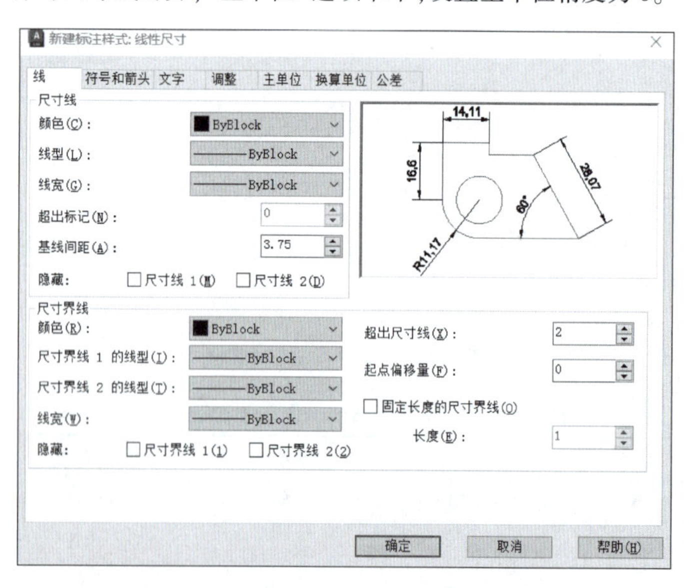

图 2-44 “新建标注样式:线性尺寸”对话框

对有特殊标记的尺寸标注样式,可在“主单位”选项卡中的“前缀”文本框中添加符号。例如,要在尺寸数字前面添加符号⌀,可在此处添加“%%c”;在“角度尺寸”标注样式中修改“文字”选项卡,字体对齐方式选择“水平”即可。

2. 基本绘图命令

AutoCAD 的图形由直线段、圆及圆弧等基本图形元素组成，调用常见绘图命令的方法有：单击“绘图”工具栏的相应按钮；在菜单栏中选择“绘图”命令；在命令提示区输入命令。应用常见基本绘图命令绘制简单图形的方法见表 2-7。

表 2-7 常见基本绘图命令操作方法

按钮/命令/功能	操作实例	
Line 绘制直线段	命令: _Line↙ 指定第一点: 100,100↙ 指定下一点或 [放弃(U)]:@ 50,0↙ 指定下一点或 [放弃(U)]:@ 50<120↙ 指定下一点或 [闭合(C)/放弃(U)]:C↙	(@50<120) (100,100) (@50,0)
Pline 绘制多段线	命令: _Pline↙ 指定起点:100,100↙ 指定下一个点或 [圆弧(A)/闭合(C)…]:@ 50,0↙ 指定下一点或 [圆弧(A)/闭合(C)…]:A↙ 指定圆弧的端点或[角度(A)/圆心(CE)…]:@ 0,-30↙ 指定圆弧的端点或[角度(A)…直线(L)]:L↙ 指定下一点或 [圆弧(A)/闭合(C)…]:@ -50,0↙ 指定下一点或 [圆弧(A)/闭合(C)…]:A↙ 指定圆弧的端点或[角度(A)/圆心(CE)/闭合(CL)…]:CL↙	50 R15 M
Rectang 绘制矩形	命令: _Rectang↙ 指定第一个角点或 [倒角(C)/标高(E)/圆角(F)/厚度(T)/宽度(W)]: 100,100↙ 指定另一个角点或 [面积(A)/尺寸(D)/旋转(R)]: @ 50,25↙	50 25 (100,100)
Circle 绘制圆	命令: _Circle↙ 指定圆的圆心或 [三点(3P)/两点(2P)/切点、切点、半径(T)]: 100,100↙ 指定圆的半径或 [直径(D)] <25.0000>: 25↙	R25 (100,100)
Polygon 绘制正多边形	命令: _Polygon↙ 输入边的数目 <4>: 5↙ 指定正多边形的中心点或 [边(E)]:100,100↙ 输入选项 [内接于圆(I)/外切于圆(C)] <I>: ↙ 指定圆的半径: 25↙ 注:若已知外切圆半径则输入选项 [内接于圆(I)/外切于圆(C)] <I>:C↙	R25 (100,100)

3. 基本编辑命令

当用户对图形进行编辑时，需要选择编辑对象，下面介绍几种最常用的对象选择方法。

(1)点选方式：直接用光标拾取要选定的实体。这种方式一次只能选择一个实体，若有相互重叠的对象则可开启状态栏的“循环选择”模式。

(2)窗口方式:当需要选择多个实体,且位置比较集中时,可用光标在界面上拾取矩形框的两个对角点以选取框内的对象,也可以用拖动光标的方式形成一个任意形状的选择窗口。从左向右形成的窗口(窗口选择)将会选中完全包含在窗口内的对象,从右向左形成的窗口(交叉窗口选择)会选中窗口内以及和窗口边界相交的全部对象。

(3)圈围/圈交方式:类似于窗口方式,用光标拾取多个点围成一个多边形确定选择范围,“圈围”可选中全部包含在多边形内的对象,“圈交”可选中全部包含以及与多边形边界相交的对象。进入对象选择状态后,在命令行输入 “wp↙”或“cp↙”,即可进入这种选择方式。

(4)栏选方式:可以绘制任意的线,不需要构成封闭图形,与这些线相交的对象都会被选中。进入对象选择状态后,在命令行输入“f↙”,即可进行栏选。

常见编辑命令的按钮、功能以及编辑简单图形的方法见表 2-8。

表 2-8 常见编辑命令操作方法

按钮/命令/功能	操作实例	
Erase 删除	命令: _Erase↙ 选择对象:(选取虚线) 选择对象:↙或右击	
Copy 复制	命令: _Copy↙ 选择对象: (选取圆) 选择对象:↙或右击 指定基点或 [位移(D)/模式(O)] <位移>: (捕捉圆心) 指定第二个点或 <使用第一个点作为位移>(捕捉十字中心点)	
Mirror 镜像	命令: _Mirror↙ 选择对象: (选取圆) 选择对象:↙或右击 指定镜像线的第一点: (捕捉直线上端点) 指定镜像线的第二点: (捕捉直线下端点) 要删除源对象吗? [是(Y)/否(N)] <N>:↙	
Offset 偏移	命令: _Offset↙ 指定偏移距离或[通过(T)/删除(E)/图层(L)]<2.0000>:↙或输入数值 选择要偏移的对象,或[退出(E)/放弃(U)]<退出>:(选取圆) 指定要偏移的那一侧上的点,或[退出(E)/多个(M)/放弃(U)]<退出>:(单击圆的外侧)	
Move 移动	命令: _Move↙ 选择对象: (选取圆) 选择对象:↙或右击 指定基点或[位移(D)] <位移>:(捕捉圆心) 指定第二个点或<使用第一个点作为位移>:(捕捉右侧十字中心点)	

续上表

按钮/命令/功能	操作实例	
 Rotate 旋转	命令：_Rotate↙ 选择对象：(全部框选) 选择对象：↙或右击 指定基点：(捕捉圆心) 指定旋转角度，或［复制(C)/参照(R)］<0>:90↙	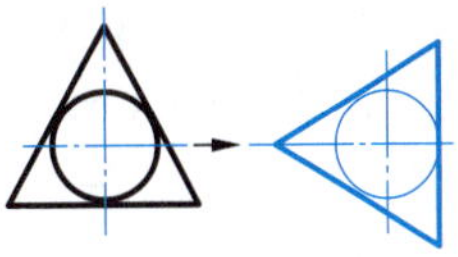
 Trim 修剪	命令：_Trim↙ 选择剪切边…选择对象或 <全部选择>：(选取细实线) 选择对象：↙ 选择要修剪的对象，或按住 Shift 键选择要延伸的对象，或［栏选(F)/窗交(C)/投影(P)/边(E)/删除(R)/放弃(U)］：(选取直线多余部分)↙	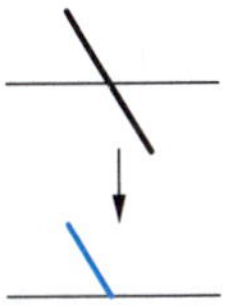
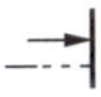 Extend 延伸	命令：_Extend↙ 选择对象或<全部选择>：(选取细实线) 选择对象：↙ 选择要延伸的对象，或按住 Shift 键选择要修剪的对象，或［栏选(F)/窗交(C)/投影(P)/边(E)/放弃(U)］：(选取直线)↙	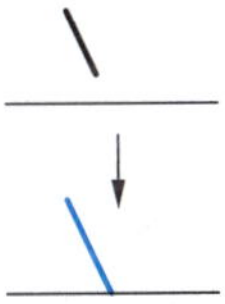

三、绘图实例

1. 创建 A4 样板文件

例2-4　设置合适的绘图环境，绘制 A4 图框，创建 A4 样板文件，如图 2-45 所示。

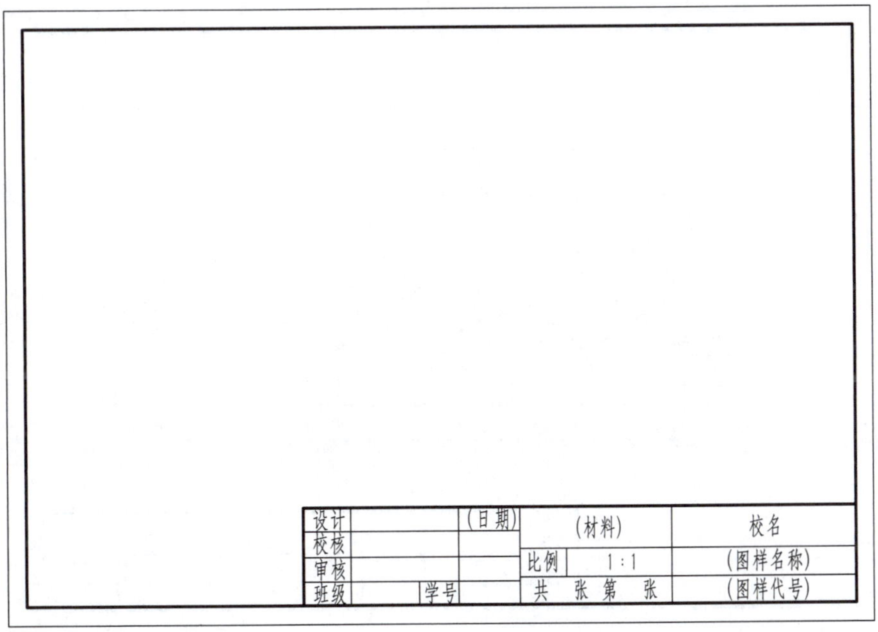

设计		(日期)	(材料)	校名
校核				
审核			比例　1:1	(图样名称)
班级	学号		共　张　第　张	(图样代号)

图 2-45　A4 样板图

1）创建 A4. dwt 文件

启动 AutoCAD 2023 软件，在菜单栏中选择“文件”→“新建”命令，或单击“标准”工具栏中的“新建”按钮，在弹出的“选择样板”对话框中选择 acadiso. dwt 默认样板，打开一张新图，单击“保存”按钮，选择保存类型为“AutoCAD 图形样板文件（*. dwt）”，并命名当前文件为“A4”。

2）设置绘图环境

按上文介绍的方法，完成“绘图单位”“图幅”“图层”“线型比例”“文本”“尺寸标注样式”等绘图环境的设置。

3）绘制图幅边界、图框和标题栏

（1）绘制图幅边界线。设“02”细实线层为当前层，在菜单栏中选择“绘图”→“矩形”命令，或单击“绘图”工具栏中的“矩形”按钮，按命令提示区显示的提示，分别输入图幅左下角（0,0）和右上角（297,210）的坐标。

（2）绘制图框线。设“01”粗实线层为当前层，单击“矩形”按钮，分别输入左下角（5,5）和右上角（292,205）的坐标。

（3）绘制标题栏。单击状态栏中的“对象捕捉”按钮，将对象捕捉激活，单击“矩形”按钮，捕捉图框右下角点作为矩形起始输入点，输入相对坐标点（@ -180,30）作为矩形左上角点，绘制出标题栏外框；进入“02”细实线层，在菜单栏中选择“绘图”→“直线”命令，或单击“绘图”工具栏上的“直线”按钮，绘制标题栏内部表格线。

（4）输入文本内容。设“02”细实线层为当前层，在菜单栏中选择“绘图”→“文字”→“多行文字”命令，或单击“绘图”工具栏中的“多行文字”按钮 A，按命令提示区显示的提示，输入文字的位置或高度、角度等参数，再输入标题栏中的文字内容。如果需要修改，可双击文字，在功能区的文字编辑器中修改。

4）保存并退出

单击“保存”按钮，将绘制好的图形保存，生成 A4. dwt 样板文件，如图 2-45 所示。

扫一扫

例 2-5

2. 平面图形绘制

例 2-5 完成图 2-46 所示平面图形的绘制，并标注尺寸，保存为 LX1. dwg 文件。

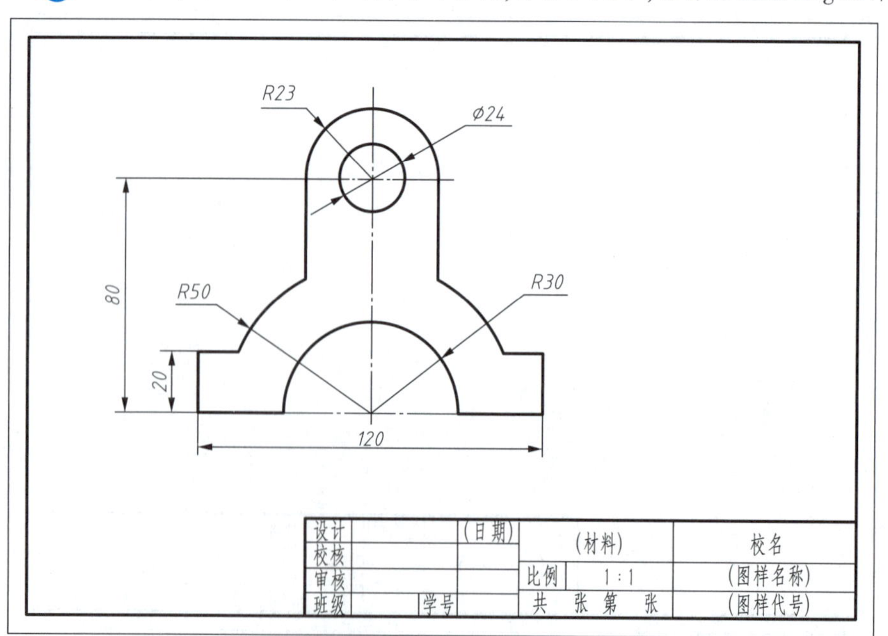

图 2-46 平面图形绘制

1）调用 A4. dwt 样板图，创建 LX1. dwg 为当前图形文件

单击“新建”按钮，在“选择样板”列表框中选择 A4. dwt 文件。单击“保存”按钮，在弹出的对话框中，将文件命名为“LX1”，文件类型为“ *. dwg”，单击“保存”按钮，进入“LX1. dwg 图形文件”的绘图状态。

2）平面图形的绘制

（1）设“05”细点画线层为当前层，状态栏中“正交”按钮为激活模式，用“直线”命令绘制⌀24 圆孔的中心线。中心线位置不必输入具体坐标值，只需在图幅中的适当位置单击选定即可。图形最下方水平基准线的绘制，可使用“偏移”命令，给定偏移距离 80，并将“偏移”得到的点画线转换为“01”粗实线层的线段，如图 2-47（a）所示。

（2）设“01”粗实线层为当前层，激活“对象捕捉”模式，使用“圆”命令，用捕捉方式确定圆心，按命令提示区的提示输入半径值，分别绘制 *R*50、*R*30、*R*23、*R*12 四个圆，如图 2-47（b）所示；使用“修剪”命令，以线段 *12* 和与其相交的小圆为剪切边，修剪多余线段和圆弧，并在下方补画中心线，如图 2-47（c）所示。

（3）使用“偏移”命令，绘制与水平直线平行且相距为 20 的直线及与竖直中心线平行且相距为 60 的两条平行线（平行线相距 120），如图 2-47（d）所示。使用“修剪”命令，选择线段 *12*、*34* 和圆弧 *56* 为剪切边，修剪掉多余线段，并将左右线段转换到粗实线层，如图 2-47（e）所示。

（4）激活“正交”“对象捕捉”模式，使用“直线”命令，捕捉 *3* 点为直线的起点，垂直向下画直线并与半径为 *R*50 的圆相交，同样方法绘制对称的直线，如图 2-47（f）所示。使用“修剪”命令，选择线段 *34*、*56* 及大圆弧为剪切边，修剪掉多余线段和圆弧，完成平面图形，如图 2-47（g）所示。

（5）设“08”尺寸层为当前层，标注图形尺寸。标注线性尺寸时，须激活“对象捕捉”模式，捕捉尺寸标注的起始、终止点。标注并调整好尺寸位置，结果如图 2-47（h）所示。

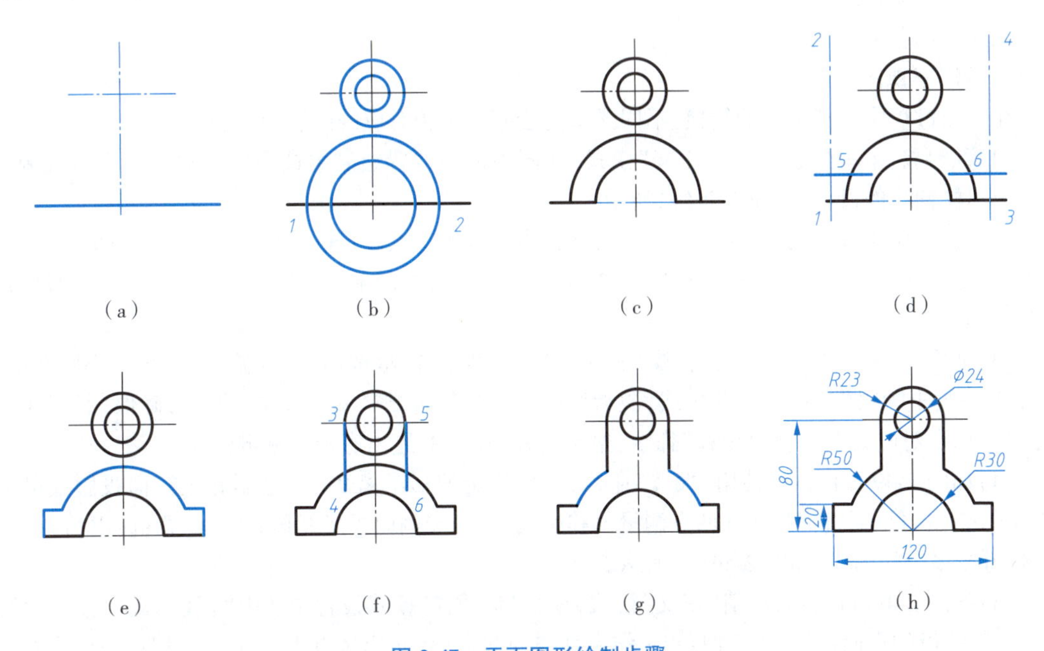

图 2-47　平面图形绘制步骤

绘制图形时，应避免使用“绝对坐标”绘制图线。充分利用图形元素间的相对位置关系，灵活运用绘图命令和辅助绘图工具，将简化绘图步骤，提高绘图效率。绘制任一图形的方法步骤是多种多样的，需要在实践中不断地积累经验，掌握绘制平面图形的方法和技巧。

3. 三视图绘制

例 2-6 绘制图 2-48 所示的组合体三视图，并标注尺寸，保存为 LX2. dwg 文件。

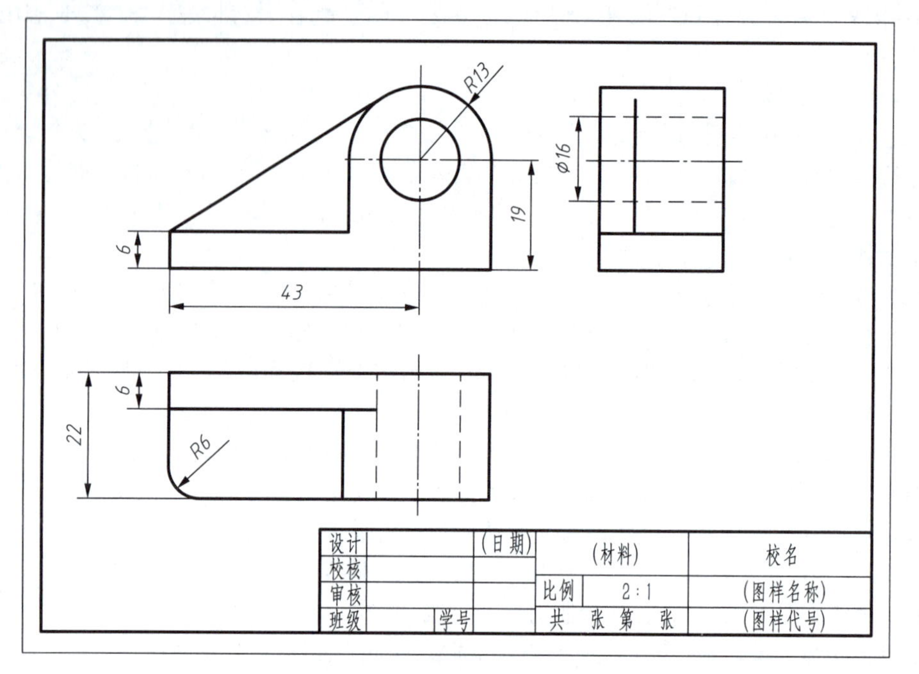

图 2-48 三视图绘制

1）调用样板图

调用 A4 样板图，创建 LX2. dwg 为当前图形文件。

2）绘制三视图

在绘图过程中注意图层的转换，不同线型的绘制要在相对应的图层中绘制。

（1）绘制视图基准线。激活“正交”模式，在图中适当位置绘制主视图中的对称中心线及俯、左视图中圆柱轴线的投影，如图 2-49(a)所示。

（2）如图 2-49(b)所示，使用“圆”命令，捕捉中心线的交点确定圆心位置，绘制出⌀16、⌀26 两个同心圆；使用“偏移”命令，给定偏移距离 19，画出水平基准线 *12* 和 *56*；选择适当位置，绘制宽度方向基准线 *34*、*57*。

（3）如图 2-49(c)所示，使用“直线”命令绘制 *12*、*34*、*56*、*78* 线段，作为俯、左视图中小圆孔的投影以及左视图中大圆柱最上方轮廓线，激活“正交”“对象捕捉”“对象追踪”模式，确保“长对正、高平齐”的投影对应关系；使用“偏移”命令，给定偏移距离 43，绘出底板左侧定位线。

（4）如图 2-49(d)所示，使用“偏移”命令，分别给定偏移距离 22、6，绘制底板三面投影线段 *12*、*45*、*89*、*67*；也可以通过捕捉 *2*、*3* 两点测量偏移距离值，确定侧面投影线段 *67* 的位置；使用“修剪”命令，修剪掉多余的图线，如图 2-49(e)所示。

（5）如图 2-49(f)所示，取消“正交”模式，在“对象捕捉”模式设置中选中“相切”选项，用“直线”命令绘制肋板的正面投影 *12*。捕捉点 *1* 作为直线的起点，将光标靠近大圆弧捕捉切点完成直线；用“偏移”命令，给定偏移距离 6，绘制肋板的水平和侧面投影。

（6）如图 2-49(g)所示，激活“正交”模式，通过捕捉切点 *2* 绘制正交直线，确定肋板水平和侧面投影位置 *34*、*56*，并利用“修剪”命令，修剪掉多余的作图线。

（7）如图 2-49(h)所示，使用“倒圆角”命令，按命令提示区的提示，设定半径值 6 完成底板圆角绘制。

(8)用“缩放”命令将三视图整体放大2倍,调整图形间距,使其位于合适的位置,将尺寸标注样式中的“测量比例因子”修改为0.5,按要求标注尺寸,完成组合体三视图的绘制,如图2-49(i)所示。

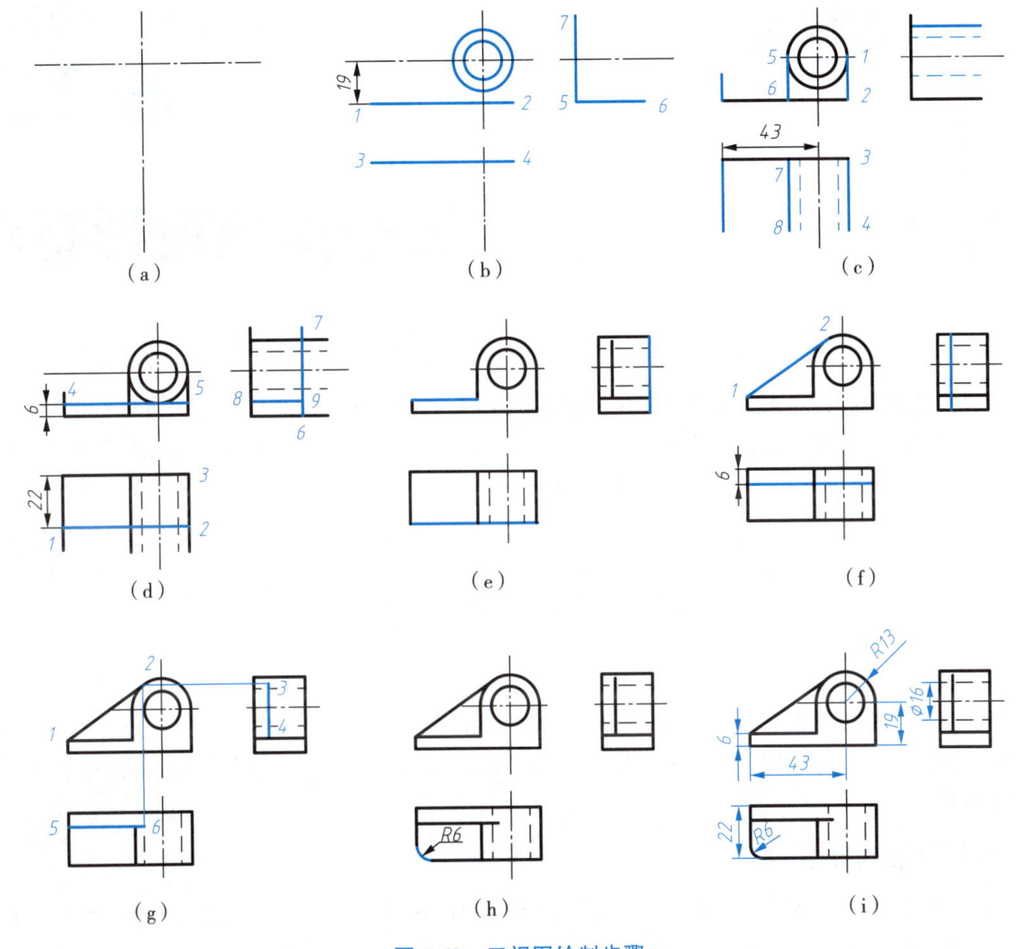

图2-49 三视图绘制步骤

绘制组合体三视图的关键是在平面图形绘制的基础上,保证各视图间的投影对应关系,即长对正、高平齐、宽相等。为此作图时要反复用到AutoCAD提供的如下辅助工具:

正交模式:通过水平线、竖直线的绘制,辅助控制图形满足“长对正、高平齐”的投影对应关系。

对象捕捉:通过捕捉端点、中点、圆心、切点等特殊点,保证用鼠标定点的准确性。

对象追踪:利用推理线,配合“对象捕捉”可确保三视图间“长对正、高平齐”的投影对应关系。

此外,也常常应用“偏移”命令中的测量偏移距离值的方法,保证俯、左视图间的“宽相等”投影对应关系。

第3章 工程图的投影基础

工程图是按正投影的投影规律和《机械制图》《技术制图》国家标准绘制的二维平面图形，用以表达三维的空间立体形状，在工程技术上广泛应用。本章重点学习投影图的绘制和识读方法，培养空间想象能力，是掌握工程图绘制和识读的基础。

3.1 基本立体的投影

基本立体是构成组合体的基本元素，而点、线、面是构成基本体的基本几何元素，对基本体投影的认知，有利于对空间点、线、面的投影位置关系的理解。研究基本立体的投影也是解决组合体投影问题的基础。

一、平面立体的投影

平面立体的表面由平面多边形围成，而平面多边形的边是相邻表面的交线（棱线、底边），多边形的顶点是各棱线或棱线与底边的交点。因此，平面立体的投影就是组成平面立体各平面多边形和各条交线及交点的投影，并规定将可见线的投影画成实线，不可见线的投影画成虚线或不画出，也是空间各种位置直线与各种位置平面及它们之间相对位置和投影特性与作图方法的综合运用。

1. 棱柱的投影分析

棱柱由两个底面和几个棱面构成。相邻两棱面的交线称为棱线，棱线与棱面相互平行。图3-1所示为一直立五棱柱的三面投影，五棱柱的上下底面均平行于水平面，因此，上下底面的水平投影重叠且显实形。其正面投影和侧面投影均积聚成平行于相应投影轴的直线段。五棱柱的五个棱面中，最后棱面平行于正立投影面，其正面投影显实形，另两投影具有积聚性；其余四个棱面均垂直于水平面，水平投影均具有积聚性，另两个投影均不显实形，为相应棱面的类似形。

2. 棱锥的投影分析

棱锥的形体特点是具有一个底面和顶点，底面多边形的各角点与顶点相连形成棱锥面，相邻两棱锥面的交线称为棱线，所有棱线汇交于同一个顶点。图3-2所示为正三棱锥的三面投影。底面ABC平行于水平面，其水平投影$\triangle abc$反映实形；正面投影$a'b'c'$和侧面投影$a''b''c''$积聚为水平直线。后棱面$\triangle SAC$垂直于侧立投影面，其侧面投影$s''a''c''$积聚为直线段，其余两个投影$\triangle sac$、$\triangle s'a'c'$为类似形。左右两个侧棱面$\triangle SAB$、$\triangle SBC$为一般位置面，它们的三个投影都是类似形。

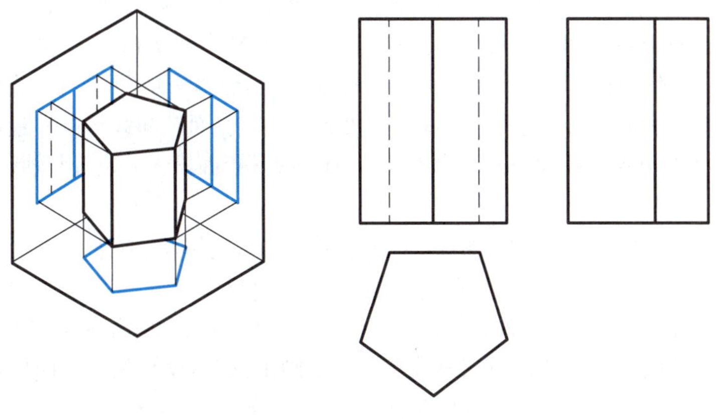

扫一扫

图 3-1
正五棱柱的投影

图 3-1　正五棱柱的投影

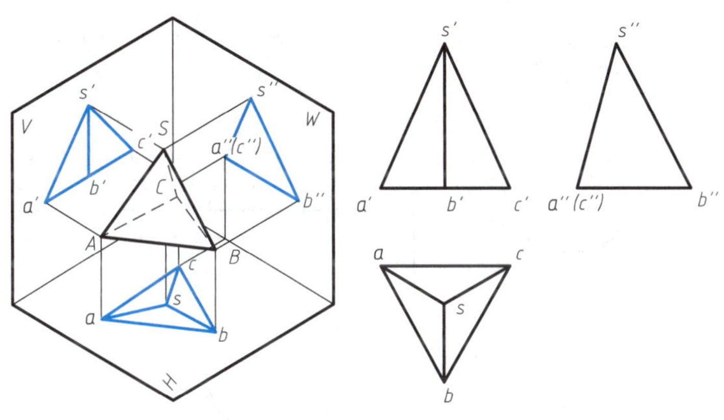

扫一扫

图 3-2
正三棱锥
的投影

图 3-2　正三棱锥的投影

二、回转体的投影

回转体是由回转面与平面或回转面围成的，回转体的投影就是围成回转体的回转面、平面的投影。回转体表面取点、线与平面上取点、线的作图原理相同。回转体表面取点要根据其所在表面的几何性质，利用积聚性或作辅助线求解，回转面上的辅助线为素线或纬圆。

1. 圆柱投影分析

圆柱由圆柱面和上、下底面围成，圆柱面是由直线绕与它平行的轴线旋转而成。图 3-3 所示为

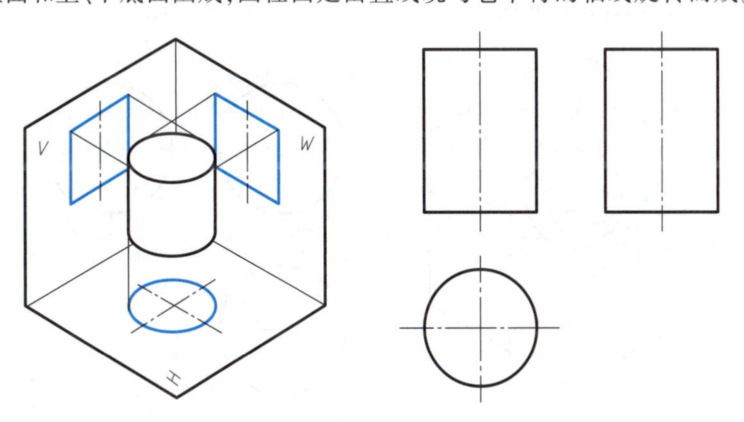

扫一扫

图 3-3
圆柱的投影

图 3-3　圆柱的投影

铅垂圆柱的三面投影。轴线铅垂的圆柱，圆柱面的水平投影积聚为圆，该圆也是上下底面的投影；正面投影为矩形，由正面转向线和上下底面的投影组成。正面转向线为圆柱最左和最右素线，它们把圆柱面分为前半个可见圆柱面与后半个不可见圆柱面，其侧面投影的位置与轴线重合且不画出；侧面投影为全等的矩形，由侧面转向线和上下底面的投影组成。侧面转向线为圆柱最前和最后素线，它们把圆柱面分为左半个可见圆柱面与右半个不可见圆柱面，其正面投影的位置与轴线重合且不画出。

2. 圆锥投影分析

圆锥面的三面投影都没有积聚性，图 3-4 所示为轴线铅垂的圆锥，其水平投影为一圆，与圆柱的投影不同，该圆没有积聚性，它是圆锥面和底面的投影；正面投影为等腰三角形，由正面转向线和底面投影组成。正面转向线为圆锥表面最左、最右素线，它们把圆锥表面分成前半个可见圆锥面与后半个不可见圆锥面，其侧面投影的位置与轴线重合且不画出；侧面投影是与正面投影全等的三角形，三角形的两个腰是侧面转向线，即圆锥表面最前、最后的两条素线，是左半个可见圆锥面与右半个不可见圆锥面的分界线。

扫一扫

图 3-4
圆锥的投影

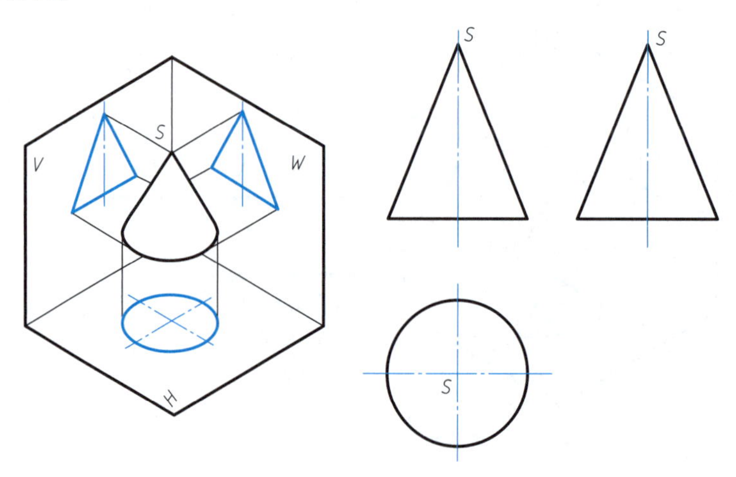

图 3-4　圆锥的投影

3. 圆球投影分析

圆球的三个投影为大小相等的圆，如图 3-5 所示，它们并不是圆球表面某一个圆的三个投影，而是圆球表面三个不同方向的轮廓圆的投影。圆球正面投影为最大正平圆的正面投影，即正面转向线，是前后两个半球面的可见性分界线，其水平投影和侧面投影分别积聚在圆球另外两个投影的正平直径上，且不画出；同理，圆球的水平投影为最大水平圆的水平投影，即水平转向线；圆球侧面投影为最大侧平圆的侧面投影，即侧面转向线。

扫一扫

图 3-5
圆球的投影

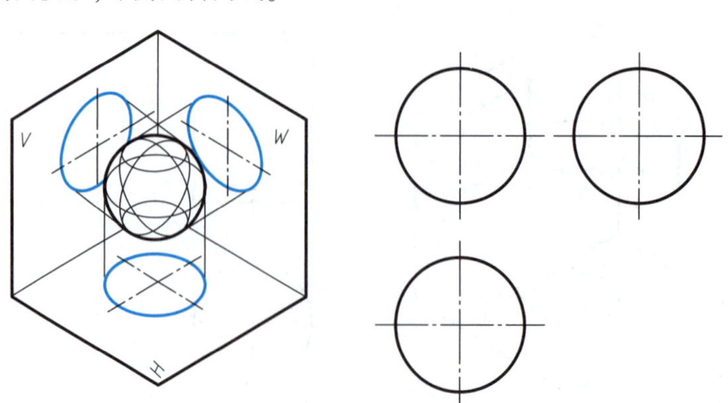

图 3-5　圆球的投影

常见基本立体的投影见表 3-1。

表 3-1 常见基本立体的视图

	正六棱柱	正三棱锥	四棱台
空间位置	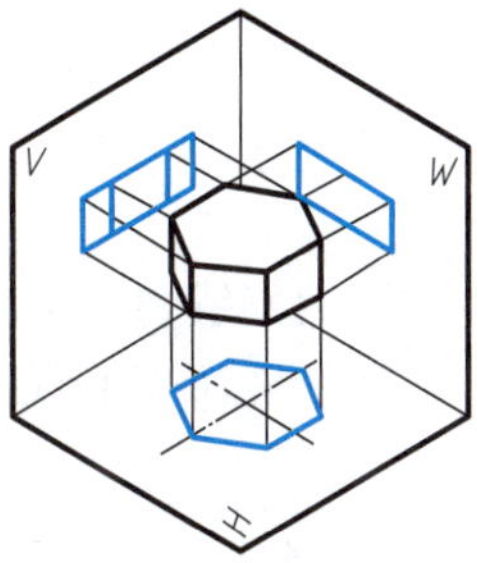	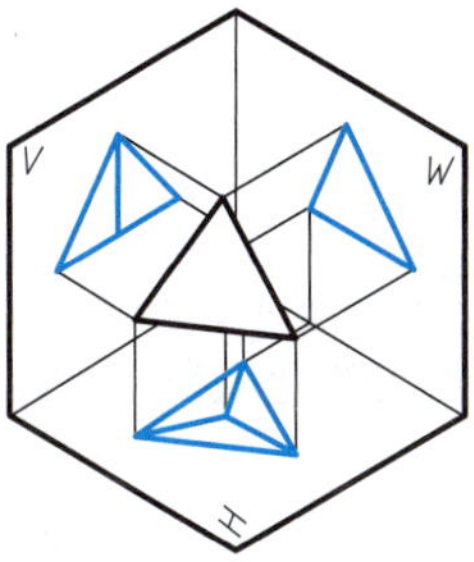	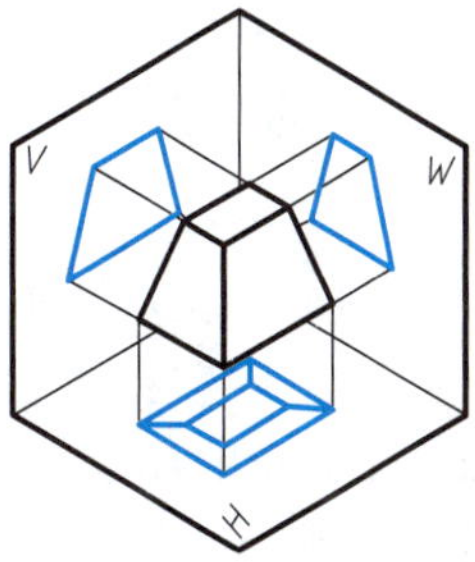
视图	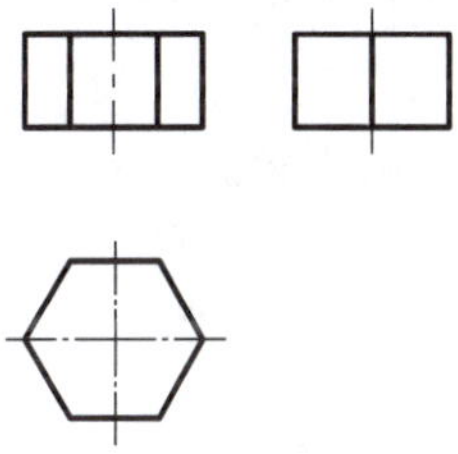	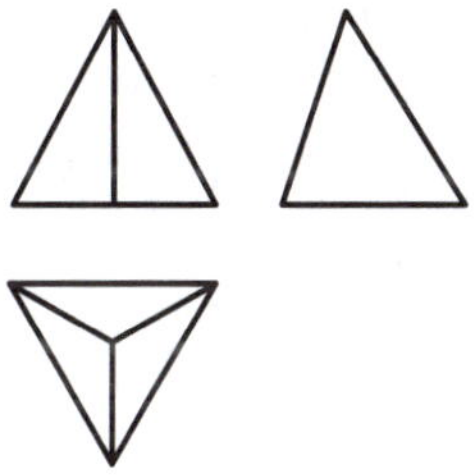	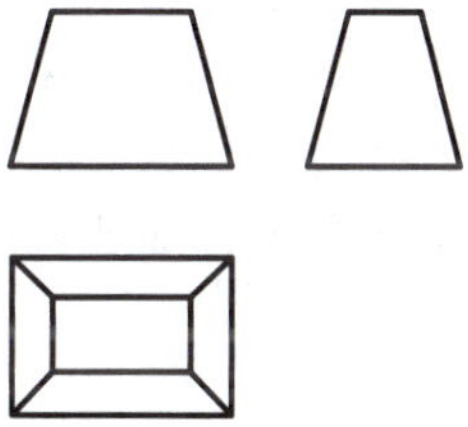
	圆柱	圆锥	圆球
空间位置	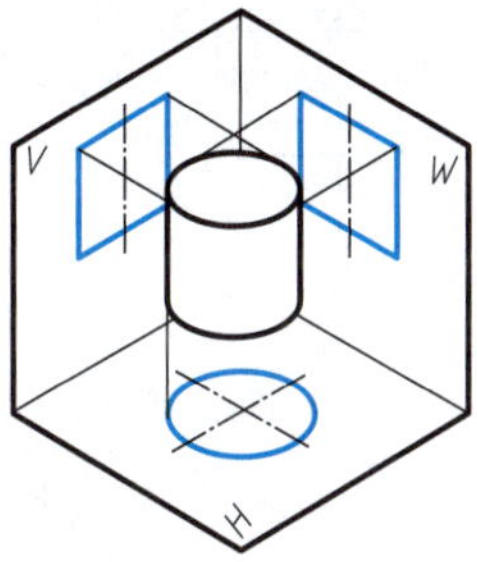	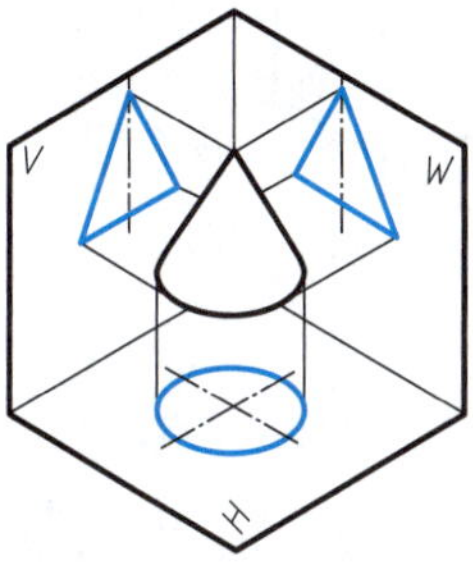	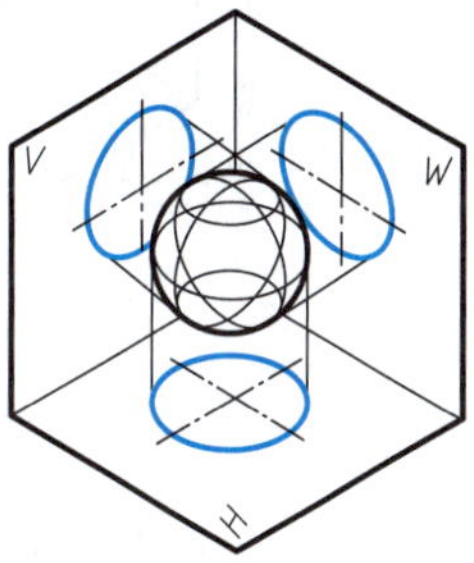
视图	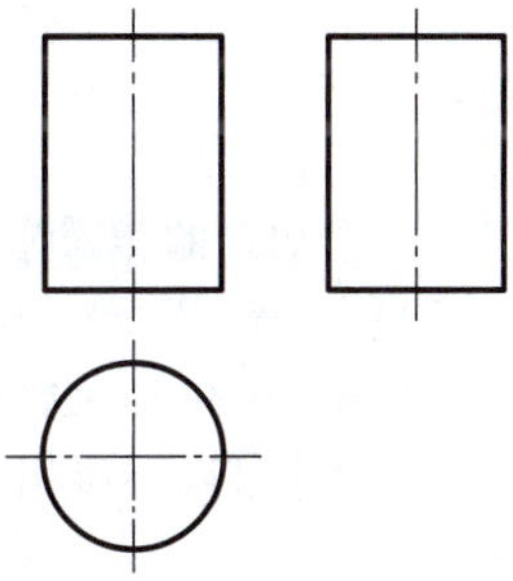	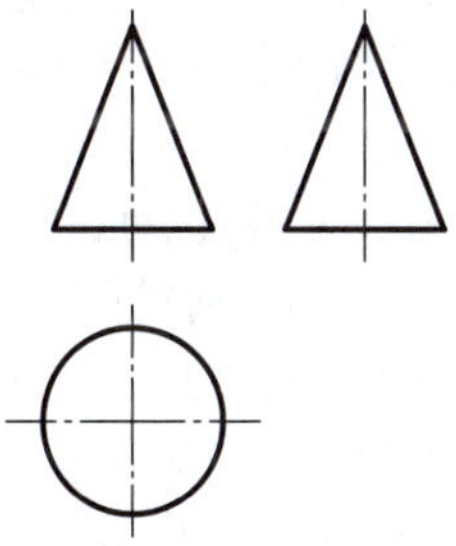	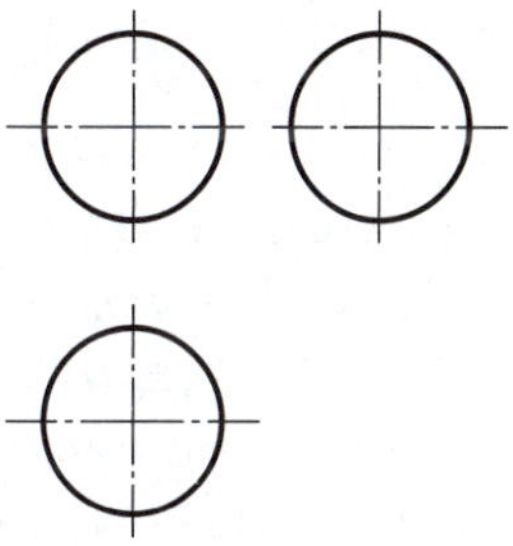

3.2 基本体上几何元素的投影

一、点的投影

1. 点的投影规律

物体的形状虽然各样，但它们的表面都是由一些直线和面围成的，而直线和面又都是由无数点组成的，所以研究物体的正投影特性，可简化为研究直线和面的正投影特性，而对直线和面的投影研究，都离不开点的投影。

图 3-6 所示为位于立体表面上的点 A 在三面投影体系中的投影情况及展开后的投影。点 A 在三个投影面上的投影分别用 a（水平投影）、a'（正面投影）和 a''（侧面投影）表示，投射线 Aa''、Aa' 和 Aa 分别为点 A 到三个投影面的距离，即 A 点的坐标 x_a、y_a、z_a。当只表达立体上点的投影时，如图 3-6(b) 所示的投影图，Y_H、Y_W 分别表示随 H 和 W 面旋转后的 Y 轴。由投影图可以看出，点的一个投影只能反映其两个坐标，因此，单一投影不能唯一确定空间点的位置。但已知点的任意两个投影，只用三个坐标即可确定，空间点也就唯一确定了。实际作图时，应特别注意 H、W 两投影面中 y 坐标的对应关系。为作图方便，常添加过原点的 45°辅助线。

扫一扫

图 3-6 点的投影规律

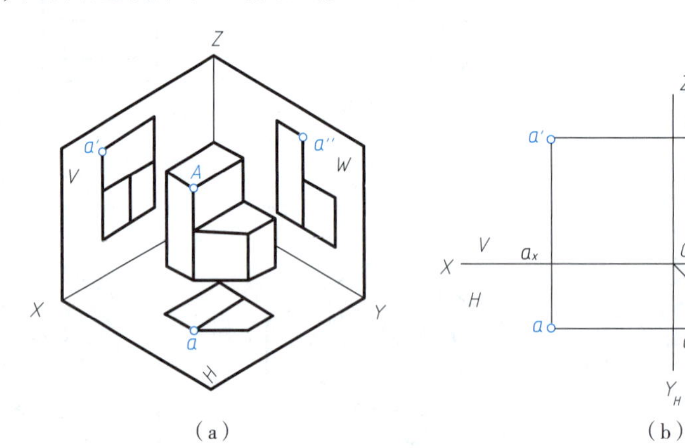

(a)　(b)

图 3-6 点的投影规律

由上述分析可概括出空间任何位置点都具有如下投影规律：

(1) 正面投影与水平投影的连线垂直于 OX 轴。

(2) 正面投影与侧面投影的连线垂直于 OZ 轴。

(3) 水平投影到 OX 轴的距离等于侧面投影到 OZ 轴的距离。

2. 相对坐标和无轴投影图

空间点的位置可以用点的绝对坐标表示，也可以由点相对于另一已知点的相对坐标（坐标差）确定。如图 3-7(a) 所示，点 B 位于点 A 的右、前、下方。如图 3-7(b) 所示，Δx、Δy、Δz 为 A、B 两点的坐标差。如果已知其中任意一点的三面投影及两点的相对坐标，即使没有坐标轴，也可以确定另一点的三面投影。两点之间的相对位置与点和投影面之间的距离无关，因此可以不画出投影轴，不含投影轴的投影图称为无轴投影图，如图 3-7(c) 所示。

3. 重影点及其可见性

当立体棱线垂直于某一投影面时，即当空间两点位于一条垂直于某个投影面的直线上时，棱线

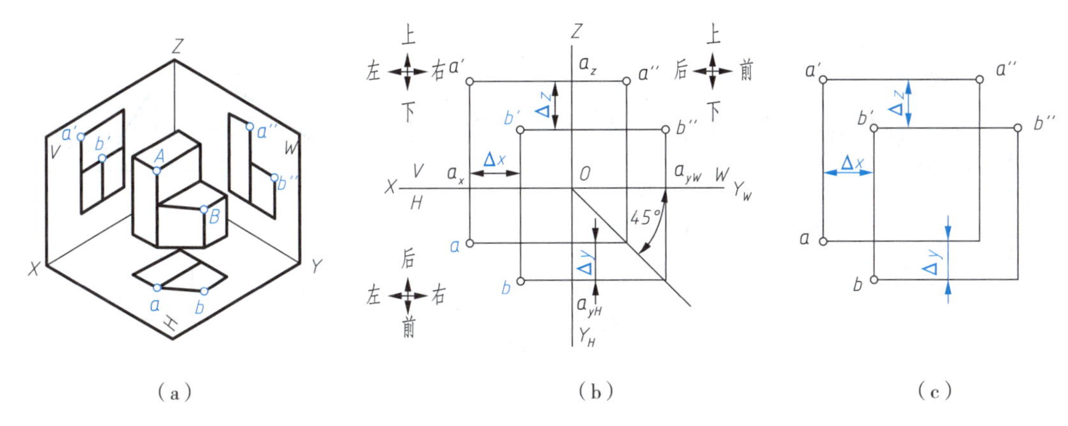

图 3-7　相对坐标和无轴投影图

上任意两点在该投影面上的投影将重合为一点,该点称为该投影面的重影点。如图 3-8(a)所示,点 C 位于点 A 的正下方,则 A、C 两点的水平投影 a、c 为水平面的重影点。按水平投影的投射方向观察,先看见点 A,后看见点 C,因此 C 的水平投影 c 不可见,不可见的投影加括号表示,如图 3-8(b)所示。同理,C、D 两点的侧面投影 c''、d''在 W 面上重影为一点,而点 C 在左、点 D 在右,故 D 点的侧面投影 d''不可见。

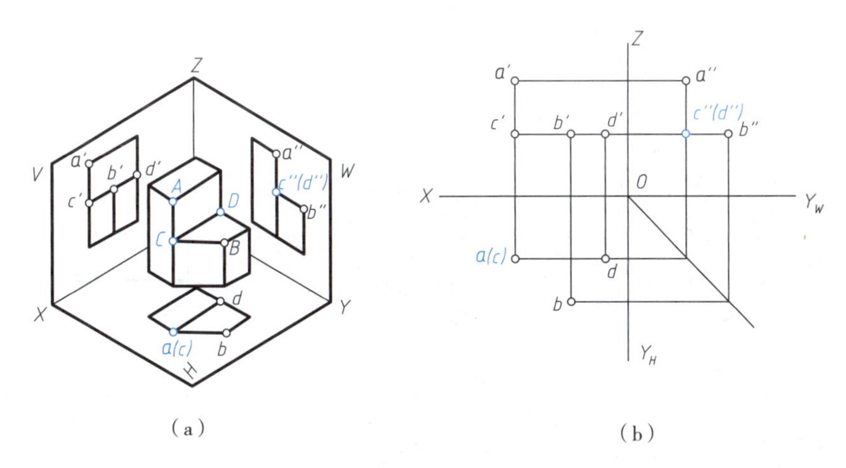

图 3-8　重影点及其可见性

二、直线的投影

直线的投影一般情况下仍为直线,其投影由直线段两个端点的同面投影连线确定。立体表面的直线及其投影的空间情况如图 3-9(a)所示。空间直线与投影面之间的夹角称为直线的倾角,在三面投影体系中,直线对 H、V、W 面的倾角分别用 α、β、γ 表示,如图 3-9(b)所示。

根据直线在三面投影体系中的不同位置,直线分为一般位置直线和特殊位置直线。特殊位置直线包含投影面平行线及投影面垂直线。

扫一扫

直线的投影

1. 一般位置直线

对三个投影面都倾斜的直线称为一般位置直线,图 3-9 中的直线 AB 即为一般位置直线。由于一般位置直线对三个投影面都倾斜,所以,其三个投影都与坐标轴倾斜,投影长小于实长,且投影图中不反映倾角的真实大小,如图 3-9(c)所示。

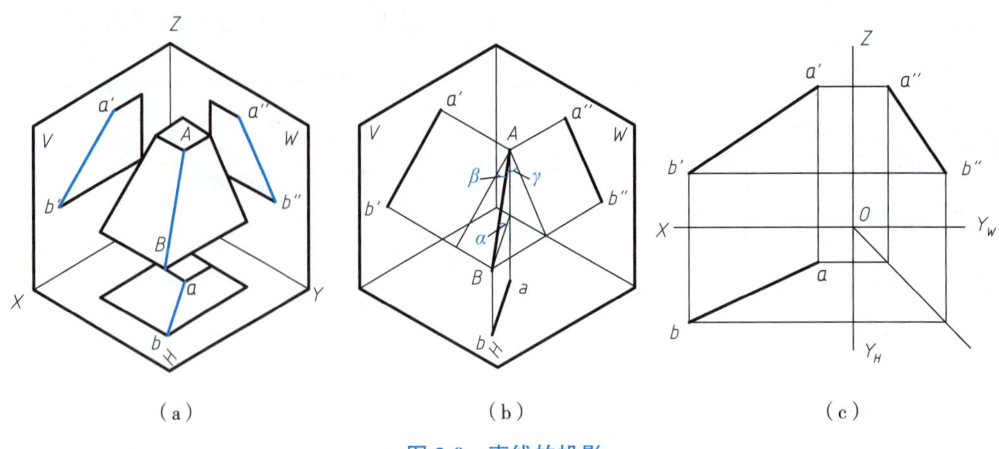

图 3-9 直线的投影

2. 投影面平行线

平行于一个投影面而与另外两个投影面倾斜的直线称为投影面平行线。其中平行于 *V* 面的直线称为正平线；平行于 *H* 面的直线称为水平线；平行于 *W* 面的直线称为侧平线。各种投影面平行线的空间情况及投影见表 3-2。

表 3-2 投影面平行线的空间情况及投影

	空间情况	投影图
正平线		
水平线		
侧平线		

投影面平行线的投影特性是：在与直线平行的投影面上，直线的投影为倾斜线段，反映实长，且反映直线与另两个投影面的倾角；而其余两投影为平行于投影轴的直线段，且线段长度小于实长。

3. 投影面垂直线

垂直于一个投影面的直线称为投影面垂直线，它必平行于另外两个投影面，如图 3-10 所示的正四棱柱的棱线。其中垂直于 V 面的直线称为正垂线(图 3-10 中的 AB)；垂直于 H 面的直线称为铅垂线(图 3-10 中的 AC)；垂直于 W 面的直线称为侧垂线(图 3-10 中的 AD)。各种投影面垂直线的空间情况及投影见表 3-3。

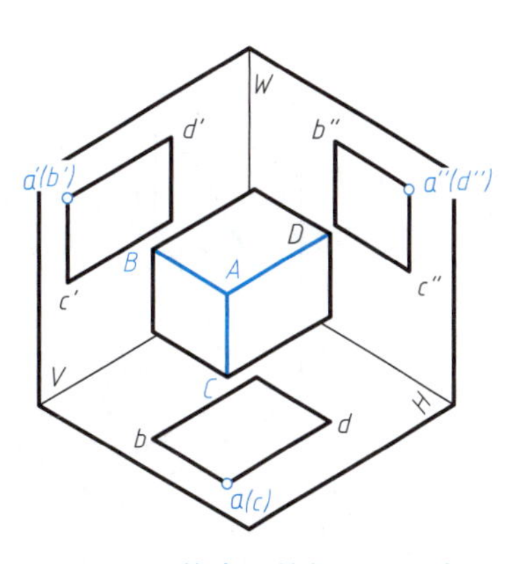

图 3-10　立体表面的投影面垂直线

表 3-3　投影面垂直线的空间情况及投影

	正　垂　线	铅　垂　线	侧　垂　线
空间情况	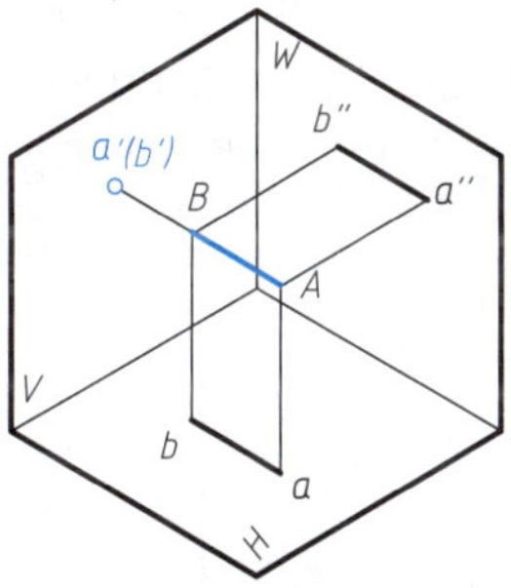	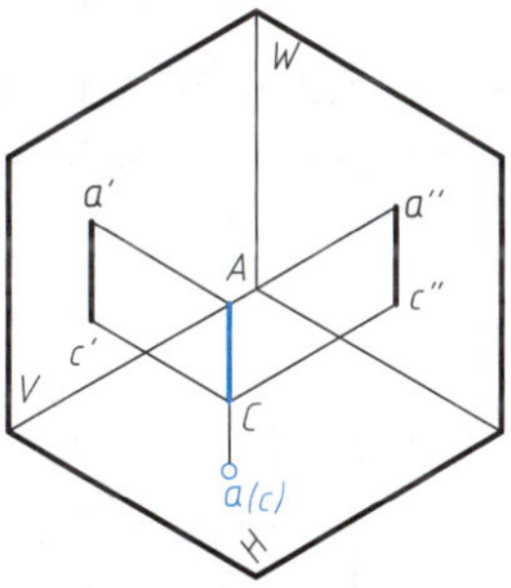	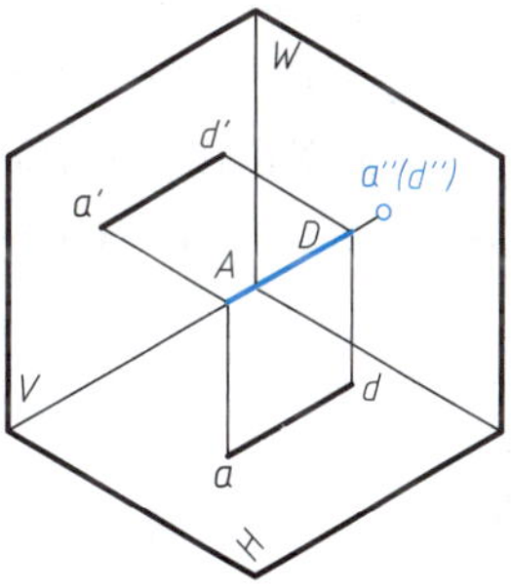
投影图	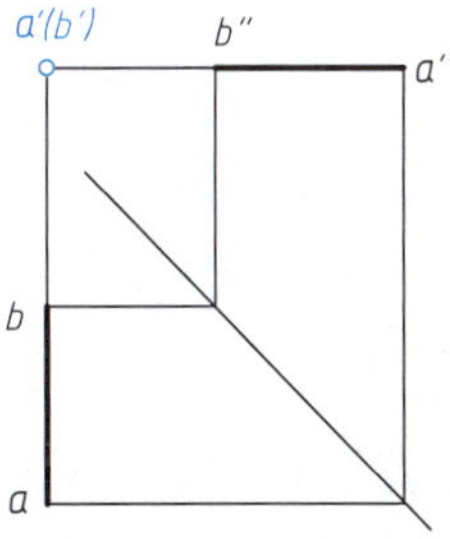	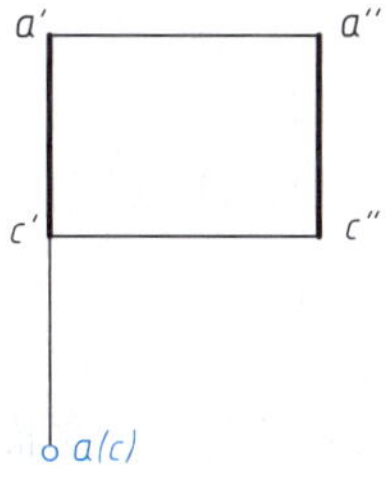	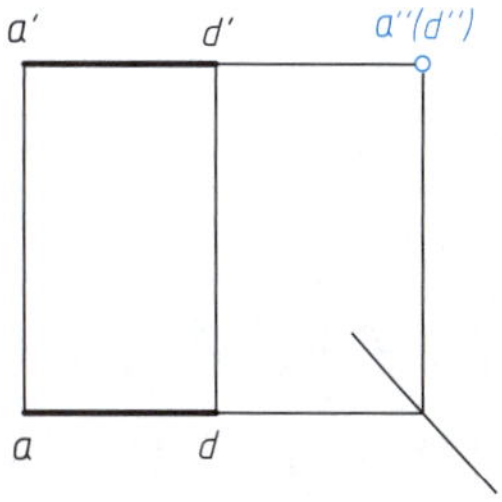

投影面垂直线的投影特性是：在与直线垂直的投影面上，直线的投影积聚为一点；另外两个投影面上的投影为平行于投影轴的直线，且反映实长。

4. 直线上点的投影

如图 3-11 所示，直线 AB 上点 K 的投影特性是：

(1)从属性。点在直线上，点的投影就一定在直线的同面投影上。

(2)定比性。同一直线上两线段长度之比等于其投影长度之比。

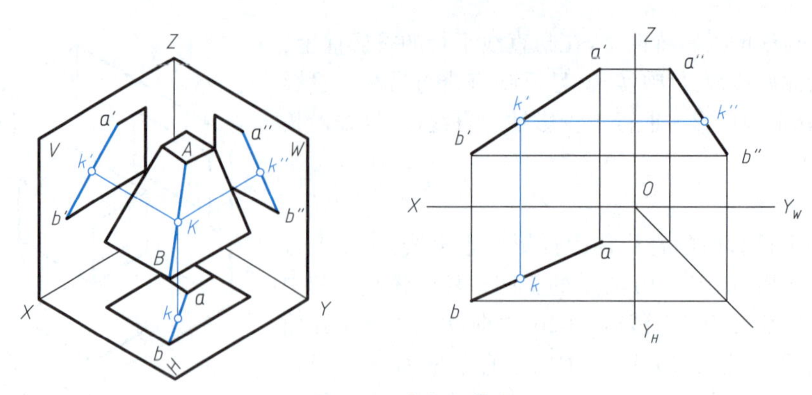

图 3-11 直线上的点

例3-1 已知侧平线 *AB* 的两面投影和 *AB* 上的点 *K* 的正面投影 *k*′，求 *K* 点的水平投影 *k*［见图 3-12(a)］。

分析与作图：

直线 *AB* 为侧平线，其正面投影 *a*′*b*′和水平投影 *ab* 都是平行于投影轴的直线段。无法根据从属性直接求出 *K* 点的水平投影 *k*。但由从属性可知，*K* 点的侧面投影 *k*″一定在直线 *AB* 的侧面投影 *a*″*b*″上。因此作图方法之一是先求出 *K* 点的侧面投影 *k*″，再求其水平投影 *k*，如图 3-12(b)所示。作图方法之二是根据定比性 *a*′*k*′∶*k*′*b*′=*ak*∶*kb*，用初等几何作图法，直接在水平投影图上求出 *K* 点的水平投影 *k*，如图 3-12(c)所示。

扫一扫

图 3-12 侧平线上取点

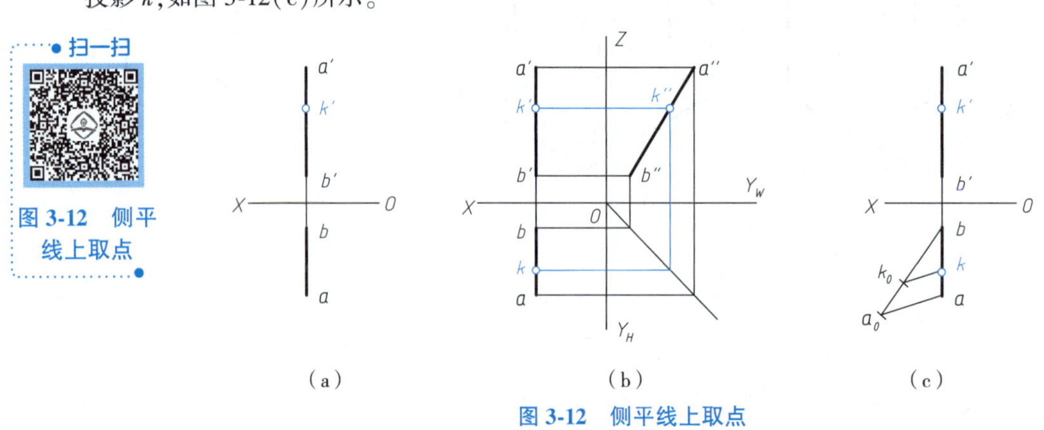

图 3-12 侧平线上取点

三、平面的投影

根据平面在三面投影体系中位置的不同，可将平面分为一般位置平面和特殊位置平面。特殊位置平面包含投影面平行面和投影面垂直面两种。

扫一扫

平面的投影

1. 平面的表示法

平面可以用确定该平面的几何元素的投影表示，即用不在同一直线上的三点、直线及直线外一点、相交两直线、平行两直线和任何一平面图形的投影表示，如图 3-13(a)所示；也可以用平面与投影面的交线（平面的迹线）表示，如图 3-13(b)所示。平面与 *V* 面、*H* 面、*W* 面的交线，分别称为平面的正面迹线（P_V）、水平迹线（P_H）和侧面迹线（P_W）。

2. 一般位置平面

与三个投影面都倾斜的平面称为一般位置平面，图 3-13 所示的平面均为一般位置平面。平面对 *H*、*V*、*W* 面的倾角分别用 α、β、γ 表示。由于一般位置平面对三个投影面都倾斜，所以，其

（a）几何元素表示法

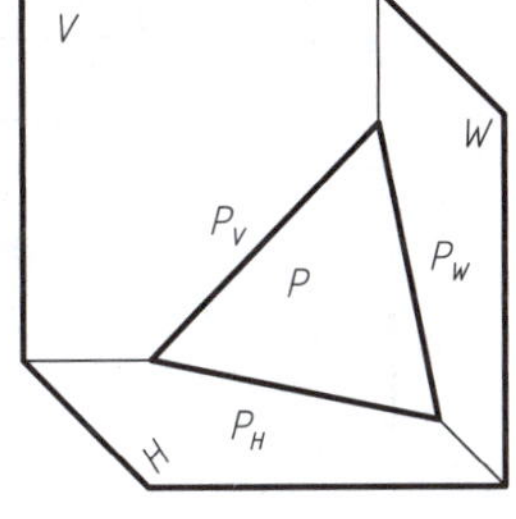

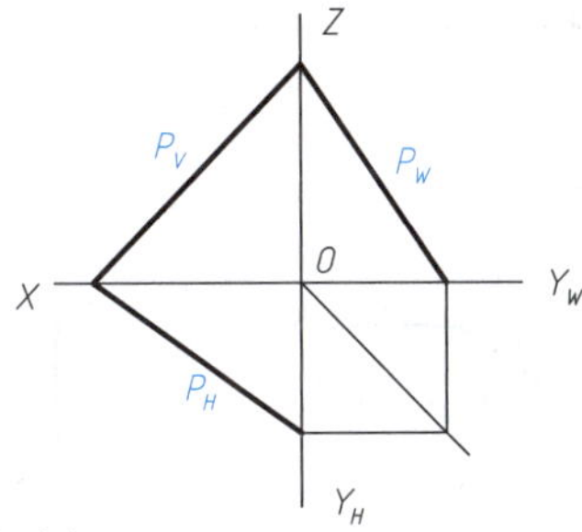

（b）迹线表示法

图 3-13 平面的表示法

三个投影的面积都小于实际面积，且投影图中不反映倾角的真实大小。从图 3-13（b）中可以看出，一般位置平面的三条迹线都不平行于投影轴。

3. 投影面垂直面

垂直于一个投影面，对另外两个投影面都倾斜的平面，称为投影面垂直面。其中垂直于 V 面的平面称为正垂面；垂直于 H 面的平面称为铅垂面；垂直于 W 面的平面称为侧垂面。立体表面各种投影面垂直面的空间情况及投影见表 3-4。

表 3-4 投影面垂直面的空间情况及投影

	正 垂 面	铅 垂 面	侧 垂 面
空间情况			

续上表

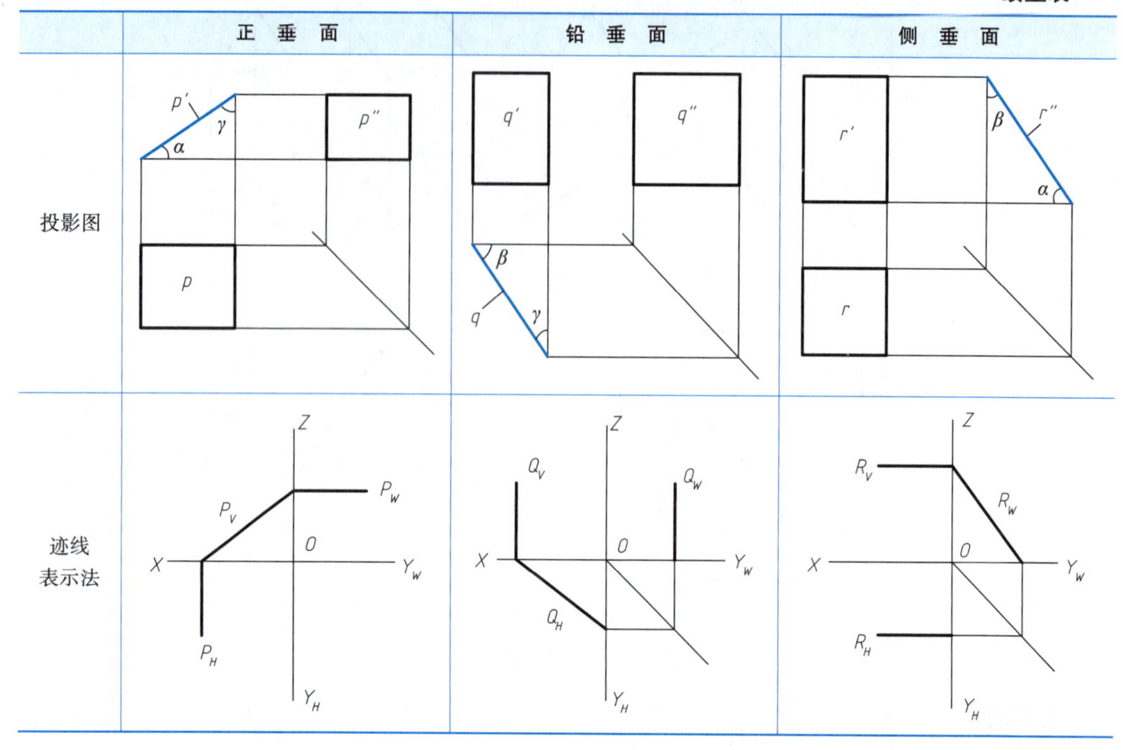

投影面垂直面的投影特性是:在平面所垂直的投影面上,平面的投影具有积聚性;平面具有积聚性的投影反映与另外两个投影面夹角的真实大小,而其余两个投影具有类似性。

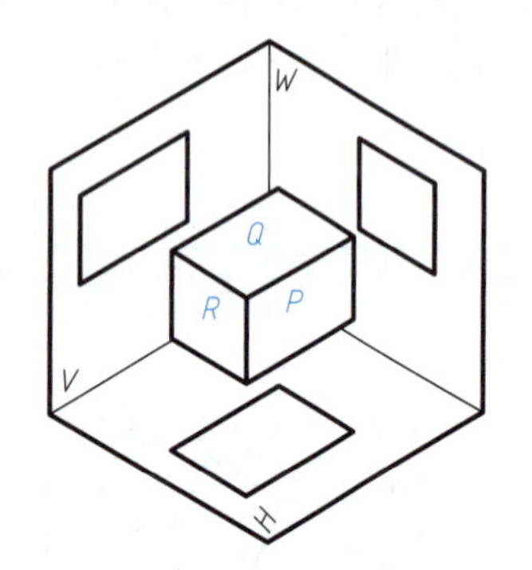

图 3-14 立体表面投影面的平行面

用迹线表示投影面垂直面时,具有积聚性的迹线就可以确定平面的空间位置,因此,一般不画无积聚性的迹线。用两段短的粗实线表示具有积聚性的迹线位置,中间以细实线相连并标以迹线符号(见表 3-4)。

4. 投影面平行面

平行于一个投影面的平面,称为投影面平行面,它必垂直于另外两个投影面,如图 3-14 所示的正四棱柱的各表面。其中平行于 V 面的平面称为正平面(平面 P);平行于 H 面的平面称为水平面(平面 Q);平行于 W 面的平面称为侧平面(平面 R)。各种投影面平行面的空间情况及投影见表 3-5。

表 3-5 投影面平行面的空间情况及投影

	正 平 面	水 平 面	侧 平 面
空间情况	W P V H	W Q V H	W R V H

续上表

	正　平　面	水　平　面	侧　平　面
投影图			
迹线表示			

投影面平行面的投影特性是：在与平面平行的投影面上，平面的投影反映实形；另外两个投影具有积聚性且平行于投影轴。如果用迹线表示投影面平行面，只需两条迹线中的一条即可确定平面的空间位置。

四、立体表面上点、线的投影

1. 平面立体上取点和线

平面立体表面上的点分为一般位置点和特殊位置点。特殊位置点通常指立体的顶点和棱线上的点，除此之外均为一般位置点，图 3-15(a)中 *A*、*B*、*C* 点为特殊位置点，点 *P* 为一般位置点，求平面立体表面上点和线的投影，必须利用点在直线和平面上的投影特性。

点和直线在平面上的几何条件是：点在平面上，该点必定在平面内的一条线上；直线在平面上，则该直线必定通过平面内的两点，或过平面内的一点且平行于平面内的一条已知直线。

图 3-15(a)所示是位于立体表面一般位置平面 *ABC* 上的点 *P* 的空间情况，根据点在平面上的几何条件，求解平面 *ABC* 上点 *P* 的作图方法如图 3-15(b)所示。图 3-15(c)所示为在平面 *ABC* 上确定直线 *DE*、*DF* 的两种方法。

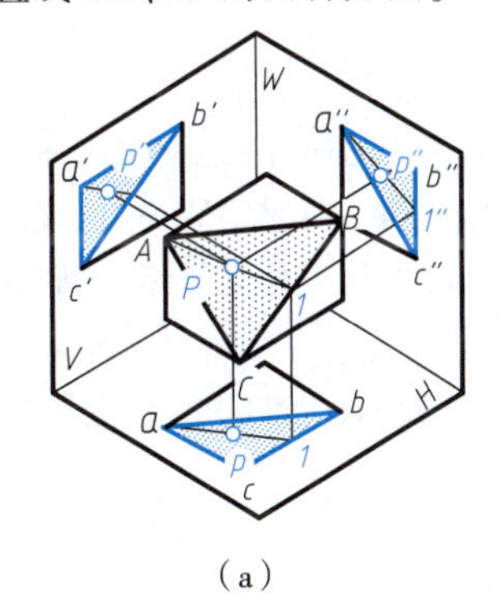

(a)

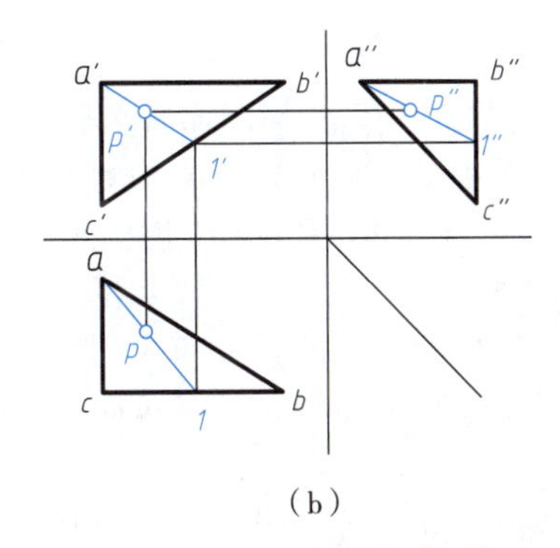

(b)

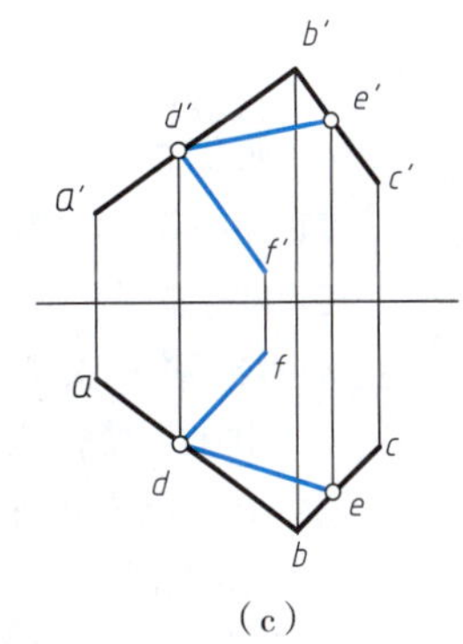

(c)

图 3-15　平面立体上取点、线

例3-2 已知正六棱柱表面上直线的正面投影［见图3-16(b)］，试完成该直线的其余两面投影。

分析：

正六棱柱的表面由上下两底面及六个棱面组成，其中两底面均为水平面，其水平投影为正六边形，且反映两底面的实形；其正面投影和侧面投影各积聚成水平直线段。前后两个棱面为正平面，其正面投影反映实形，水平投影和侧面投影积聚成直线段。其他棱面为铅垂面，水平投影积聚，正面投影和侧面投影则为类似形。该铅垂正六棱柱棱面的水平投影积聚成正六边形，是其最重要的投影特征。

六棱柱表面上所求直线的正面投影，看起来是一条直线，其实是一条折线，由 AB、BC、CD 三段线段组成，如图3-16(a)所示。

作图步骤：

(1)求作水平投影。折线的正面投影 $a'b'$、$b'c'$、$c'd'$ 均可见，表明其位于棱柱的前部可见棱面上。根据六棱柱棱面水平投影的积聚性，该折线的水平投影 ab、bc、bd 可直接求得。

扫一扫
例 3-2

(2)求作侧面投影。由于 B、C 两点位于棱线上，其侧面投影 b''、c'' 可直接得到；再根据点的投影规律，分别求得 A、D 两点的侧面投影 a''、d''。线段 AB 位于左前棱面上，该面的侧面投影可见，因此 $a''b''$ 可见；线段 BC 位于前棱面上，侧面投影与棱面的积聚性投影重合；线段 CD 位于右前棱面上，该棱面的侧面投影不可见，因此 $c''d''$ 不可见。作图过程和结果如图3-16(b)和(c)所示。

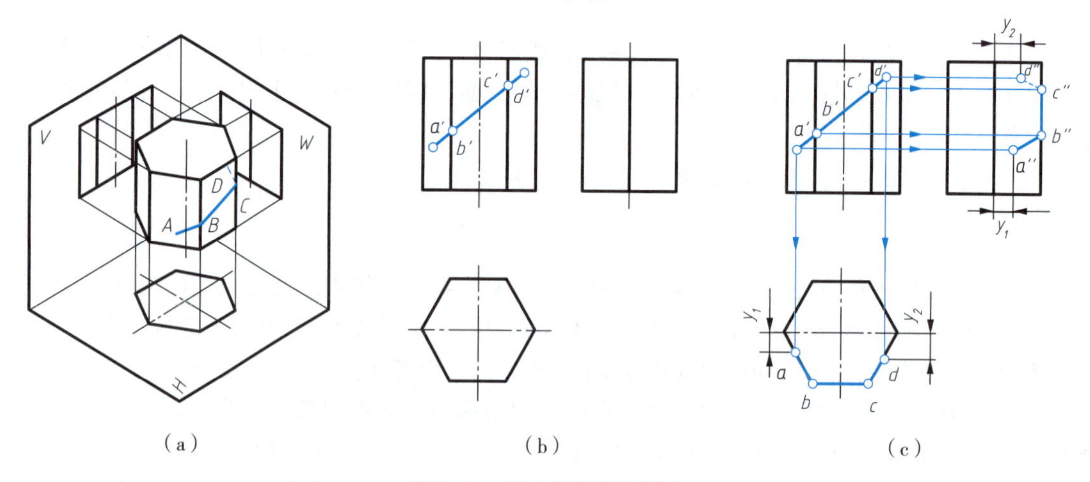

图 3-16 正六棱柱表面取线

例3-3 已知正三棱锥表面 M 点的正面投影 m' 和 N 点的水平投影 n，试完成 M、N 两点的其余两面投影。

分析：

扫一扫
例 3-3

如图3-17(a)、(b)所示，底面 ABC 为水平面，其水平投影 $\triangle abc$ 反映实形；正面投影 $a'b'c'$ 和侧面投影 $a''b''c''$ 积聚为水平直线。后棱面 $\triangle SAC$ 为侧垂面，其侧面投影 $s''a''c''$ 积聚为直线段，其余两个投影 $\triangle sac$、$\triangle s'a'c'$ 为类似形。左右两个侧棱面 $\triangle SAB$、$\triangle SBC$ 为一般位置面，它们的三个投影都是类似形。

由于正棱锥表面上的点 M 的正面投影 m' 可见，则点 M 必在侧棱面 $\triangle SAB$ 内。而棱锥表面上的点 N 的水平投影 n 可见，则 N 点必在后棱面 $\triangle SAC$ 内。

作图步骤：

(1)过点 M 的正面投影 m' 作辅助线的正面投影 $s'1'$，求出其水平投影 $s1$。根据直线上点的投影特性，得到位于 $s1$ 上的点 M 的水平投影 m。再由点的投影规律求得其侧面投影 m''。由于点 M 属于左侧棱面，所以 M 点的水平投影 m 和侧面投影 m'' 均可见。

(2)点 N 所在的棱面△SAC 为侧垂面，故 N 点的侧面投影 n'' 在其具有积聚性的侧面投影 $s''a''c''$ 上。再由点的投影规律求得其正面投影 n'。由于点 N 在后棱面△SAC 上，故其正面投影 n' 不可见，如图3-17(c)所示。

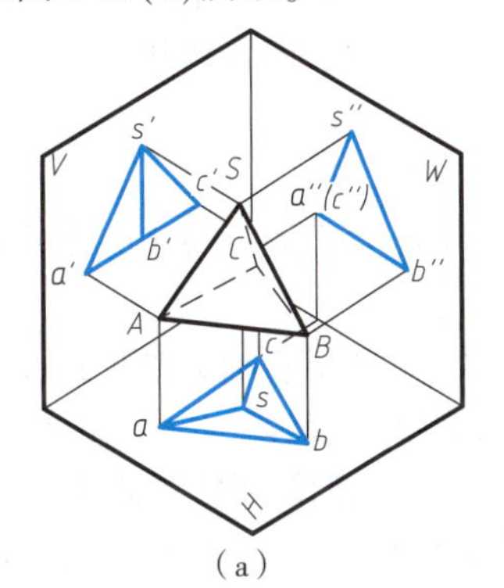

(a)

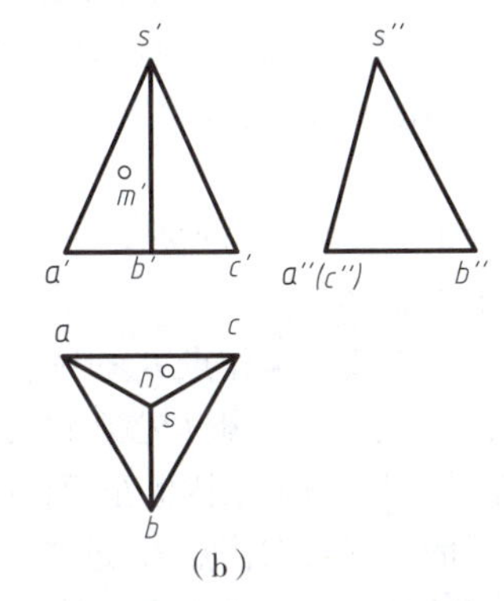

(b)

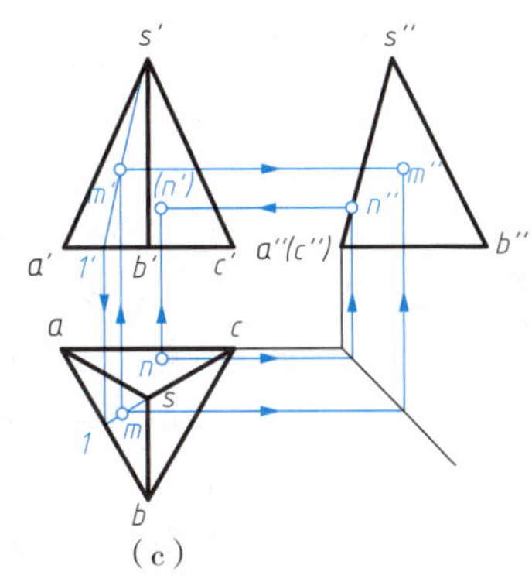

(c)

图3-17　正三棱锥表面取点

2. 回转体表面取点、线

回转体由回转面与平面或回转面围成。工程中常见回转体的视图见表3-1。回转体表面取点、线与平面上取点、线的作图原理相同。回转体表面取点要根据其所在表面的几何性质，利用积聚性或作辅助线求解。回转面上的辅助线为素线或纬圆。

例3-4　已知圆柱表面上点 A、B 及直线段 CD 的部分投影[见图3-18(a)、(b)]，试补全它们的其余投影。

分析：

圆柱表面取点、线，一般情况下，圆柱的轴线都垂直于投影面，故圆柱在其轴线垂直的投影面上，投影积聚成圆。圆柱表面取点、线就要利用积聚性作图。

作图步骤：

(1)求作特殊点 A。点 A 位于圆柱的最左素线上，其水平投影 a 积聚在圆周上的最左点，侧面投影 a'' 与轴线重合。

(2)求作一般点 B。由于点 B 的正面投影 b' 可见，因此可知点 B 位于圆柱的前半个表面上，其水平投影 b 积聚在前半个圆周上；因 B 点在圆柱的右半个表面上，故根据投影规律求出的侧面投影 b'' 不可见。

(3)求作直线段 CD。线段 CD 是圆柱表面的一条素线，由于其正面投影 $c'd'$ 不可见，可知线段 CD 位于后半个圆柱面上，故其水平投影 cd 积聚在后半个圆周上。侧面投影 $c''d''$ 仍为一直线段，因线段 CD 位于左半个圆柱面上，故根据投影规律求出的侧面投影 $c''d''$ 可见，如图3-18(c)所示。

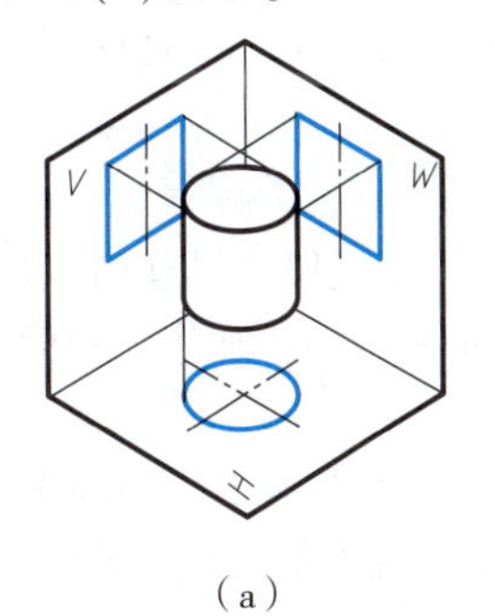

(a)

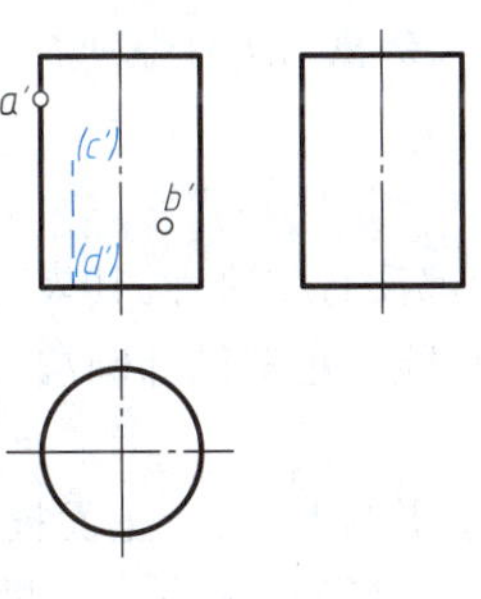

(b)

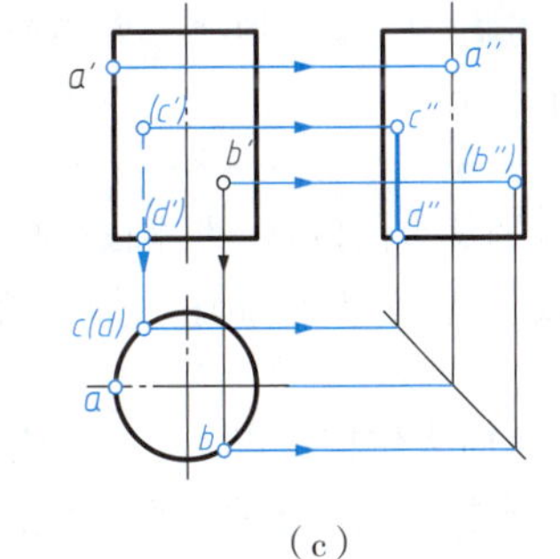

(c)

图3-18　圆柱表面取点、线

例3-5 已知圆锥表面上的点 A、B、C 及线段 DE 的部分投影[见图 3-19(a)、(b)]，试补全它们的其余投影。

分析：

圆锥表面取点、线，圆锥的三面投影都没有积聚性，因此其表面取点要采用类似于平面上取点的作图方法，即取自圆锥表面的已知线。圆锥表面可以取两种简单易画的辅助线，即素线和纬圆。因此圆锥表面取点有辅助素线法和辅助纬圆法两种方法。

例 3-5

作图步骤：

(1)求作特殊点 A。点 A 的正面投影 a' 与轴线投影重合且可见，因此点 A 位于圆锥的最前素线上，可直接按投影规律求得 a'' 和 a。

(2)求作一般点 B。采用辅助素线法求作点 B，过 B 点的水平投影 b 作辅助素线的水平投影 $s1$，求出其正面投影 $s'1'$，B 点的正面投影 b' 必在辅助素线的正面投影 $s'1'$ 上。同理，b'' 也在 $s''1''$ 上。由于点 B 在左、后半个圆锥面上，因此正面投影 b' 不可见，而侧面投影 b'' 可见。

(3)求作一般点 C。采用辅助纬圆法求作点 C，过点 C 的正面投影 c' 作水平线，此线在空间上是圆锥面上的纬圆，它与正面转向线相交，两交点间的距离即为纬圆直径，由此得到纬圆的水平投影。由于点 C 的正面投影 c' 可见，点 C 在前半个圆锥面上，故 C 点的水平投影 c 在前半个纬圆上。再由点的投影规律求得 c''，点 C 在左半个圆锥面上，故侧面投影 c'' 可见。

(4)求作线段 DE。由于线段 DE 的正面投影为一水平不可见的直线，可知 DE 为后半个圆锥表面上的 1/4 水平纬圆。采用辅助纬圆法求作 DE，$d'e'$ 即为纬圆半径，故其水平投影 de 为右后 1/4 纬圆且可见。同理，求得侧面投影 $d''e''$ 且不可见，如图 3-19(c)所示。

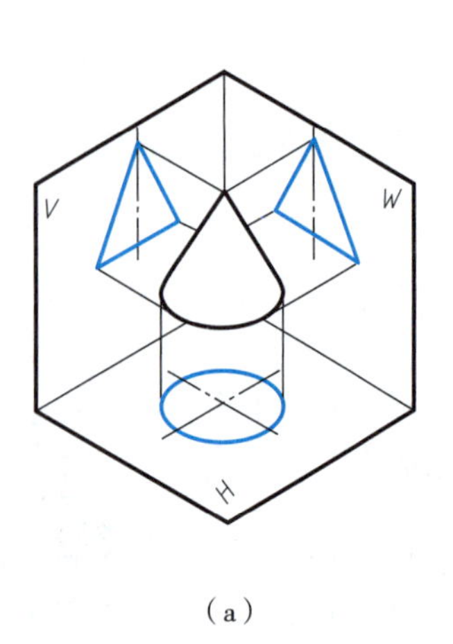

(a)

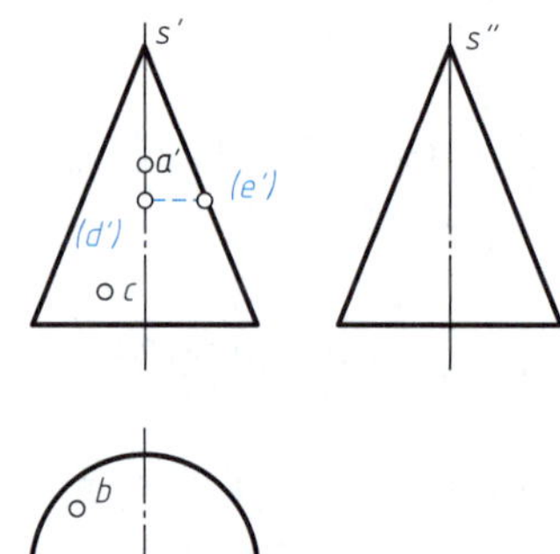

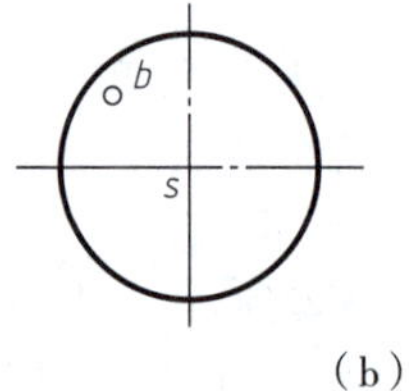

(b)

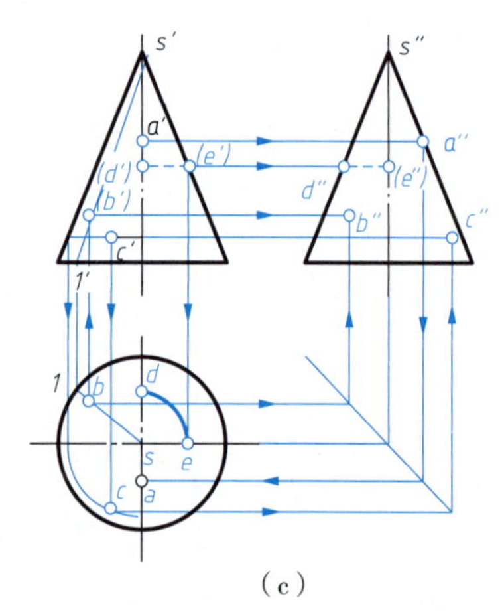

(c)

图 3-19 圆锥表面取点、线

例3-6 已知圆球表面上的点 A、B 及线段 CD 的部分投影[见图 3-20(a)、(b)]，试完成它们的其余投影。

分析：

圆球表面取点、线，圆球的三个投影都没有积聚性，其表面上也没有任何直线段。过球面上任意一点，可作无数个纬圆。故球表面取点只能采用辅助纬圆法，即用与投影面平行的纬圆作为辅助线。

作图步骤：

(1)求作特殊点 A。点 A 位于最大水平圆上，由于正面投影 a' 可见，故点 A 在前半个球面上，由此可直接求出位于水平转向线前部的水平投影 a；根据点的投影规律，求出侧面投影 a''，由于点 A 位于左半球，故其侧面投影 a'' 也可见。

(2)求作一般点 B。采用辅助纬圆法作图,过点 B 的水平投影 b 作正平线,该正平线在空间上是圆球表面的正平纬圆。正平线与水平转向线交于两点,两点间距离即是正平纬圆的直径,其正面投影反映纬圆的实形。由于水平投影 b 可见且位于上半个圆球面上,故 B 点的正面投影 b'位于该纬圆的上方,从而求得正面投影 b'。由于点 B 位于后半个球面上,所以正面投影 b'不可见。由点的投影规律,求得侧面投影 b'',因其在左半个球面上,侧面投影 b''可见。

(3)求作线段 CD。由可见的正面投影 $c'd'$可知,CD 为圆球表面的部分侧平纬圆,且位于上、前、右 1/8 球表面上,故其水平投影 cd 可见,侧面投影 $c''d''$不可见。根据其正面投影 $c'd'$,确定其所在侧平纬圆的半径,直接求出侧面投影 $c''d''$;再根据点的投影规律,求出水平投影 cd。

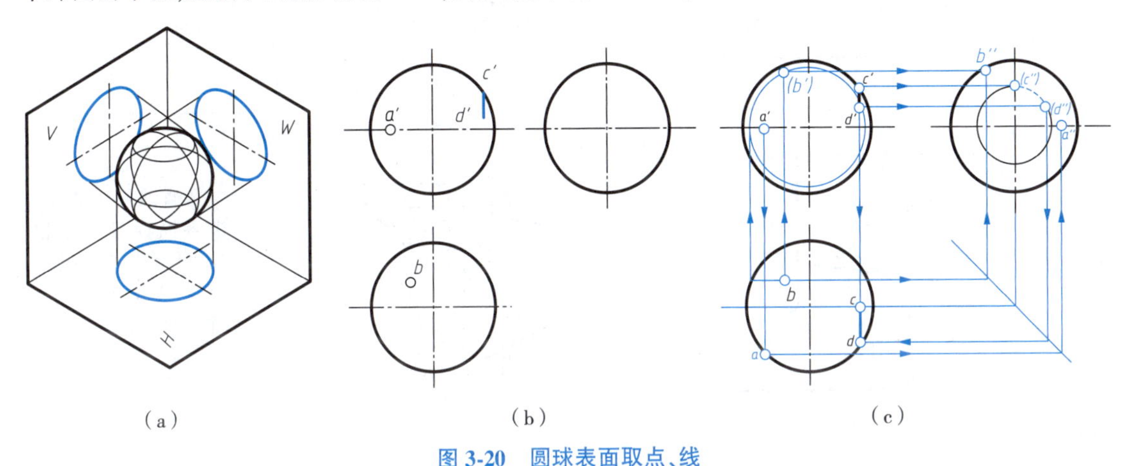

图 3-20　圆球表面取点、线

3.3　基本几何元素的相对位置关系

本节通过介绍立体上直线与直线、直线与平面及平面与平面的位置关系,进而理解空间直线与直线、直线与平面以及平面与平面之间的相对位置关系,并研究它们的投影特性。

一、两直线的相对位置

两直线的相对位置有三种:平行、相交和交叉。其中平行和相交两直线都可组成一个平面,故称为共面直线,而交叉两直线则为异面直线。如图 3-21 所示,直线 AD 平行于 BC,直线 AB 与 CD 相交,直线 CD 与直线 EF 交叉。空间两直线各种相对位置的空间情况及投影特性总结见表 3-6,利用空间直线位置关系的投影特性,是判断直线之间位置关系的依据。

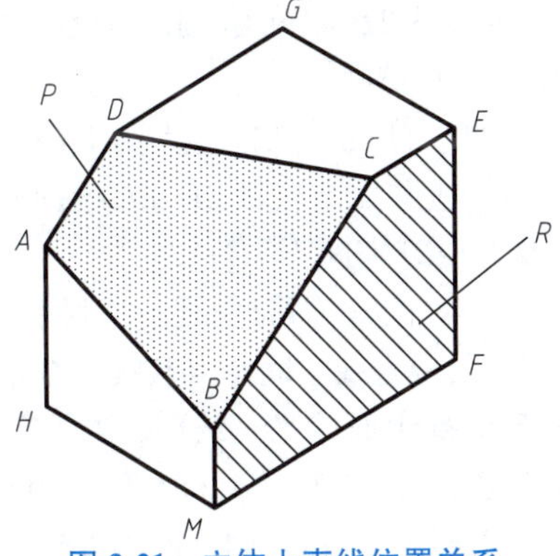

图 3-21　立体上直线位置关系

表 3-6　空间两直线的相对位置

	空间情况	投影图	投影特性
平行			两直线空间平行，其各同面投影必相互平行
相交			两直线空间相交，其各同面投影必相交，且交点符合投影规律，即交点的投影连线垂直于相应的投影轴
交叉			两直线空间交叉，其各同面投影或相交或平行（决不会三面投影都平行），但交点是两个点的重影点，如 m、n 为 H 面重影点

例3-7　判断直线 AB 与 CD 是否平行[见图 3-22(a)]。

分析与作图：

直线 AB、CD 是特殊位置直线侧平线，根据侧平线的投影特性可知，其水平投影及正面投影均为平行于投影轴的直线段。因此，不能仅从已知的两面投影平行，就推断出直线 AB、CD 空间平行，须进一步求证其侧面投影是否平行。如图 3-22(b)所示，求出直线 AB、CD 的侧面投影 $a''b''$ 及 $c''d''$，由于 $a''b''$、$c''d''$ 不平行，故判断直线 AB 与 CD 空间不平行。

扫一扫

例 3-7

另一种判断方法如图 3-22(c)所示。如果直线 AB、CD 空间平行，则它们为共面直线，则该平面内任意两条相交直线均应共面。连接 AD、BC 的同面投影 $a'd'$、$b'c'$、ad、bc，显然一侧为交叉关系，故判断直线 AB 与 CD 空间不平行。

两直线之间除上述三种相对位置关系外，还有一种特殊的相对位置即垂直，包括相交垂直和交叉垂直。一般情况下，两直线空间垂直其投影并不垂直，如图 3-23(a)所示。但当互相垂直的两直线之一为某个投影面的平行线时，两直线在该投影面上的投影必定垂直，此投影特性称为直角投影定理，如图 3-23(b)、(c)所示。反之，如果两直线在某个投影面上的投影互相垂直，且其中一条为该投影面的平行线，则这两条直线空间垂直。

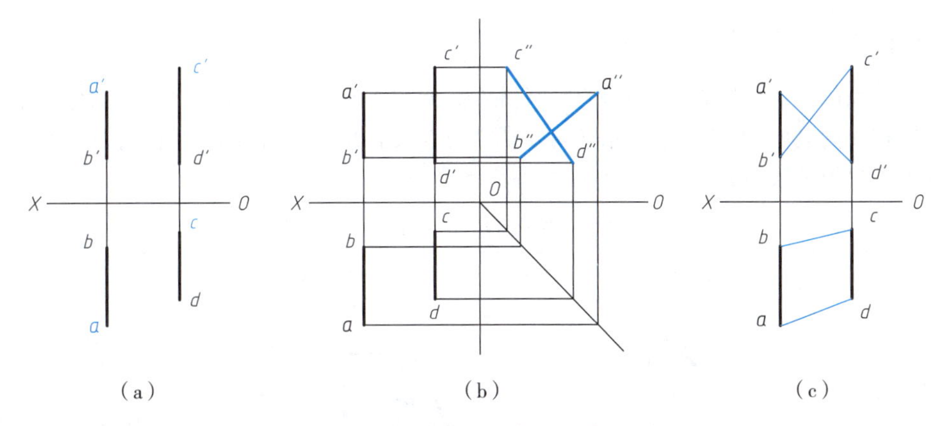

图 3-22　判断直线 *AB* 与 *CD* 是否平行

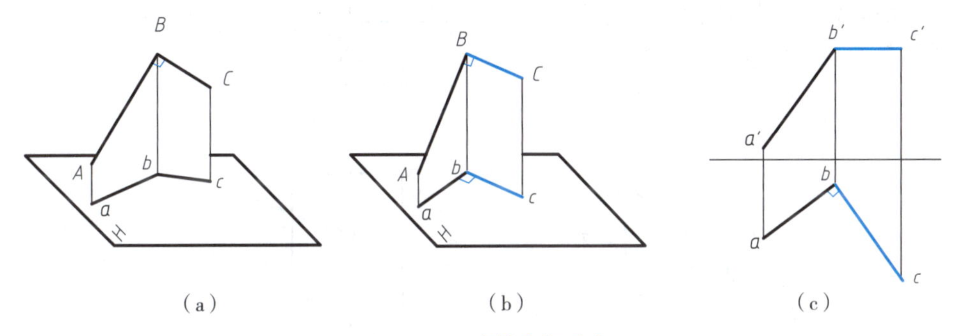

图 3-23　两直线空间垂直

例3-8　求作两直线 *AB*、*CD* 的公垂线 *EF*[见图 3-24(a)]。

分析:

因为直线 *CD* 为铅垂线,其垂线 *EF* 必为水平线;根据直角投影定理,水平线 *EF* 与直线 *AB* 垂直,则它们的水平投影必垂直。

扫一扫

例 3-8

作图步骤:

(1)设 $E \in AB$,$F \in CD$,点 *F* 的水平投影 *f* 与 *CD* 的水平投影 *cd* 重合。过 *f* 作 $ef \perp ab$,交 *ab* 于 *e*。完成公垂线 *EF* 的水平投影。

(2)因为 $E \in AB$,根据点的从属性作出 *e*′,公垂线 *EF* 为水平线,则 *e*′*f*′//*OX* 轴,完成公垂线 *EF* 的正面投影,如图 3-24(b)所示。

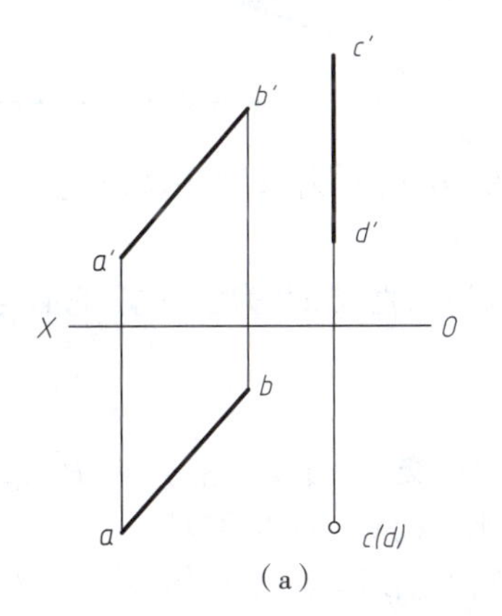

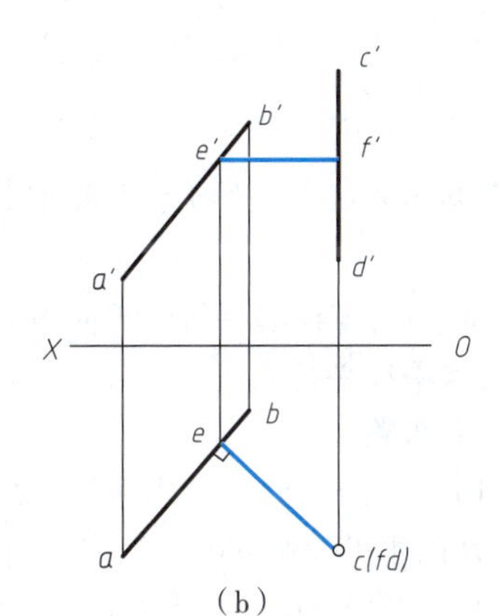

图 3-24　两直线的公垂线

二、直线与平面的相对位置

直线与平面的相对位置有平行和相交两种情况，如图 3-21 中 AD 直线平行于面 R，AB 直线与 R 面相交。在相交问题中，本节只论述相交两要素之一为具有积聚性的特殊位置的情况，空间直线与平面位置关系投影见表 3-7。

表 3-7　空间直线与平面位置关系

	几何条件	空间情况	投影图	说明
平行	若一直线平行于平面内的任意一条直线，则直线与该平面平行			直线 $CD \in$ 平面 P，$AB /\!/ CD$（$ab /\!/ cd$，$a'b' /\!/ c'd'$）则 $AB /\!/$ 平面 P
相交	直线与平面不平行时必相交，交点是直线与平面的共有点			一般位置直线与特殊位置平面相交，利用平面具有积聚性的投影求得交点 K 的投影，以交点为界，直线的投影分为可见与不可见两部分
				一般位置平面与投影面垂直线相交，直线具有积聚性的投影即是交点的一个投影，利用面上取点求得交点的另一个投影

例 3-9　已知水平线 ED 平行于平面 ABC，求作直线 ED 的投影［见图 3-25(a)］。

分析：

直线与平面平行，直线必平行于平面内的已知直线，所求直线 ED 为水平线，它必与平面 ABC 内的一条水平线平行。

扫一扫

例 3-9

作图步骤：

(1) 作平面 ABC 内的水平线 $C1$。作 $c'1' /\!/ OX$，交 $a'b'$ 于 $1'$。点 1 在 AB 上，其水平投影 1 必在 AB 的水平投影 ab 上，完成平面 ABC 内的水平线 $C1$ 的两面投影。

(2) 作直线 ED 平行于 $C1$。两直线平行，其同面投影必平行，作 $de /\!/ c1$，$d'e' /\!/ c'1'$，完成水平线 ED 的两面投影，如图 3-25(b) 所示。

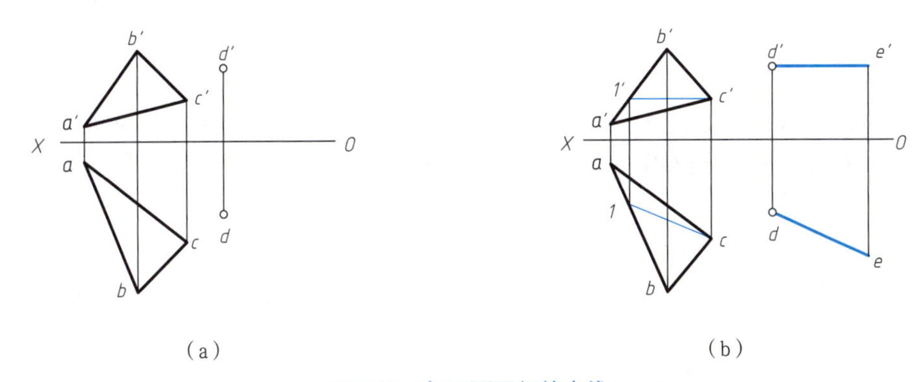

(a)　　　　　　　　　　　　(b)

图 3-25　与平面平行的直线

线面相交时的特殊情况为线面垂直。相互垂直的直线与平面，其一要素若为特殊位置，另一要素必为特殊位置，如图 3-26 所示。

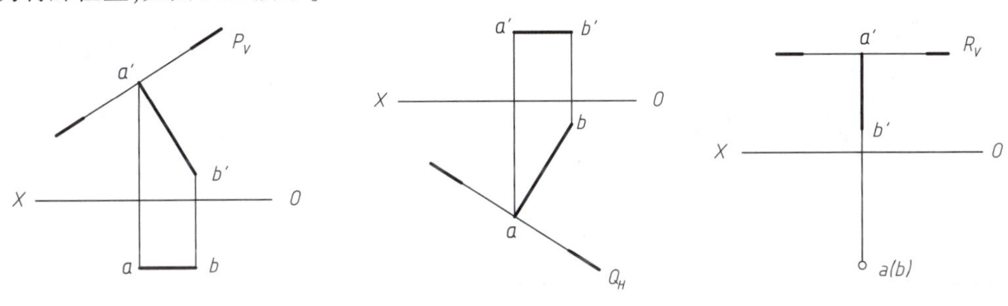

(a) 正垂面与正平线垂直　　(b) 铅垂面与水平线垂直　　(c) 水平面与铅垂线垂直

图 3-26　线、面垂直的特殊情况

三、两平面的相对位置

两平面的相对位置有平行和相交两种情况。如图 3-21 中 *R* 面平行于 *ADGH* 平面，*P* 面与 *R* 面相交。同样在相交问题中，本节只论述相交两平面之一为具有积聚性的特殊位置的情况，两平面的相对位置关系见表 3-8。

表 3-8　两平面的相对位置

	几何条件	空间情况	投影图	说　明
平行	若一平面内两条相交直线对应平行于另一平面内的两条相交直线，则两平面平行			*AB*//*DE*，*AC*//*DF*（*ab*//*de*，*a'b'*//*d'e'*，*ac*//*df*，*a'c'*//*d'f'*） 则平面 *P*//平面 *Q*
相交	两平面不平行时必相交，交线是两平面的共有线			利用积聚性求交线的投影，以交线为界，平面的投影分为可见与不可见两部分

例3-10 判断平面 ABC 与平面 $DEFG$ 是否平行[见图 3-27(a)]。

扫一扫

例 3-10

分析：

两平面平行的条件是两对相交直线对应平行，如果在平面 $DEFG$ 内作一对相交直线与平面 ABC 的任意两边对应平行，则该两平面相互平行。

作图步骤：

(1)作 $d'1'//a'b'$，再求得 $d1$。

(2)作 $d'2'//a'c'$，再求得 $d2$。由于 $d1//ab$，$d2//ac$，则 $D1//AB$，$D2//AC$，故判断平面 ABC 与平面 $DEFG$ 平行，如图 3-27(b)所示。

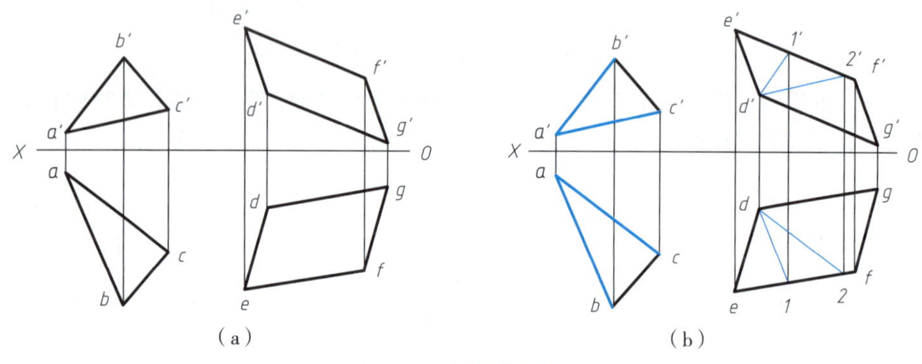

图 3-27 两平面平行

例3-11 求平面 ABC 和平面 $DEFG$ 的交线 MN，并判别可见性[见图 3-28(a)]。

分析：

一般位置平面 ABC 与铅垂面 $DEFG$ 相交，由水平投影的积聚性求交线 MN 的投影。

作图步骤：

(1)在水平投影上直接求得交线 MN 的水平投影 mn。

(2)由直线上点的从属性可知：点 M 在 AB 边上，则 $m' \in a'b'$，点 N 在 AC 边上，则 $n' \in a'c'$，求得交线 MN 的正面投影 $m'n'$。

扫一扫

例 3-11

(3)判断可见性。平面 $DEFG$ 的水平投影具有积聚性，所以水平投影不判别可见性。由于平面图形是有界限的，故交线的正面投影只取两平面图形的共有部分。两平面正面投影的重合部分以交线为可见部分与不可见部分的分界线。$g'f'$、$b'c'$ 的正面重影点 $1'(2')$ 的可见性，代表交线 $m'n'$ 以右的 $g'f'$、$b'c'$ 重合部分的可见性。从水平投影 1、2 可以看出，bc 在前，gf 在后，所以重合部分的 $b'c'$ 可见，$g'f'$ 不可见，同理判断其他各边的可见性。两面相交的空间情况如图 3-28(b)、(c)所示。

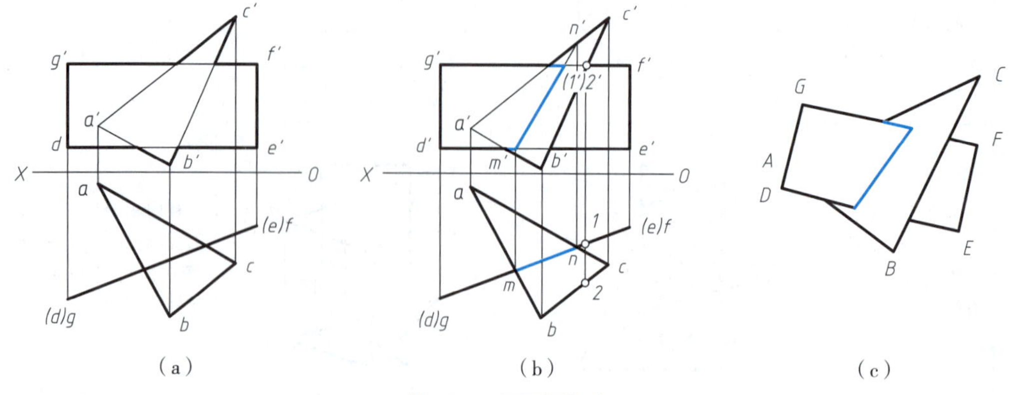

图 3-28 两平面相交

3.4　平面与立体相交

平面截切立体,即平面与立体相交,这个平面称为截平面,截平面与立体表面的交线称为截交线,如图 3-29 所示。截交线是由既在截平面上,又在立体表面上的点集合而成,因此,截交线是具有共有性的封闭的平面图形。本节主要讨论截交线的求解方法。

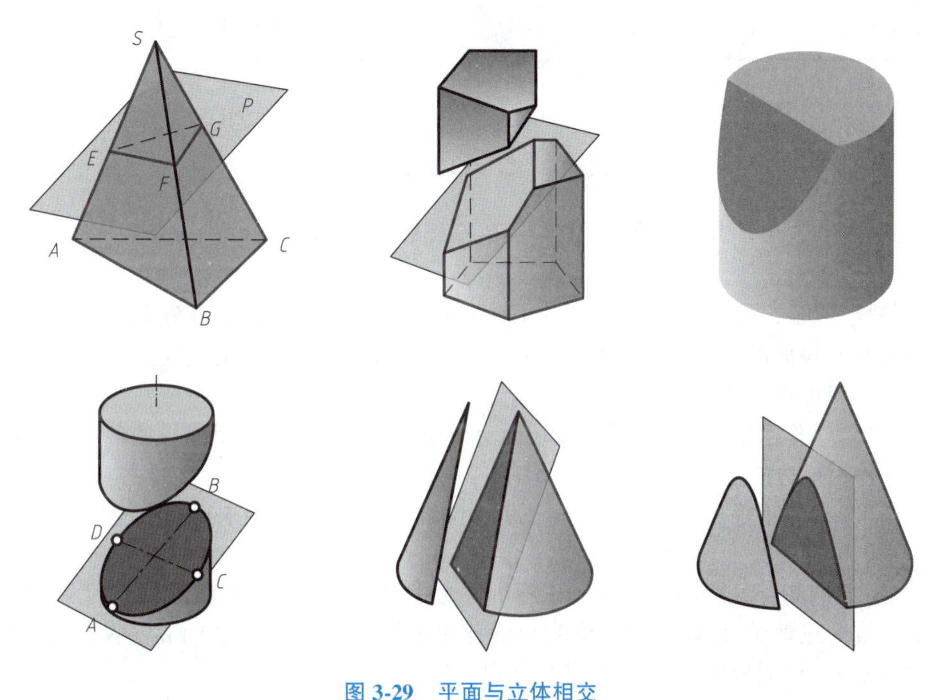

图 3-29　平面与立体相交

一、平面与平面立体表面相交

平面立体截切,其截交线为封闭的平面多边形。一般情况下,截平面多为特殊位置平面。

例3-12　完成截切四棱台的水平投影及侧面投影[见图 3-30(a)]。

分析:

四棱台被两个侧平面和一个水平面截切开槽。水平面的侧面投影具有积聚性,且前后贯通;水平面的水平投影具有显实性,其前后方向的宽度由水平截平面的高度决定,并可在侧面投影中量取。

作图步骤:

(1)求作侧面投影。截切水平面的侧面投影具有积聚性,由于是中间开槽,槽底面的侧面投影不可见,所以画出前后贯通的虚线。侧平截切面的侧面投影反映实形,即虚线以上的梯形线框。

(2)求作水平投影。槽底水平面的水平投影具有显实性,其宽度 y 由侧面投影量取,按投影规律画出槽底面的矩形线框,矩形线框的长边也是侧平截切面的积聚性投影,如图 3-30(b)所示。

扫一扫

例 3-12

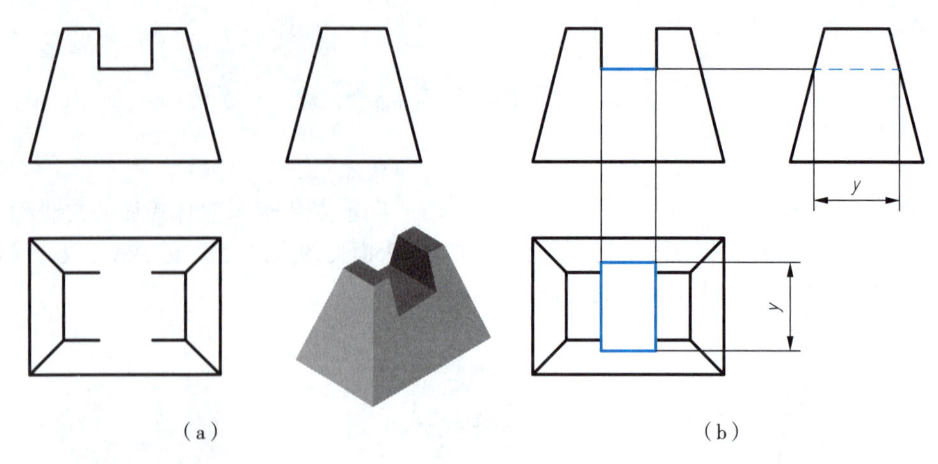

(a)　　　　(b)

图 3-30　截切四棱台的投影

例 3-13　求作三棱锥截切后的水平投影及侧面投影[见图 3-31(a)]。

分析：

三棱锥被水平面 P 和正垂面 Q 截切，其中平面 P 与三棱锥底面平行，其截交线必与棱锥相应底边平行；平面 Q 与棱面的截交线为两条一般位置直线；平面 P 和平面 Q 的交线为正垂线。

作图步骤：

(1)求作水平截交线。水平截切面交棱线 SA 于 N 点，可求得 N 点的各面投影 n、n'、n''。过 n 作对应边的平行线，求得交线 NH、NG 的各面投影。

(2)求作正垂截平面的截交线。M 点位于棱线上，可直接求得。交线的另外两点位于水平面的截交线上，即 H、G 两点。

(3)判断可见性，完成投影。求得的截交线均位于可见的棱面上，故都可见。两截平面的交线为正垂线，其水平投影不可见，因此用虚线连接 hg。棱线 SA 的 MN 段被截切，故水平投影连接 an、ms，侧面投影连接 $a''n''$、$m''s''$，如图 3-31(b)所示。

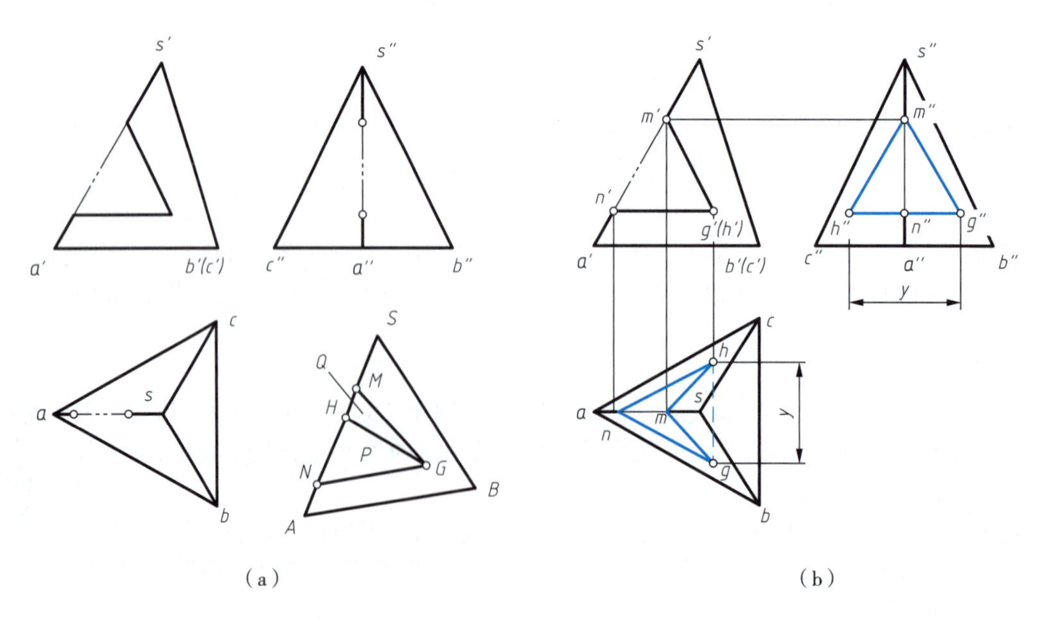

(a)　　　　(b)

图 3-31　截切三棱锥的投影

二、平面与回转体表面相交

平面与回转体的截交线一般为封闭的平面曲线，特殊情况下为直线。截交线的形状取决于回转体的形状和截平面与回转体轴线之间的相对位置。

1. 平面与圆柱截交（见表 3-9）

表 3-9　平面与圆柱截交

截平面位置	截平面平行于轴线	截平面垂直于轴线	截平面倾斜于轴线
截交线	平行直线	圆	椭圆
立体	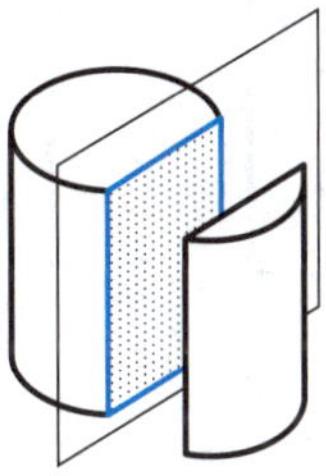	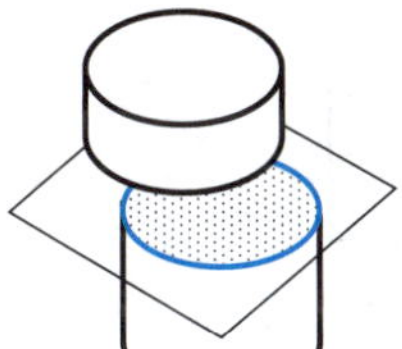	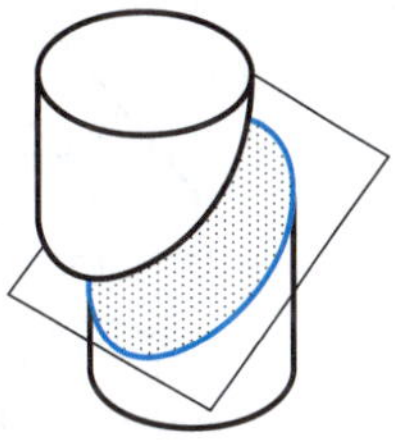
投影图	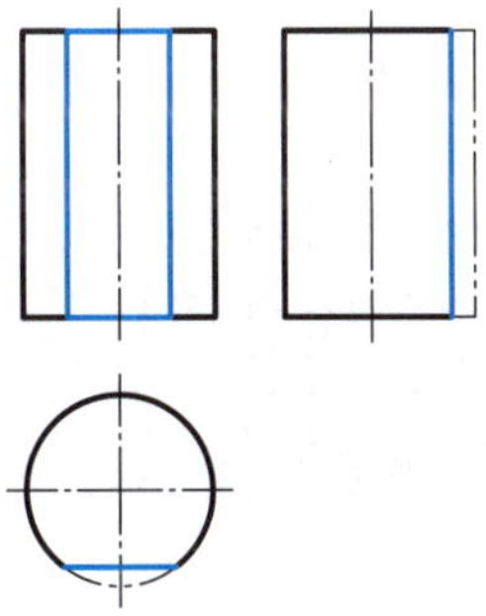	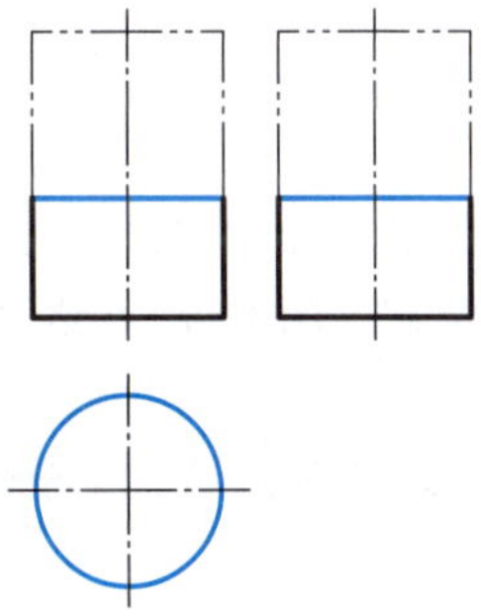	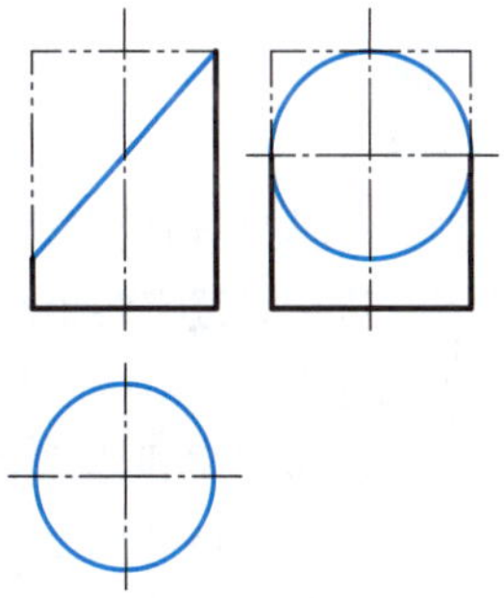

例3-14　求作正垂面 P 与圆柱的截交线［见图 3-32(a)］。

分析：

截平面 P 是与圆柱轴线相交的正垂面，则截交线为椭圆。其水平投影积聚在圆柱的水平投影上，侧面投影为椭圆。

作图步骤：

（1）求作特殊点。如图 3-32(b)所示，特殊点 A、B、C、D 位于圆柱转向线上，是椭圆长短轴的端点，也是截交线上的最低、最高、最前及最后点。

（2）求作一般点。如图 3-32(c)所示，在正面投影上特殊点之间的适当位置取 m'、n'，然后求出 m、n 及 m''、n''，M、N 两点实为前后对称的四个点。

（3）依次光滑连接各点的同面投影，并判别可见性。将侧面投影的轮廓线画至 c''、d''，如图 3-32(d)所示。

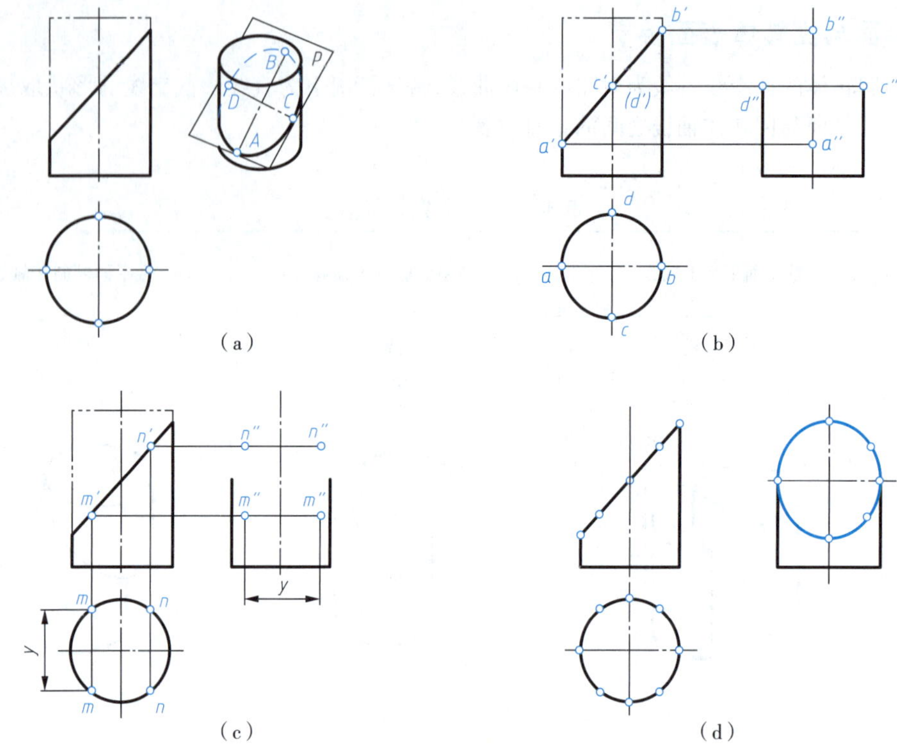

（a）（b）（c）（d）

图 3-32　正垂面与圆柱截交

例3-15　完成截切后圆柱的水平投影及侧面投影[见图 3-33(a)]。

分析：

圆柱被与其轴线平行和垂直的截平面截切，其截交线为圆和素线。截切圆柱上下两部分的侧平面位置相同，其截交线也相同，而被截去的部分不相同，对轮廓线的取舍也不同。

作图步骤：

(1)求作水平投影。圆柱上部切槽为通槽，两侧平面的水平投影积聚为两条与圆相交的直线段；下部切口的侧平面投影也积聚在同一位置。

(2)求作侧面投影。侧平面截切圆柱所产生的截交线的位置由水平投影量取(y)；上部水平面的侧面投影大部分不可见，而下部侧面投影为一可见的矩形。

(3)侧面投影轮廓线的取舍。圆柱侧面转向线上部被截切掉，轮廓线为截交线；下部轮廓线仍为侧面转向线，如图 3-33(b)所示。

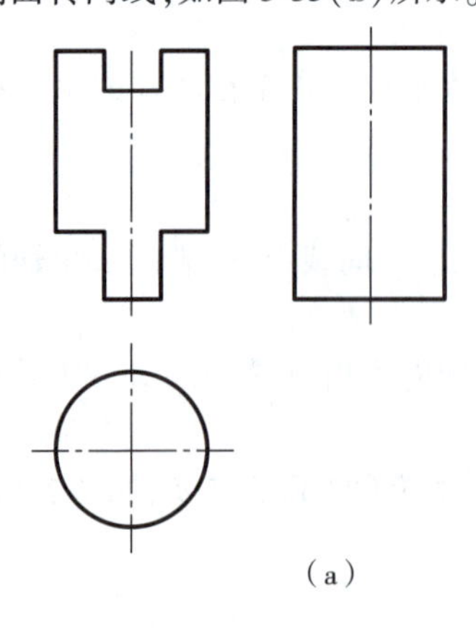

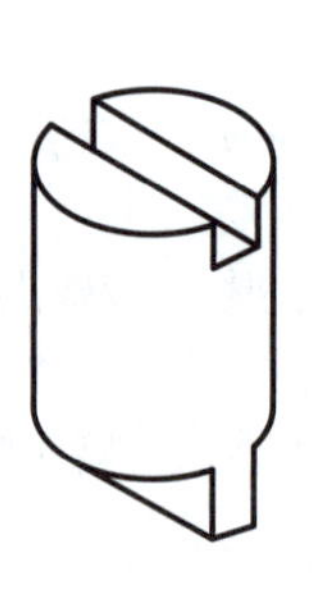

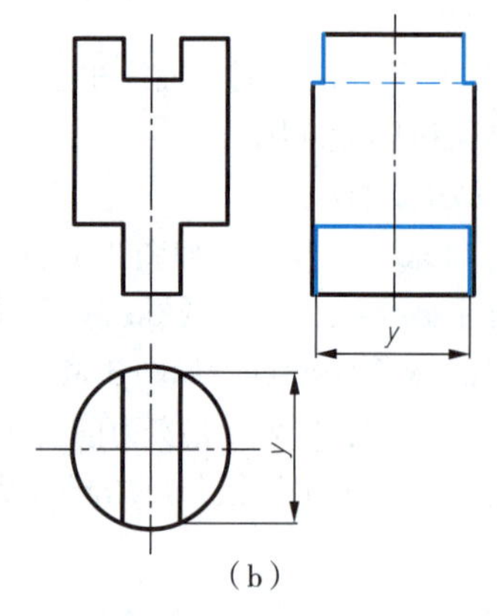

（a）（b）

图 3-33　截切圆柱的投影

2. 平面与圆锥截交(见表 3-10)

表 3-10　平面与圆锥截交

截平面位置	过 锥 顶	不过锥顶(θ 为截平面与圆锥体轴线的夹角,α 为锥顶半角)			
		$\theta=90°$	$\theta>\alpha$	$\theta<\alpha$ 或 $\theta=0$	$\theta=\alpha$
截交线	素线	圆	椭圆	双曲线	抛物线
立体					
投影图					

例3-16　求作正平面 P 与圆锥的截交线[见图 3-34(a)]。

分析:

正平面 P 截切圆锥,截交线为双曲线。其水平投影、侧面投影积聚为直线段,正面投影反映实形。

作图步骤:

(1)求作特殊点。特殊点 A 位于最前侧面转向线上,为截交线上最高点,点 B、C 为截交线上最低点,位于锥体底圆上。

(2)求作一般点。用辅助纬圆法作图,在水平投影上作纬圆与 P 平面交于 d、e,根据纬圆直径确定其高度,求出 d'、e'。作出适当数量的一般点,依次连线即可,如图 3-34(b)所示。

扫一扫

例 3-16

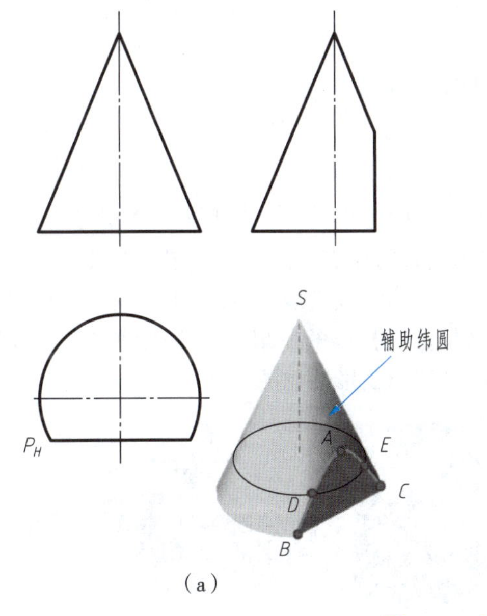

(a)

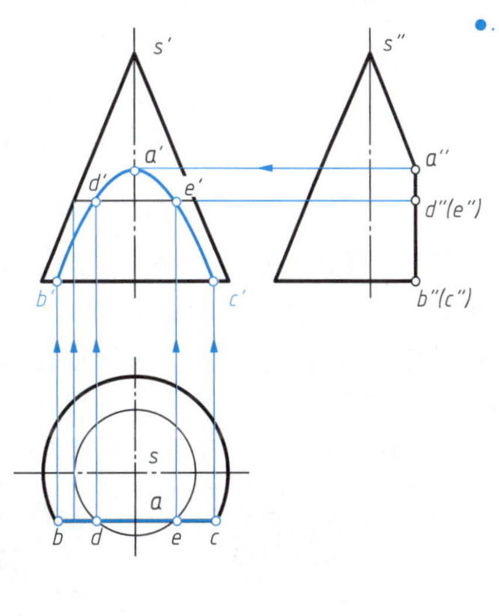

(b)

图 3-34　正平面与圆锥截交

3. 平面与圆球截交

平面与圆球相交，其截交线一定为圆。当截平面与投影面平行时，截交线在投影面上的投影反映实形；当截平面与投影面不平行时，截交线在投影面上的投影为椭圆。

例3-17 完成截切后半圆球的水平投影及侧面投影[见图 3-35(a)]。

分析：

半圆球被水平面 Q 及侧平面 P 截切开槽。水平面 Q 与圆球面的截交线为水平圆，侧平面 P 与圆球面的截交线为侧平圆。水平投影中，平面 Q 的投影反映实形，其纬圆半径与开槽深度有关；侧面投影中，平面 P 的投影反映实形，纬圆半径与槽宽有关。

作图步骤：

(1)求作水平投影。由 Q 平面正面投影位置(槽底)得到水平纬圆半径 R_1，水平投影反映 Q 平面的实形；平面 P 的水平投影积聚为直线段。

(2)求作侧面投影。由 P 平面正面投影位置(槽侧)得到侧平纬圆半径 R_2，侧面投影反映平面 P 的实形；平面 Q 的侧面投影具有积聚性，侧面投影中槽底大部分不可见，故平面 Q 投影大部分为虚线。

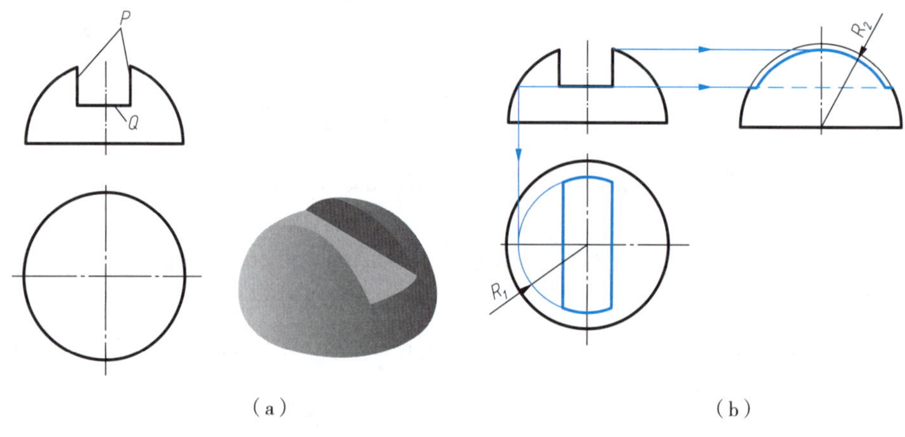

图 3-35 圆球截切

3.5 两立体表面相交

两基本立体表面相交又称相贯，所产生的立体表面交线称为相贯线。两平面立体相交及平面立体与回转体相交的实质即为截交。本节介绍两回转体相交时的相贯线的特性和作图方法。

回转体间的相贯线一般为空间曲线，特殊情况下为平面曲线或直线，如图 3-36 所示。相贯线的形状取决于相贯两立体的形状、大小以及相对位置。求相贯线投影的一般方法是辅助平面法，但当相贯两立体中至少有一个为具有积聚性的圆柱时，也可以利用积聚性作图。

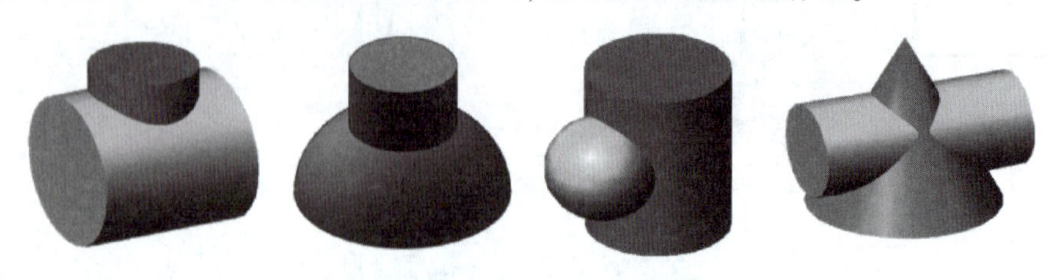

图 3-36 立体表面相交

一、利用积聚性求解相贯线

例3-18 求作轴线正交两圆柱的相贯线[见图3-37(a)]。

分析：

正交两圆柱的轴线分别呈侧垂和铅垂，其侧面投影和水平投影分别具有积聚性。相贯线为两圆柱交线，必同时属于两圆柱表面，因此，相贯线的水平投影和侧面投影分别积聚在圆柱反映圆的投影上，为已知投影，仅正面投影待求。由于两圆柱轴线正交，轴线所在的平面为正平面，相贯线前后部分正面投影重合。

扫一扫

例3-18

作图步骤：

(1)作相贯线上的特殊点 *1*、*2*、*3*、*4*，分别位于转向线上，如图3-37(b)所示。

(2)作相贯线上的一般点。在水平投影上任取重影点 *5*、*6*，按投影规律求出 *5″*、*6″*，再作出正面投影 *5′*、*6′*，如图3-37(c)所示。

(3)依次光滑连接各点，完成相贯线的正面投影。

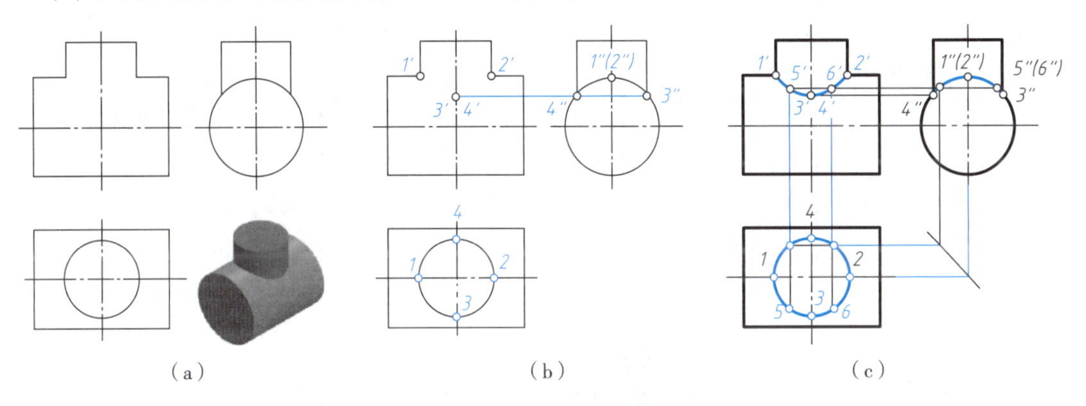

图3-37 轴线正交两圆柱相贯

立体相贯的三种形式为两外表面相交、内外表面相交和两内表面相交。两轴线正交圆柱的相贯线的投影，可采用简化画法用圆弧近似画出，圆弧半径为相贯两个圆柱体中较大圆柱的半径，具体投影图见表3-11。

表3-11 轴线正交两圆柱相贯的三种形式

	两外表面相交	内外表面相交	两内表面相交
立体			
投影图	R	R	R

例3-19 求作轴线垂直交叉的两圆柱表面相贯线[见图 3-38(a)]。

分析：

与例 3-18 相比，本例中两圆柱轴线的相对位置发生了变化。本例两圆柱前后偏交，轴线垂直交叉，相贯线前后不对称，因此，相贯线的正面投影为封闭非圆曲线。

作图步骤：

(1)作相贯线上的特殊点。特殊点 1、2、3、4 位于铅垂圆柱转向线上，其中 1、2 两点是相贯线上的最左、最右点；点 2 为相贯线上的最前点，也是最低点；点 4 为最后点，如图 3-38(b)所示。特殊点 5、6 位于侧垂圆柱最上转向线上，也是相贯线上的最高点，如图 3-38(c)所示。

(2)作相贯线上的一般点。在特殊点之间的适当位置取一般点。如图 3-38(d)所示，取 7、8 两点的水平投影 7、8，根据圆柱表面取点的方法，求出 7、8 两点的其他投影。

(3)判断可见性。在正面投影中，1′、3′两点为相贯线正面投影可见性的分界点，依次光滑连接各点，完成相贯线的投影。应注意的是在正面投影中，侧垂圆柱正面转向线被铅垂圆柱遮挡的部分不可见，应画成虚线，如图 3-38(d)所示。

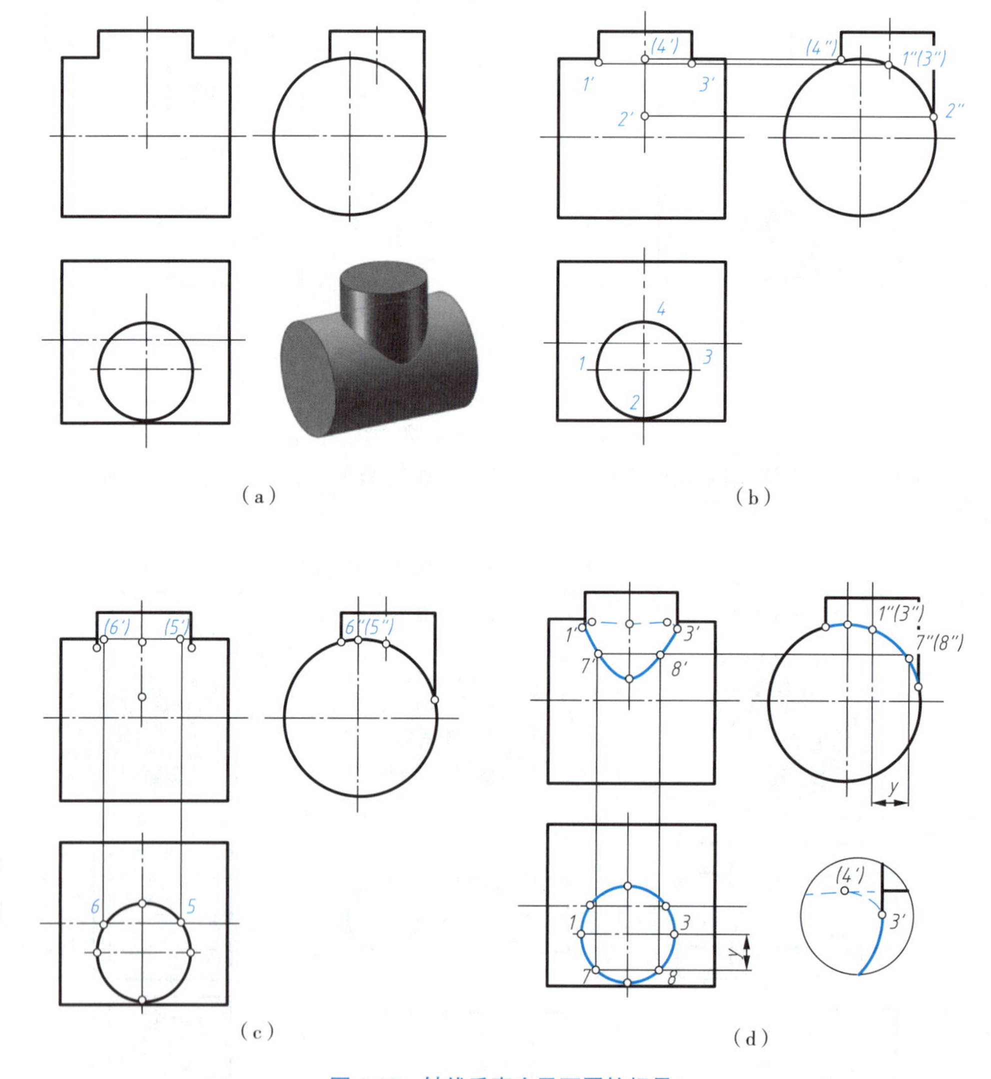

图 3-38 轴线垂直交叉两圆柱相贯

相贯线的形状取决于相贯两立体的形状、大小以及相对位置。以轴线正交两圆柱为例，相贯线的形状随着两圆柱相对大小的变化而变化，其变化趋势如图 3-39 所示。当小圆柱体穿过大圆柱体时，在非积聚性投影上相贯线总是向大圆柱的轴线方向弯曲，且随着小圆柱体直径逐渐变大，相贯线的弯曲程度也越大；当两圆柱体直径相等时，相贯线不再是空间曲线，而成为椭圆（平面曲线），其正投影成为两相交直线，如图 3-39（d）所示。

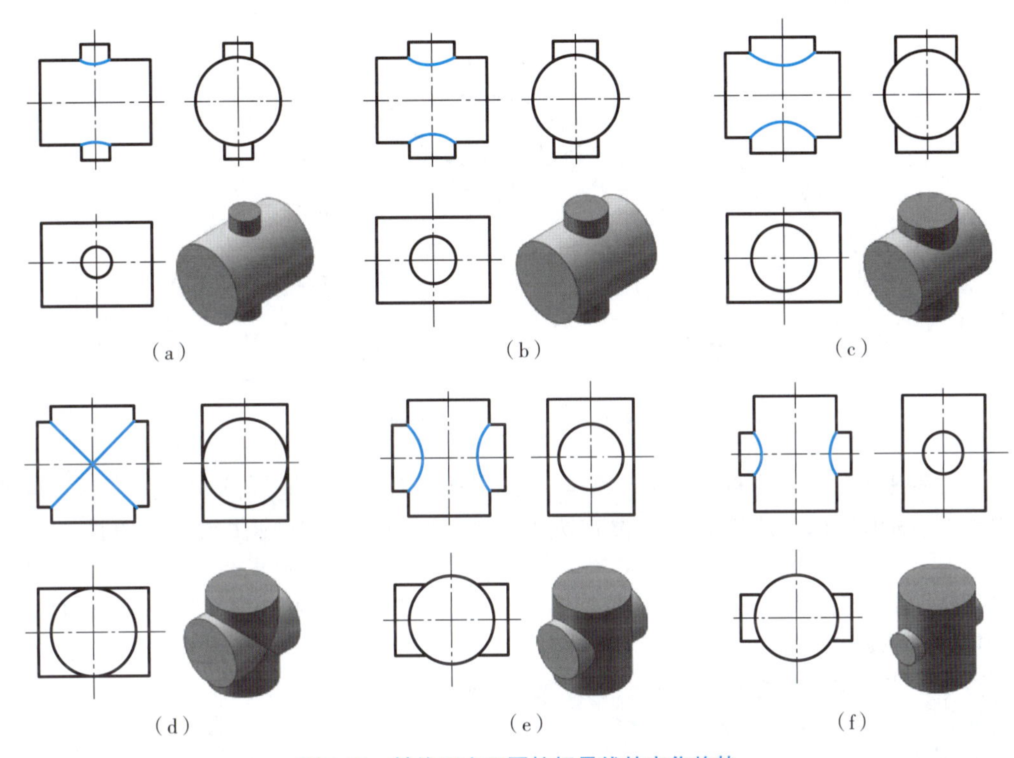

图 3-39　轴线正交两圆柱相贯线的变化趋势

两圆柱轴线垂直交叉时，其相贯线随着两圆柱相对位置的变化而变化，其变化趋势如图 3-40 所示。

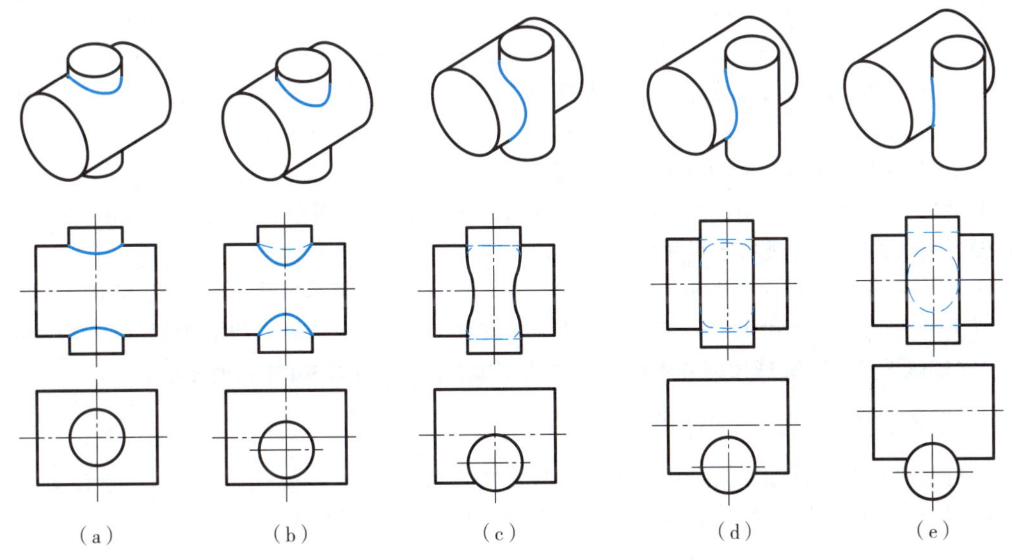

图 3-40　轴线交叉两圆柱相贯线的变化趋势

二、利用辅助平面法求解相贯线

如图 3-41 所示，求圆台与部分球体的相贯线。由于圆台与球体的投影均无积聚性，无法直接求得相贯线上的点，须用辅助平面法求解。辅助平面法作图的原理是用假想辅助平面 Q 截切圆台与球体，截平面 Q 与圆台和球体表面的截交线均为圆，两圆交于 Ⅰ、Ⅱ两点，即辅助平面、圆台和球体的共有点，且必为相贯线上的点。

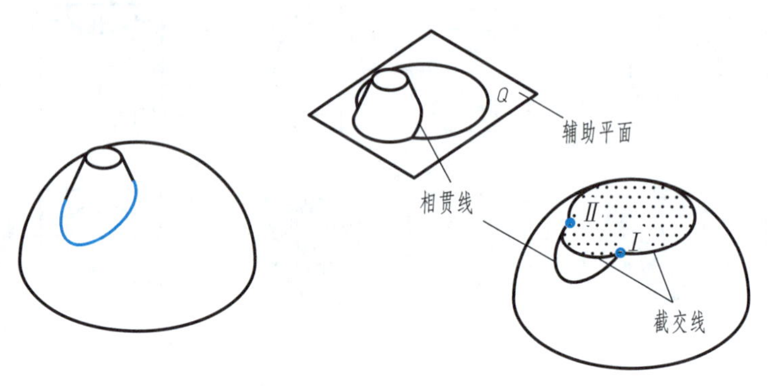

图 3-41　辅助平面法原理

利用辅助平面法求共有点的作图步骤是：①选择适当的辅助平面；②求出辅助平面与各回转体的截交线；③求出截交线的交点。为方便作图，辅助平面的选择应使截交线的投影为圆或直线。

利用辅助平面法比利用积聚性作图具有更加广泛的适应性，无论相交两回转体是否具有积聚性都可利用辅助平面法作图。

例3-20　求作圆台与圆球的相贯线投影[见图 3-42(a)]。

分析：

圆台的轴线不过球心，相贯线为前后对称的空间曲线，相贯线的正面投影前后重合为曲线段，另两个投影为非圆封闭曲线。

作图步骤：

(1)求特殊点 *1*、*2*、*3*、*4*，如图 3-42(b)所示。其中点 *1*、*2* 在圆锥的最左、最右素线上，可直接求得投影。点 *3*、*4* 利用辅助平面法求作，选取通过圆台轴线的侧平面 P 为辅助平面，P 平面与圆台的交线为圆台的侧面转向线，与球体的交线为侧平圆，它们的交点 $3''$、$4''$即为相贯线上的点 *3*、*4* 的侧面投影。

(2)求作一般点 *5*、*6*，如图 3-42(c)所示，选取辅助水平面 Q，平面 Q 与圆台和球体的交线均为水平纬圆，两纬圆的交点即为相贯线上 *5*、*6* 点的水平投影 *5*、*6*，其正面投影及侧面投影分别在 Q 平面具有积聚性的投影上，同理可求得其他一般点。

(3)判别可见性。正面投影中，相贯线前后重合；水平投影中，相贯线全部可见；侧面投影中，点 $3''$、$4''$为相贯线可见与不可见的分界点。依次光滑连接各点，并画全轮廓线的投影，侧面投影中，圆锥轮廓线应画至 $3''$、$4''$，圆球顶部的不可见轮廓线用虚线画出，如图 3-42(d)所示。

三、相贯线为平面曲线的特殊情况

共轴回转体相交，其相贯线是相交回转体的公共纬圆，如图 3-43(a)、(b)所示。当相交两回转体同时内切于一圆球面时，其相贯线为平面曲线(椭圆)，如图 3-43(c)所示。

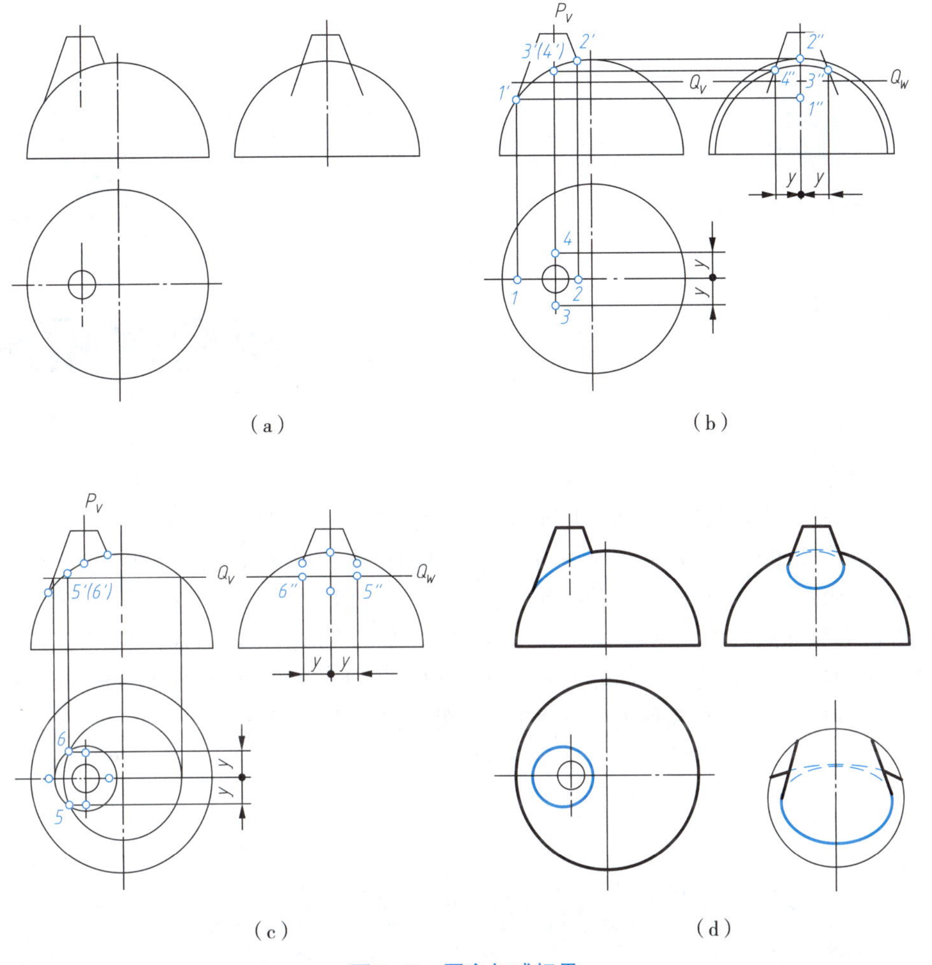

图 3-42 圆台与球相贯

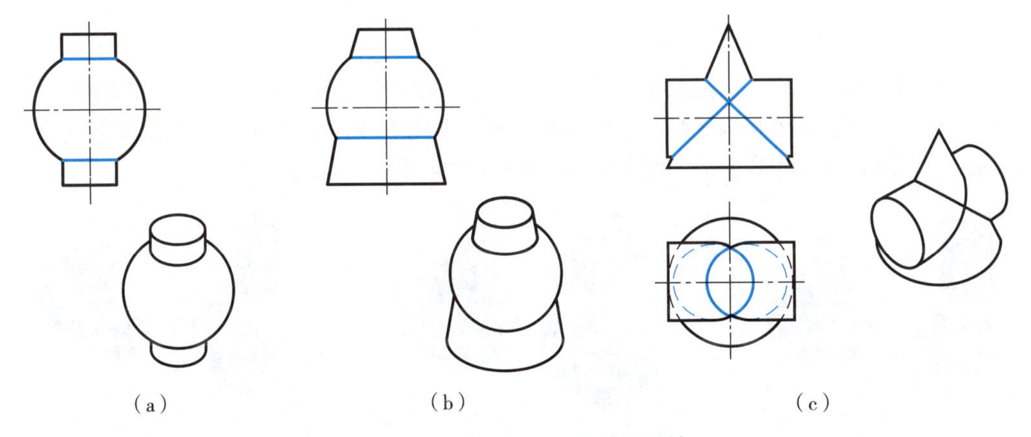

图 3-43 相贯线为平面曲线的特殊情况

第4章 组合体投影图

本章重点介绍组合体投影图的画图、读图及尺寸标注方法。

组合体画图、读图及尺寸标注的基本方法是形体分析法。形体分析法是根据组合体的构形特点,逐一确定各组成部分的形状及相对位置的思维方法,它从形体构成的角度确保组合体画图、读图及尺寸标注的思维井然有序。在形体分析法的基础上,按正投影的基本原理,对基本几何元素部分作进一步分析的思维方法,称为线面分析法。因此,以形体分析为主,线面分析为辅,综合运用形体分析法和线面分析法,才能有效地进行组合体的画图、读图与尺寸标注。

基于构形分析在组合体画图、读图及尺寸标注中的重要地位,利用计算机三维建模软件动态呈现组合体的构形过程,对于正确认识组合体是十分必要且有效的。

4.1 组合体的计算机三维建模

一、组合形式

组合体是由基本立体通过叠加、挖切组合而成的,叠加和挖切两种组合方式对应建模中的填料和除料建模方式,基本立体是构成组合体的基本单元。由此生成简单的叠加式组合体、挖切式组合体以及各种由叠加、挖切综合而成的复杂立体,如图4-1至图4-3所示。

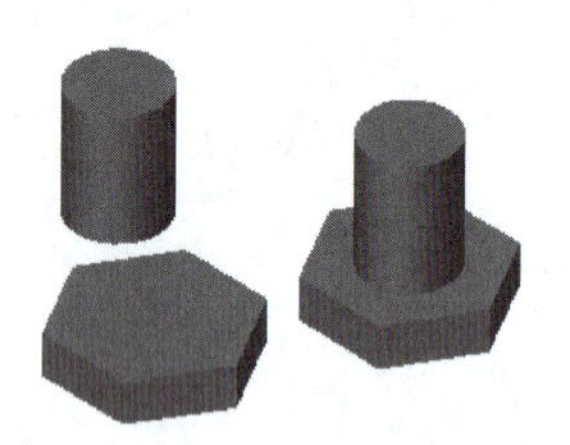
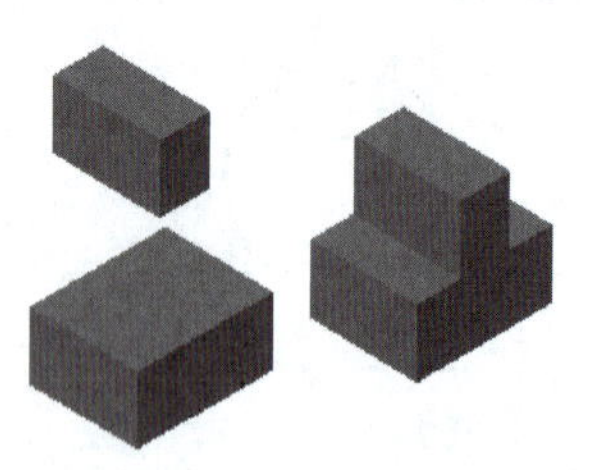
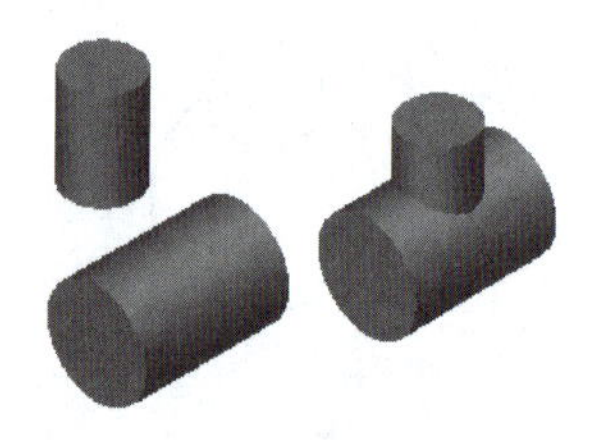

图4-1 叠加式组合体

二、组合体的构形分析

构形分析是将较复杂立体分解成若干个简单立体的过程。图4-4(a)所示组合体可看作由底板Ⅰ、凸台Ⅱ和肋板Ⅲ叠加构成[见图4-4(b)],其CSG树如图4-4(c)所示。把复杂立体分解成若干

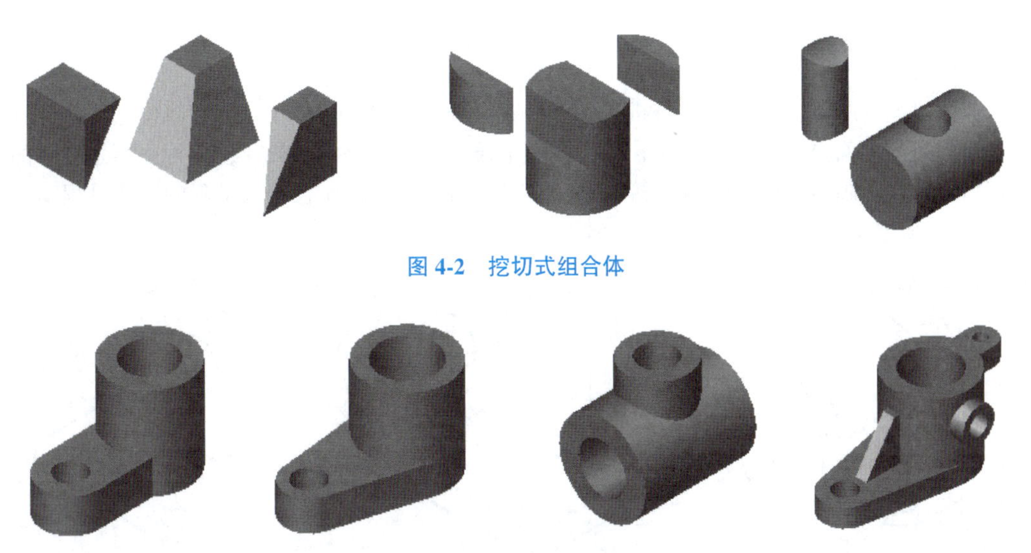

图 4-2　挖切式组合体

图 4-3　综合式组合体

个简单立体,再把若干个简单立体组合在一起,还原成原形,从而对形体的构成形成清晰的思路,这种分析组合体形成过程的方法,称为形体分析法。

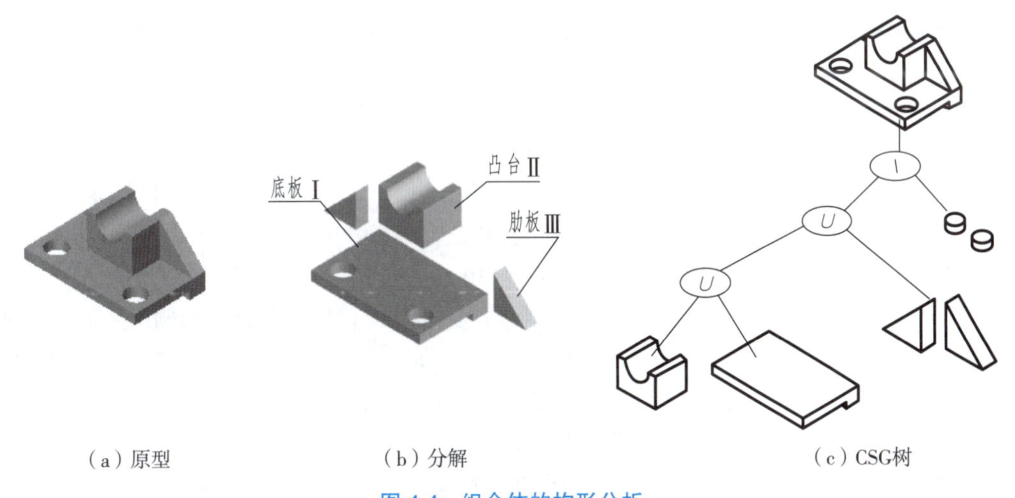

(a) 原型　(b) 分解　(c) CSG树

图 4-4　组合体的构形分析

通过以上分析可知,要构建一个复杂体,形体分析是关键。但是针对同一复杂体可能存在几种不同的拆分方法,应以分解的简单体数量最少、最能反映立体特征为最终目的。图 4-5 反映了针对同一立体所能采取的不同分解方案。

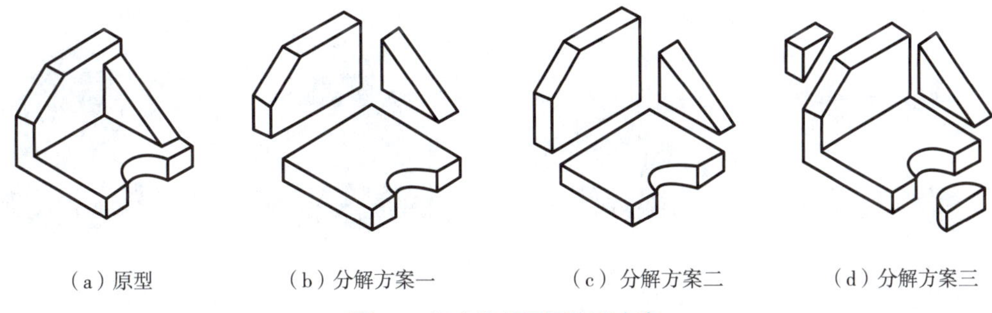

(a) 原型　(b) 分解方案一　(c) 分解方案二　(d) 分解方案三

图 4-5　组合体的不同构形方案

三、组合体特征建模举例

组合体建模的基本方法是形体分析法，通过构形分析，先构建基本几何体或简单立体，再根据其相邻表面之间的表面连接关系创建组合体。同一个模型的构形分析和特征建模方法不是唯一的，其基本原则是思路清晰，特征草图绘制方便、合理，模型创建正确、迅速且符合实际的制作过程。

例4-1　创建图4-6(a)所示的组合体模型。

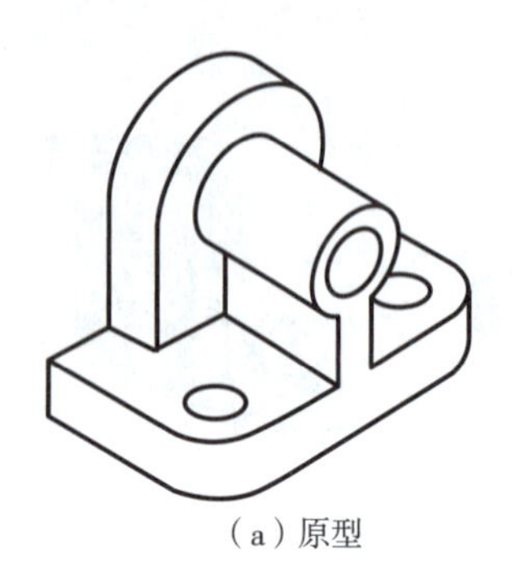

（a）原型

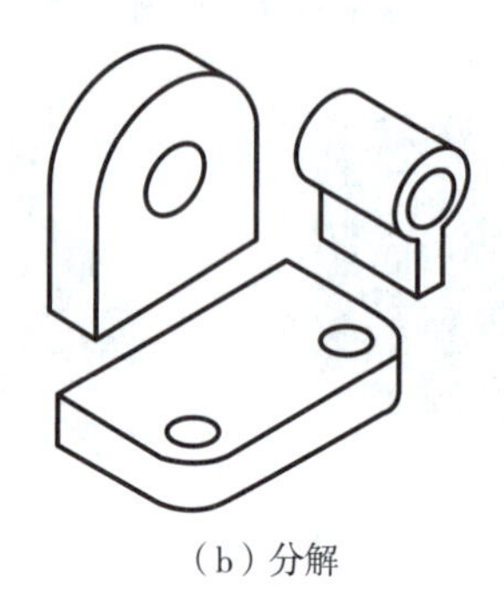

（b）分解

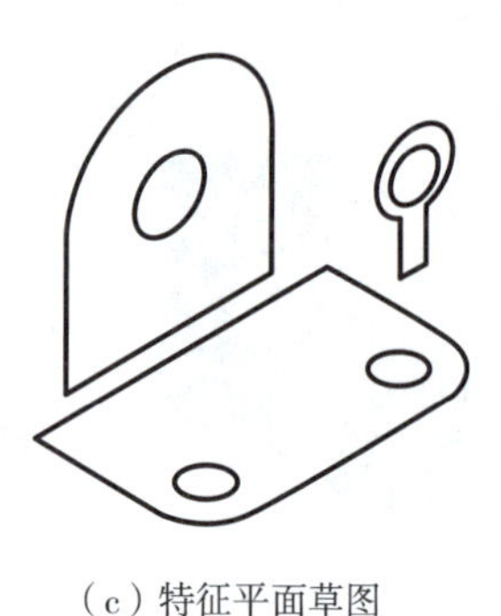

（c）特征平面草图

图4-6　组合体建模

分析：

按形体分析法，可将该组合体分解为图4-6(b)所示的三个简单体，而且这三个简单体都具有广义柱体的特征，即均可通过拉伸特征的方式形成，其特征平面草图如图4-6(c)所示。将三个简单体按图4-7所示的CSG树表示法叠加，即完成该组合体的建模。

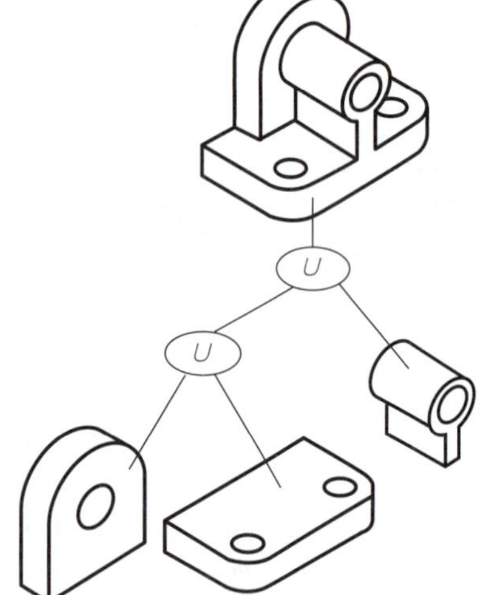

图4-7　CSG树

建模步骤：

(1)底板建模。选择“上视基准面”，绘制图4-8(a)所示的草图，选择“拉伸凸台/基体”命令，向上拉伸草图，终止条件“给定深度”为10 mm，完成底板的建模，如图4-8(b)所示。

(2)立板建模。选择“右视基准面”，绘制图4-8(c)所示的草图，草图下边与底板的上表面重合。选择“拉伸凸台/基体”命令，向前拉伸草图，终止条件“给定深度”为10 mm，完成立板的建模，如图4-8(d)所示。

(3)凸起结构建模。选择底板的前端面为草图平面，绘制图4-8(e)所示的草图，图形的底边位于底板的上表面，将内圆直径与立板圆孔添加“相等”关系。选择“拉伸凸台/基体”命令，向后拉伸草图，终止条件为“成形到一面”并选择立板的前端面[见图4-8(f)]，完成组合体的建模，如图4-8(g)所示。

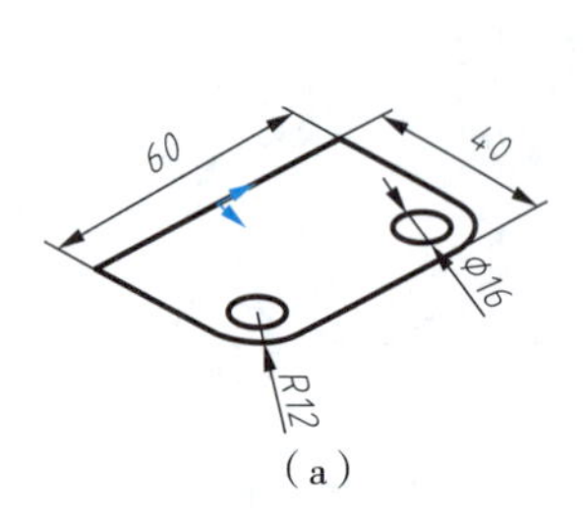

（a）

（b）

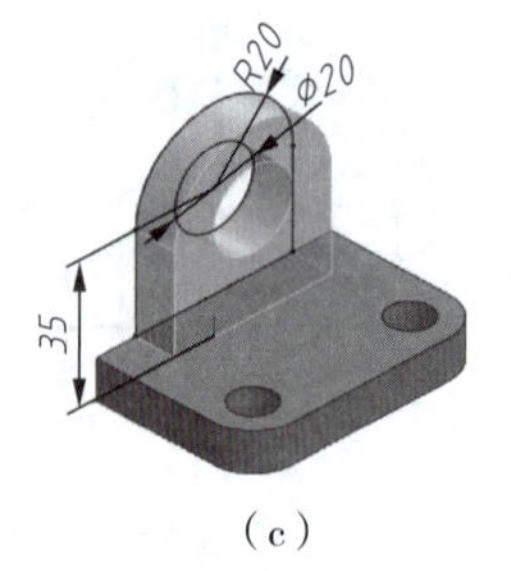

（c）

（d）

图4-8　建模过程

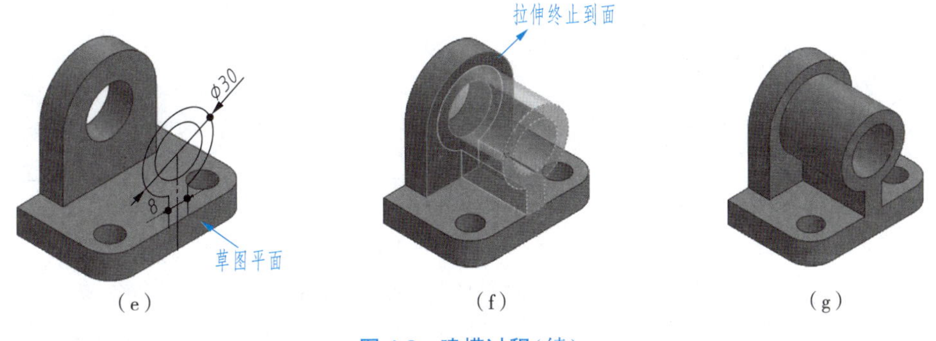

图 4-8　建模过程(续)

例4-2　创建图 4-9 所示的组合体模型。

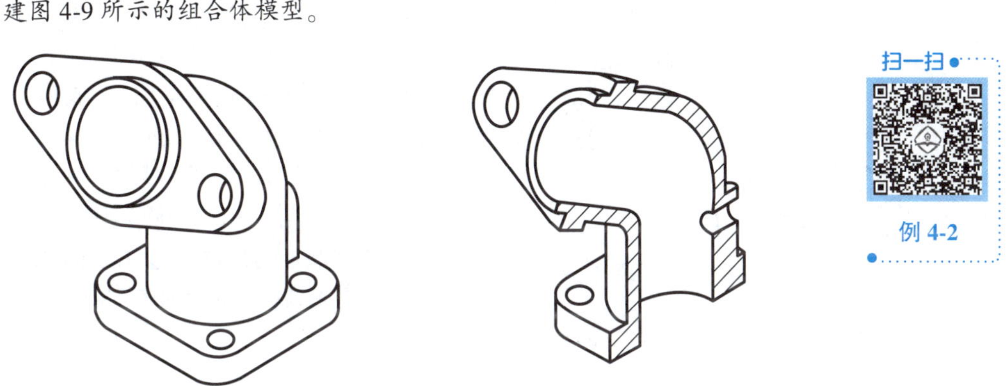

图 4-9　组合体模型

分析：

该组合体是由底板、弯管、连接板和凸台等部分组成的，如图 4-10 所示。底板、连接板和凸台都具有广义柱体的特征，可以采用“拉伸”命令建立，弯管则需采用“扫描”命令建立。对于组合体内部的孔和槽结构，如果该结构只与一个基本体有关，则应在绘制草图时直接绘制出该结构，以便形成立体时一次成形，如底板小孔和连接板上的小孔。如果组合体内部的孔和槽结构与多个部分有关，该结构应最后处理，如形体内部的通孔。该组合体的 CSG 树如图 4-11 所示。

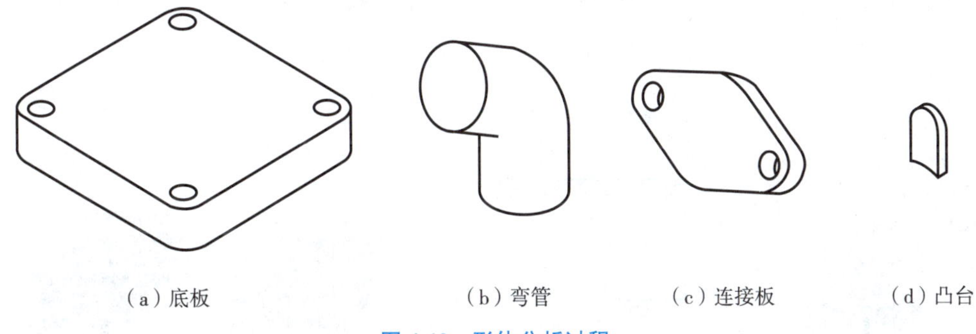

图 4-10　形体分析过程

建模步骤：

(1) 底板建模。选择“上视基准面”，绘制底板草图。选择“拉伸凸台/基体”命令，定义拉伸高度为 10 mm，完成底板的建模，如图 4-12(a) 所示。

(2) 弯管建模。在“右视基准面”绘制图 4-12(b) 所示的路径草图，在底板上表面上绘制图 4-12(c)

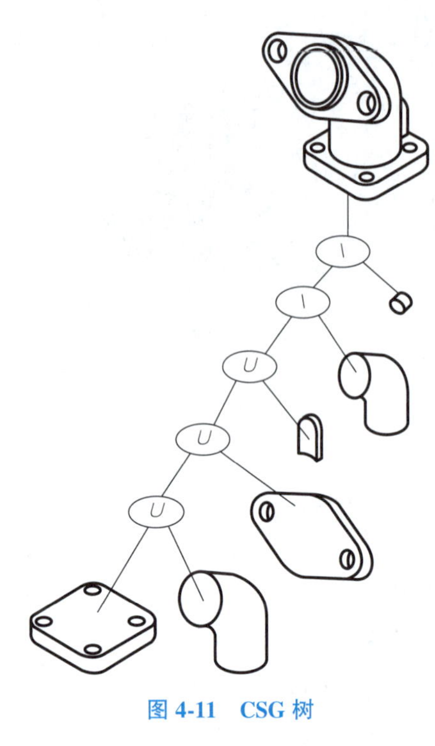

图 4-11　CSG 树

所示的轮廓草图。单击“扫描”按钮建立“扫描”特征，完成弯管建模如图 4-12(d)所示。

(3)连接板的建模。在弯管端面绘制图 4-12(e)所示的连接板草图。选择“拉伸凸台/基体”命令，定义拉伸的开始条件和终止条件如图 4-12(f)所示，完成连接板的建模，如图 4-12(g)所示。

(4)凸台的建模。在底板右端面绘制图 4-12(h)所示的凸台草图。选择“拉伸凸台/基体”命令，定义拉伸的开始条件和终止条件如图 4-12(i)所示，完成凸台的建模，如图 4-12(j)所示。

(5)建立扫描切除特征。在“右视基准面”绘制草图路径，也可以通过单击草图工具条中的“转换实体引用”按钮，选择之前的扫描路径草图，完成草图绘制，如图 4-12(k)所示。在“上视基准面”创建图 4-12(l)所示的草图作为扫描轮廓。退出草图编辑环境，单击“扫描切除”按钮建立“扫描切除”特征，如图 4-12(m)所示。

(6)创建凸台孔结构。选中凸台前端面作为草图绘制平面，绘制图 4-12(n)所示的草图，建立“拉伸切除”特征，终止条件选择“成形到一面”，创建凸台孔结构，如图 4-12(o)所示，完成组合体的全部建模过程，建模结果如图 4-12(p)所示。

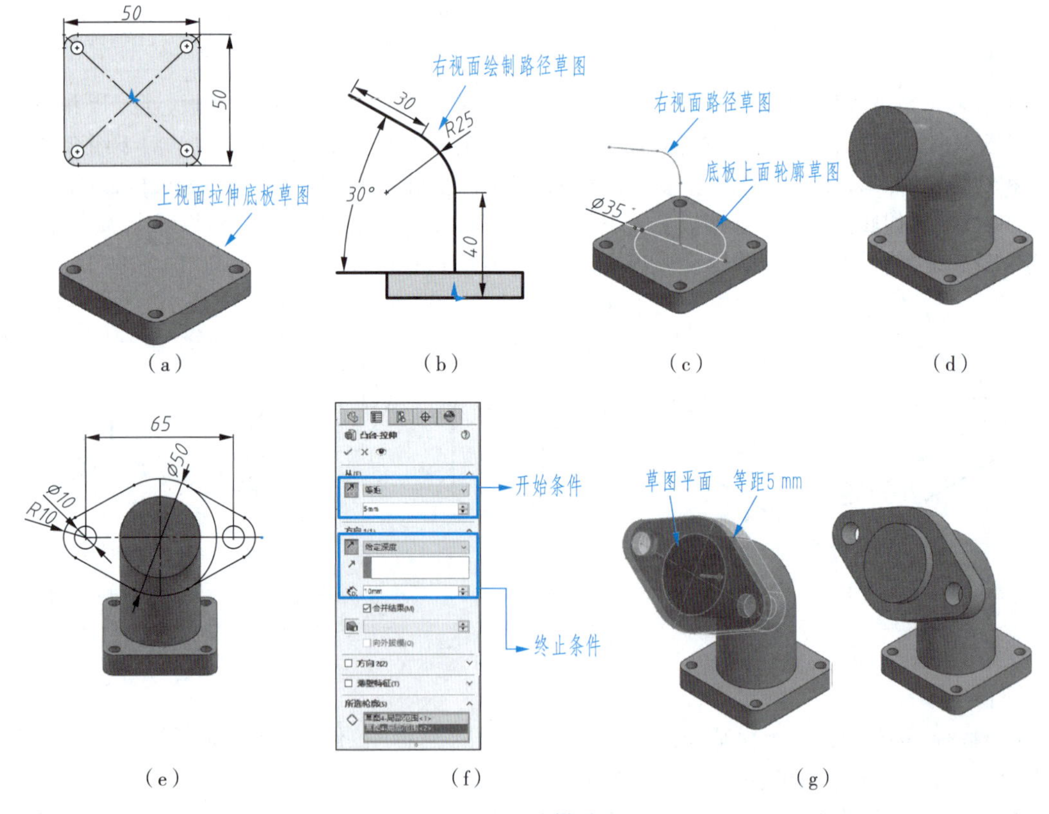

图 4-12　建模过程

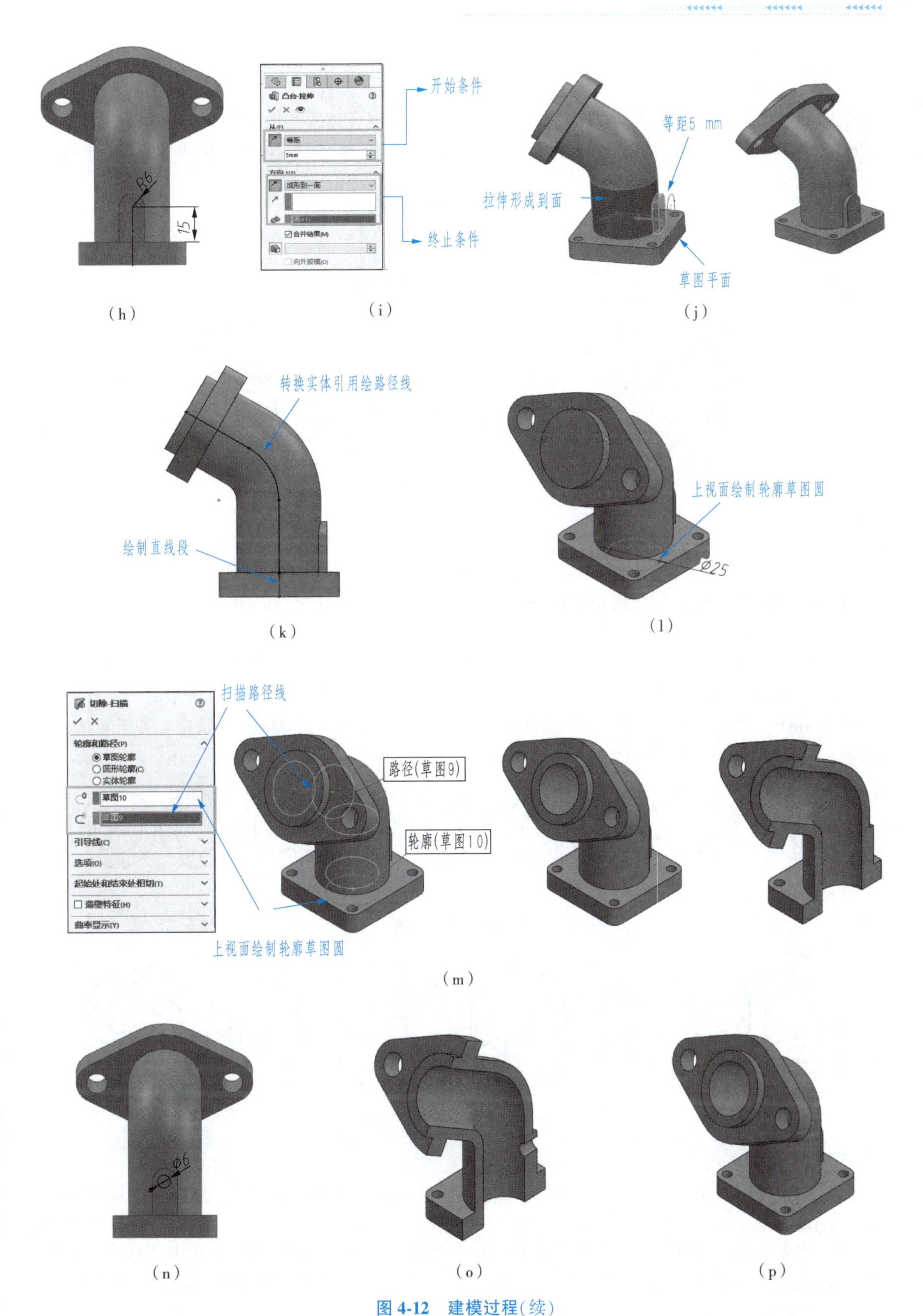

(h)　(i)　(j)　(k)　(l)　(m)　(n)　(o)　(p)

图 4-12　建模过程(续)

例4-3 利用草图轮廓建立图 4-13(a)所示的组合体。

分析：

按照常规的建模方法，通过对图 4-13(a)所示组合体模型的分析，其 CSG 树如图 4-13(b)所示，建模过程是分别绘制四或五个独立的草图，通过“拉伸”和“拉伸切除”命令创建模型。

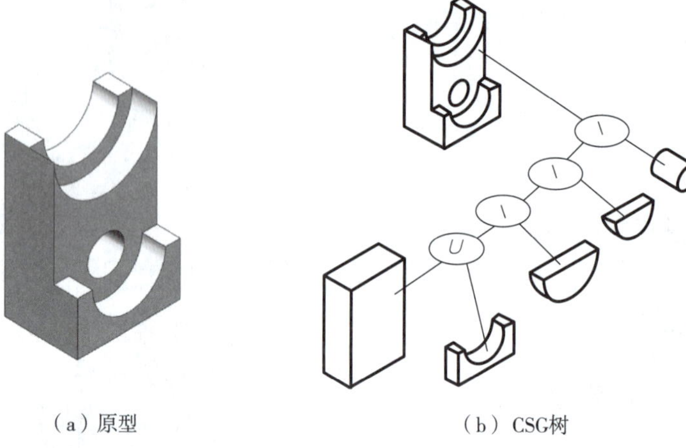

（a）原型　　（b）CSG树

图 4-13　组合体模型

SolidWorks 2020 允许用户选择由几何图形相交所形成草图的一部分以建立特征，这种草图称为轮廓草图。利用轮廓草图的优点是草图可以被再次利用，可提高建模速度。

图 4-14(a)所示的草图包含多个由草图几何图形相交而形成的草图轮廓，它们可以单独使用，也可以和其他轮廓组合使用。该草图中存在多个可用的轮廓，分别是图 4-14(b)所示的独立草图轮廓和图 4-14(c)所示的组合草图轮廓（图中阴影部分）。利用这些轮廓草图，可以建立若干实体，其中的一部分模型如图 4-15 所示。

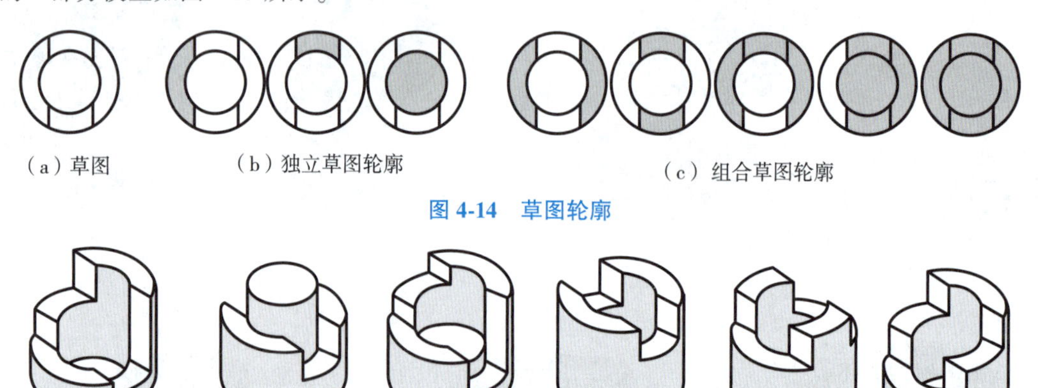

（a）草图　　（b）独立草图轮廓　　（c）组合草图轮廓

图 4-14　草图轮廓

图 4-15　由草图轮廓创建的模型

建模步骤：

(1)绘制草图。在“右视基准面”上绘制图 4-16(a)所示的草图 1，通过尺寸标注和添加几何关系使其完全定义，退出草图编辑状态。

(2)建立“拉伸”特征 1。选择“拉伸凸台/基体”命令 ，利用“所选轮廓”选项组选择草图 1 中的封闭轮廓作为“拉伸”命令所需的特征草图，创建“拉伸”特征如图 4-16(b)所示，形成的模型如图 4-16(c)所示。

(3)建立“拉伸”特征 2。在“草图 1”始终处于显示的状态下,如图 4-16(d)所示,再次选择“拉伸凸台/基体”命令 ,利用“所选轮廓”选项组选择草图 1 中的两个封闭轮廓作为“拉伸”命令所需的特征草图,创建“拉伸”特征, 如图 4-16(e)所示,形成的模型如图 4-16(f)所示。

(4)建立“拉伸切除”特征。选择“拉伸切除”命令 ,利用“所选轮廓”选项组选择草图 1 中的封闭半圆环作为“拉伸切除”命令所需的特征草图,“拉伸切除”特征的起始条件和终止条件设置如图 4-16(g)所示,完成组合体的建模,形成的模型如图 4-16(h)所示。

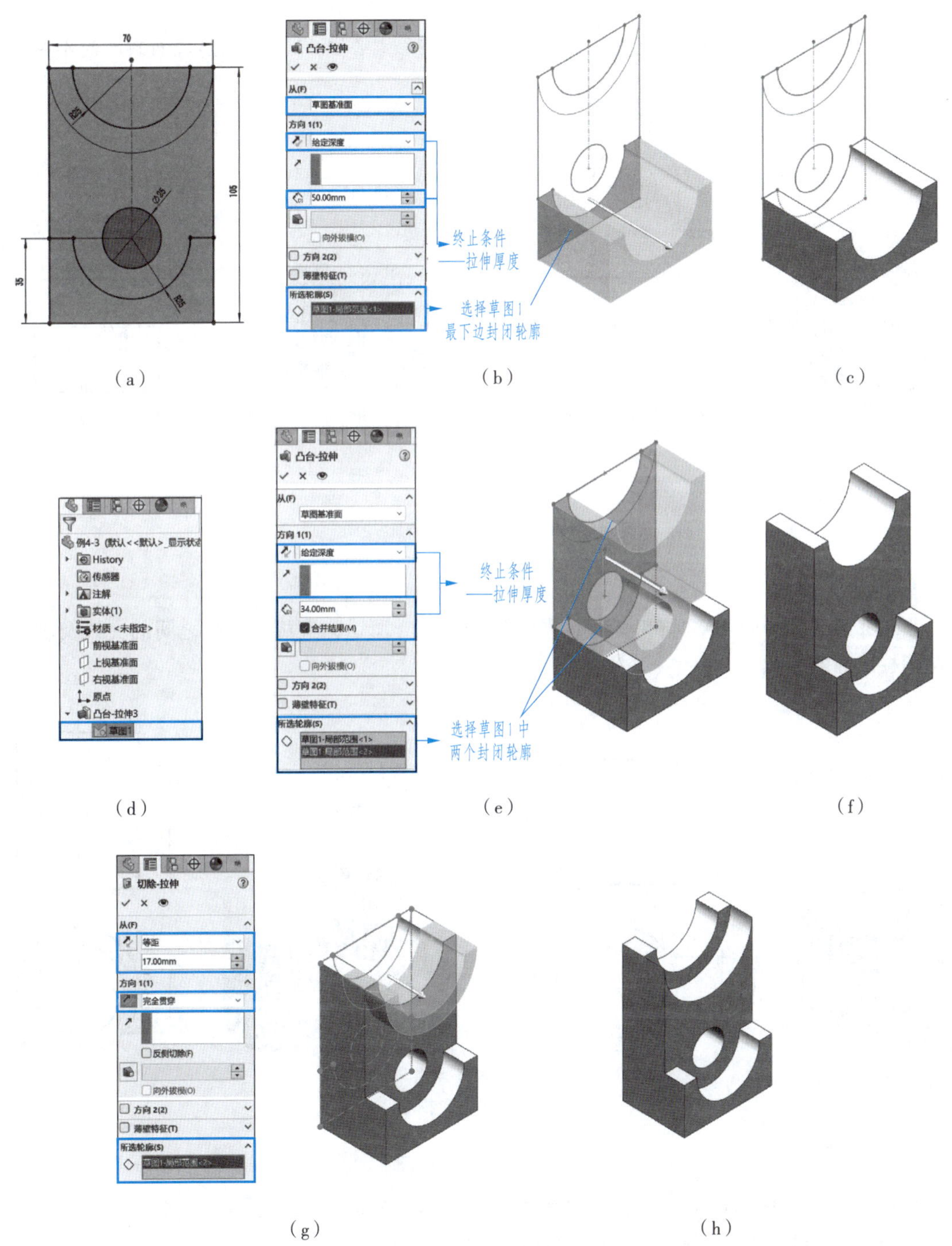

图 4-16　建模过程

4.2　组合体构形的投影分析

构成组合体的基本立体间相邻表面的连接关系有三种形式:共面、相交和相切。

1. 共面

当相邻两立体表面共面时,两面融合,中间没有分界线。图 4-17 所示为前表面共面与不共面的投影示例。

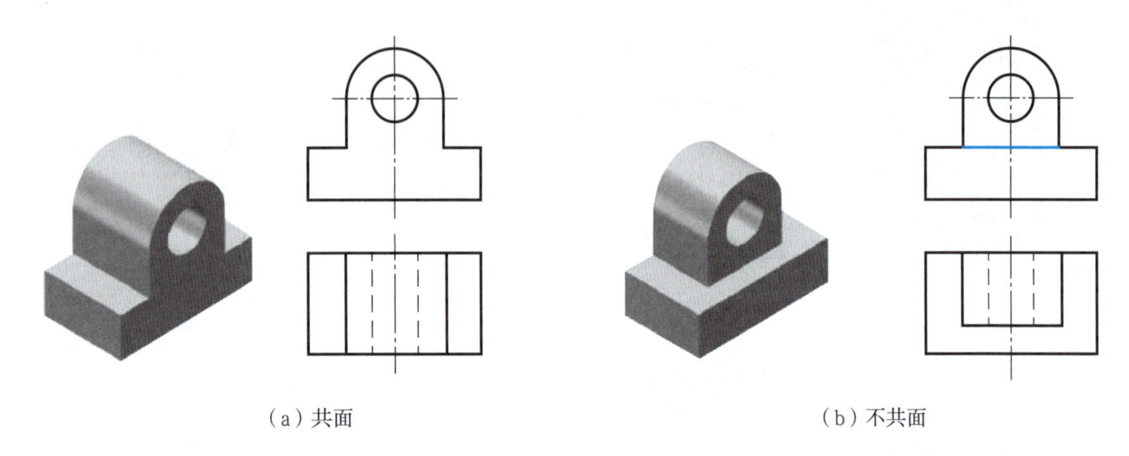

（a）共面　　（b）不共面

图 4-17　前表面共面与不共面

2. 相交

当相邻两立体表面相交时,相交处必有交线。图 4-18 所示为底板与圆柱之间的交线及轴线正交两圆柱表面的交线。

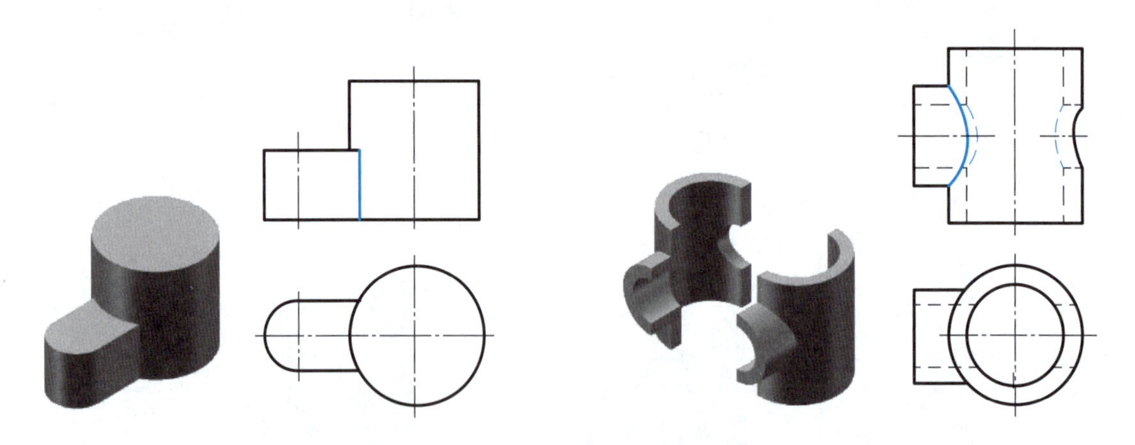

图 4-18　表面相交

3. 相切

当相邻两立体表面相切时,相切处光滑过渡。如图 4-19 所示,底板侧面与圆柱面之间看不出平面与曲面的分界线,在投影图中也就不必将切线画出。

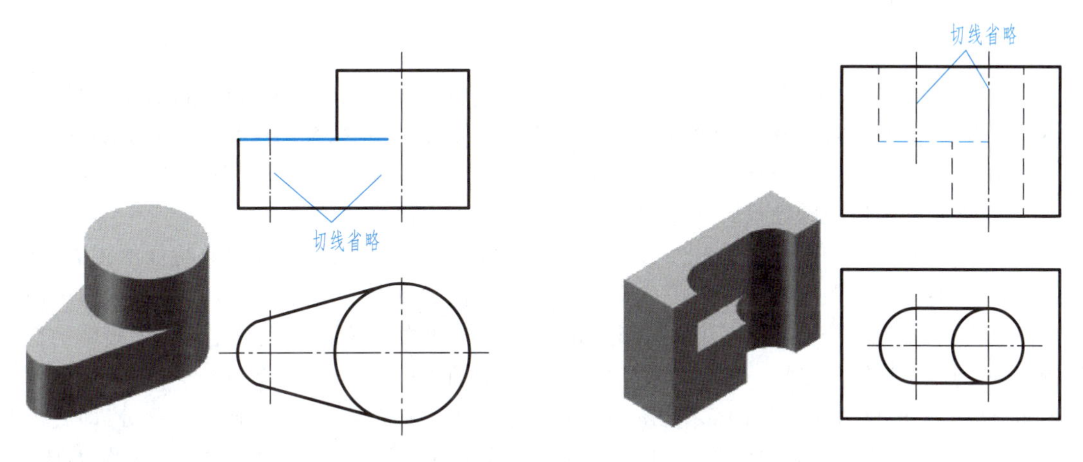

图 4-19　表面相切

4.3　组合体投影图的画图步骤

绘制组合体的基本方法是形体分析法，下面通过具体的示例说明组合体的画图步骤。

例4-4　画出图 4-20(a)所示组合体的投影图。

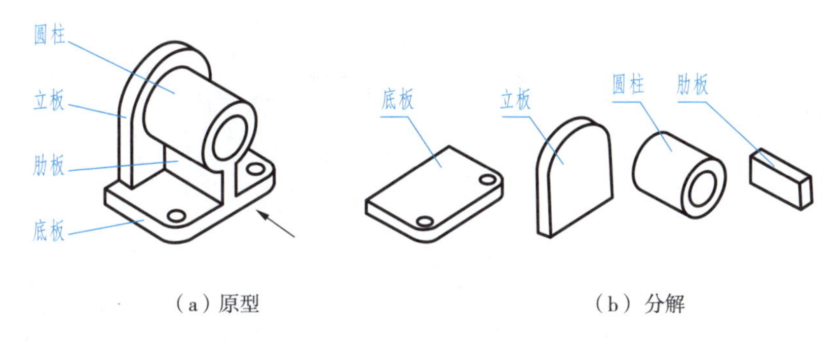

(a) 原型　　(b) 分解

图 4-20　组合体形体分析

分析：

绘制投影图之前，应对组合体进行形体分析，了解组合体的组成及相邻表面的连接关系。由图 4-20(b)可知，该组合体由底板、立板、圆柱及肋板四部分组成。由图 4-20(a)可知，底板、肋板及圆柱的前端面共面，肋板的侧面与圆柱外表面相交。

作图步骤：

(1)确定主视投影方向。应考虑组合体放置平稳、正面投影图能够较多地表达组合体的形状特征且其余各投影中虚线较少。如图 4-20(a)所示，以箭头所指方向为主视投影方向，可以清楚地表达出底板、立板、圆柱及肋板的相对位置以及立板的形状、底板和肋板的厚度等。

(2)选定比例、图幅，布图，确定基准。画图时，尽量选用 1 : 1 的比例，并根据组合体的长、宽、高大致估算其所占位置的大小。各视图之间应留有适当的间距，从而确定合适的图幅。每个投影图均有两个方向的基准线，常选用对称中心线、轴线或较大的平面。如图 4-21(a)所示，组合体长度方向以左右对称面为基准,宽度方向以底板后表面为基准,高度方向以底板下表面为基准。

(3)依次画出各个组成形体的投影图。画组合体投影图时,应按形体分析过程,逐个画出每个形体的投影图。画形体的一般顺序是先画主要结构与大形体,后画次要结构与小形体;先画叠加的实体,后画挖切的形体;先画轮廓后画细节。对每个形体,画其投影图的一般顺序是先画反映形体特征的投影,如圆柱体反映圆的投影、切割平面具有积聚性的投影等。

①画底板的三面投影,如图4-21(a)所示;②画立板的三面投影,先画反映其特征的正面投影,后画其他两面投影,如图4-21(b)所示;③画大圆柱及肋板的投影。大圆柱先画其反映圆的正面投影,再画其水平投影。肋板应先在正面投影上确定其厚度,再根据投影规律,确定其侧面投影的交线位置,肋板的水平投影不可见。由于肋板、底板及圆柱的前端面共面,故三者的正面投影无分界线,如图4-21(c)所示;④画大圆柱内部挖切的小圆柱孔,注意前后穿通。⑤最后画细节部分,即底板上的小孔。先在水平投影上确定位置,画出反映圆的投影,再画另两面非圆投影的虚线,如图4-21(d)所示。

(4)检查并加深,完成组合体投影图。检查所画投影图时,首先按形体分析法检查是否遗漏形体,其次按线面分析法检查投影对应关系是否正确(依次检查长对正、高平齐、宽相等关系)以及相邻形体表面连接处的画法是否正确。将投影图与空间立体反复对照,确认无误后再加深图线,完成全图。本例中应重点检查肋板、底板及大圆柱的前端面共面投影有无分界线问题、大圆柱与肋板交线的正面与侧面投影是否投影对应的问题以及上部圆孔投影是否前后穿通的问题。

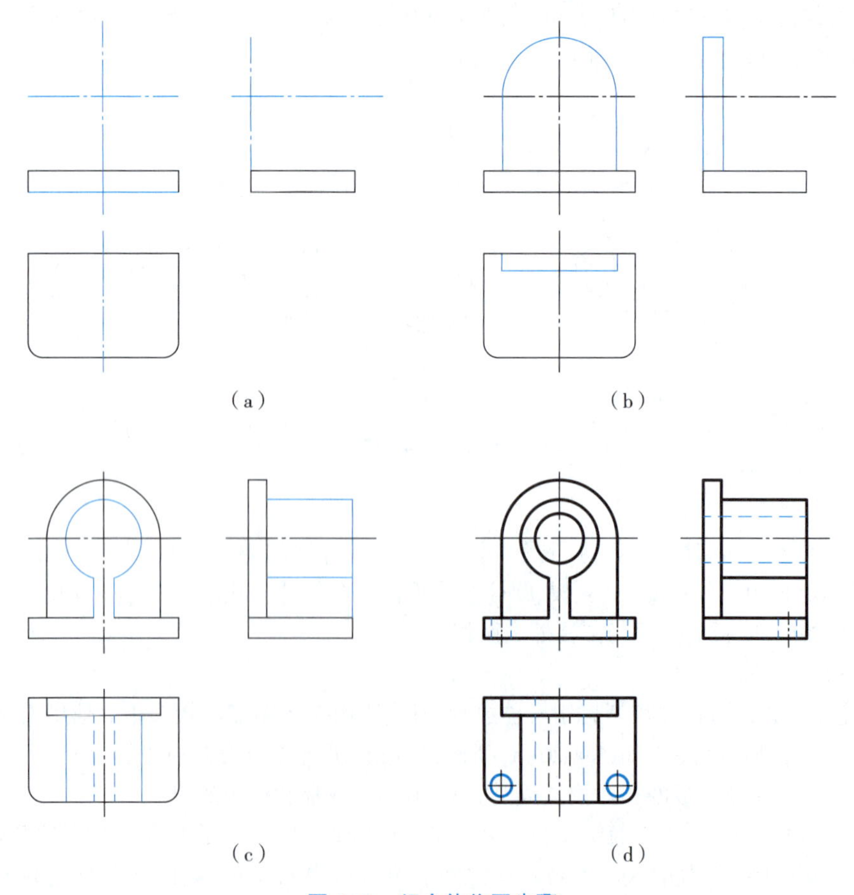

图4-21 组合体作图步骤

上述作图步骤同样适合切割型组合体，不同的是，切割型组合体需要在形体分析的基础上，对切割过程中形成的线、面作进一步投影分析，以便正确地画出切割后形成的线面投影。

例4-5　画出图4-22所示切割型组合体的投影图。

扫一扫

例 4-5

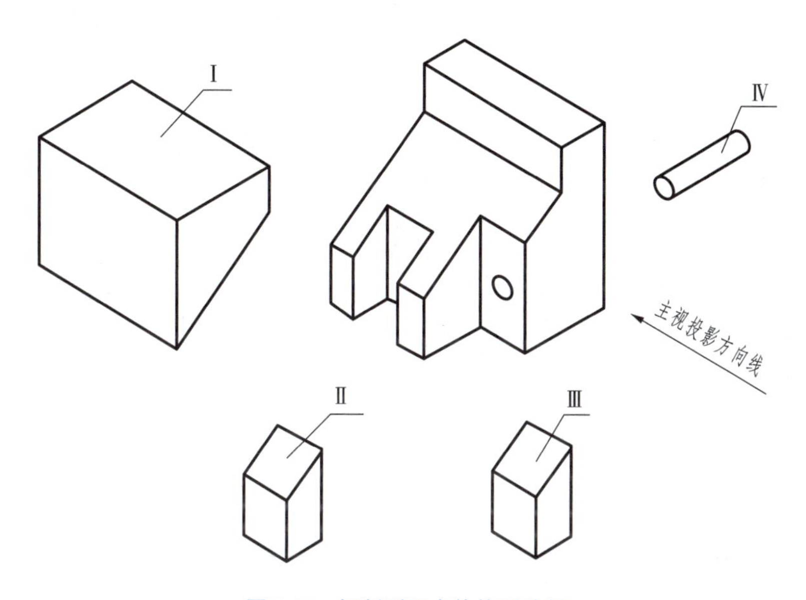

图 4-22　切割型组合体构形分析

分析：

首先进行形体分析。该组合体可以看成是由四棱柱依次挖切Ⅰ、Ⅱ、Ⅲ、Ⅳ形体而成。按图4-22所示箭头方向为主视投影方向放置形体，首先由正垂面与侧平面组合切去形体Ⅰ，再由两个正平面与一个侧平面的组合切去形体Ⅱ，接着用一个正平面与侧平面组合切去形体Ⅲ，最后沿侧垂方向挖去形体Ⅳ，形成如图4-22所示的切割式组合体。

作图步骤：

(1)定基准，画图形定位线。选择组合体底面、右侧面和后侧面作为高度、长度和宽度方向基准，分别画出各个视图的两个方向图形定位线，如图4-23(a)所示。

(2)画出完整四棱柱三视图，如图4-23(b)所示。

(3)切去形体Ⅰ。先画切割面具有积聚性的正面投影，再按投影关系确定其他两个投影，如图4-23(c)所示。

(4)切去形体Ⅱ。先画三个切割面均具有积聚性的水平投影，按“长对正”的投影关系直接确定正面投影位置，因其不可见，所以画成虚线，再按“宽相等”的投影关系确定侧面投影，如图4-23(d)所示。

(5)切去形体Ⅲ。方法同上，得到投影如图4-23(e)所示。

(6)切去形体Ⅳ。先在左视图上画十字交叉的点画线定位圆心，画圆，再按投影关系画正面投影和水平投影，如图4-23(f)所示。

(7)用线面分析法检查投影。对平面切割型组合体，一般检查其截平面的投影。如图4-23(e)所示，检查正垂面 P 的投影对应关系，其正面投影 p' 具有积聚性，对应的水平投影 p 为多边形，侧面投影 p'' 也为类似的多边形，符合投影面垂直面的投影特性。加深完成全图，如图4-23(f)所示。

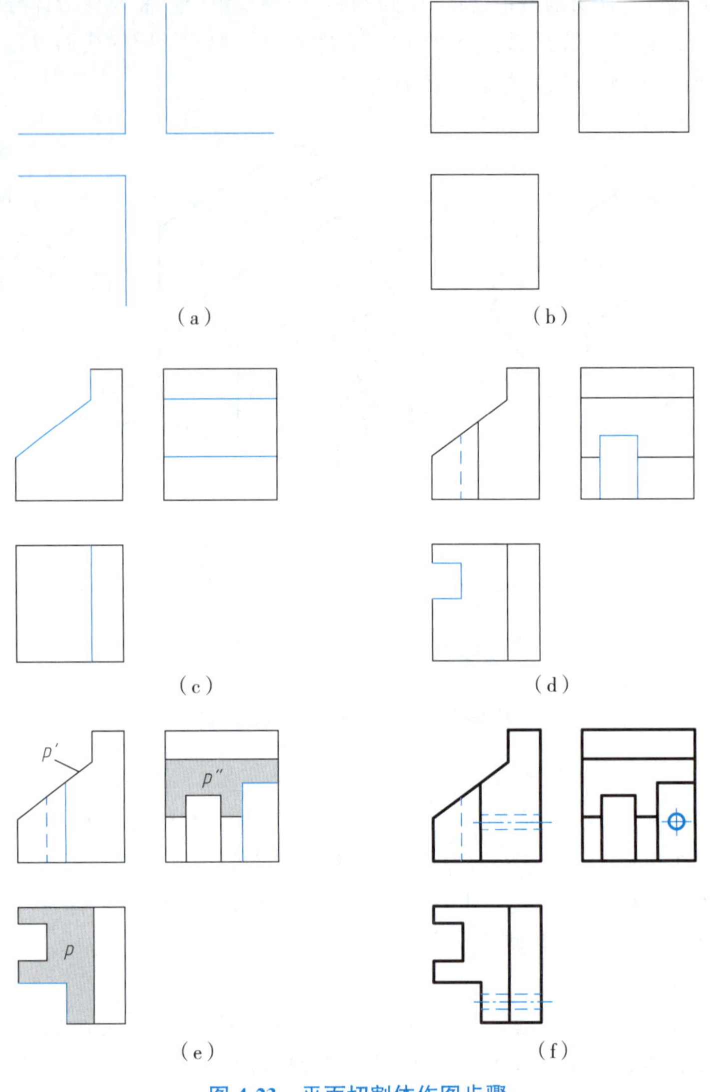

图 4-23 平面切割体作图步骤

4.4 组合体的尺寸标注

投影图只是表达组合体的结构形状，而其各组成形体的大小及相对位置必须要有尺寸约束。因此，组合体尺寸标注是完整表达组合体的重要环节。组合体尺寸标注的基本要求如下：

(1)正确：符合《机械制图》《技术制图》国家标准的有关规定。

(2)完整：尺寸能完整定义组合体各形体的形状、大小及相对位置关系。

(3)清晰：尺寸标注清晰可见、便于阅读。

一、常见基本体的尺寸标注

基本体一般应确定长、宽、高三个方向的尺寸。不同基本形体所标注的尺寸数量和标注形式也不相同。常见基本体的尺寸标注如图 4-24 所示。四棱柱需标注出长、宽、高三个尺寸,如图 4-24(a)所示;六棱柱需注出平行棱面间距离和高度两个尺寸,对角距离不需标注,若要作为参考尺寸标注,应将尺寸用括号括起来,如图 4-24(b)所示;棱锥需标注出底面外形和锥顶的位置及高度尺寸,如图 4-24(c)和(d)所示;四棱台需标注出上、下两底面的外形尺寸和高度尺寸,如果是正四棱台,上下底面均为正方形,则可采用正方形符号简化标注,如图 4-24(e)所示。圆柱、圆锥及圆台等回转体的直径尺寸应标注在非圆视图上,并在数字前加注符号"ϕ",即可省略一个视图;圆球也可以只画一个视图,标注尺寸时,需要在直径或半径符号前加注球面符号 *S*,即在尺寸数字前加注符号"*S*ϕ"或"*SR*",如图 4-24(f)~(j)所示。

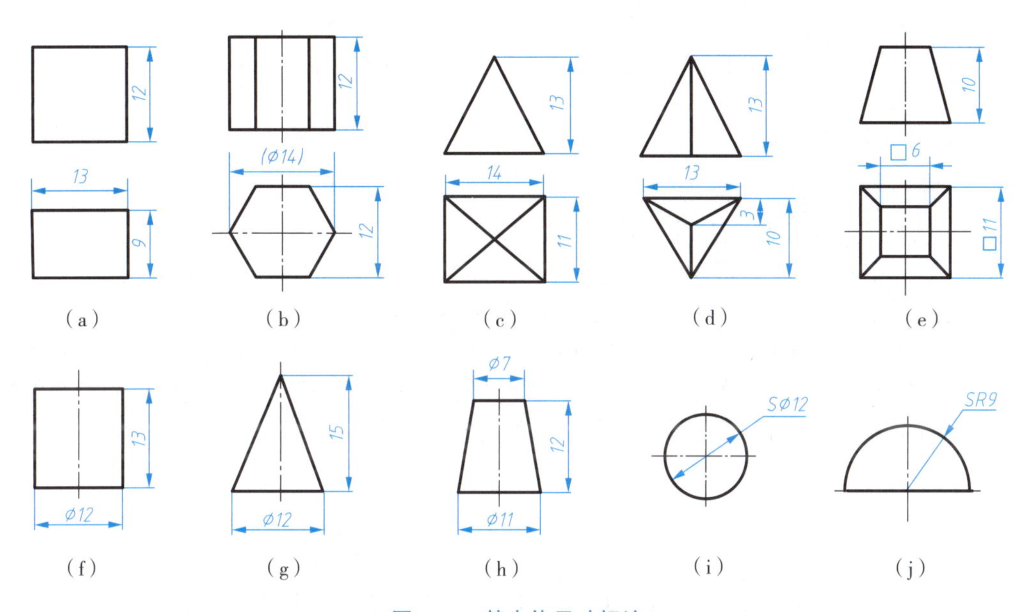

图 4-24　基本体尺寸标注

二、常见截切体及相贯体的尺寸标注

对截切体和相贯体除了要标注基本体的定形尺寸以外,还要标注截平面或基本体之间的定位尺寸。当基本体的大小和截平面的位置确定后,截交线是自然形成的,因此截交线不需要标注尺寸。同样,当相贯体的大小及相对位置确定后,相贯线也不需要标注尺寸。常见截切体及相贯体的尺寸标注如图 4-25 所示。

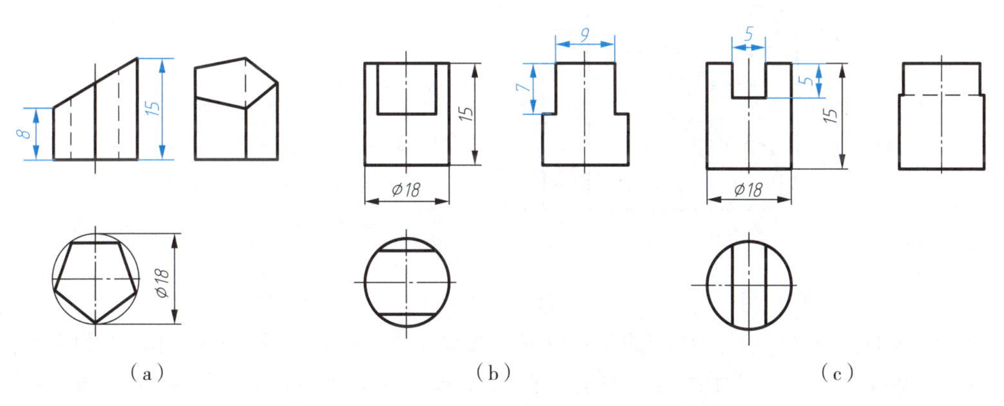

图 4-25　常见截切体及相贯体的尺寸标注

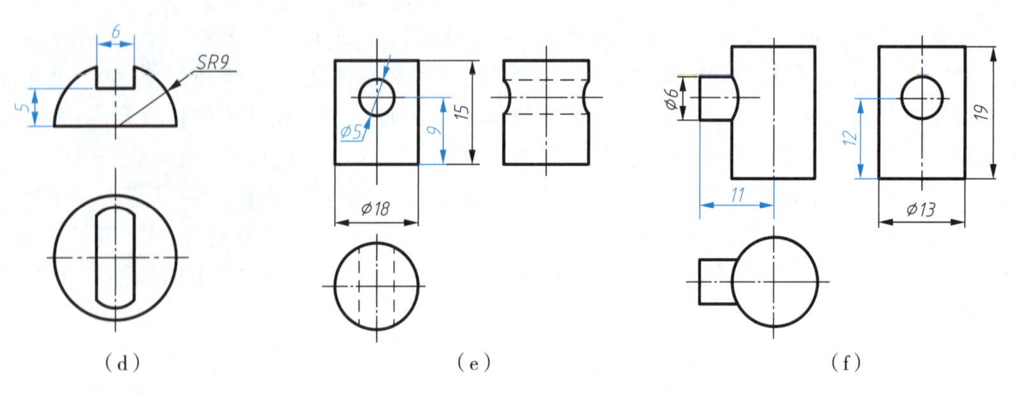

图 4-25　常见截切体及相贯体的尺寸标注（续）

三、组合体尺寸标注

1. 尺寸分类及基准

组合体的尺寸分为定形尺寸、定位尺寸及总体尺寸三类。

（1）定形尺寸是确定单个形体大小的尺寸，图 4-26 所示 10、12、*R*10、⌀10 等均为定形尺寸。

（2）定位尺寸是各形体之间的相对位置尺寸，图 4-26 所示 32、30、48 等均为定位尺寸。

（3）总体尺寸是组合体的总长、总宽及总高等外形尺寸。组合体的尺寸数量是定形尺寸和定位尺寸的总和，在某一方向加注总体尺寸后，就会出现多余尺寸，为保证尺寸的完整性，同时要去掉同一方向的一个定形尺寸，如图 4-26 中应去掉立板的高度尺寸 35 而标注组合体总高尺寸 47。

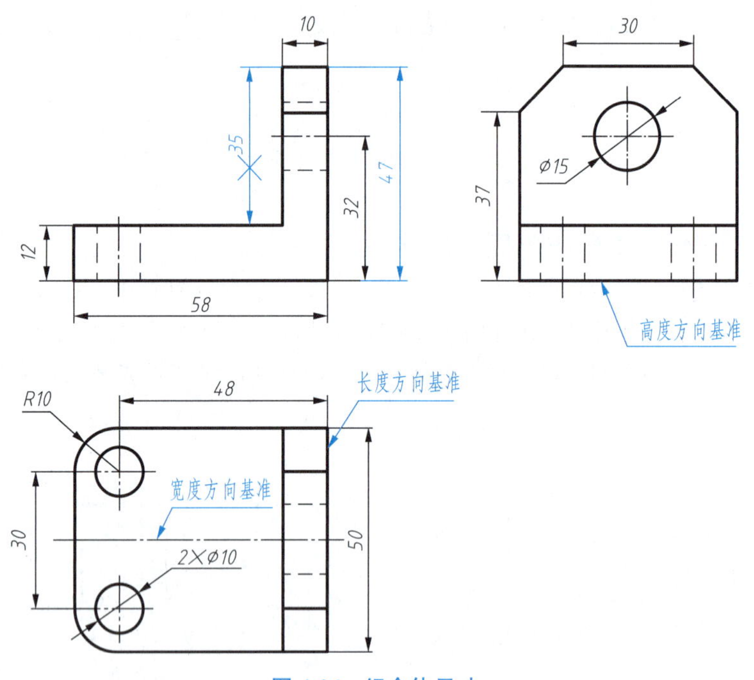

图 4-26　组合体尺寸

尺寸基准是标注和测量尺寸的起点。标注定位尺寸时，必须在长、宽、高三个方向中分别至少选定一个尺寸基准，以便确定各形体间的相互位置。通常选用对称面、底面、重要端面以及回转体轴线等作为尺寸基准。图 4-26 所示组合体即选择右端面、前后对称面和底面分别作为长、宽、高方向的尺寸基准。

2. 标注组合体尺寸的方法和步骤

组合体尺寸虽然标注在二维投影图上，但实质上是给空间形体标注尺寸。因此，标注尺寸和画组合体投影图一样，其基本方法是形体分析法。首先进行形体分析，将组合体分解为若干基本形体，并确定各方向基准；其次逐一形体地标注出表示其大小的定形尺寸以及确定其相对位置的定位尺寸；最后再根据具体情况直接或间接地标注总体尺寸。

例4-6　完成图 4-27 所示轴承座的尺寸标注。

扫一扫

例 4-6

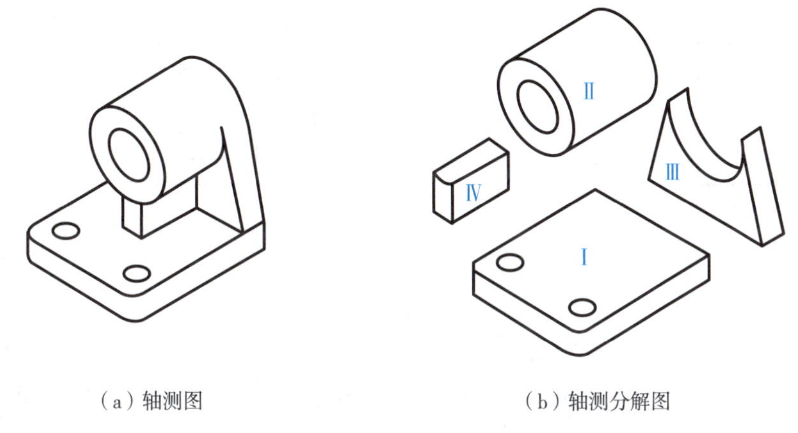

（a）轴测图　　（b）轴测分解图

图 4-27　轴承座及形体分析

标注步骤：

（1）形体分析。如图 4-27（b）所示，轴承座分为底板Ⅰ、圆柱Ⅱ、立板Ⅲ及肋板Ⅳ。

（2）确定尺寸基准。如图 4-28（a）所示，高度方向以底面为主要基准，长度方向以立板右端面为主要基准，宽度方向以前后对称面为基准。

（3）依次标注每一个形体的定形尺寸、定位尺寸。①标注底板尺寸，底板的定形尺寸为长 200、宽 170 及高 32，底板圆角尺寸 $R15$。底板上小孔的定形尺寸为 2×⌀28，定位尺寸为圆心距 163 和 110，如图 4-28（a）所示。②标注空心圆柱筒尺寸，空心圆柱筒的定形尺寸为⌀110、⌀60 和 125，其与底板之间的定位尺寸为 135（轴线定位），如图 4-28（b）所示。③标注立板尺寸，立板的形状反映在侧面投影上，其形状由底板宽度、圆柱大小以及底板与圆柱的高度定位决定，故只需要标注厚度尺寸 32，其定位靠侧面与底板右端面共面，如图 4-28（c）所示。④标注肋板尺寸，肋板的形状反映在正面与侧面投影图上，其定形尺寸为 85，厚度 30。肋板与相邻的底板、圆柱及立板均相交，无须定位尺寸，如图 4-28（d）所示。

（4）标注总体尺寸。轴承座的总长 200、总宽 170 即为底板的长度和宽度，其总高并未直接注出。该组合体总高取决于圆柱定位尺寸 135 及圆柱的定形尺寸⌀110。如果加注总体高度，必须去掉圆柱定形尺寸，显然该尺寸⌀110 为圆柱的特征尺寸，不应舍弃。因此，在该方向上不标注总体尺寸。

（5）检查。用形体分析法检查每个形体的定形、定位尺寸是否齐全，补全遗漏的尺寸，去掉多余的尺寸，完成整个组合体的尺寸标注。

3. 组合体尺寸标注应注意的问题

（1）尺寸应尽量标注在形体特征明显的投影图上。如例 4-6 中肋板的定形尺寸 85、30 分别标注在正面投影、侧面投影图上，底板上小孔的定位尺寸 110、163 标注在水平投影图上，看起来比较明显。

（2）同一个结构的尺寸应尽量集中标注。如底板小孔的尺寸 2×⌀28、110、163 集中标注在水平投影图上，有关空心圆柱筒的尺寸⌀110、⌀60、125、135 集中标注在正面投影图上，便于看图时进行尺寸查找。

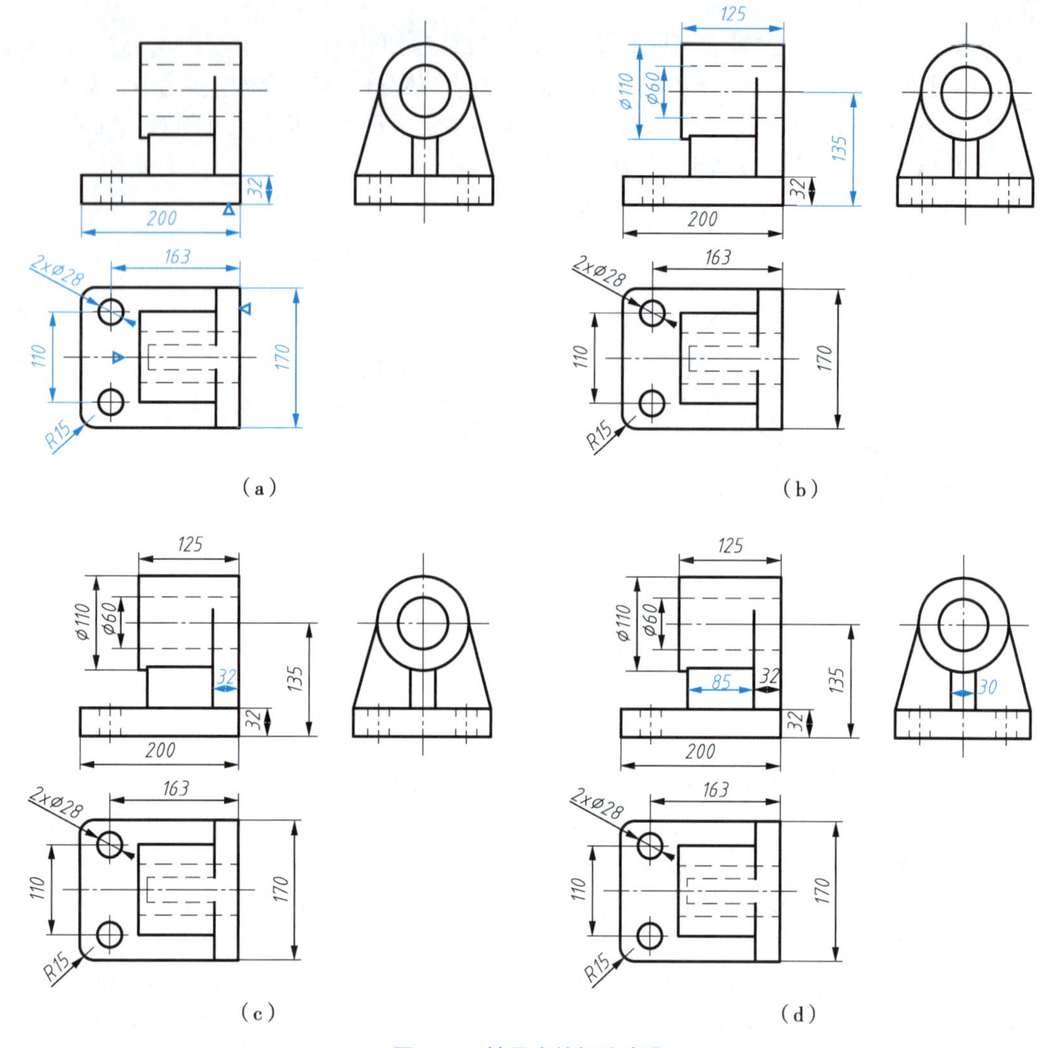

图 4-28 轴承座的标注步骤

(3)同轴回转体的直径尺寸应尽量标注在非圆投影图上,而半径尺寸应标注在投影为圆弧的投影图上。如正面投影上的ϕ110、ϕ60,水平投影上的 $R15$ 等尺寸。

(4)尽量避免在虚线上标注尺寸。如底板小孔 2×ϕ28 标注在反映圆的水平投影上,避免标注在虚线上。

(5)在某一方向上以回转面结束的形体(投影图上以圆弧结尾),在该方向上一般不标注总体尺寸,如高度方向不加注总体尺寸。

4.5 组合体投影图的识读

组合体读图是根据组合体投影图进行形体分析和线面分析,逐个识别出基本形体,进而确定各基本形体之间的组合形式和表面连接关系,综合想象出组合体的空间形状和结构的过程。

读图是从二维平面图到三维立体结构的想象过程,是画图的逆过程。在读图过程中,要充分利用画图中积累的基础知识，根据给定的投影图在大脑中呈现立体模型。想象中的模型可能不完全正确，这就需要把想象中的模型与给定的投影图反复对照、修改，直至两者完全相符。

一、组合体投影图的识读要领

1. 几个投影联系起来看

通常情况下，单一投影如果不加注尺寸，是不能唯一确定组合体真实形状的，如图4-29所示，图中各形体正面投影相同，但水平投影不同，故表示的空间形体各不相同。有时两个投影也不能完全确定组合体形状，如图4-30所示。因此，要确定立体的真实形状，需将几个投影图联系起来看。

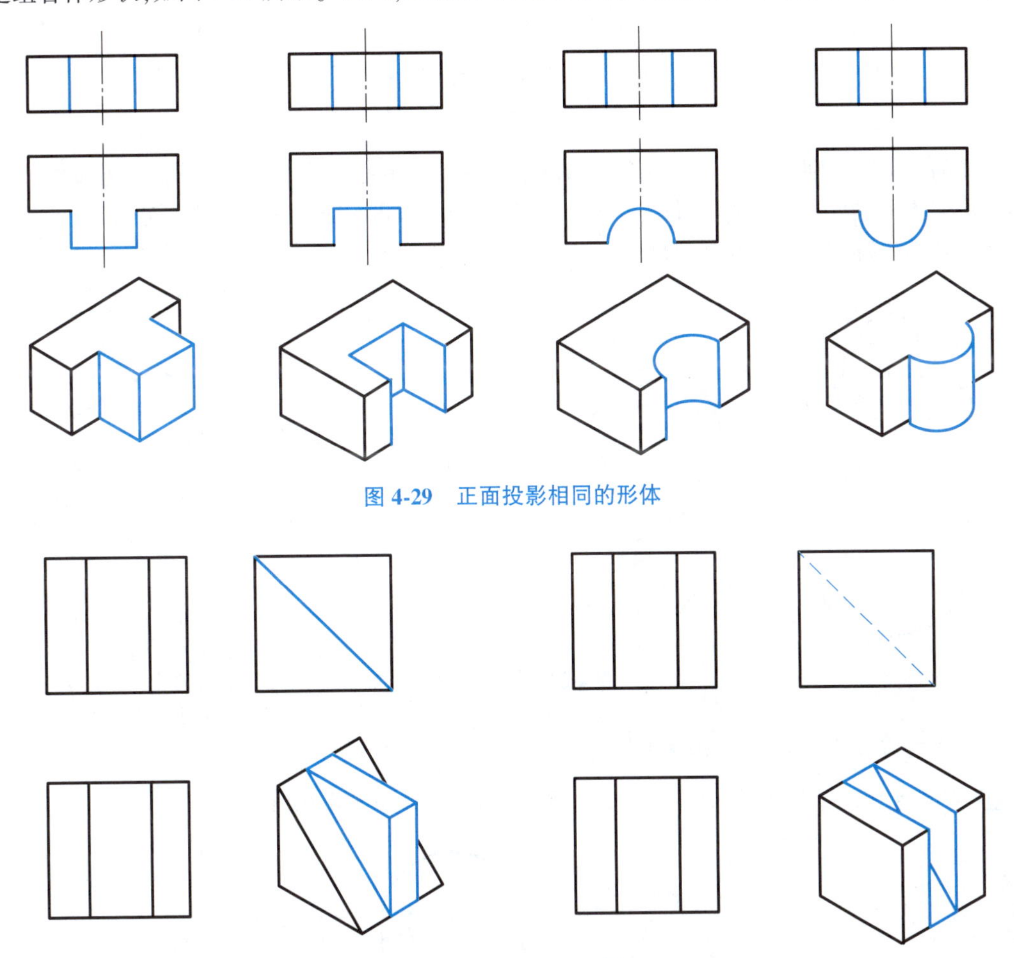

图4-29　正面投影相同的形体

图4-30　正面投影与水平投影都相同的形体

2. 明确投影图中线及线框的含义

投影图是由线和线框组成的。根据投影规律，从各个线与线框的投影想象空间形体，要求熟知线与线框的含义。

投影图中线的含义有：平面具有积聚性的投影[如图4-31(a)中的 p'、q']、两面交线的投影(如棱线、截交线、相贯线)、回转体转向线的投影[如图4-31(b)中的 $1'2'$]等。

投影图中线框的含义有：平面或曲面的投影[如图4-31(a)中的 p、q，图4-31(b)中的虚线框]、相切平面和曲面的投影[如图4-31(c)中的 s']、某一表面上的孔[如图4-31(b)中的小圆]等。一般情况下，一个封闭线框表示一个面的投影，相邻线框则表示位置不同的两个面的投影。

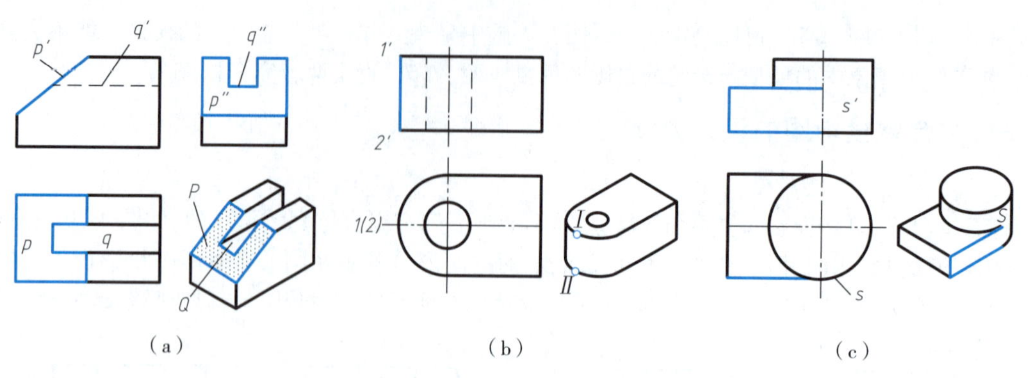

（a）　（b）　（c）

图 4-31　明确线和线框的含义

3. 检验与修正

读图的过程是不断修正想象中组合体的思维过程。如图 4-32 所示，读图时由正面投影首先想到的是拉伸体Ⅰ，再根据水平投影修正为拉伸体Ⅰ与圆柱体Ⅱ的交集。如此修正后，得到的形体Ⅲ与两面投影均相符，即为表示的组合体。

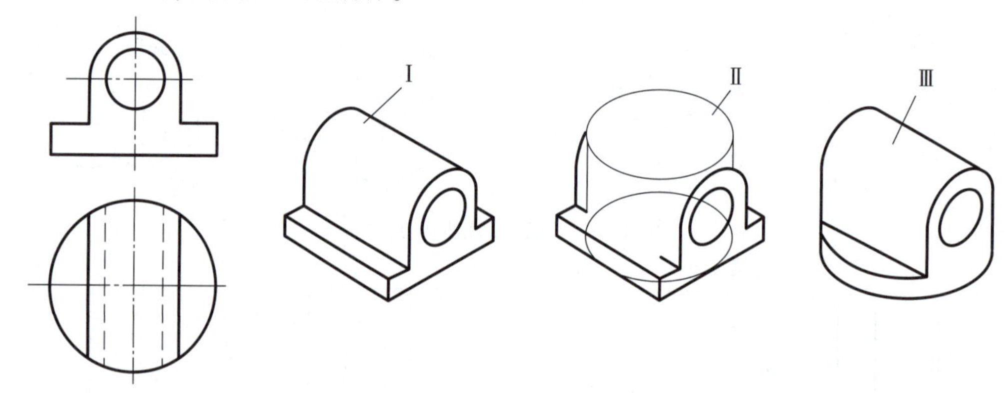

图 4-32　检验与修正

二、组合体投影图的识读举例

例 4-7　如图 4-33 所示，已知物体的主视图和俯视图，补画其左视图。

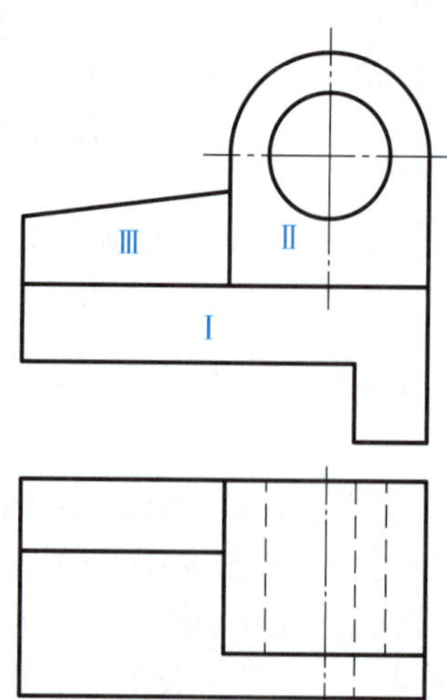

图 4-33　物体的主视图与俯视图

分析：

该组合体是以叠加为主型组合体，读图的总体思路是“分线框、对投影，综合起来想整体”。具体可以从正面投影入手，将其分为Ⅰ、Ⅱ、Ⅲ三个可见线框，如图4-33所示。分别找到各线框对应投影，并恰当利用图中的虚线，想象出各部分的立体形状，如图4-34(a)～(c)所示。最后综合起来确定各部分的相对位置，想象出组合体的整体形状，如图4-34(d)所示。

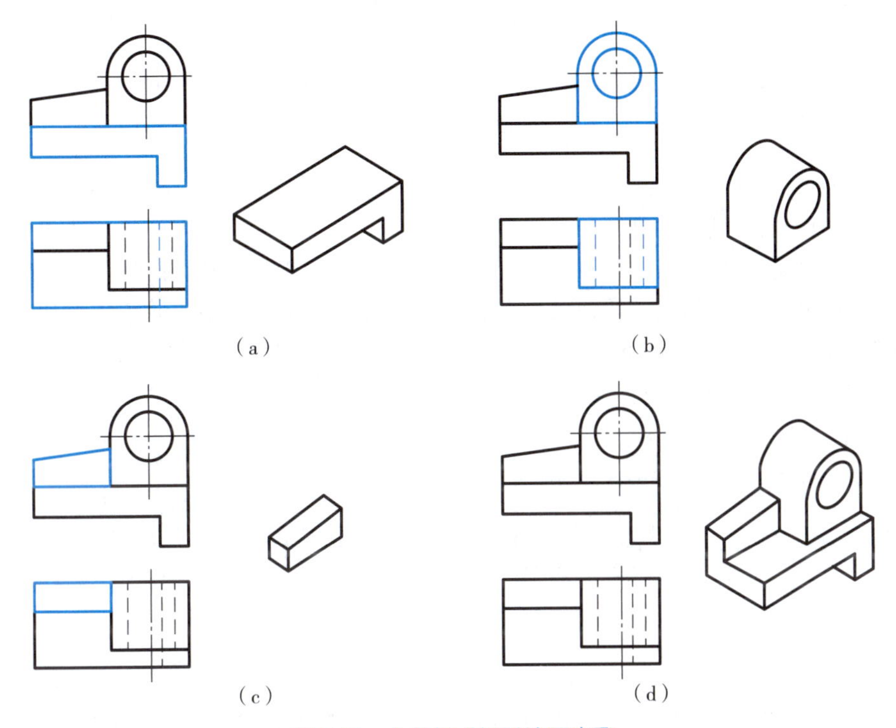

图4-34　分线框对投影读图步骤

作图步骤：

(1)根据该组合体构形，按照“高平齐、宽相等”原则，依次补画出Ⅰ、Ⅱ、Ⅲ形体的左视图，如图4-35(a)～(c)所示。

(2)检查、加深。此处重点检查各形体在叠加组合时有没有发生特殊的邻接关系，如共面、相切或相交。本例中，Ⅰ和Ⅲ在左端面共面，所以去掉两形体的分界线，如图4-35(d)所示。最后加深图形，完成补画左视图。

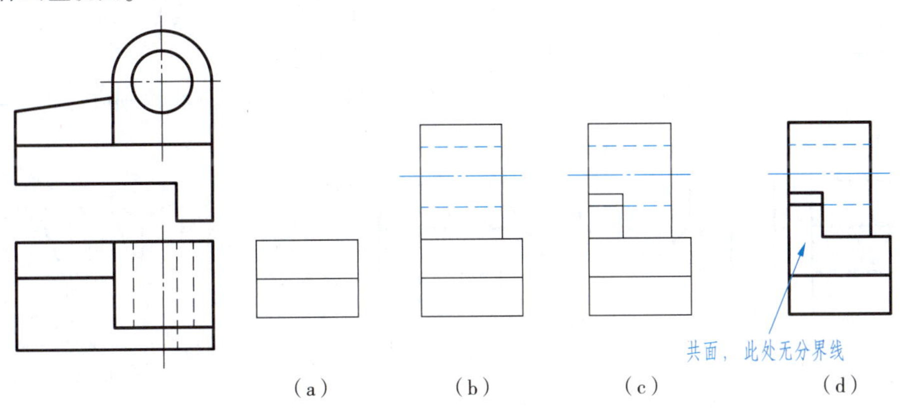

图4-35　补画左视图的作图步骤

例4-8 补画图4-36所示平面切割体的水平投影图。

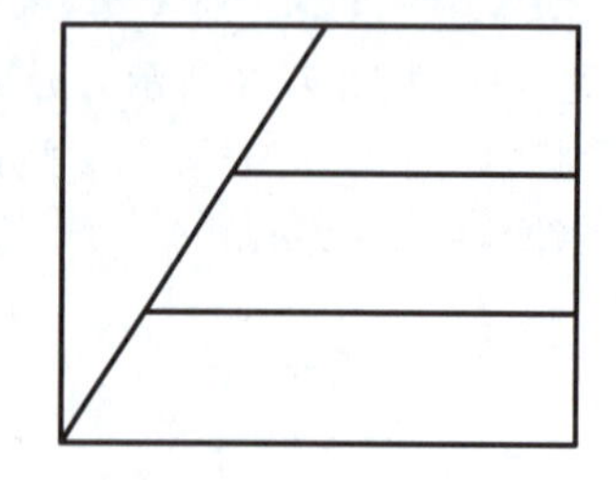
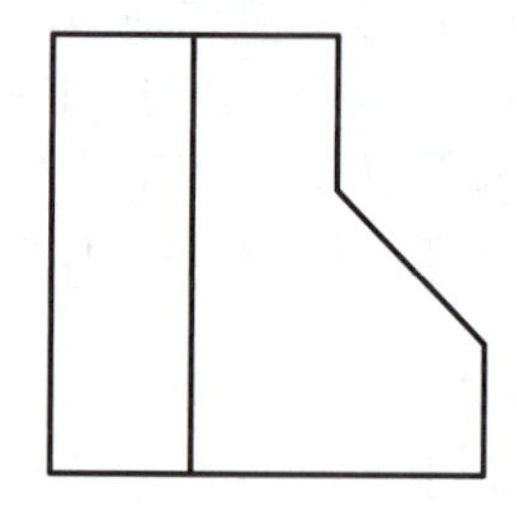

图 4-36　平面切割体

分析：

对切割型平面立体，通常是在形体分析的基础上，运用线面分析读懂投影图。首先，根据主、左视图外框为矩形确定立体原形是立方体，如图4-37(a)所示。其次，根据“分线框，对投影”的原则，确定Ⅰ、Ⅱ、Ⅲ框分别为正平面、侧垂面及正平面，组合起来确定立方体沿侧垂方向挖切掉一个四棱柱，如图4-37(b)～(e)所示。接下来，分析线框Ⅳ及斜线Ⅴ，通过对投影的分析，分别确定为正平面及正垂面，组合在一起，即在立方体左侧挖切掉一个三棱柱，如图4-37(f)～(h)所示。最后，综合起来想整体，确定图4-38所示立体构形。

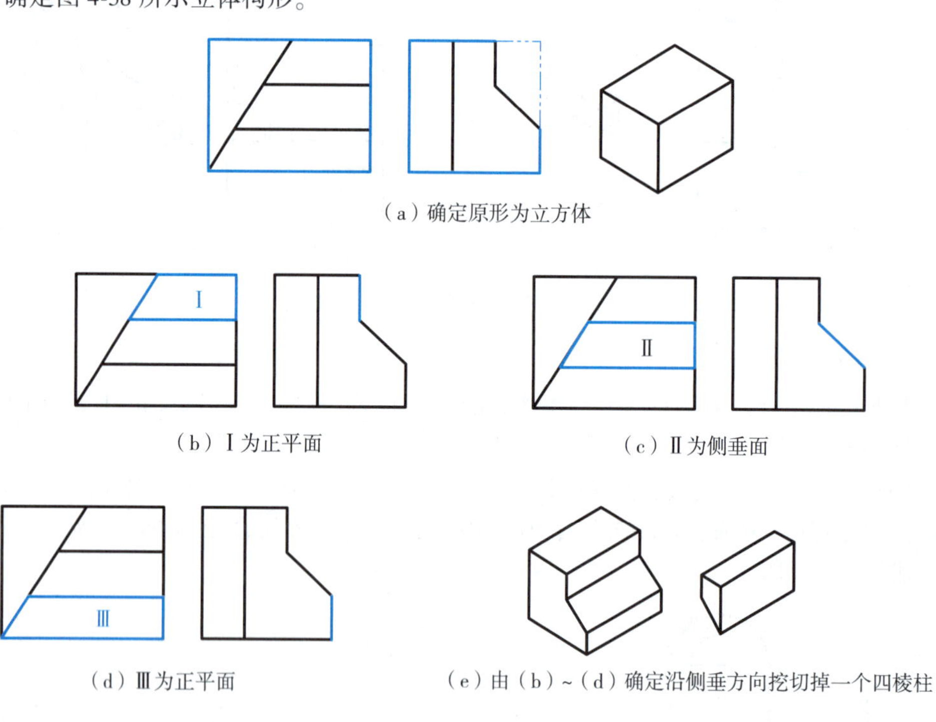

(a) 确定原形为立方体

(b) Ⅰ为正平面　(c) Ⅱ为侧垂面

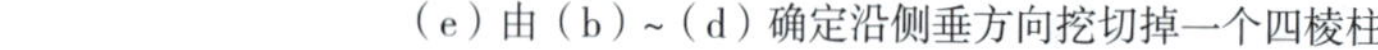

(d) Ⅲ为正平面　(e) 由(b)～(d)确定沿侧垂方向挖切掉一个四棱柱

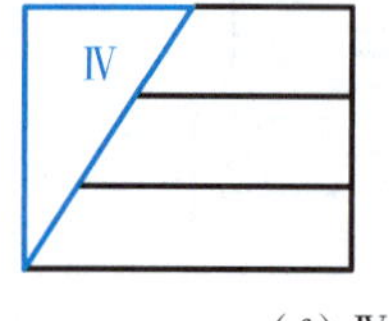

(f) Ⅳ为正平面

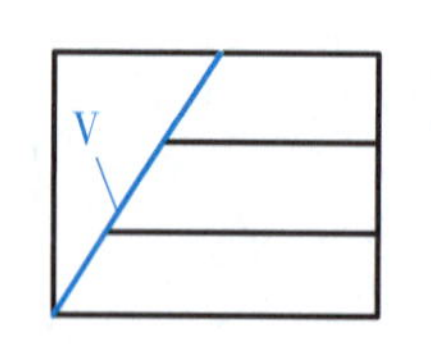

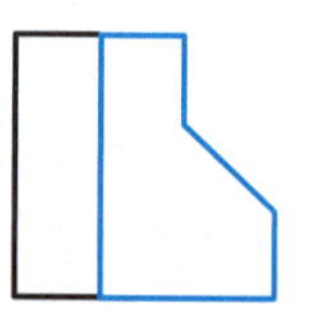

(g) Ⅴ为正垂面

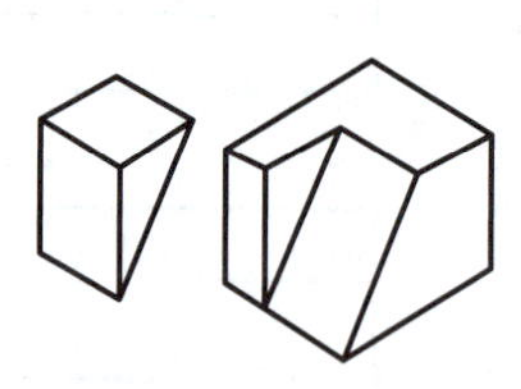

(h) 由(f)和(g)确定沿正垂方向挖切掉一个三棱柱

图 4-37　平面切割体读图步骤

作图步骤：

（1）画立方体原形的水平投影，如图 4-39（a）所示。

（2）画侧垂方向切口。该切口由正平面 R 和侧垂面 Q 组成，从 R 和 Q 在侧面积聚成两条线的交点 $a''(b'')$ 入手，找到其正面投影 $a'b'$，按“高平齐、宽相等”的原则作出其水平投影 ab，再按投影关系依次作出 R 和 Q 的水平投影，完成侧垂方向切口的作图，如图 4-39（b）所示。

（3）画正垂方向切口。该切口由正平面 S 和正垂面 P 组合挖切而成，其中，S 的侧面投影为一条竖线，根据投影关系可以画出其相应的水平投影，如图 4-39（c）所示。而 P 在正面投影积聚成了一条斜线，根据投影特性，其另外两个投影必然是两个类似框（六边形），所以可以先找到其侧面投影，再根据“长对正、宽相等”的原则作出其水平投影，如图 4-39（d）所示。

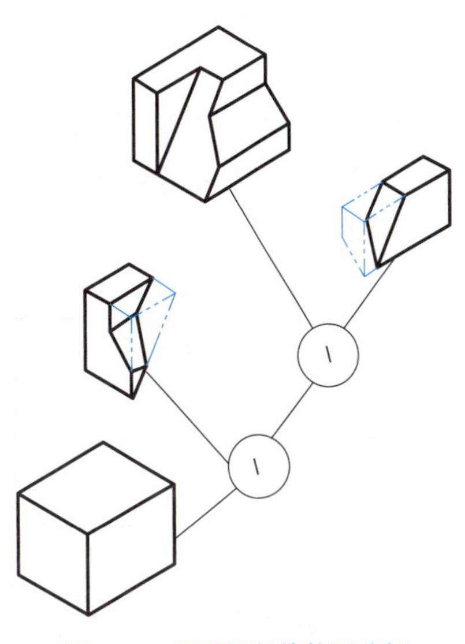

图 4-38　平面切割体构形分析

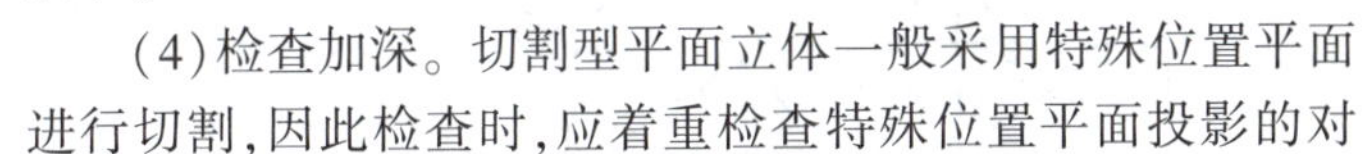

（4）检查加深。切割型平面立体一般采用特殊位置平面进行切割，因此检查时，应着重检查特殊位置平面投影的对应关系。如图 4-39（d）所示，正垂面 P 及侧垂面 Q 的投影是否满足“一线两个类似框”的投影特性；正平面 R 和正平面 S 的投影是否满足“两线一框”的投影特性，投影关系是否对应。经检查无误后加深图形，完成补画视图。

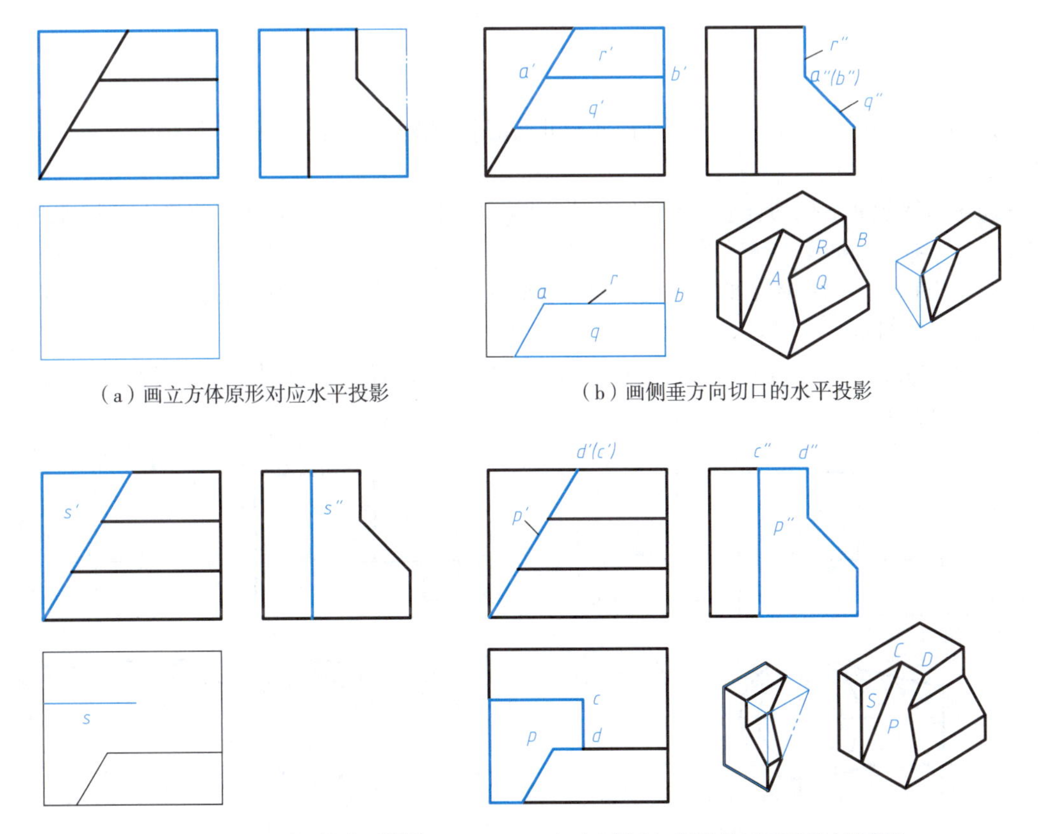

（a）画立方体原形对应水平投影

（b）画侧垂方向切口的水平投影

（c）画挖切三棱柱的正平面的水平投影

（d）画挖切三棱柱的正垂面的水平投影

图 4-39　平面切割体的作图步骤

例4-9 识读图4-40(a)所示的两面投影,补画侧面投影。

分析:

对给定的组合体进行形体分析,将其分成空心圆柱体Ⅰ、相切底板Ⅱ两个主要部分。在形体Ⅰ上挖切方形槽Ⅲ和倒置的拱形槽Ⅳ,在底板Ⅱ上挖切方形槽Ⅴ,如图4-40(b)所示。

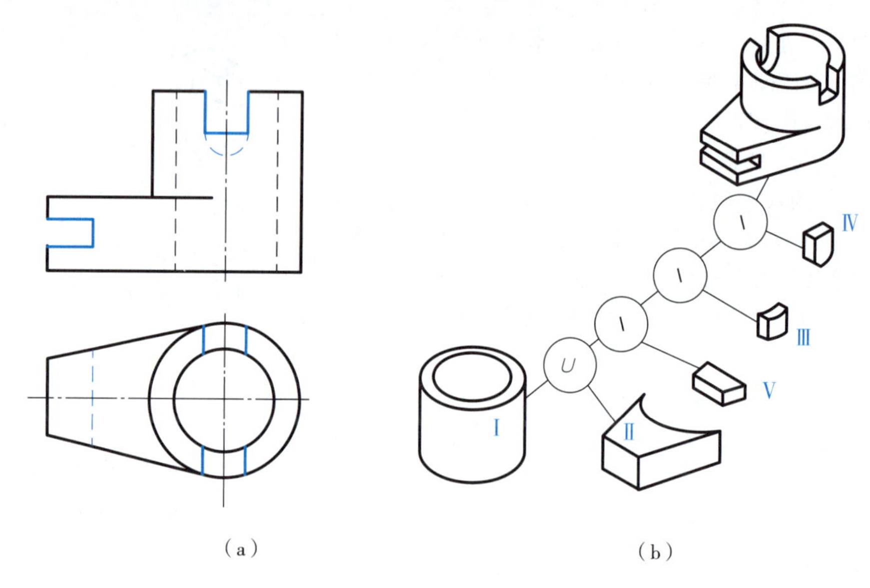

图4-40　已知两面投影及构形分析

作图步骤:

(1)补画空心圆柱体Ⅰ和与其相切的底板Ⅱ两部分的投影,并运用线面分析法确定切点的投影位置,如图4-41(a)所示。

(2)画出底板Ⅱ上挖切方形槽Ⅴ后的投影,其侧面投影的宽度 y 应从水平投影上度量虚线长度获得,如图4-41(b)所示。

(3)画出在空心圆柱体Ⅰ的前部挖切方型槽Ⅲ后的投影,截交线投影位置由槽宽决定并在水平投影上量取,如图4-41(c)所示。

(4)画出在空心圆柱体Ⅰ的后部挖切倒置拱形槽Ⅳ后的投影,其中相贯线的投影采用简化画法,如图4-41(d)所示。

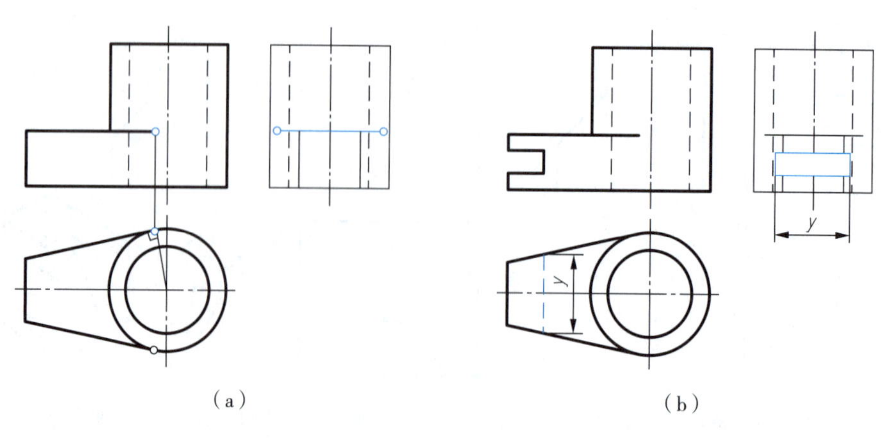

图4-41　作图步骤

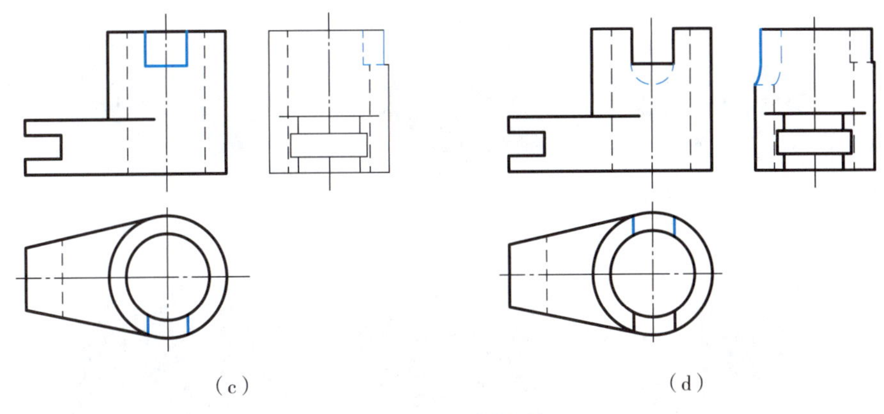

图 4-41　作图步骤(续)

4.6　组合体构形设计

根据已知条件构思组合体的结构、形状并表达成图的过程称为组合体的构形设计。组合体的构形设计将空间想象、构思形体和表达结果三者结合起来,这不仅能促进画图、读图能力的提高,还能发展空间想象能力,同时在构形设计中还有利于发挥构思者的创造性。

一、构形设计的原则

1. 以基本体为主的原则

组合体构形设计应尽可能地体现工程产品或零部件的结构形状和功能,以培养设计者的观察、分析和综合能力,但又不强调必须工程化。设计的组合体应尽可能由基本立体组成,图 4-42 所示为卡车模型,它由基本体中的平面立体、回转体经叠加、挖切组成。

2. 连续实体的原则

组合体构形设计生成的实体必须是连续的,且应便于加工成型。为使构形符合工程实际,应注意形体之间不能以点、线或圆连接,如图 4-43 所示。

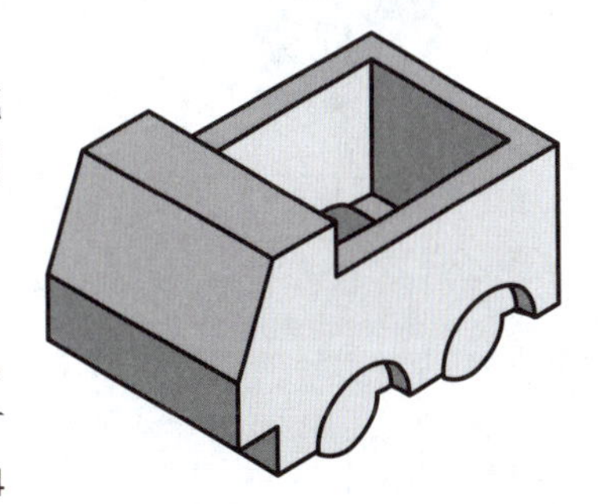

图 4-42　构形设计

3. 体现造型艺术的原则

在组合体构形设计中,除了体现产品本身的功能要求之外,还要考虑美学和工艺的要求,即综合体现实用、美观的造形设计原则。均衡和对称形体的组合体给人稳定和平衡感,如图 4-44 所示。

二、构形设计的方法

组合体的构形设计主要方式之一是根据组合体的某个投影图,构思出各种不同的组合体。这种由不充分的条件构思出多种组合体的过程,不仅要求设计者熟悉组合体画图、读图的相关知识,还要熟练运用空间想象能力,培养创新思维方式。

1. 通过表面的凹凸、正斜、平曲的联想构思组合体

根据图 4-45 所示的正面投影,构思不同形状的组合体。

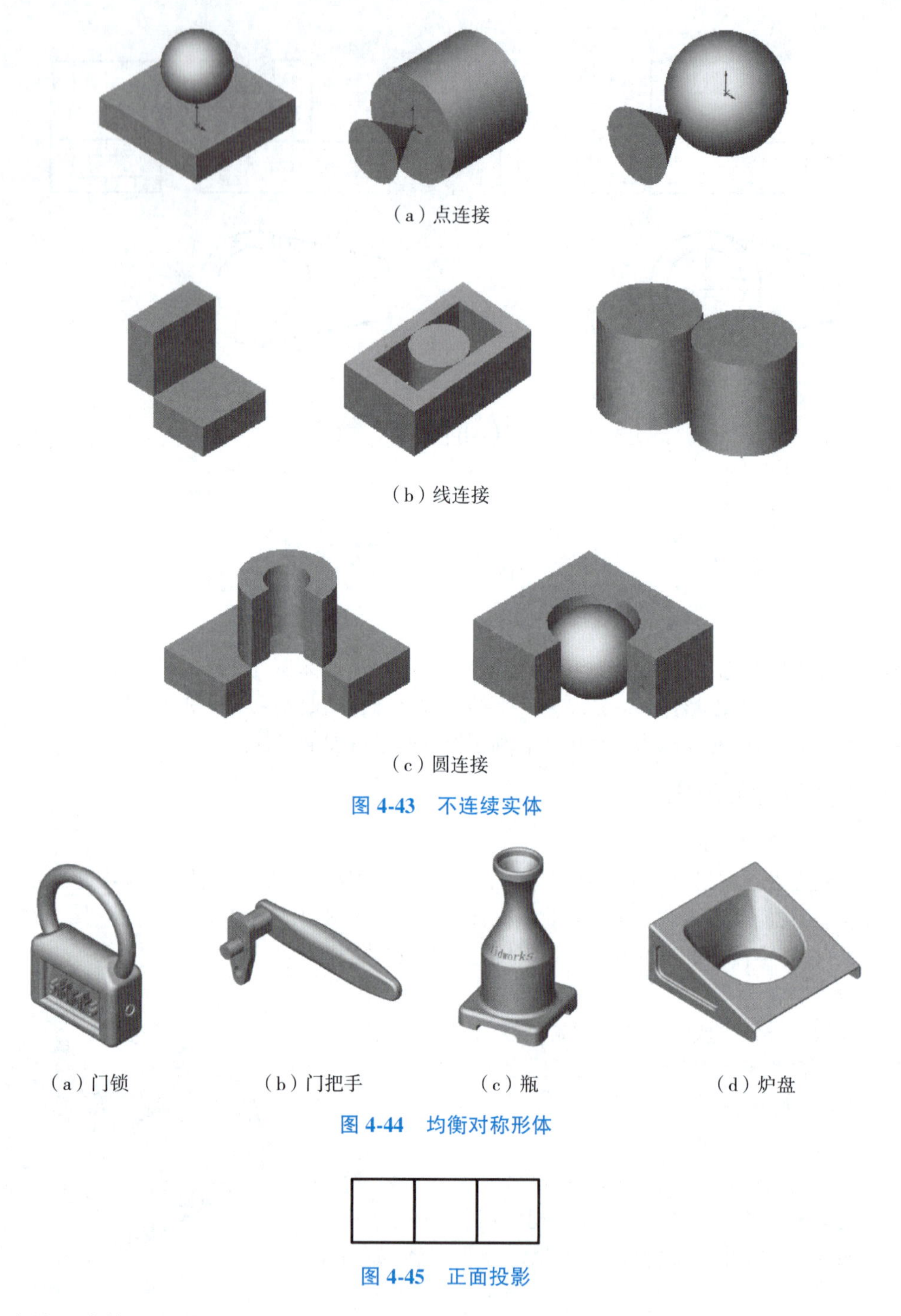

(a)点连接

(b)线连接

(c)圆连接

图 4-43　不连续实体

(a)门锁　(b)门把手　(c)瓶　(d)炉盘

图 4-44　均衡对称形体

图 4-45　正面投影

假定该组合体的原形是一块长方板,板的前面有三个彼此不同位置的可见面。这三个表面的凹凸、正斜、平曲可构成多种不同形状的组合体。首先分析中间的面形,通过凸与凹的联想,可构思出图 4-46(a)、(b)所示的组合体;通过正与斜的联想,可构思出图 4-46(c)、(d)所示的组合体;通过平与曲的联想,可构思出图 4-46(e)、(f)所示的组合体。

用同样的方法对其余各面进行分析、联想、对比,可以构思出更多不同形状的组合体,图 4-47 给出其中一部分组合体的直观图。若对组合体的后侧也进行正斜、平曲的联想,构思出的组合体将更多,读者可自行构想。

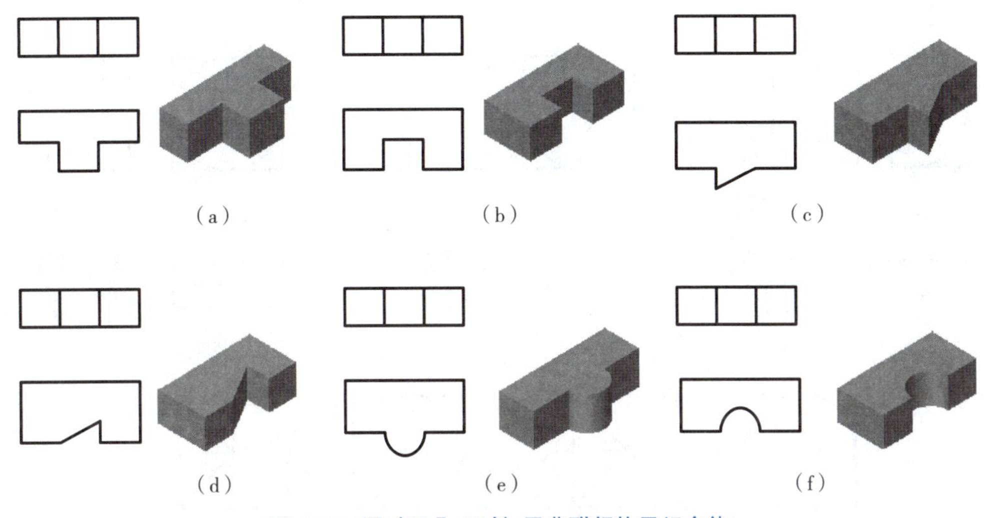

图 4-46　通过凹凸、正斜、平曲联想构思组合体

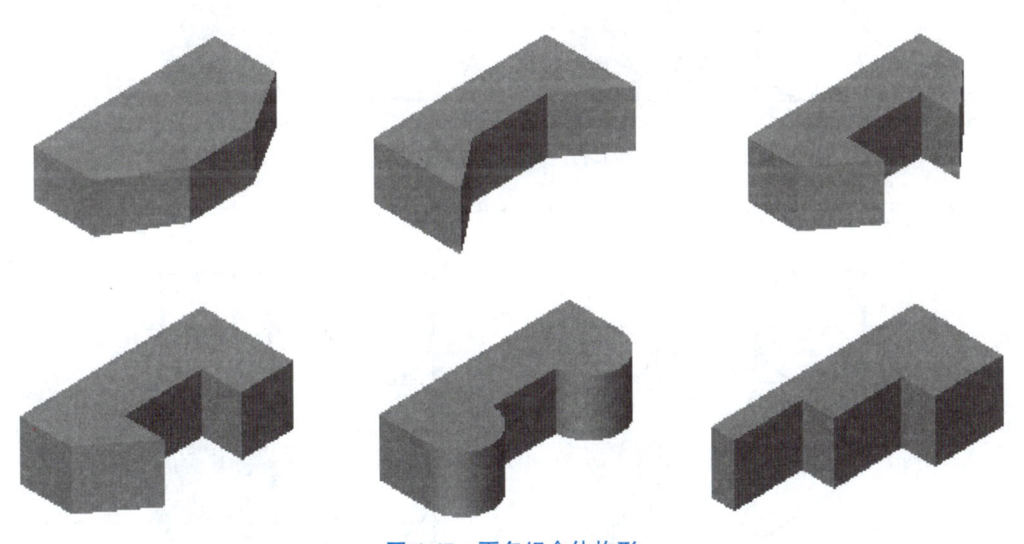

图 4-47　更多组合体构形

必须指出，上述方法不仅对构思组合体有用，在读图中遇到难点时，进行“先假定、后验证”也是必不可少的。这种联想方法可以使人思维灵活、思路畅通。

2. 通过基本体之间组合方式的联想构思组合体

根据图 4-48 所示组合体的一个投影，构思不同构形的组合体。

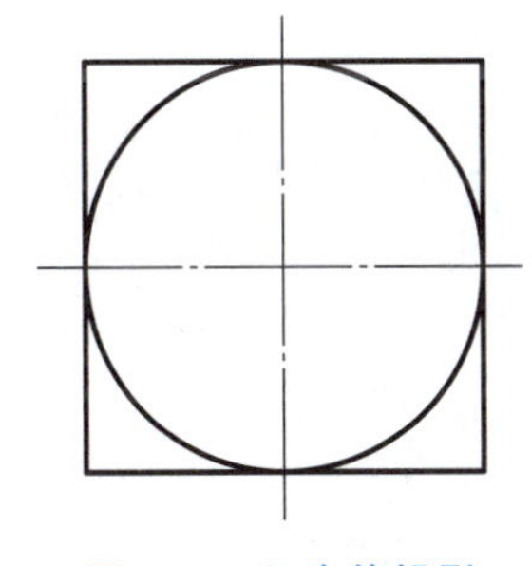

图 4-48　组合体投影

将所给投影作为两基本体的简单叠加或切挖可构思出图 4-49 所示的组合体。

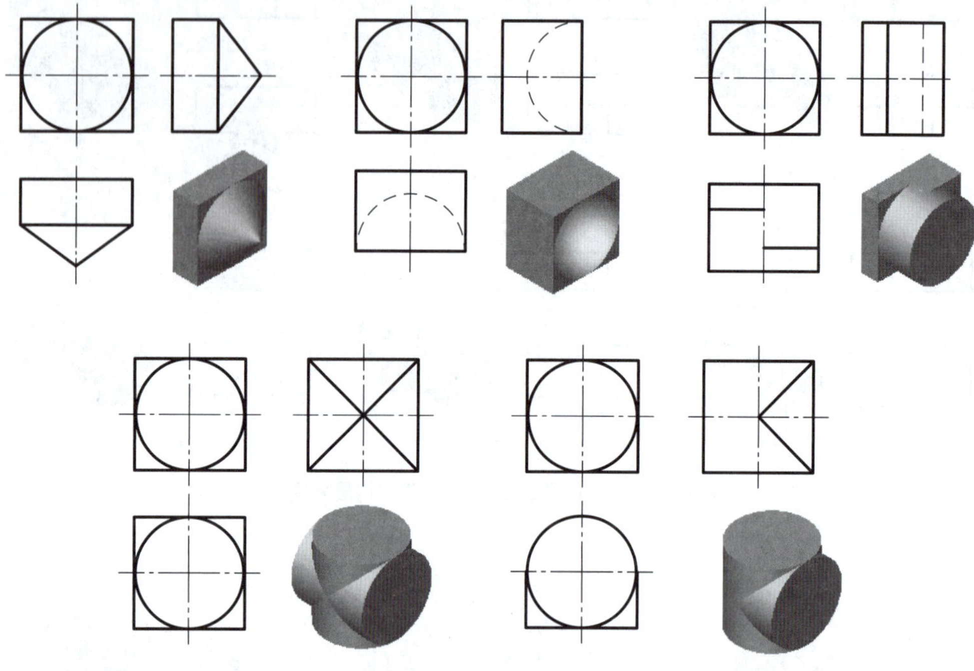

图 4-49　组合体构形（一）

将所给投影作为基本体的截切构思出的组合体如图 4-50 所示。

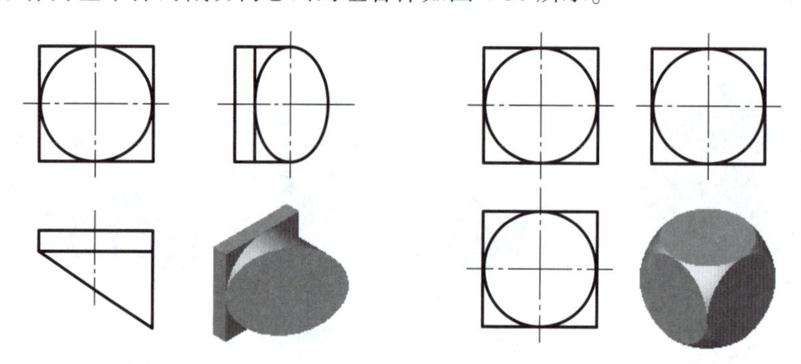

图 4-50　组合体构形（二）

符合所给投影的组合体构形远不止以上几种，读者可自行通过对基本体及其组合方式的联想构思出更多的组合体。

第5章 图样的基本表示方法

在工程实际中，机件的形状是千变万化的，有些机件的外形和内形都较复杂，仅用三个投影图不可能完整、清晰地表达机件各部分的结构形状。《机械制图》与《技术制图》国家标准规定了绘制图样的各种基本表达方法：包括视图、剖视图、断面图、局部放大图和简化画法等。本章主要介绍其中一些常用的表达方法。

5.1 视　图

视图主要用于表达机件的外部结构和形状。国家标准《技术制图　图样画法　视图》(GB/T 17451—1998)中规定，视图可分为基本视图、向视图、局部视图和斜视图四种。

一、基本视图

在正投影法中设置了六个基本投影面，将机件分别向六个基本投影面投射所得到的视图称为基本视图。这六个基本视图是由前向后、由上向下、由左向右投射所得的主视图、俯视图和左视图，以及由右向左、由下向上、由后向前投射所得的右视图、仰视图和后视图。六个基本投影面展开在同一平面内的方法如图5-1所示，展开后各视图的配置关系如图5-2所示。

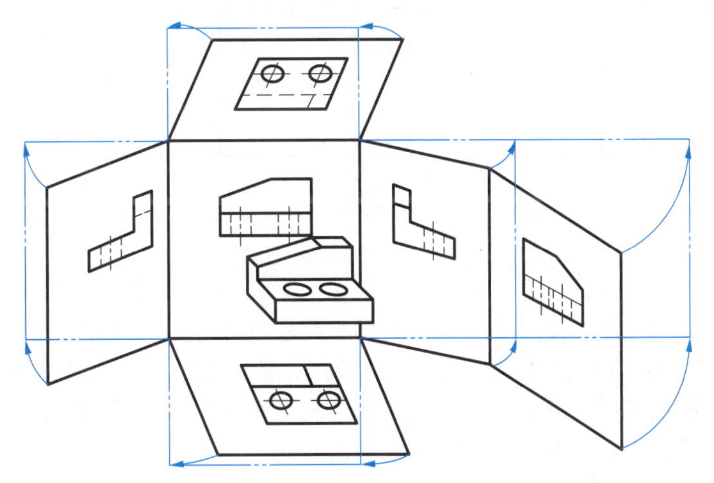

图5-1　六个基本投影面展开方法

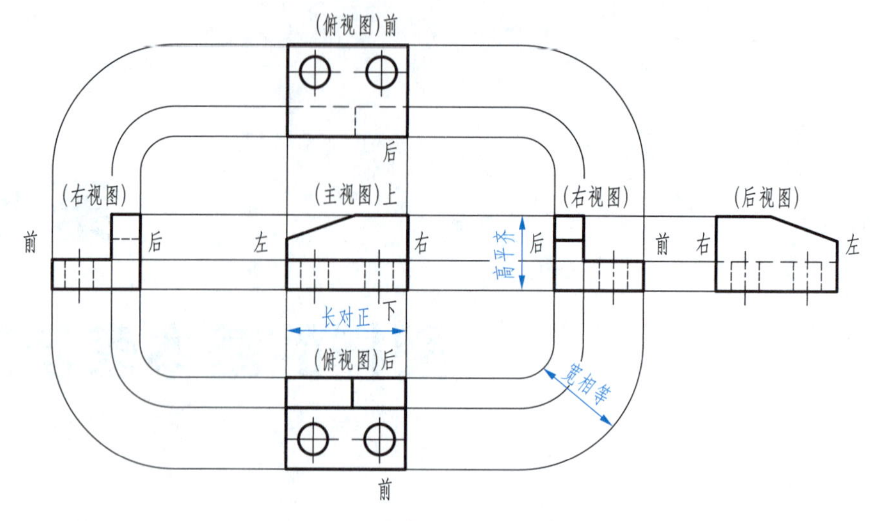

图 5-2　六个基本视图的配置关系

展开后的基本视图仍满足“长对正、高平齐、宽相等”的投影规律，即主视图、俯视图和仰视图长对正，主视图、左视图、右视图和后视图高平齐，左视图、右视图与俯视图、仰视图的宽相等。六个基本视图的配置反映了机件的上下、左右和前后的位置关系。左、右视图和俯、仰视图靠近主视图的一侧反映机件的后面，而远离主视图的一侧反映机件的前面。

二、向视图

向视图是可以自由配置的视图，是基本视图的另一种表达方式，是移位配置的基本视图。

为便于识图和查找向视图，应在向视图的上方标注“×”（“×”为大写的拉丁字母），在相应的视图附近用箭头指明投射方向，并标注相同的字母，如图 5-3 所示。

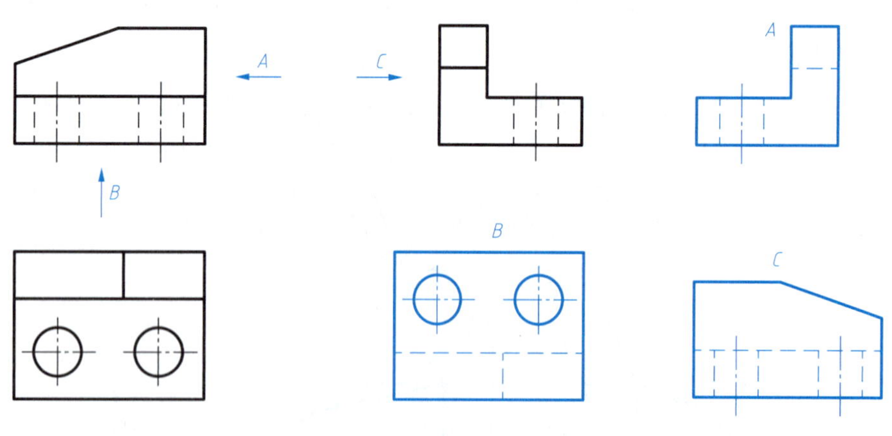

图 5-3　向视图的标注方法

三、局部视图

将机件的某一部分向基本投影面投射，所得的视图称为局部视图。局部视图通常被用于表达机件的局部形状。如图 5-4 所示机件，采用了一个主视图为基本视图，并配合 *A* 向等局部视图表达，比采用主、俯视图和左、右视图的表达更为简洁，且符合制图标准提出的对视图选择的要求，即在完整、清晰地表达机件各部分形状的前提下，力求制图简便。

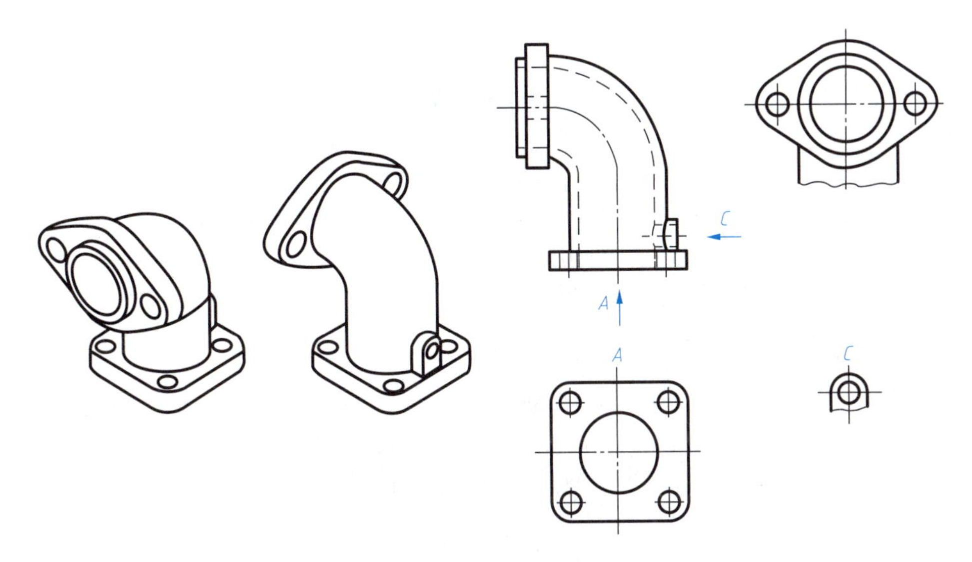

图 5-4　局部视图

局部视图是从完整的视图中分离出来的，必须与相邻的部分假想地断裂，其断裂边界用波浪线绘制；当局部视图外轮廓封闭，则不必画出断裂线。局部视图按基本视图的配置形式配置，视图之间又没有被其他视图隔开时，不必标注，如图 5-4 中左视图所示。否则应按向视图的规定进行标注，如图 5-4 中 A、C 视图所示。

四、斜视图

如图 5-5(a)所示，为了表示机件倾斜表面的真实形状，用变换投影面的原理建立与倾斜结构平行的辅助投影面，以获得反映倾斜结构实形的辅助投影。机件向不平行于任何基本投影面的辅助投影面投射所得的视图称为斜视图。

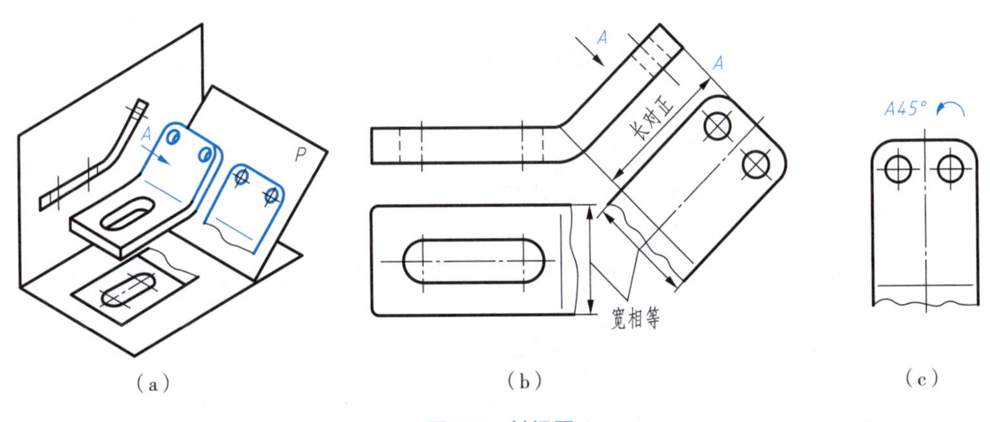

图 5-5　斜视图

斜视图通常按向视图的配置形式配置并标注［见图 5-5(b)］。必要时允许将斜视图旋转配置，这时表示该视图名称的大写拉丁字母应靠近旋转符号的箭头端，也允许将旋转角度标注在字母之后［见图 5-5(c)］。斜视图一般只要求表达出倾斜表面的形状，因此，可将其与机件上其他部分的投影用波浪线断开。当机件上的倾斜表面具有完整轮廓时，直接表达出其倾斜部分的完整轮廓投影，不必添加断裂波浪线。

5.2 剖视图

当机件内部形状较为复杂时，视图上会出现较多虚线，不利于读图和标注尺寸。为了清晰地表达机件的内部结构，国家标准《机械制图　图样画法　剖视图和断面图》(GB/T 4458.6—2002)中规定采用剖视的画法表达机件的内部结构形状。

扫一扫

剖视图的生成

一、剖视图的生成

如图5-6(a)所示，假想用剖切面剖开机件，将处在观察者和剖切面之间的部分移去，而将其余部分向投影面投射所得的图形称为剖视图。采用剖视后，机件内部不可见轮廓成为可见，用粗实线画出，这样图形清晰，便于识图和画图，如图5-6(b)所示。

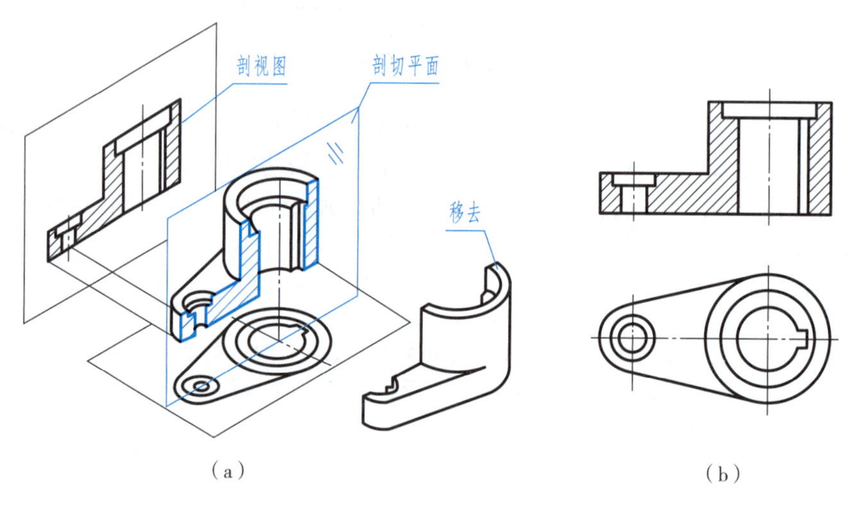

图5-6　剖视图的生成

1. 剖视图画法

为了清晰地表示机件内部真实形状，一般剖切平面应平行于相应的投影面，并通过机件内部结构的对称平面或回转体轴线。由于剖视图是假想的，当一个视图取剖视后，其他视图不受影响，仍按完整的机件画出。

用粗实线画出机件被剖切平面剖切后的断面轮廓和剖切平面后的可见轮廓。注意不应漏画剖切平面后方可见部分的投影，如图5-7所示。

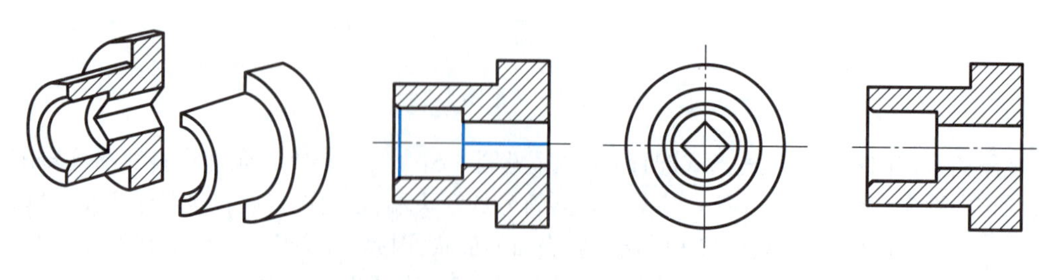

图5-7　剖视图的画法(一)

剖视图应省略不必要的虚线,只有对尚未表示清楚的机件结构形状才画出虚线,如图 5-8 所示。

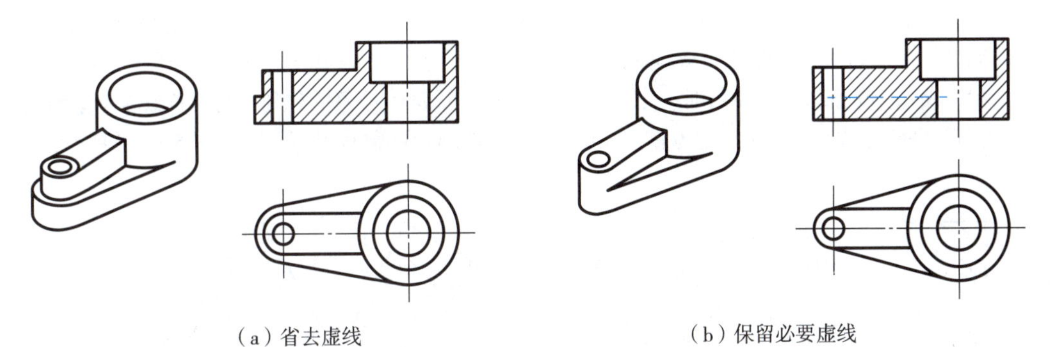

(a) 省去虚线　　(b) 保留必要虚线

图 5-8　剖视图的画法(二)

剖视图中,剖切平面与机件接触的部分称为断面。在断面上需按规定画出表示材料类别的剖面符号。国家标准《机械制图　剖面区域的表示法》(GB/T 4457.5—2013)规定的常用剖面符号见表 5-1。

表 5-1　常用剖面符号

材料名称	剖面符号	材料名称	剖面符号
金属材料 (已有规定剖面符号者除外)		木质胶合板(不分层数)	
线圈绕组元件		基础周围的泥土	
转子、电枢、变压器和 电抗器等的叠钢片		混凝土	
非金属材料 (已有规定剖面符号者除外)		钢筋混凝土	
型砂、填砂、粉末冶金、砂轮、 陶瓷刀片、硬质合金刀片等		砖	
玻璃及供观察用的 其他透明材料		格网 (筛网、过滤网等)	
木材　纵断面		液体	
木材　横断面			

表示金属材料或无须表示材料类别的剖面符号用通用剖面线表示。通用剖面线是角度适当、间隔均匀的一组平行细实线，最好与主要轮廓线或剖面区域的对称线成45°夹角，如图5-9(a)所示。同一机件的各个剖视图中，其剖面线应间隔相等、方向相同，如图5-9(b)所示。当图形的主要轮廓线与水平线成45°或接近45°夹角时，剖面线的倾斜角度以表达对象的轮廓(或对称线)为参照物，画成30°或60°的平行线，但其倾斜的方向和间距仍与其他图形的剖面线一致，如图5-9(c)所示。

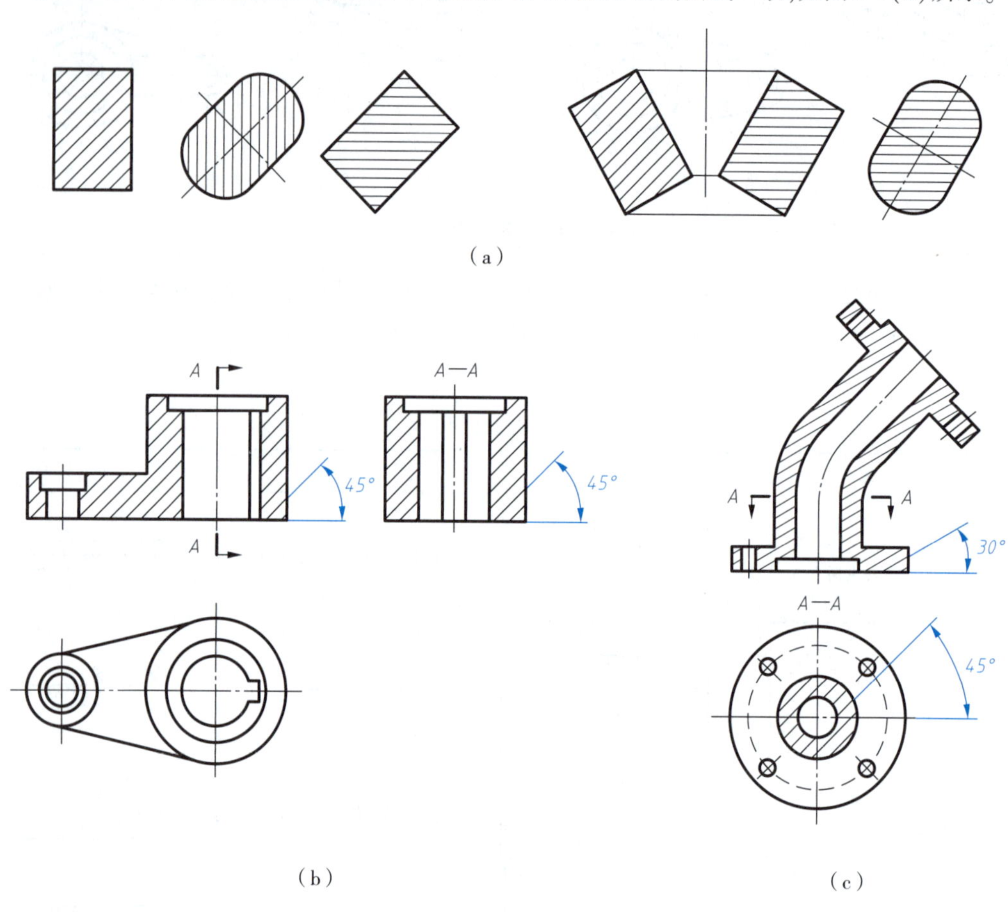

图5-9　剖面线的画法

2. 剖视图的标注

剖视图一般应进行标注，以指明剖切位置及视图间的投影关系。标注时，在剖视图上方用大写的拉丁字母标出剖视图名称“×—×”，在相应的视图上用剖切符号表示剖切位置(在剖切平面起、迄、转折位置画粗短线段)和投射方向(与粗短线段外侧相连的箭头)，并注写相同字母[见图5-9(b)、(c)]。当剖切平面通过机件对称面，且剖视图按投影关系配置，中间又没有其他图形隔开时可省略标注，如图5-8所示。

扫一扫

剖视图的分类

二、剖视图的分类

剖视图分为全剖视图、半剖视图和局部剖视图三类。

1. 全剖视图

用剖切面完全剖开机件所得到的剖视图称为全剖视图，如图5-6至图5-8所示。全剖视图主要用于外形简单、内部结构复杂的不对称机件或不需要表达外形的对称机件。

2. 半剖视图

当机件具有对称平面，在垂直于对称平面的投影面上的投影，可以以对称中心线为界，一半画成剖视图，另一半画成视图，这种剖视图称为半剖视图。半剖视图适用于内、外形状都需要表达，且具有对称平面的机件。半剖视图的剖切方法与全剖相同，如图 5-10 所示，其中主视图与俯视图都为半剖视图。

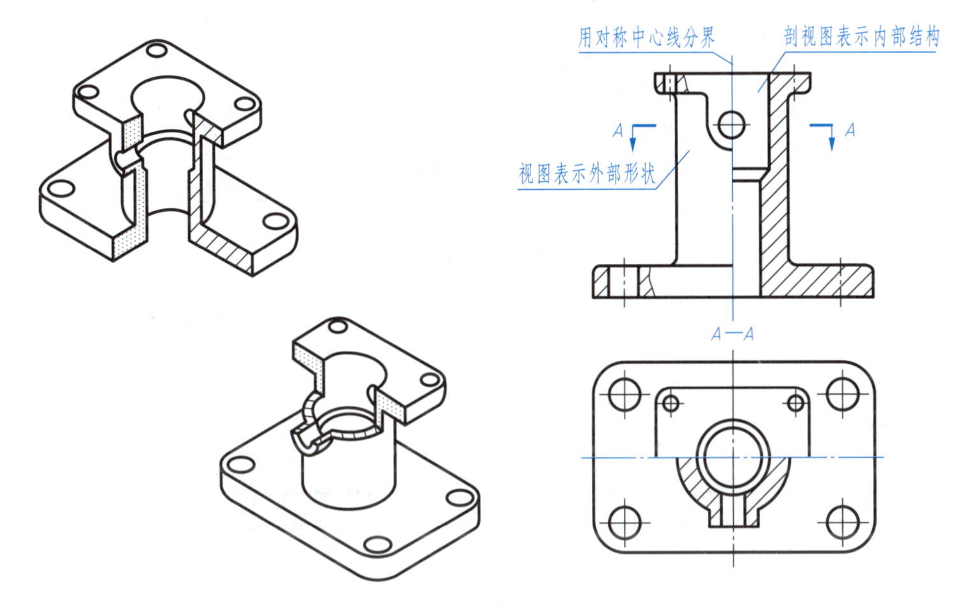

图 5-10　半剖视图

半剖视图的标注方法与全剖视图相同，图 5-10 所示配置在主视图位置的半剖视图，符合省略标注的条件，所以未加标注，而俯视图位置的半剖视图，剖切平面不通过机件的对称平面，所以应加标注，但可省略箭头。

若机件的形状接近于对称，且不对称部分已有其他视图表示清楚时，也可画成半剖视图，如图 5-11 所示。半剖视图中视图和剖视图的分界线规定画成点画线，而不能画成粗实线。且由于机件的内部形状已由剖视图部分表达清楚，所以，视图部分表示内部形状的虚线不必画出。当标注被剖切的内孔尺寸时，只需画出一端的尺寸界线和尺寸线，并使尺寸线超过中心线即可。

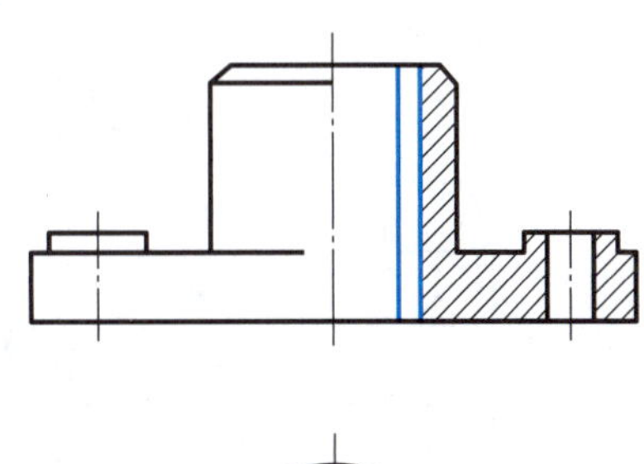

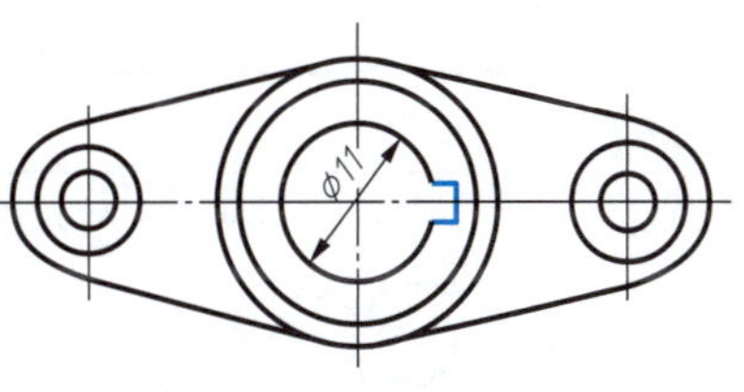

图 5-11　接近对称的半剖视图

3. 局部剖视图

用剖切平面局部剖开机件所得的剖视图称为局部剖视图。局部剖视图主要用于表达机件局部的内部结构，或不宜选用全剖、半剖视图表达的结构，是一种灵活的表达方法。

当不对称机件的内、外形状均需表达，而它们的投影基本上不重叠时，采用局部剖视可把机件的内、外形状都表达清晰。如图 5-12 所示，用局部剖视图表达机件底板、凸缘上的小孔等结构。

局部剖视图中，视图部分与剖视图部分的分界线为波浪线。波浪线不能与图形中的其他图线重合，也不能画在非实体部分和轮廓线的延长线上，如图 5-13 所示。当被剖切的局部结构为回转体

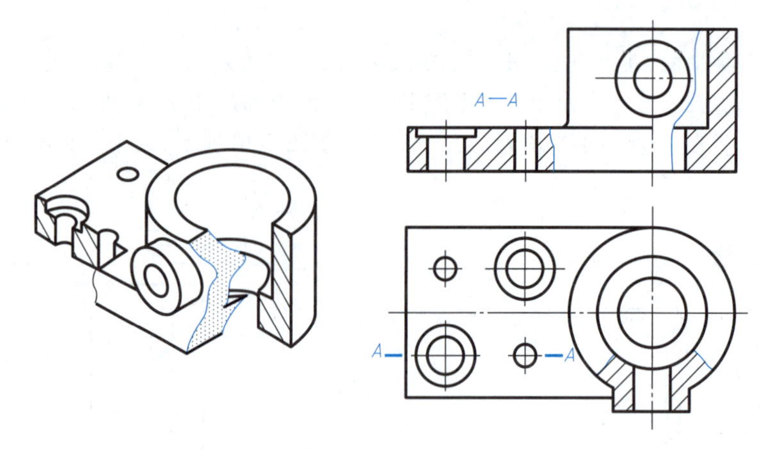

图 5-12　局部剖视图

时，允许将该结构的中心线作为分界线，如图 5-14(a)所示。当对称机件在对称中心线位置处有内外轮廓线时，局部剖视的波浪线不能与其重合，如图 5-14(b)所示。

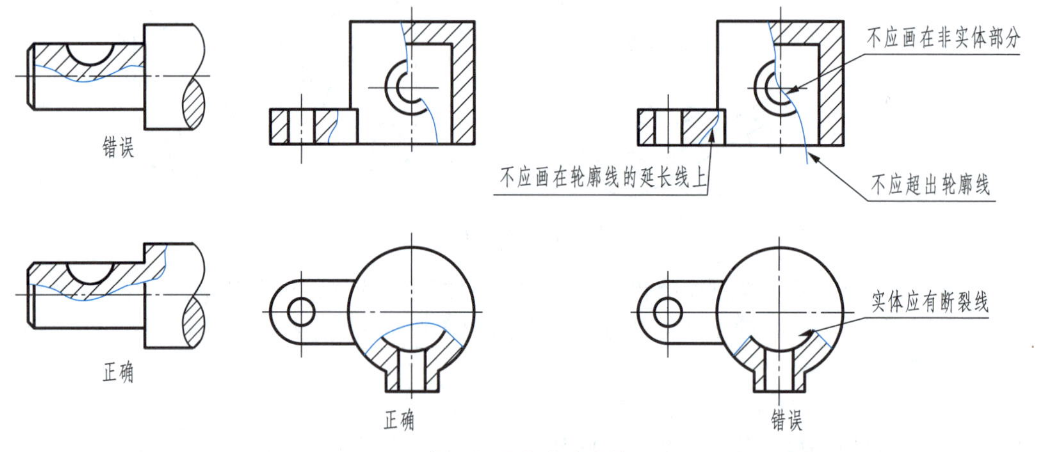

图 5-13　局部剖视图中波浪线的画法(一)

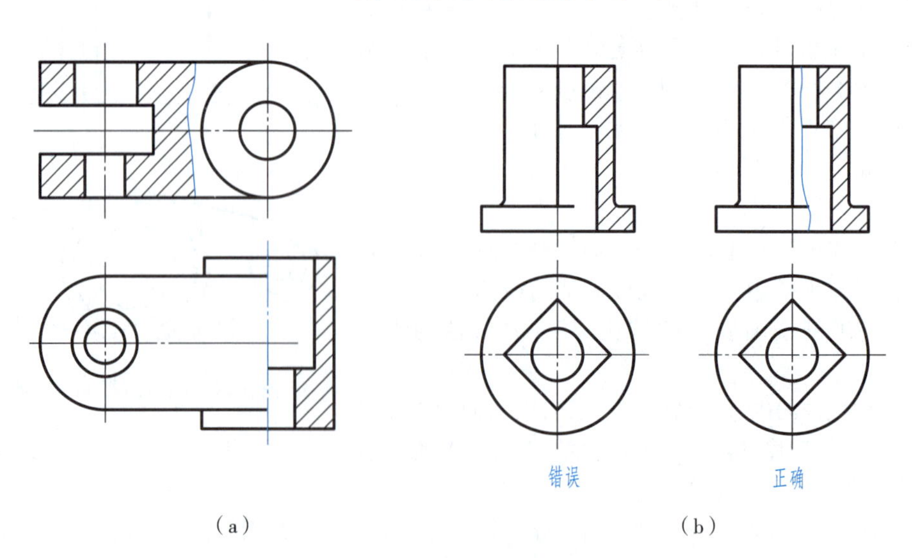

图 5-14　局部剖视图中波浪线的画法(二)

局部剖视图一般不标注，仅当剖切位置不明显或在基本视图外单独画出局部视图时才需添加标注。局部剖视图应用较广，但在同一视图中，过多采用局部剖视图会使图形显得凌乱。

三、剖切面的分类

根据剖切面相对于投影面的位置及剖切面组合数量的不同，可将剖切面体系分为三类：单一剖切平面、几个平行的剖切平面和几个相交的剖切平面（交线垂直于某一投影面）。无论选用哪一种剖切面，均能生成全剖视图、半剖视图和局部剖视图。

1. 单一剖切面

单一剖切面剖切指仅用一个剖切面剖开机件的方法。根据剖切平面的位置还可分为以下两种情况：一种情况是用平行于基本投影面的单一剖切平面进行剖切，前文剖视图图例均为此种情况；另一种情况是用不平行于任何基本投影面的单一剖切平面进行剖切，如图 5-15 所示，该方法主要用于表达机件上倾斜部分的内部结构。

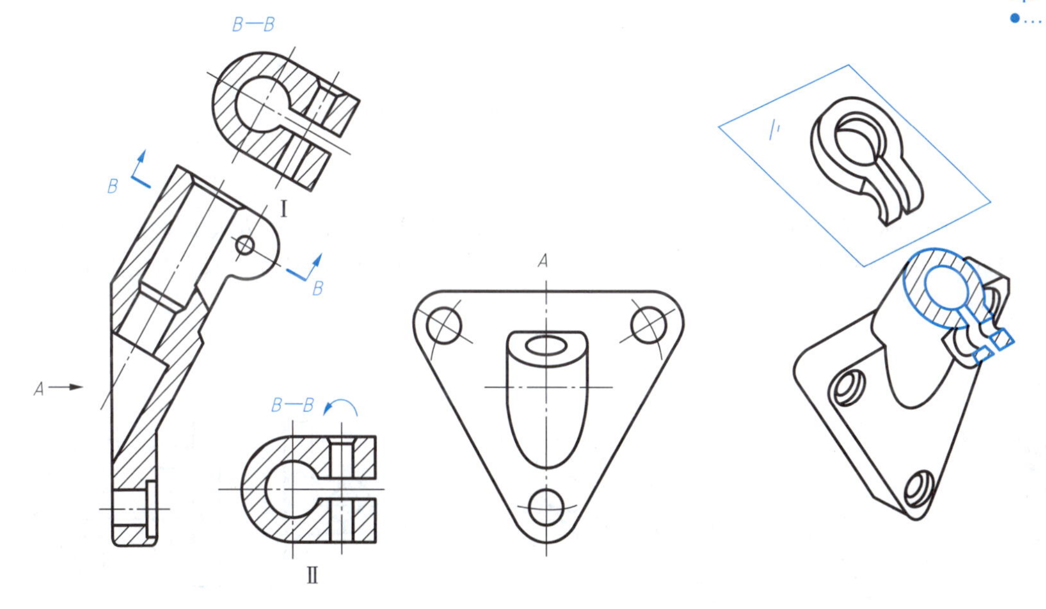

图 5-15　单一剖切平面剖切

当用不平行于任何基本投影面的单一剖切平面剖切时，所获得的剖视图一般应按辅助投影关系配置，并加以标注。必要时，允许将剖视图旋转放正，此时应标注旋转符号“⌒”，旋转符号的箭头与实际旋转方向相一致，且字母“×—×”靠近箭头端。

2. 几个平行的剖切平面

几个平行的剖切平面剖切指用两个或两个以上相互平行的平面剖开机件的方法。该方法常用于表达机件分布在不同层次的几个平行平面上的内部形状。

图 5-16（a）所示为用两个平行的剖切平面剖开机件得到的全剖视图。由于剖视是假想的，因此，剖视图中不应画出剖切平面转折处的分界线。在剖切平面的起、止和转折处画上剖切符号（转折处为直角），并标注相同的拉丁字母，当转折处位置狭小时，可省略标注。在剖视图的上方标注剖视名称“×—×”。

一般情况下，不允许剖切平面的转折处与机件上的轮廓线重合，也不允许在图形内出现不完整的要素（如半个孔、不完整肋板等）。仅当两个要素具有公共对称中心线或轴线时，允许以对称中心线或轴线为界，各画一半，如图 5-16（b）所示。

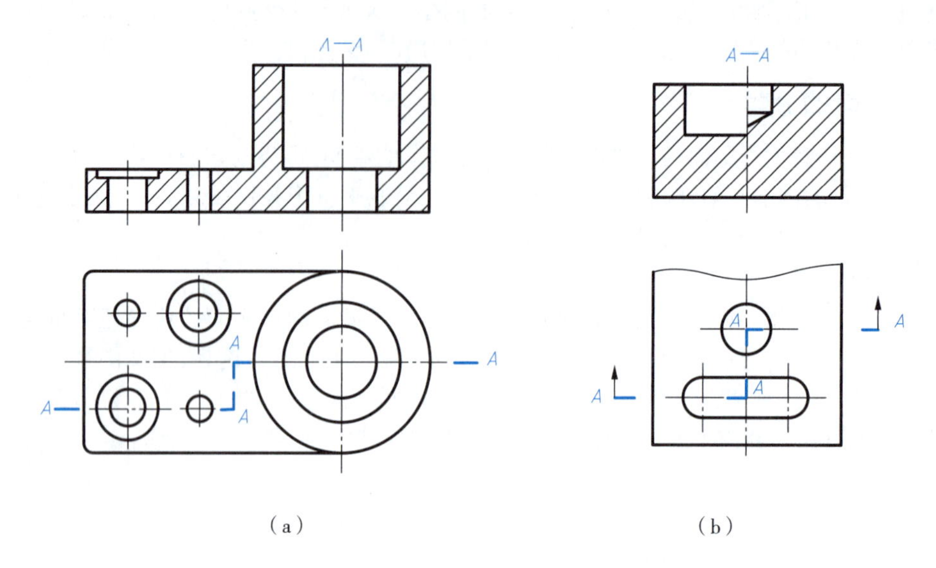

图 5-16　几个平行的剖切平面剖切

3. 几个相交的剖切平面

用几个相交的剖切平面剖切时，交线必须垂直于某一基本投影面。该方法常用于表达具有公共回转轴线、分布在相交剖切平面上的结构的内部形状。图 5-17 所示为用两个相交的剖切平面剖切所得到的全剖视图。

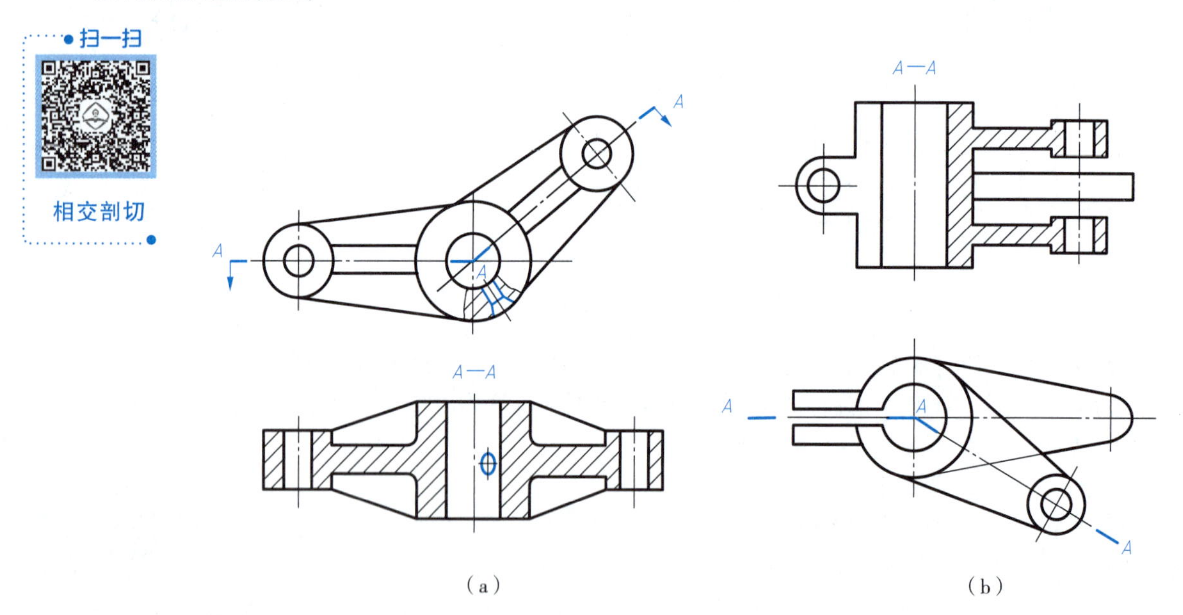

图 5-17　几个相交的剖切平面

用这种方法画剖视图时，首先假想按剖切位置剖开机件，然后将被剖切平面剖开的结构及有关部分旋转到与选定的投影面[图 5-17(a) 中为水平面]平行后，一并进行投射。剖切平面后的其他结构仍按原来位置投射，如图 5-17(a) 中的小圆孔的投影所示。若剖切后产生不完整要素，则将此部分的投影按不剖处理，如图 5-17(b) 所示。

5.3 断面图

一、断面图的生成

表达机件断面形状的图形称为断面图,简称断面。断面图与剖视图的概念十分接近,都是假想地用剖切平面将机件剖开后画出的图形。不同的是,剖视图除了画出断面形状以外,还需画出剖切面后部的可见结构的投影,如图5-18所示。就表达断面形状而言,断面图与剖视图相比,其表达简洁、清晰且重点更加突出,常用于表达机件上的肋板、轮辐、键槽、小孔、型材等结构的断面形状。前述剖视图所采用的三种剖切平面(单一剖切平面、几个平行的剖切平面、几个相交的剖切平面)均适用于断面图。

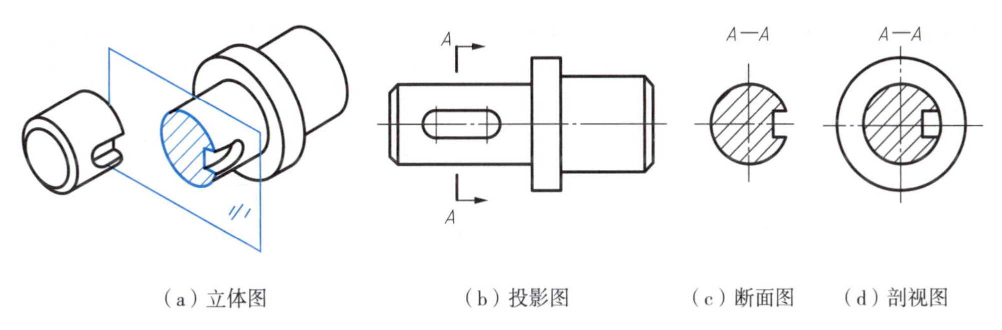

图5-18　断面图及其与剖视图的区别

二、断面图的分类

根据断面图配置的位置,断面图分为移出断面图和重合断面图。

1. 移出断面图

画在机件视图之外的断面图称为移出断面图。移出断面的轮廓线用粗实线绘制,应尽量配置在剖切符号或剖切线(指示剖切平面位置的细点画线)的延长线上。这样配置的断面图,剖切平面位置明显,断面图的名称可省略。如图5-19(a)所示,对于非对称断面Ⅰ,必须画出剖切符号及表示投射方向的箭头;而对称断面Ⅱ则只需画出剖切线表示剖切位置即可。按投影关系配置的非对称断面Ⅲ,可以省略箭头。对称的移出断面也可画在视图的中断处且不必标注,如图5-19(b)所示。

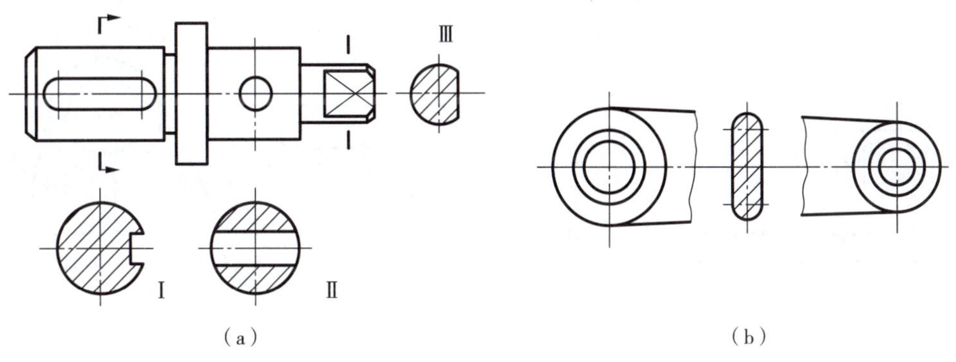

图5-19　移出断面图(一)

由两个或多个相交剖切平面剖切得到的移出断面图，中间一般应断开，如图 5-20(a)所示。必要时，也可将移出断面配置图放在其他适当的位置，其标注方法与剖视图相同，如图 5-20(b)所示。

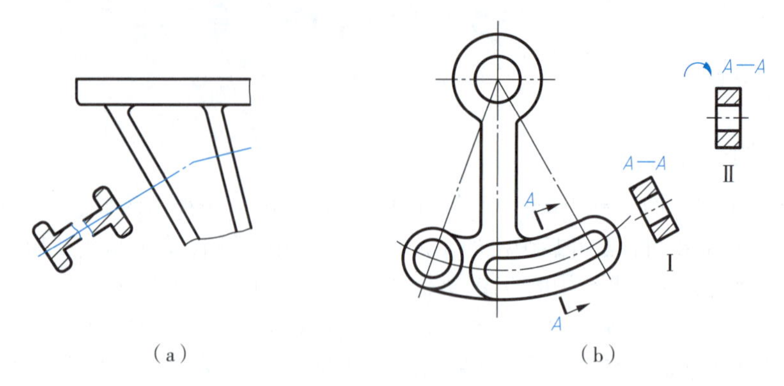

图 5-20　移出断面图(二)

当剖切平面通过回转而形成的孔或凹坑的轴线时，这些结构应按剖视图绘制，如图 5-21 所示的Ⅰ断面。当剖切平面通过非圆孔，剖切后会导致完全分离的断面时，此结构也应按剖视图绘制，如图 5-21 所示的Ⅱ断面。

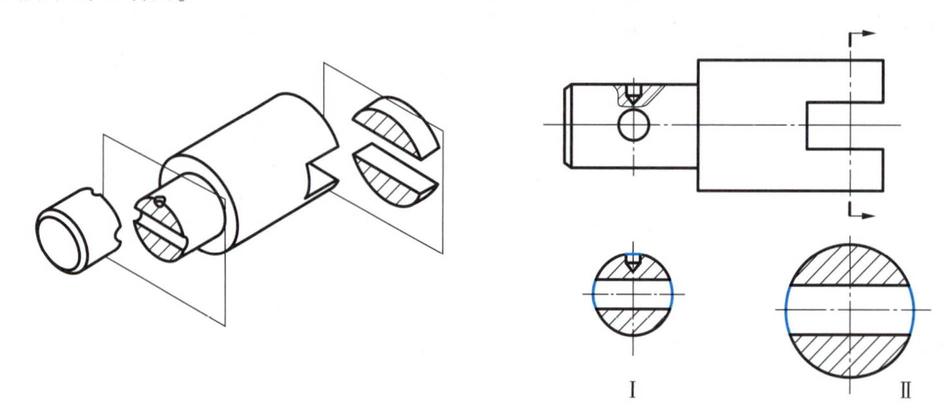

图 5-21　移出断面图(三)

2. 重合断面图

画在机件视图之内的断面图称为重合断面图，适合表达机件形状简单的断面。

重合断面的轮廓线用细实线绘制。当视图中的轮廓线与重合断面的图形重叠时，视图中的轮廓线仍应连续画出，不可间断，如图 5-22(a)所示。用局部的重合断面表达肋板厚度和端部形状时，习惯上不画断裂线，如图 5-22(b)、(c)所示。

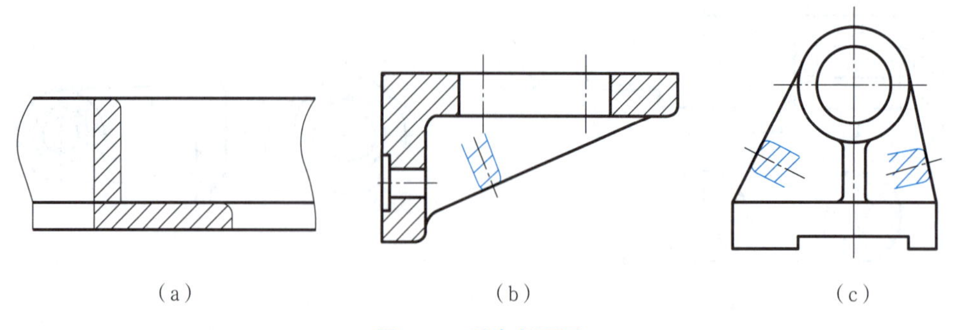

图 5-22　重合断面图

重合断面位于视图之内，剖切位置明显，无须标注名称。不对称的重合断面图，要用剖切符号表示剖切平面的位置和投射方向；对称的重合断面图，只需画出剖切线。

5.4 其他表达方法

一、简化画法

根据国家标准《技术制图　简化表示法　第1部分：图样画法》(GB/T 16675.1—2012)和国家标准《技术制图　简化表示法　第2部分：尺寸注法》(GB/T 16675.2—2012)，简化技术图样的画法可以提高设计效率和图样的清晰度，其原则是在不致引起误解的前提下，力求制图简便。

1. 剖视中的简化画法

对于机件上的肋板、轮辐及薄壁等结构，当剖切平面纵向剖切(通过其轴线或对称平面)时，这些结构的剖面区域内不画剖面符号，只用粗实线将其与邻接部分分开。当剖切平面横向剖切时，则必须画出剖面符号，如图5-23所示。

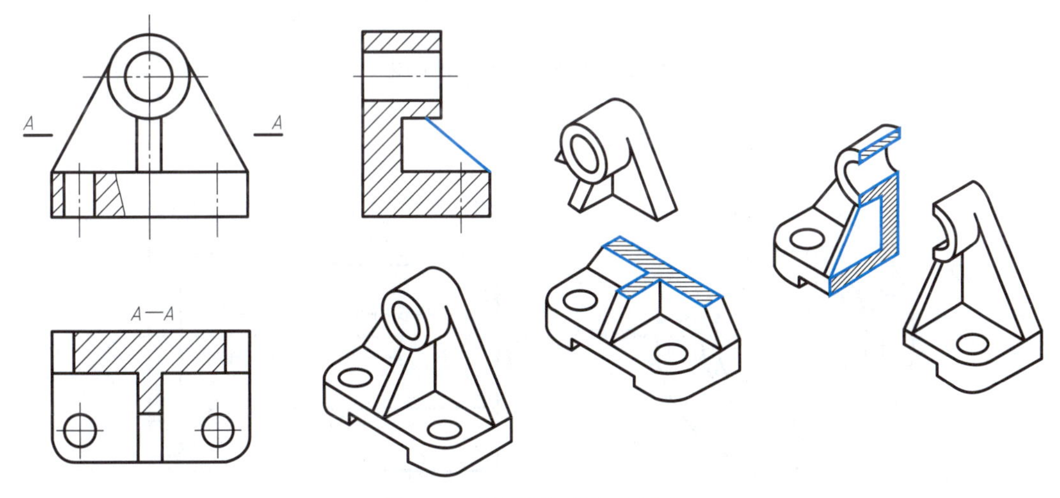

图5-23　肋板剖切的规定画法

当回转体上均匀分布的肋板、轮辐、孔等结构不处于剖切平面上时，可将这些结构旋转到剖切平面上画出，不需要添加任何标注，如图5-24所示。

在需要表示位于剖切平面前面的结构时，这些结构按假想投影的轮廓线绘制，用双点画线画出，如图5-25所示。

2. 相同结构的简化画法

当机件上具有若干相同结构，如齿、槽、孔等，并按一定规律分布时，只需画出几个完整的结构，其余部分用细实线或细点画线表示其位置。图样中省略相同结构后，必须注明该结构的总数，如图5-26所示。

圆柱形法兰盘上均匀分布的小孔，可按图5-27所示的方法简化。

3. 投影的简化

机件上较小结构所产生的交线，如果在一个视图中已表达清楚，则在其他视图中可以简化，如图5-28所示。

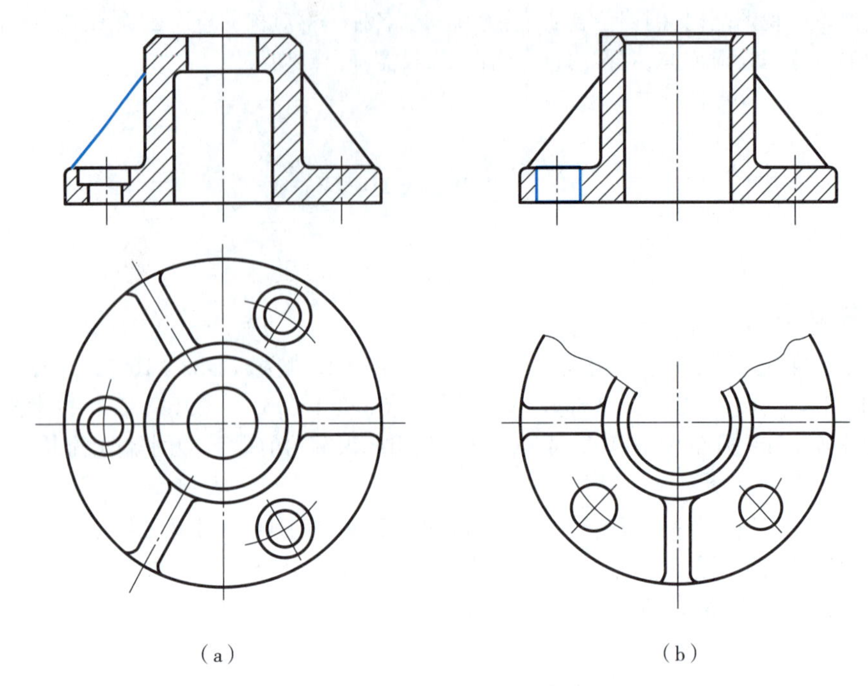

图 5-24　均匀分布结构的简化

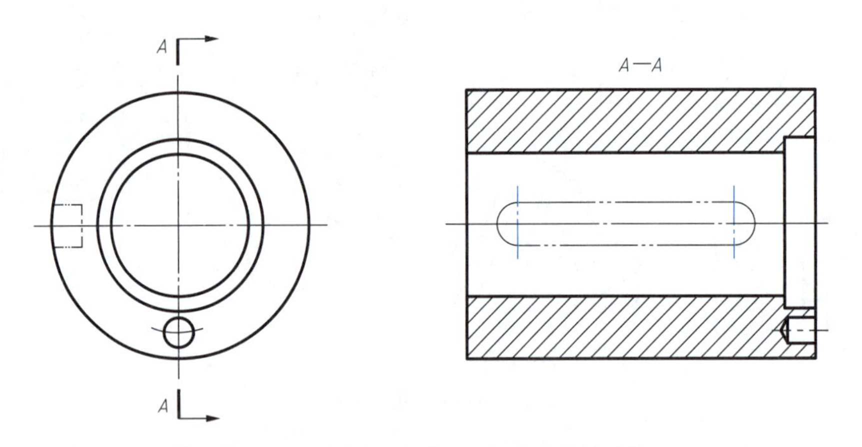

图 5-25　用双点画线表示剖切平面前的结构

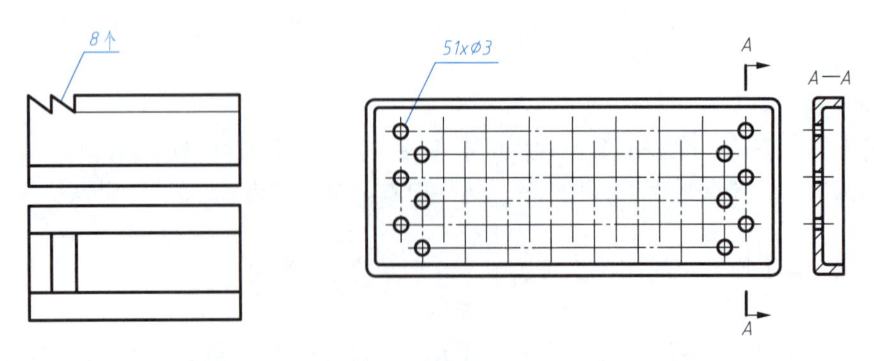

图 5-26　相同结构的简化

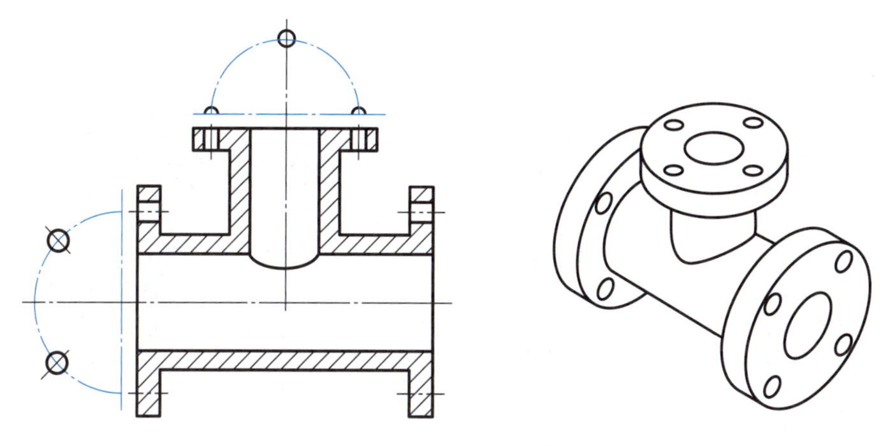

图 5-27　法兰盘上均布孔的简化

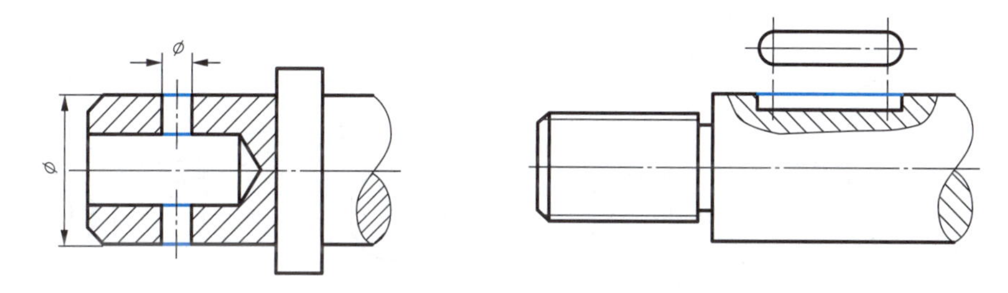

图 5-28　较小结构所产生交线的简化

零件图中较小的倒角、圆角允许省略不画，但应注明尺寸或在技术要求中加以说明，如图 5-29 所示。

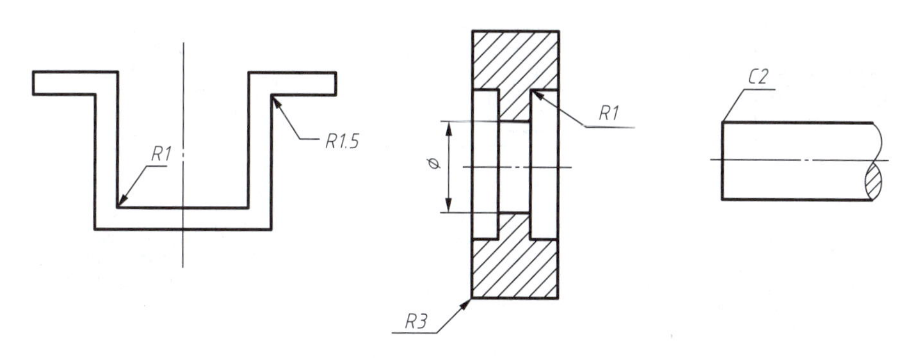

图 5-29　小倒角、小圆角的简化

4. 其他简化画法

对称及基本对称机件的视图可只画一半或四分之一，并在对称中心线的两端画出对称符号（两条垂直于中心线的平行细实线），如图 5-30 所示。

对于较长的机件，如轴、杆等，当沿长度方向形状一致或按一定规律变化时，可断开后缩短绘制，断开处的边界线用波浪线或双点画线绘制。断开部分的尺寸应按实际长度标注，如图 5-31 所示。

当回转体零件上的平面在图形中不能充分表达时，可用平面符号（用细实线画出对角线）表示，如图 5-32 所示。

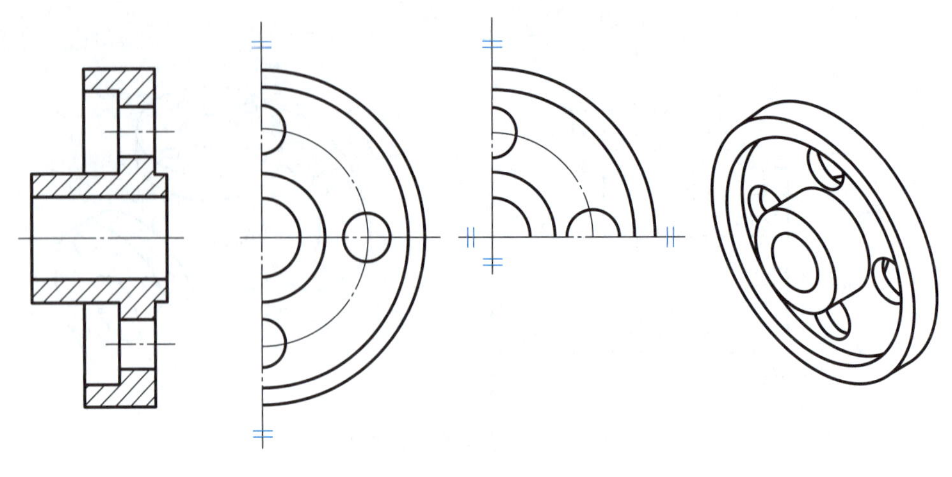

图 5-30　对称机件视图的简化

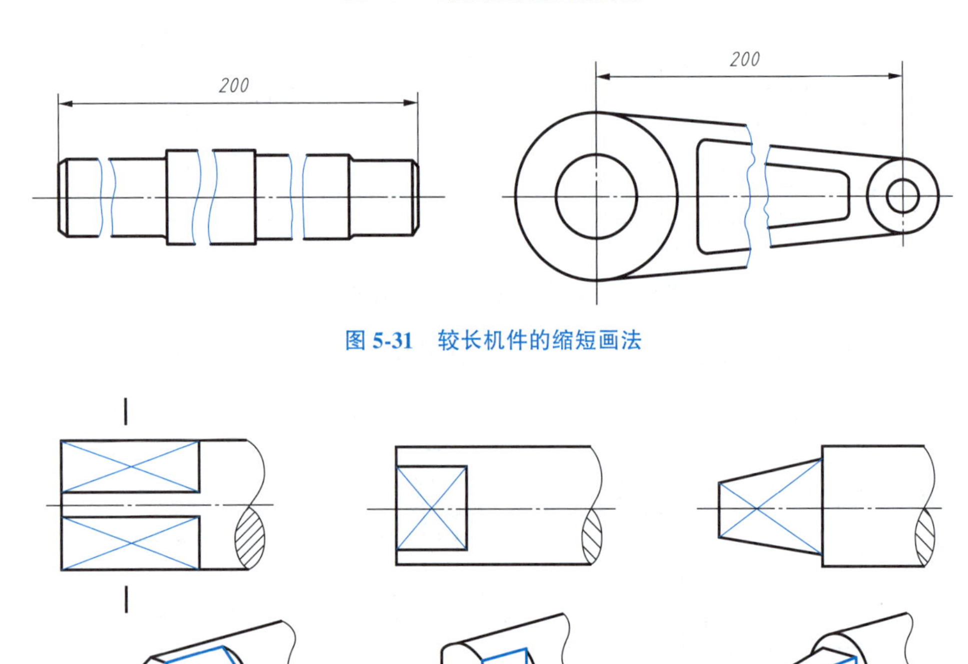

图 5-31　较长机件的缩短画法

图 5-32　平面符号画法

二、局部放大图

局部放大图指将机件的部分结构用大于原图所采用的比例画出的图形,可画成视图、剖视图或断面图,它与被放大部分的表达方式无关。绘制局部放大图时,应用细实线圈出被放大的部位,并尽量配置在被放大部位的附近,如图 5-33 所示。

当同一机件上有多个被放大的部位时,必须用罗马数字依次标明被放大的部位,并在局部放大图上方标注出相应的罗马数字和所采用的比例。当机件上被局部放大的部位仅有一处时,仅标明所采用的比例即可。

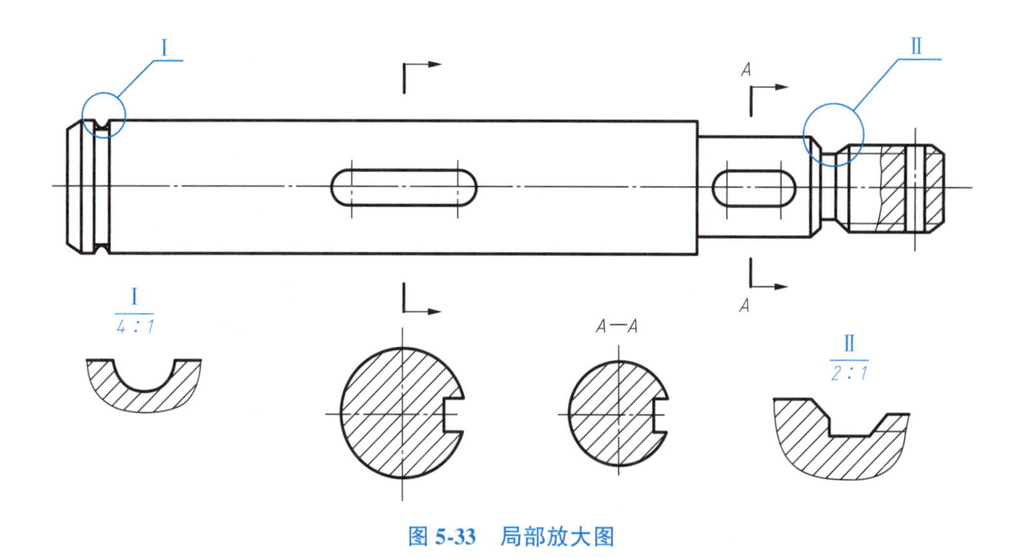

图 5-33　局部放大图

5.5　用计算机生成各种表达图

本节在 4.5 节的基础上进一步介绍用 SolidWorks 软件生成各种表达图的方法。以图 5-34 所示的弯管为例，说明弯管表达所需各种视图、剖视图的生成过程。

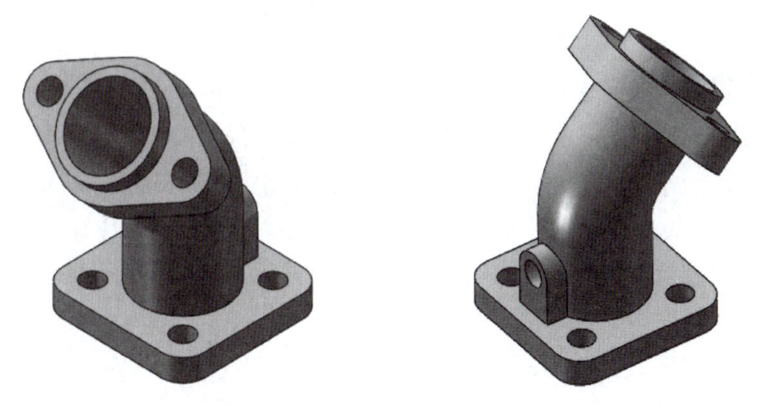

图 5-34　弯管

一、辅助视图的生成

利用“辅助视图”命令表达弯管倾斜部分的结构形状。单击“工程图”工具栏上的“辅助视图”按钮，或在菜单栏中选择“插入”→“工程图视图”→“辅助视图”命令，在已知视图上选取参考边线，如图 5-35(a)所示。移动光标选择适当位置放置视图，生成图 5-35(b)所示的辅助视图。此时生成的辅助视图，与已知视图具有对齐的投影关系。为合理布图，可以解除辅助视图的对齐关系，独立移动视图，其方法是：在视图边界内部(不是在模型上)右击，弹出图 5-35(c)所示的快捷菜单，选择“视图对齐”→“解除对齐关系”命令，即可独立移动辅助视图到适当的位置，如图 5-35(d)所示。

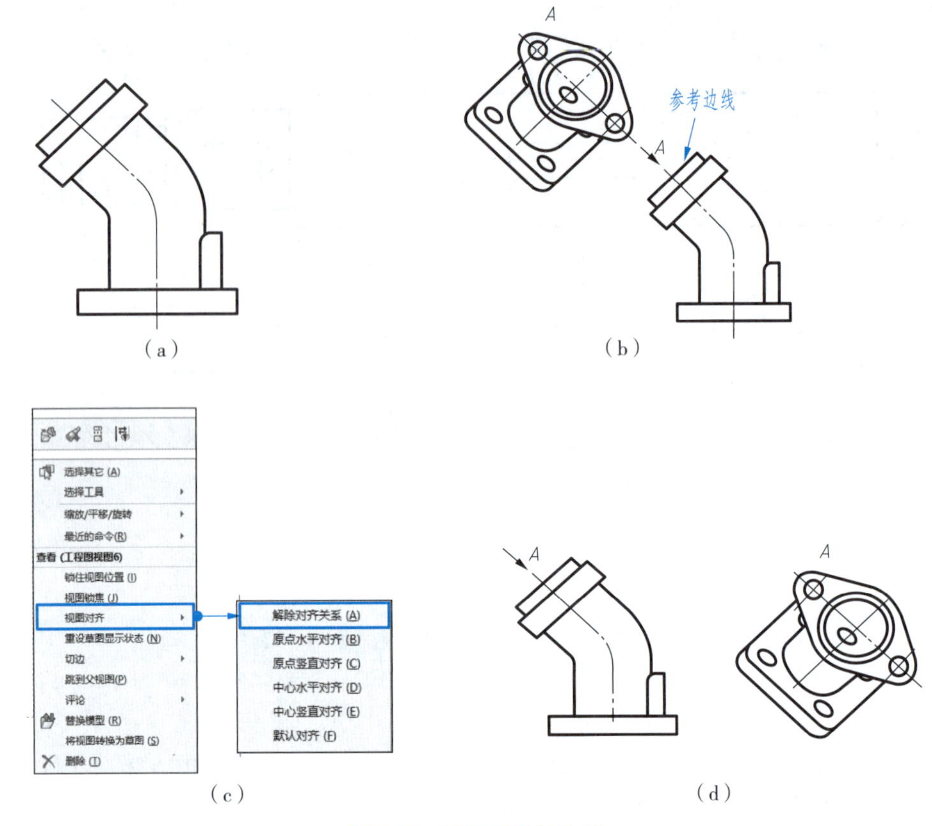

图 5-35 辅助视图的生成

二、局部视图的生成

利用"局部视图"命令可以在已有视图的基础上生成局部放大图。单击"局部视图"按钮或在菜单栏中选择"插入"→"工程图视图"→"局部视图"命令,Feature Manager 设计树中出现图 5-36(a)所示的提示,鼠标呈画圆状态。在现有视图需要局部放大的位置绘制一个圆,作为需要放大部分的范围[见图 5-36(b)],然后移动光标在适当位置单击放置局部视图,如图 5-36(c)所示。

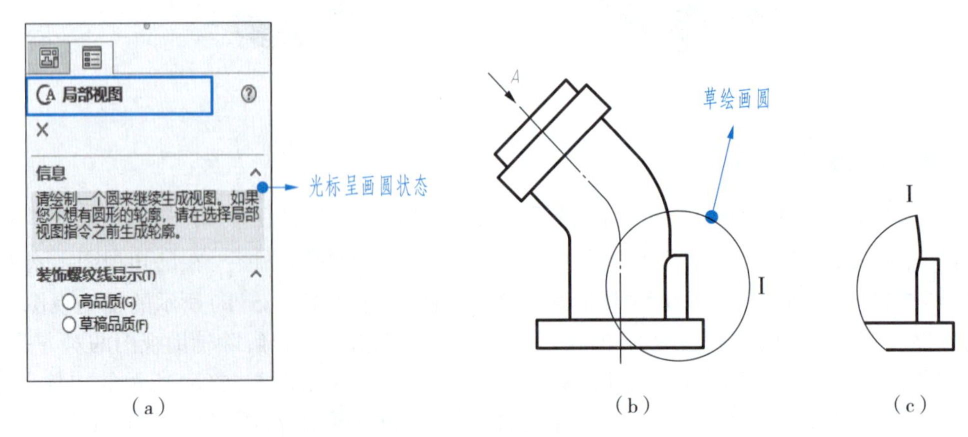

图 5-36 局部视图的生成

局部放大图上的注释包括字母标号和比例。默认情况下，局部视图不与其他的视图对齐，可以随意在工程图样上移动。放大的比例可以通过改变局部视图的自定义比例自行修改。

三、裁剪视图的生成

利用“剪裁视图”命令剪裁已经生成的视图，得到所需的局部视图。图 5-35 所示的辅助视图主要用于表达端盖的形状，下部底座是不必表达的。此时可以应用剪裁视图，形成需要的局部视图。

使用样条曲线在辅助视图上绘制封闭轮廓，如图 5-37(a)所示。单击“裁剪视图”按钮，选取生成的局部视图中不必要的投影线，右击，在弹出的快捷菜单中选择“隐藏边线”→“裁剪视图”→“移出剪裁视图”命令，如图 5-37(b)所示，生成图 5-37(c)所示的局部视图。

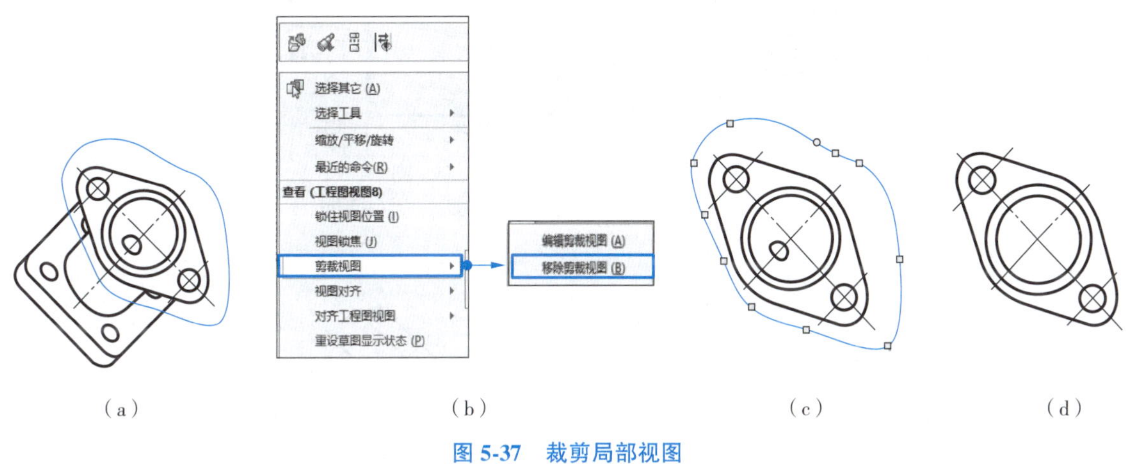

(a)　(b)　(c)　(d)

图 5-37　裁剪局部视图

右击图 5-37(c)所示的样条线段，直接选择删除，处理过的局部视图如图 5-37(d)所示。用同样的方法，可生成弯管的局部右视图，表达右侧凸台形状，如图 5-38 所示。

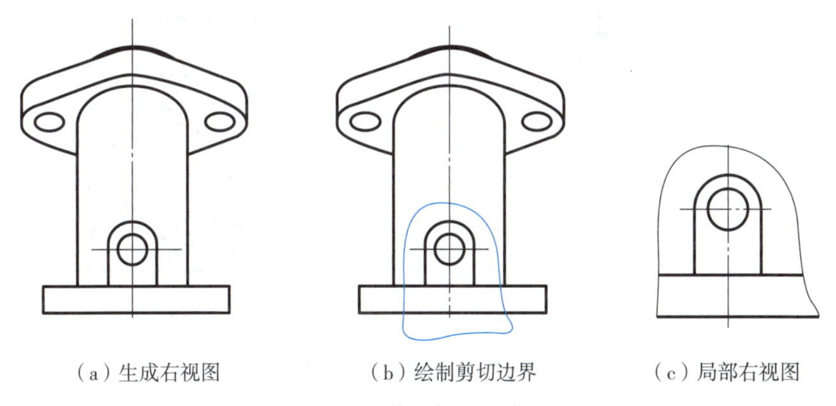

(a) 生成右视图　(b) 绘制剪切边界　(c) 局部右视图

图 5-38　弯管局部视图的形成

四、剖面视图的生成

利用 SolidWorks 中的“剖面视图”命令可以生成用单一剖切平面、几个相交的剖切平面剖切得到的全剖视图及半剖视图。单击“工程图”工具栏上的“剖面视图”按钮或在菜单栏中选择“插入”→“工程图视图”→“剖面视图”命令，并选择所需切割方向，如图 5-39(a)、(b)所示。选择剖切位置，如图 5-39(c)所示，向下拖动鼠标生成图 5-39(d)所示的剖面视图。

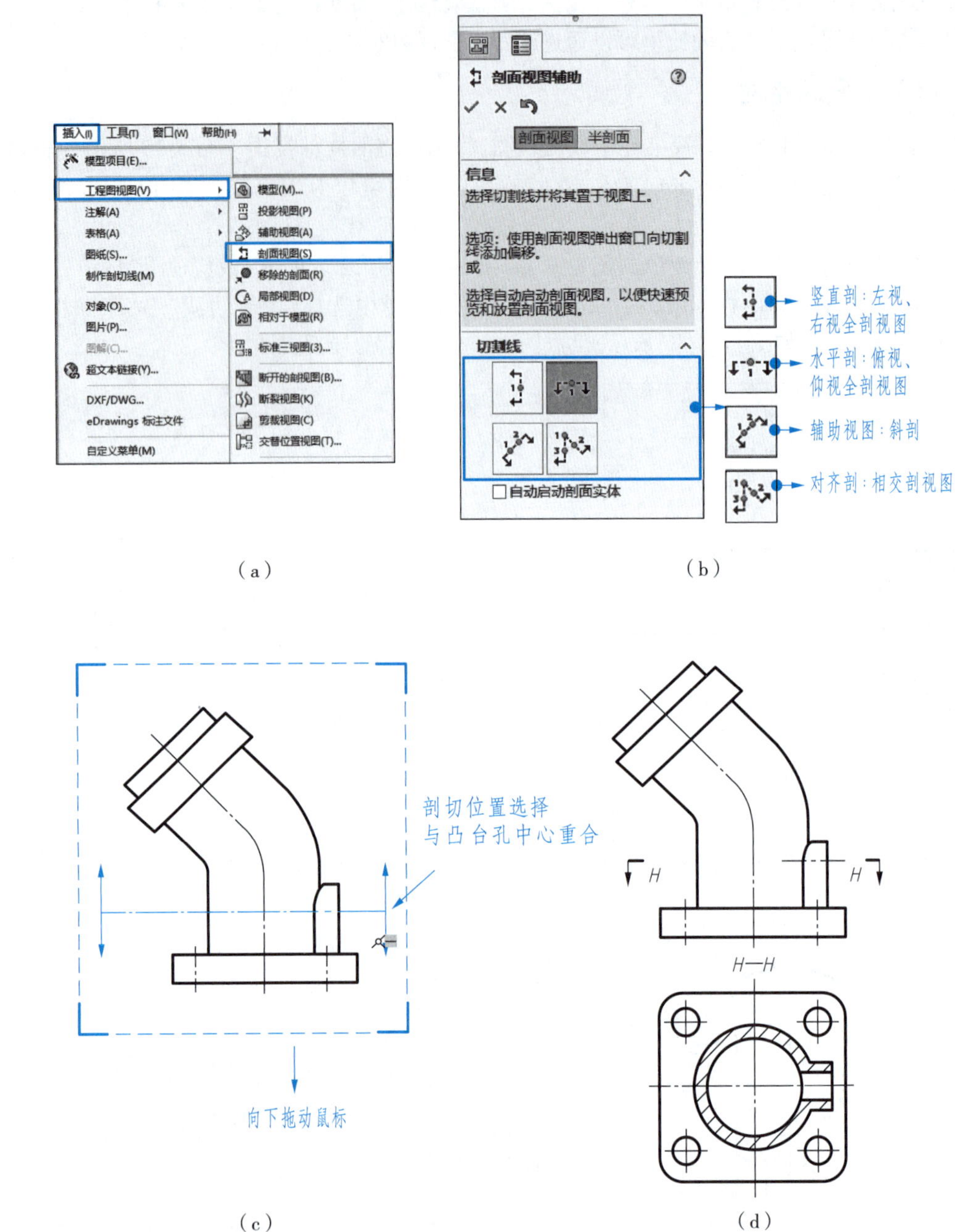

图 5-39　剖面视图的生成

如果剖切线位置不当，可如图 5-40(a)所示，选择剖切线后右击，在弹出的快捷菜单中选择“编辑草图”命令，对剖切线进行编辑，剖视图会出现如图 5-40(b)所示的情况，此时应选择“重建模型”命令，即可生成改变剖切位置后的剖视图，如图 5-40(c)所示。

五、相交剖视图的生成

除了生成上述单一剖切平面剖切的全剖视图以外，SolidWorks 中的“剖面视图”命令还提供了“对齐”选项，用以生成用相交的剖切平面剖切得到的全剖视图。

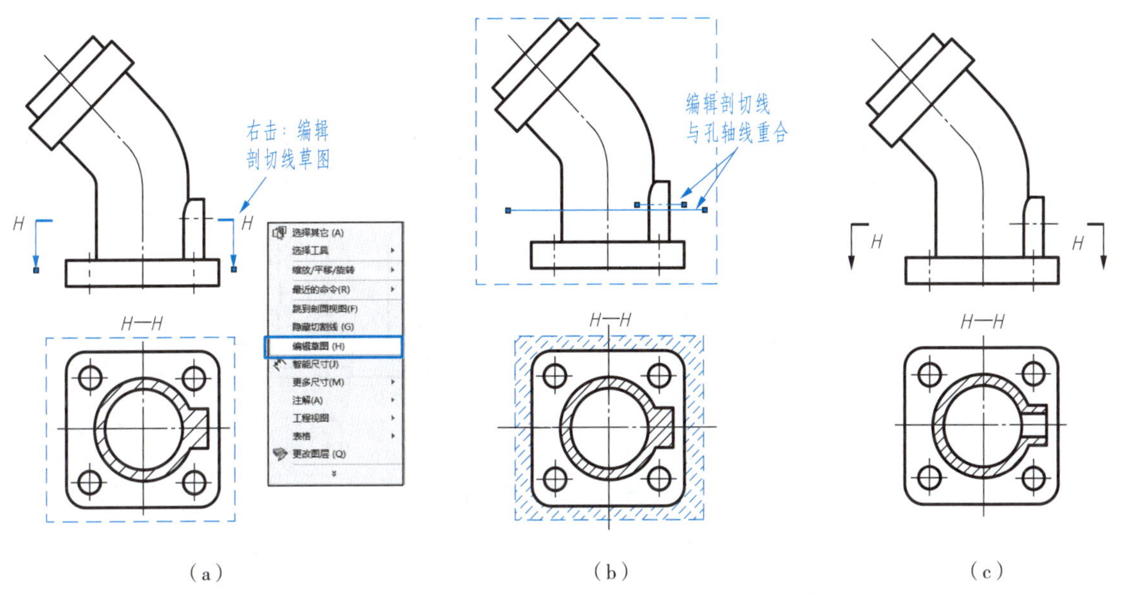

图 5-40　编辑剖切位置

如图 5-41(a)所示的盘类零件,需用相交剖切平面作剖视表达。单击“工程图”工具栏上的“剖面视图”按钮,在窗口选项中选择“对齐”命令,或在菜单栏中选择“插入”→“工程图视图”→“剖面视图”命令,在窗口选项中选择“对齐”命令,按图 5-41(b)所示绘制剖切位置。移动光标时,会显示视图的预览,当视图位于所需的位置时,单击以放置视图,结果如图 5-41(c)所示。

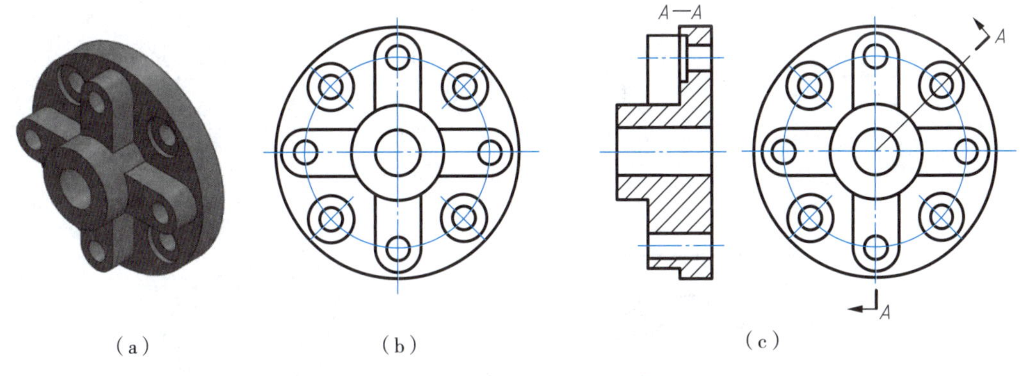

图 5-41　相交剖视图的生成

六、断开的剖视图的生成

利用 SolidWorks 中的“断开的剖视图”命令可以生成已有视图的局部剖视图,剖切范围由闭合的轮廓指定,通常用样条曲线绘制。

图 5-42 所示为生成弯管主视图的局部剖视图。单击“工程图”工具栏上的“断开的剖视图”按钮或在菜单栏中选择“插入”→“工程图视图”→“断开的剖视图”命令,草图绘制中的样条曲线工具被自动激活。在弯管主视图上绘制封闭的轮廓定义剖切范围,如图 5-42(a)所示。在 Property Manager 中选择预览,设定断开的剖视图的深度,此深度以该方向上的最大轮廓计算,也可通过在相关视图中选择一边线指定深度。深度合适与否,从预览中可直接观察到。单击“确定”按钮,即得到局部剖视图,如图 5-42(b)所示。

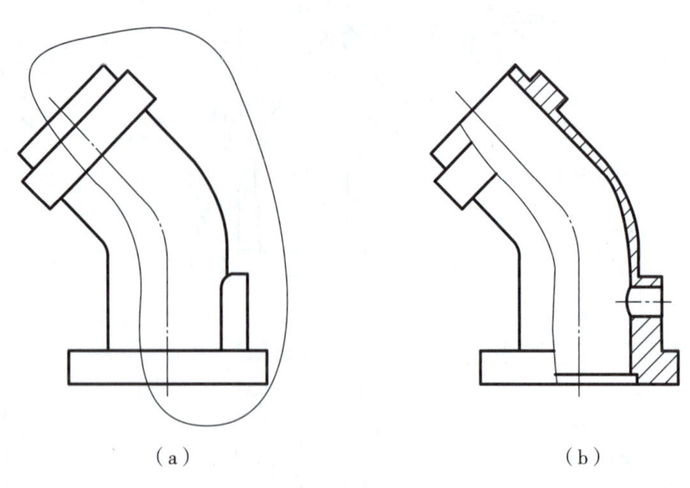

图 5-42　局部剖视图

综上所述，应用 SolidWorks 的工程图功能，可以从三维实体模型直接生成各种视图及剖视图。完成的弯管工程图如图 5-43 所示。

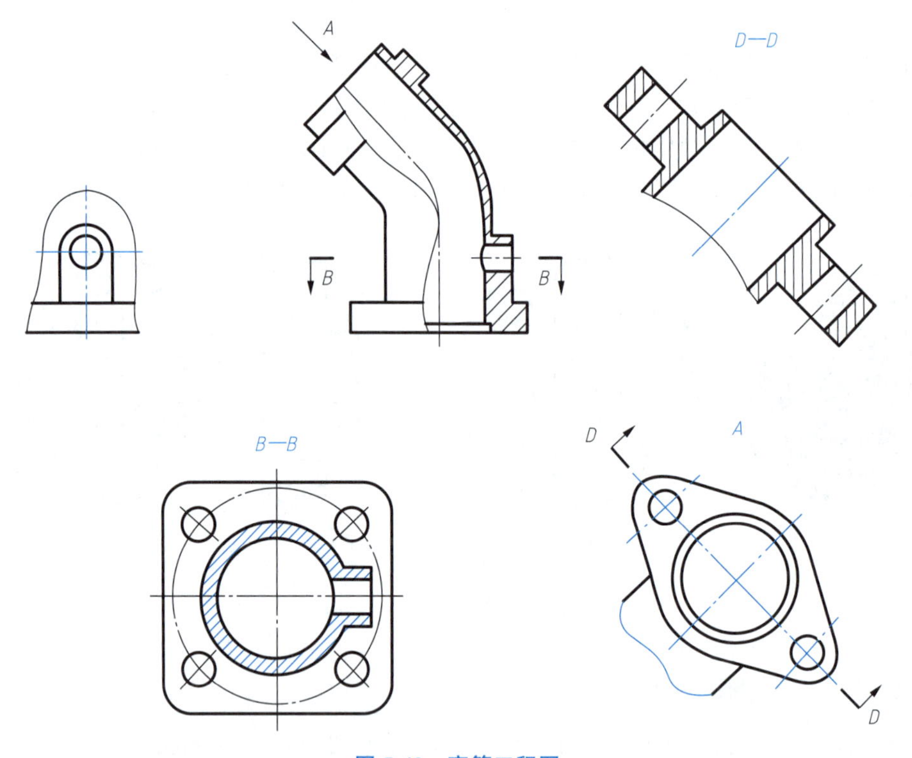

图 5-43　弯管工程图

第6章 零件建模

6.1 零件的结构分析

机械零件具有功能结构和工艺结构。功能结构取决于零件在机器中的功用,决定了零件的主要结构形状;工艺结构取决于制造、加工、测量及装配的要求,决定了零件的局部结构形状。零件的结构分析就是从功能要求和工艺要求出发,对零件的各个结构进行分析,了解它们的作用。

一、常用加工方法

(1)铸造。指将金属熔化后注入型腔,凝固后形成与腔体同形的零件的加工方法。该方法能制造结构复杂的零件,应用范围广。常见的铸造方法有砂型铸造、熔模铸造等。

(2)锻造。指金属坯料在压力的作用下产生塑性变形的加工方法。

(3)焊接。指通过局部加热并填充熔化金属,或用加压等方法使被连接件熔合从而连接在一起的加工方法。焊接是一种常用的不可拆的连接方法,具有工艺简单、连接可靠等优点。

(4)切削加工。指利用切削工具从毛坯上去除多余材料的加工方法。常用的切削加工方法有车、铣、刨、磨、钻、钳等。

(5)热处理。指将金属零件加热到一定温度,保温一段时间,然后以不同冷却速度冷却,获得不同的组织及材料性能的加工方法。

零件的功能不同,形状各异,加工方法也各不相同。常见的零件需要铸造形成毛坯,再对其形状、尺寸及表面质量要求高的部位进行切削加工,并对零件进行热处理以保证其力学性能。零件设计时应考虑加工过程及方法,以使所设计的零件合理且便于加工制造。

二、铸造工艺结构

1. 起模斜度与铸造圆角

如图6-1所示,在铸造零件毛坯时,为了便于将木模从砂型中取出,零件的内外壁沿起模方向应有一定的斜度,称为起模斜度。为了防止铸件浇注时在转角处的落砂,避免铸件冷却时产生缩孔或裂纹,在铸件各表面相交处都做成圆角,称为铸造圆角。

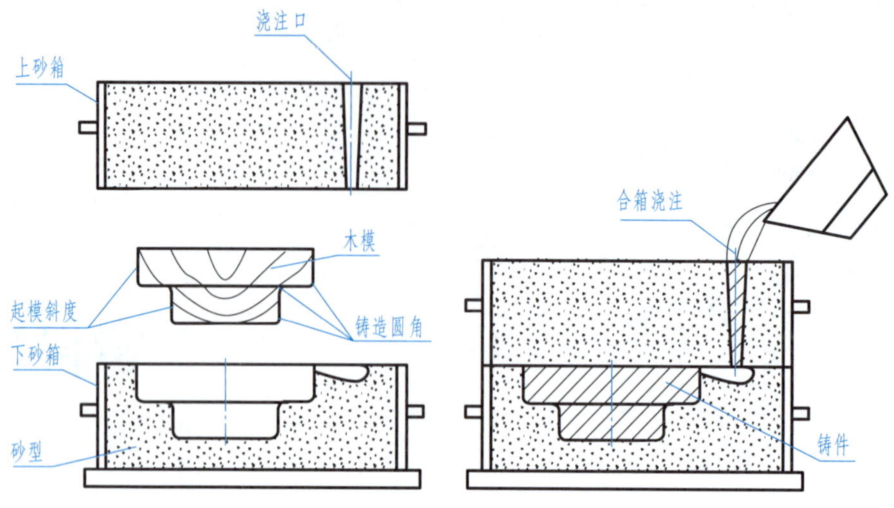

图 6-1　铸造模型及工艺结构

2. 铸件壁厚均匀

为防止铸件浇注时，由于冷却速度不一致而产生裂纹和缩孔。在设计铸件时，壁厚应尽量均匀或逐渐过渡，避免出现壁厚突变或局部肥大现象。

综上所述，受工艺特点决定，铸造零件表面通常都带有一定的起模斜度（通常为 3°，画图时可以省略不计），面与面之间以圆角过渡，且壁厚均匀，如图 6-2 所示。

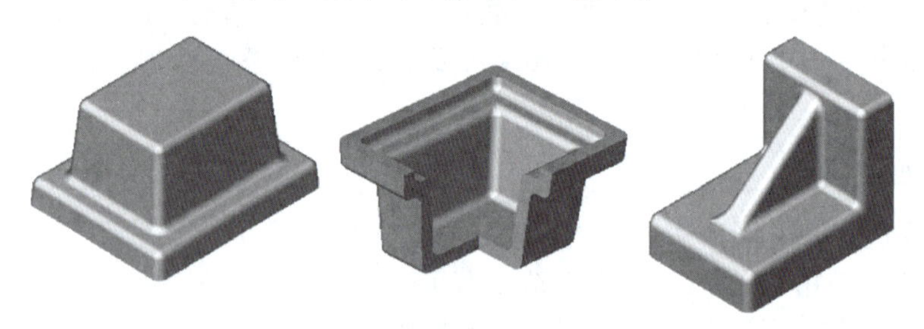

图 6-2　铸造零件建模

三、切削工艺结构

1. 倒角与倒圆

为了去除机加工后的毛刺、锐边，便于装配并保证操作安全，在轴端、孔口做出圆锥台即倒角；为了避免因应力集中而产生裂纹，在轴肩处往往用圆角过渡，即倒圆，如图 6-3(a)所示。

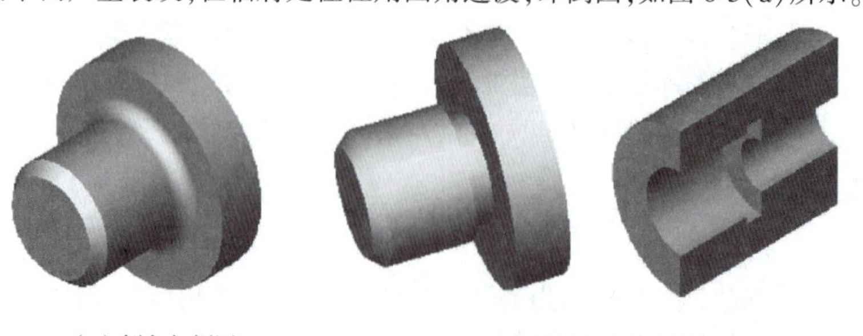

（a）倒角与倒圆　　（b）退刀槽和砂轮越程槽

图 6-3　机加工工艺结构

2. 退刀槽和砂轮越程槽

图 6-3(b)所示为在切削加工时便于退刀,且在装配时保证与相邻零件的端面靠紧,在轴的根部和孔的底部做出的环形沟槽即退刀槽和砂轮越程槽。

3. 凸台和沉孔

为保证装配时零件间的接触面接触良好,铸件与其他零件相接触的面都要进行切削加工。为减少加工面,降低制造成本,通常在零件上设计出凸台、沉孔、凹槽和凹腔等结构,如图 6-4 所示。

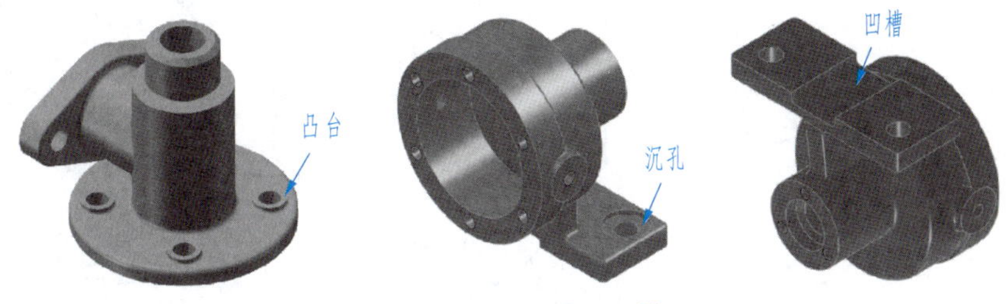

图 6-4 凸台、沉孔和凹槽

4. 钻孔

用钻头钻孔时,为避免钻头折断,保证钻孔质量,应使钻头尽量垂直于零件被钻孔的表面。当在曲面、斜面上钻孔时,一般应做出凸台、凹坑平面(见图 6-5)。加工盲孔(不通孔)时,末端应有 120°钻头角,钻孔深度为圆柱部分的深度,如图 6-6 所示。

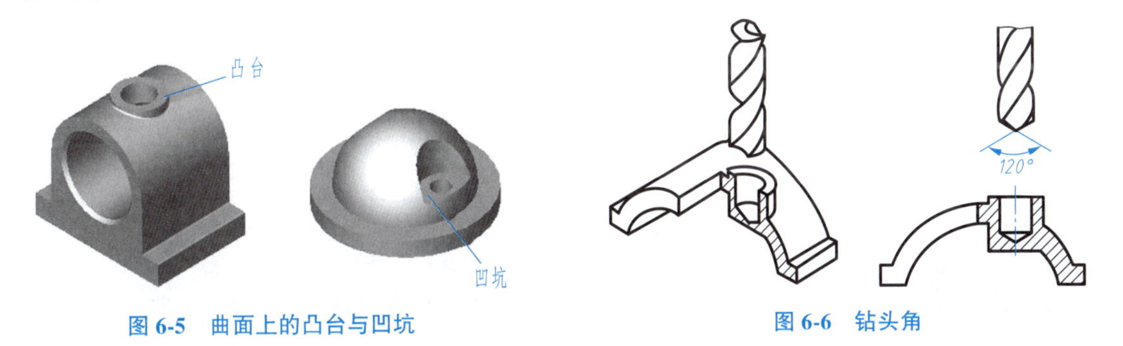

图 6-5 曲面上的凸台与凹坑

图 6-6 钻头角

四、常见功能结构

1. 螺纹

螺纹是零件上一种常见的功能结构,可分为内螺纹(见图 6-7)及外螺纹(见图 6-8),其主要用途是零件间的连接或动力传动。

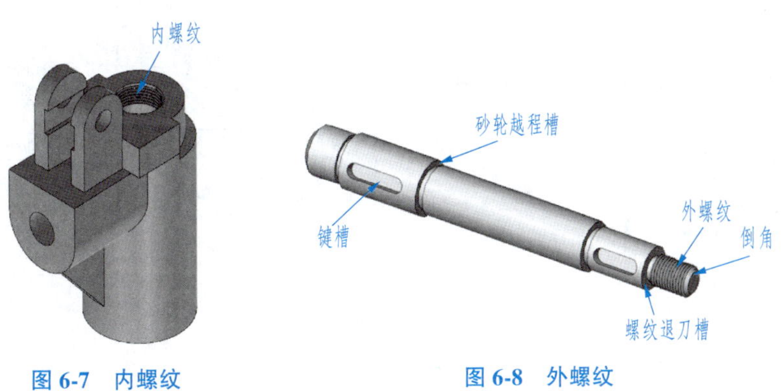

图 6-7 内螺纹

图 6-8 外螺纹

2. 键槽

工程上常用键将轴和轴上的零件(如齿轮、带轮等)连接起来,使它们和轴一起转动,因此,需要在轴和轮上加工出键槽。键槽加工过程如图 6-9 所示。装配时,键的一部分嵌在轴上键槽内,另一部分嵌在轮上键槽内,如图 6-10 所示。

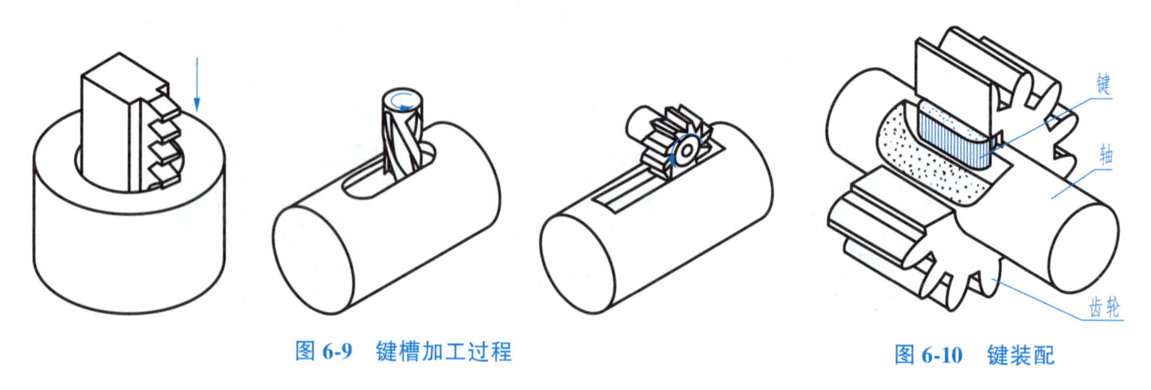

图 6-9　键槽加工过程

图 6-10　键装配

6.2　典型零件建模

零件建模在满足零件功能要求的同时,也应有必要的工艺结构。建模时应考虑到零件结构的特殊性,按照加工工艺过程进行,便于零件的制造、修改、检验及测量。下面利用 SolidWorks 进行零件的建模。

一、常见零件结构的建模

1. 拔模

在利用“拉伸凸台/基体”“拉伸切除”等命令建模时,其属性管理器中均有“拔模开/关”按钮 ,单击该按钮即可输入拔模角度,并设置方向,如图 6-11 所示。图 6-11(a)所示为拉伸时,拔模方向为默认状态(向内)的情况;图 6-11(b)所示为拉伸切除时,拔模方向为“向外拔模”时的情况。

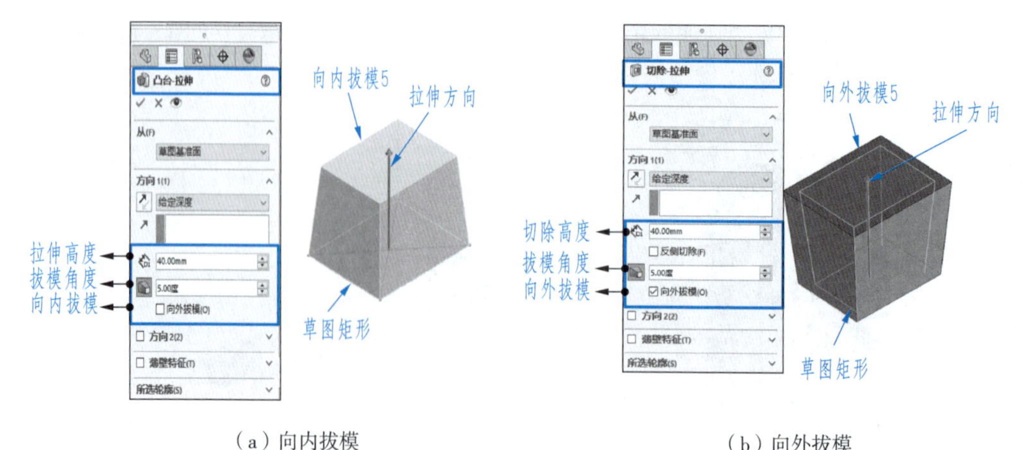

(a) 向内拔模　　(b) 向外拔模

图 6-11　拔模

2. 圆角

单击功能区“特征”选项卡中的“圆角”按钮，或在菜单栏中选择“插入”→“特征”→“圆角”命令。

在生成圆角时，通常遵循以下规则：在添加小圆角之前添加较大圆角；当有多个圆角汇聚于一个顶点时，先生成较大的圆角；在生成圆角前先添加拔模；若要加快零件重建的速度，则可使用一个圆角命令处理多条需要相同半径圆角的边线，当改变圆角的半径时，在同一操作中生成的所有圆角都会改变。常采用的“圆角”命令操作为在实体模型上选择边线或面生成圆角，如图 6-12 所示。

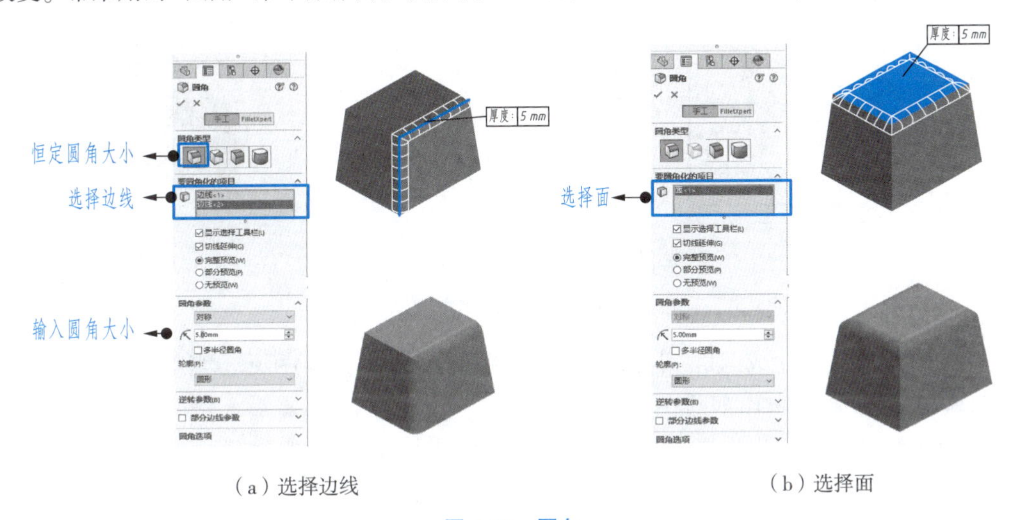

（a）选择边线　　（b）选择面

图 6-12　圆角

3. 倒角

单击功能区“特征”选项卡中的“倒角”按钮，或在菜单栏中选择“插入”→“特征”→“倒角”命令。

“倒角”管理器提供了“角度-距离”、“距离-距离”、“顶点”、“等距面”、“面-面”五种倒角生成方式。采用“角度-距离”方式选择边线生成倒角的设置和结果如图 6-13(a)所示。采用“距离-距离”方式选择边线生成倒角，有“非对称”和“对称”两种情况，如图 6-13(b)、(c)所示。

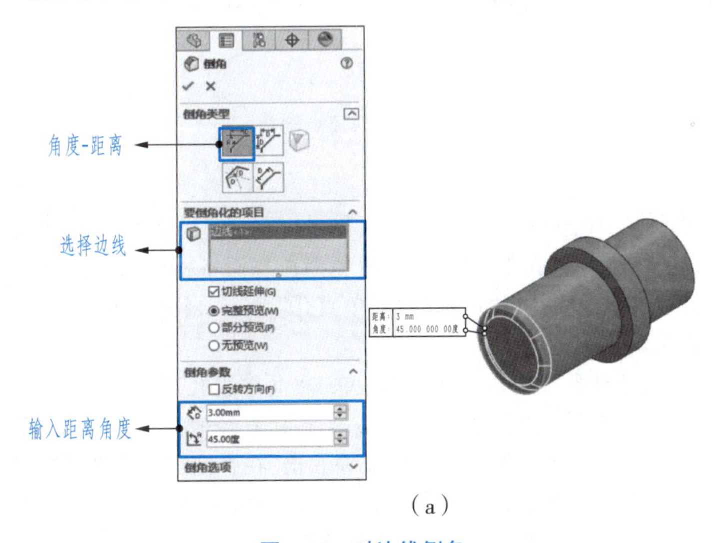

（a）

图 6-13　对边线倒角

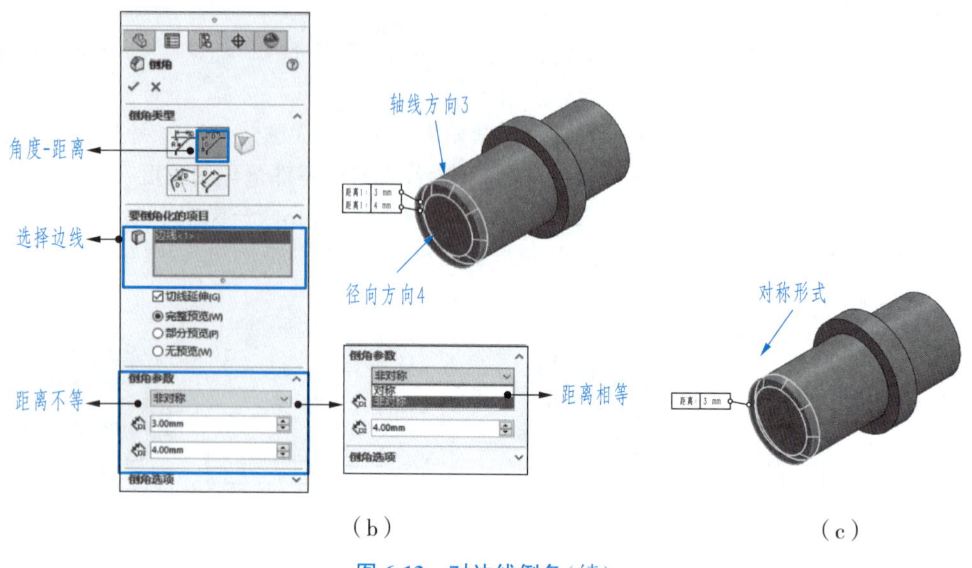

图 6-13　对边线倒角(续)

采用“顶点”方式生成倒角,可分别输入不同距离,如图 6-14(a)所示。当距离相等时,可勾选“相等距离”复选框简化操作,如图 6-14(b)所示。

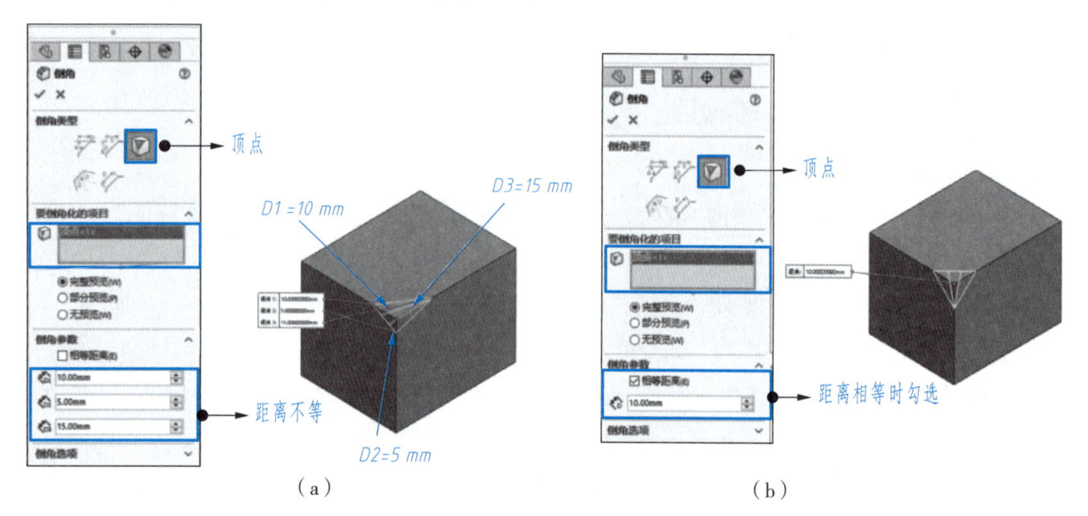

图 6-14　对顶点倒角

4. 孔

功能区“特征”选项卡中提供了“简单直孔”和“异型孔向导”两个命令,如图 6-15(a)所示。一般应在设计阶段即将结束时生成孔,这样可以避免因疏忽而将材料添加到现有的孔内。此外,如果准备生成不需要其他参数的直孔,建议选择“简单直孔”命令;当需要生成带有多个参数的异型孔时,再选择“异型孔向导”命令。

欲插入简单直孔,首先选择要生成孔的平面,单击“简单直孔”按钮,或在菜单栏中选择“插入”→“特征”→“孔”→“简单直孔”命令,设置孔深值和孔直径值等参数,生成简单直孔,如图 6-15(b)所示。在特征管理器设计树中,选中“孔”特征并右击,在弹出的快捷菜单中选择“编辑草图”命令,添加尺寸以定义孔的位置。若要改变孔的半径、深度或终止类型,在特征管理器设计树的对应孔特征上右击,然后在弹出的快捷菜单中选择“编辑定义”命令,进行必要的更改。

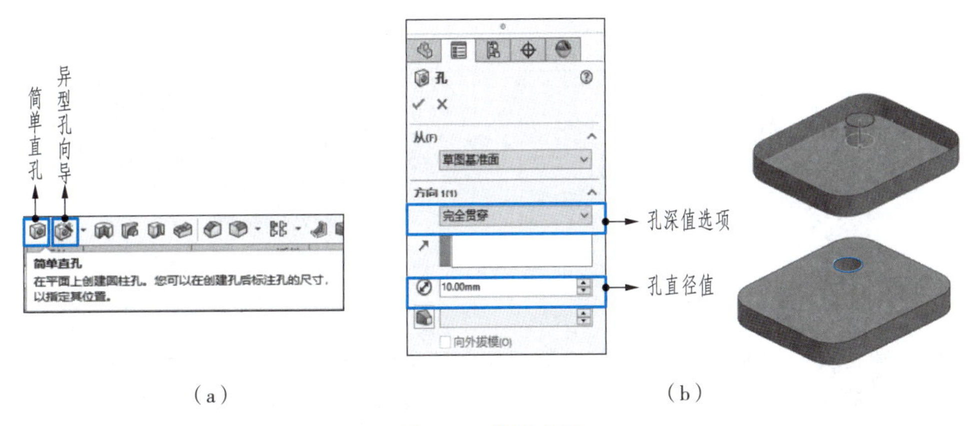

图 6-15　简单直孔

欲插入异形孔，单击“异形孔向导”按钮，或在菜单栏中选择“插入”→“特征”→“孔”→“向导”命令，在弹出的“孔规格”属性管理器中包含“柱形沉头孔”、“孔”、“直螺纹孔”、“锥形螺纹孔”、“旧制孔”、“柱形沉头孔槽口”、“锥形沉头孔槽口”、“槽口”等孔类型。单击“柱形沉头孔”按钮，按图 6-16(a)所示进行参数设置。单击“位置”选项卡，根据提示在模型上选择打孔平面，即可自动生成相应孔特征，如图 6-16(b)所示。另外，锥形沉头孔的参数设置如图 6-16(c)所示。

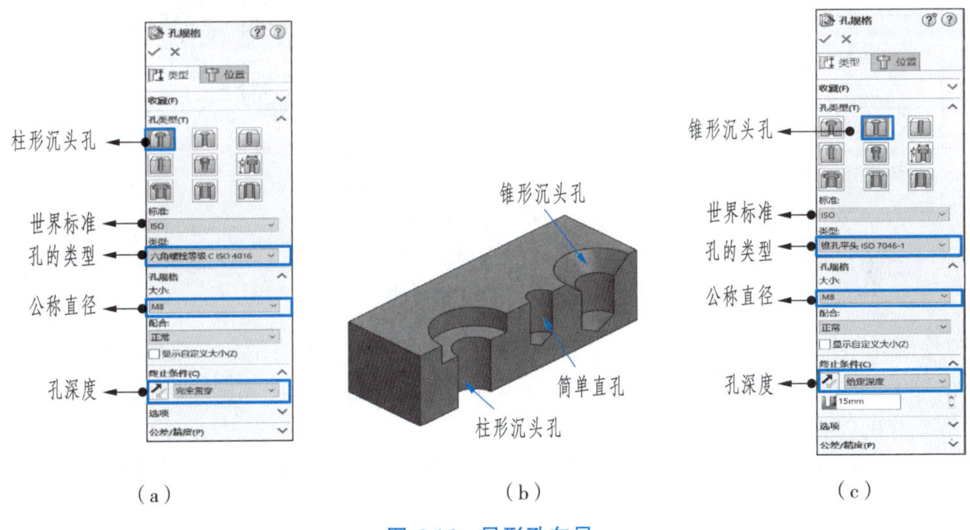

图 6-16　异形孔向导

例 6-1　建立 M24 的普通粗牙外螺纹结构，螺纹长度为 40 mm。

分析：

采用在圆柱表面切除螺旋线的方法建立外螺纹，因此，螺纹大径即为圆柱直径。根据给定的螺纹参数 M24，确定未加工螺纹前圆柱的直径为 $d=24$ mm。查阅相关标准可知螺纹其他参数：螺距 $P=3$ mm，中径 $d_2=22.051$ mm，小径 $d_1=20.752$ mm，牙型结构如图 6-17 所示。

扫一扫

例 6-1

建模步骤：

(1)建立圆柱体。在前视基准面上建立直径为 24 mm 的圆，并拉伸建立圆柱体，如图 6-18 所示。

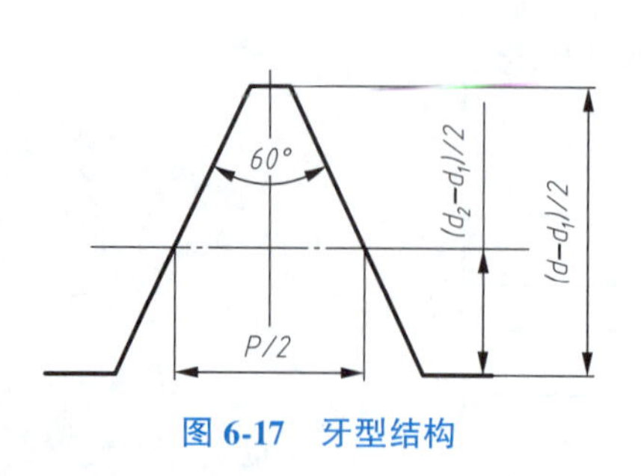

图 6-17　牙型结构

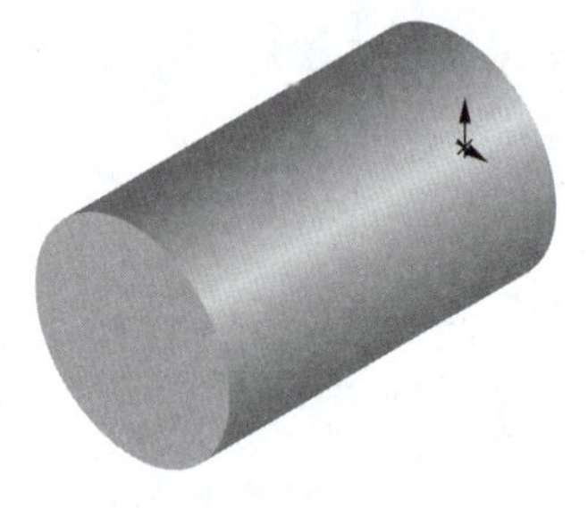

图 6-18　拉伸建立圆柱体

（2）建立螺旋线。在圆柱体前视基准面的端面上，绘制与圆柱直径相等的圆。接着在菜单栏中选择“插入”→“曲线”→“螺旋线”命令，插入螺旋线。螺旋线的参数设置如图 6-19（a）所示，其中顺时针代表右旋，得到图 6-19（b）所示的螺旋线。

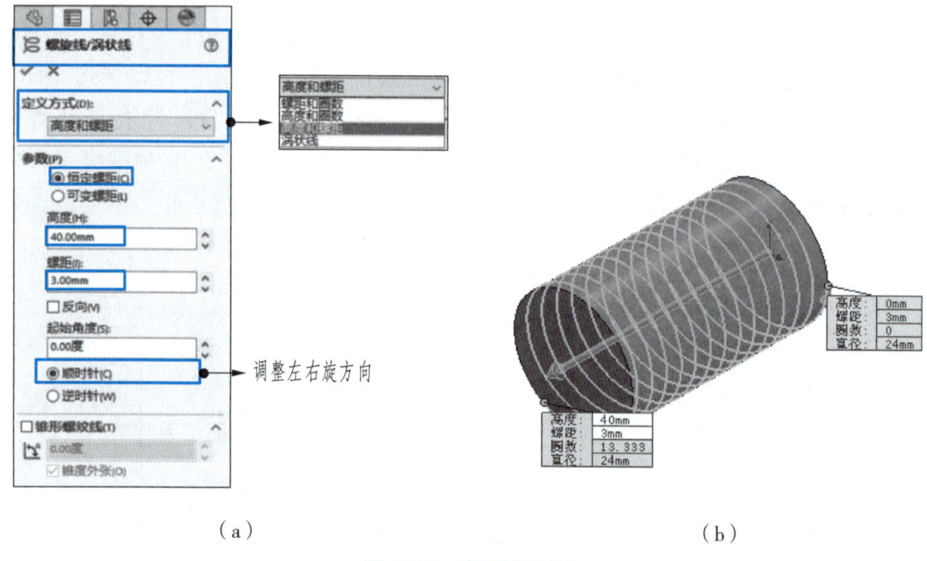

（a）　　（b）

图 6-19　建立螺旋线

（3）绘制牙型草图。在与螺旋线起点处与螺旋线垂直的平面上绘制牙型草图，由于螺旋线的起始角度已经定义为 0°，因此，上视基准面即为牙型草图平面。牙型草图如图 6-20（a）所示，添加草图端点与螺旋线的“穿透”关系。

（4）建立扫描切除特征。以牙型草图为轮廓，以螺旋线为路径，建立“扫描切除”特征，得到图 6-20（b）所示的外螺纹。

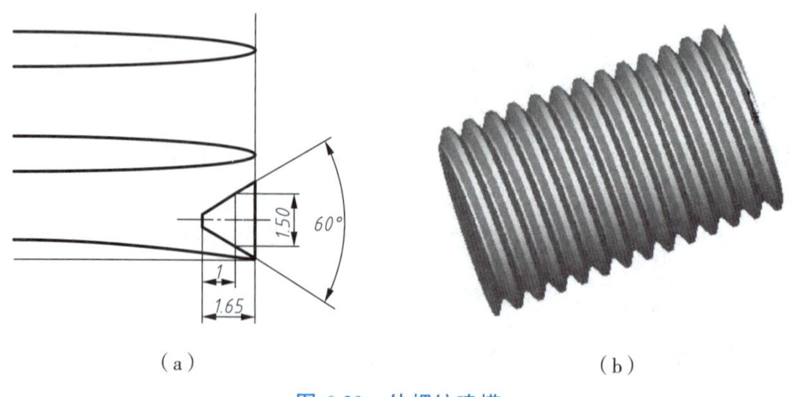

（a）　　（b）

图 6-20　外螺纹建模

5. 键槽

下面以轴上的普通平键键槽为例,说明键槽的建模过程。

例6-2　建立在轴径为 20 mm 的轴段正中有普通平键键槽的结构,键槽长 14 mm、宽 6 mm、深 3.5 mm。

建模步骤:

(1)建立轴段模型。在前视面上建立直径为 20 mm 的圆,选择“两侧对称”拉伸方式建立拉伸特征,并在轴端倒角,如图 6-21(a)所示。

(2)建立基准面。为保证键槽深度,建立与上视基准面平行且距离为轴段半径 10 mm 的基准面。单击功能区“特征”选项卡“参考几何体”下拉列表中的“基准面”按钮,或在菜单栏中选择“插入”→“参考几何体”→“基准面”命令,弹出“基准面 1”属性管理器,如图 6-21(b)所示。参数选项按图 6-21(c)所示进行设置,即与上视基准面平行且与圆柱面相切,最后生成图 6-21(d)所示的基准面。

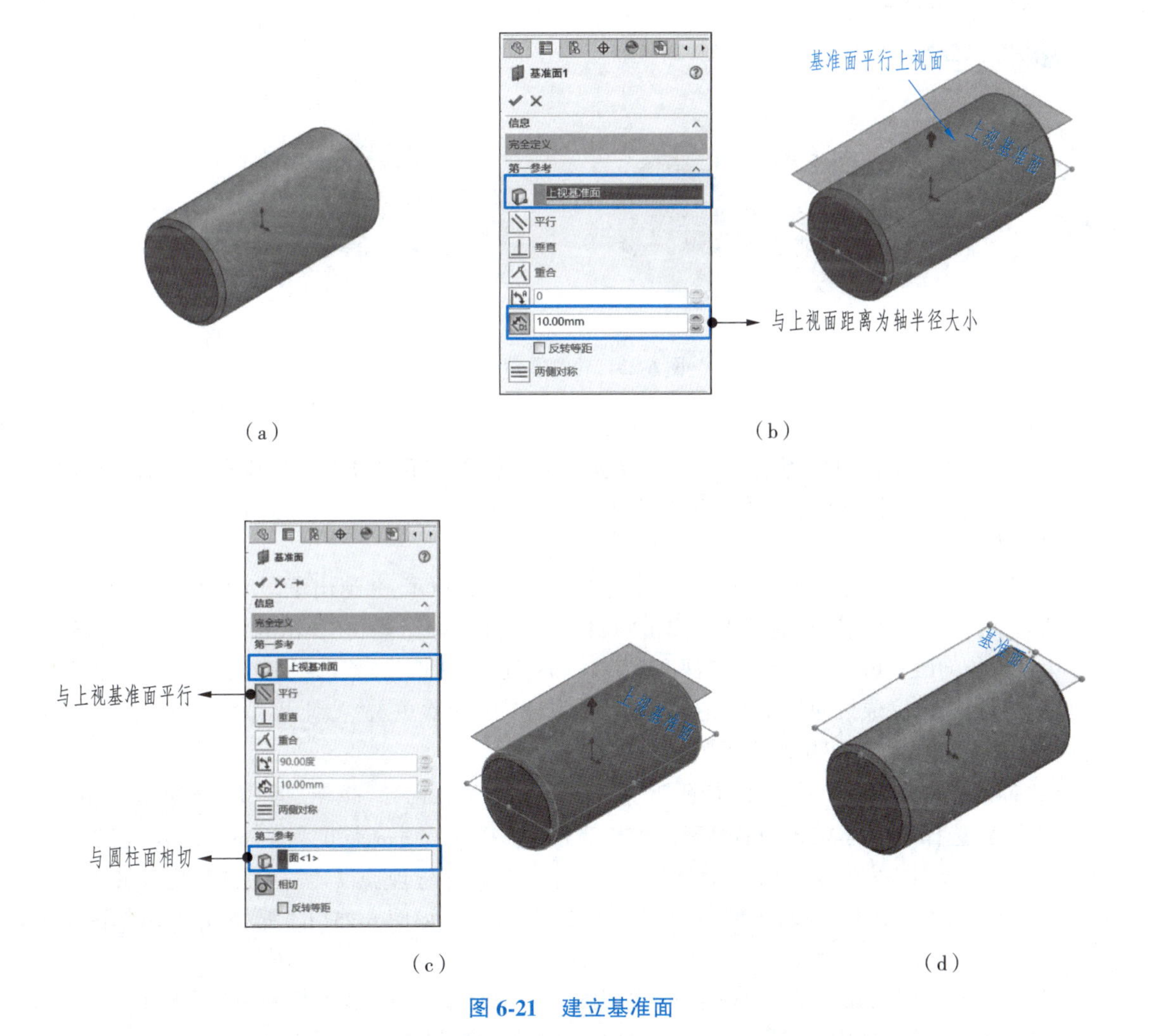

图 6-21　建立基准面

(3)建立键槽草图。在所建立的基准面上,绘制完全定义的键槽草图,如图 6-22(a)所示。

(4)切除键槽结构。选择“拉伸切除”命令,设置“给定深度”为键槽深度 3.5 mm,完成键槽建模,如图 6-22(b)所示。

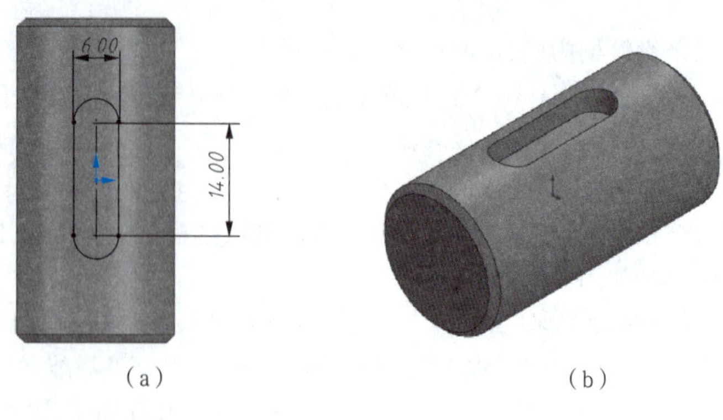

(a) (b)

图 6-22 键槽建模

二、零件建模实例

例6-3 完成图 6-23 所示轮盘零件的建模。

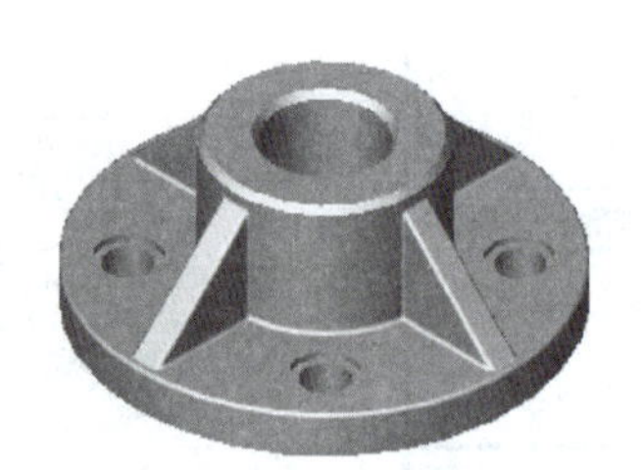
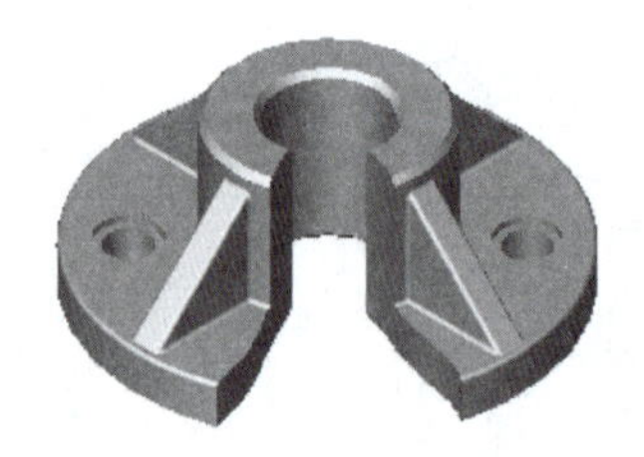

图 6-23 轮盘零件模型

分析:

该零件基体为阶梯圆柱,宜采用拉伸方式建立基体模型,沉孔和肋板结构应在建模后采用圆周阵列方式形成,最后建立倒角、圆角等工艺特征。

建模步骤:

(1)基体建模。在上视面完成底座草图 1,如图 6-24(a)所示,并退出草图编辑状态。在草图 1 显示状态下,在功能区“特征”选项卡中单击“拉伸凸台基体”按钮,在弹出的“凸台-拉伸”属性管理器中设置拉伸距离参数,设置“给定深度”为 20 mm,利用“所选轮廓”选项组选择草图 1 中的外圆环,然后进行拉伸,完成拉伸特征 1。在草图 1 显示状态下,再次单击“拉伸凸台基体”按钮,重复创建特征 1 操作过程,完成拉伸特征 2,如图 6-24(b)所示。

(2)插入异型孔。单击功能区“特征”选项卡中的“异型孔向导”按钮,以“柱形沉头孔”方式生成孔,选择大小为 M20,设置柱形沉头孔部分的直径为 30 mm,深度为 3 mm,在“位置”选项卡中选择孔的生成面为底座上表面,如图 6-25(a)所示。在特征管理器设计树中,选择定义柱形沉头孔生成位置的草图,单击“编辑草图”按钮使其完全定义,如图 6-25(b)所示,并退出草图编辑状态。

(3)阵列柱形沉头孔。在菜单栏中选择“视图”→“临时轴”命令,使基体的轴线呈显示状态。单击功能区“特征”选项卡中的“圆周阵列”按钮,设置各参数如图 6-26(a)所示,完成柱形沉头孔的阵列。也可按图 6-26(b)所示方式选择内圆柱面生成柱形沉头孔的阵列。

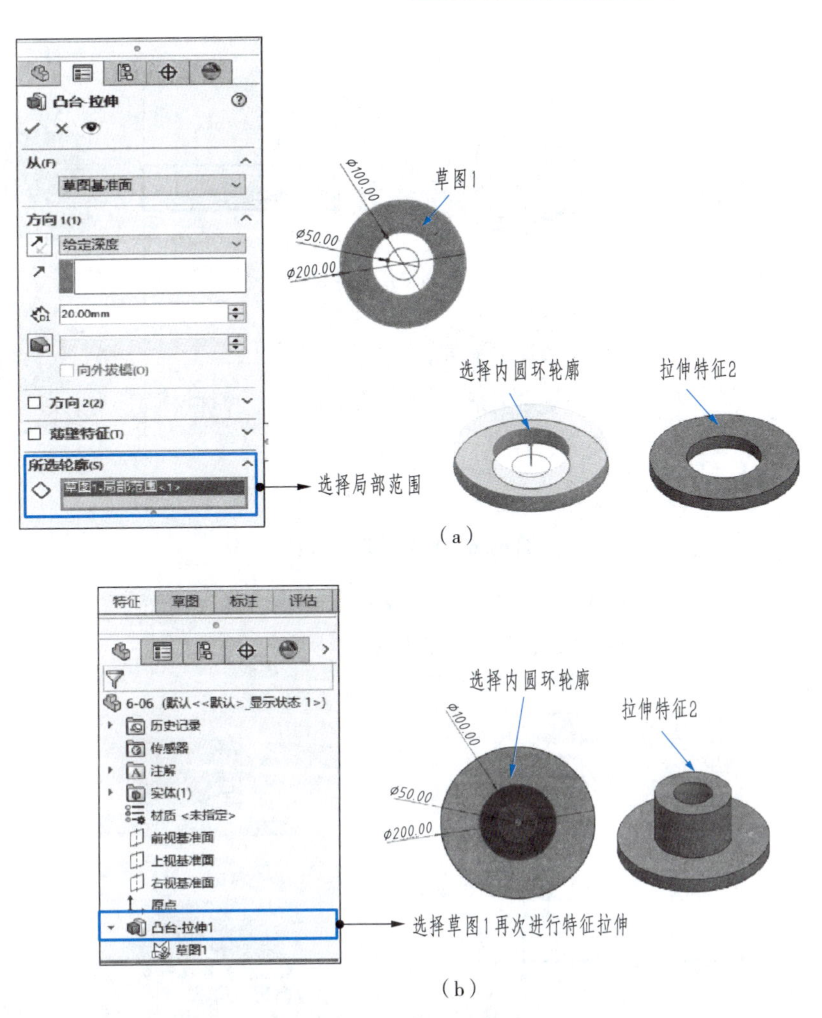

图 6-24　基体建模

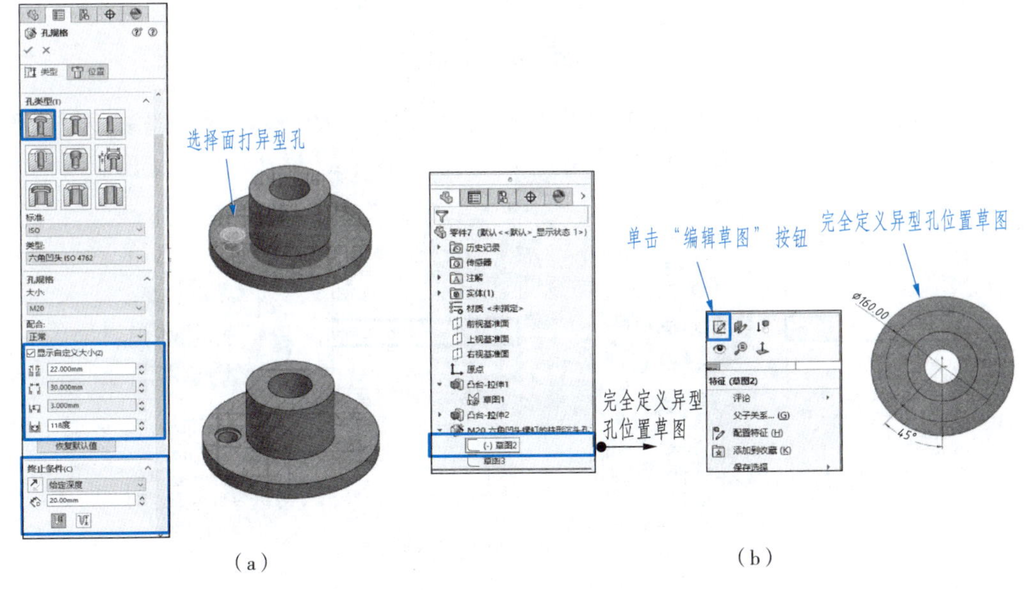

图 6-25　插入异型孔

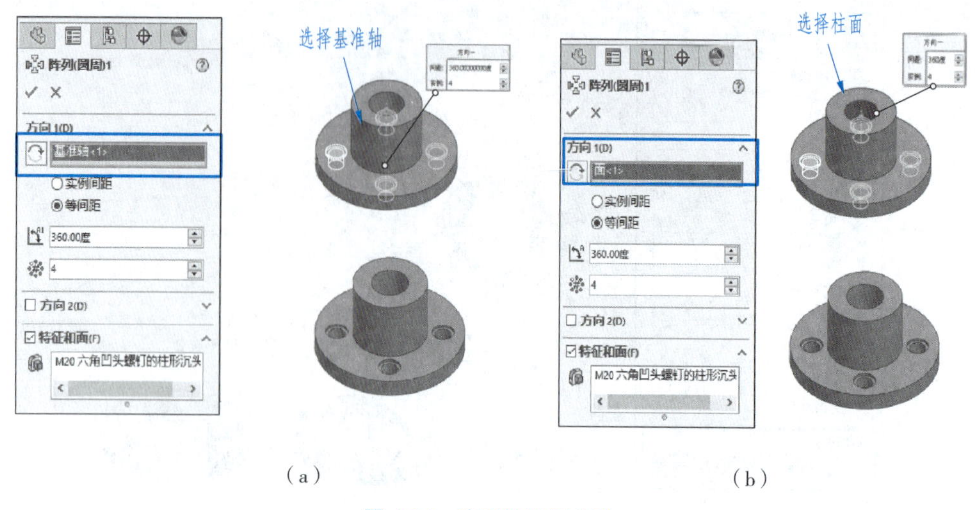

图 6-26 阵列柱形沉头孔

(4)建立筋特征。在右视基准面上,完成筋的草图。单击功能区"特征"选项卡中的"筋"按钮 ,在弹出的"筋 1"属性管理器中设置各参数,如图 6-27 所示。

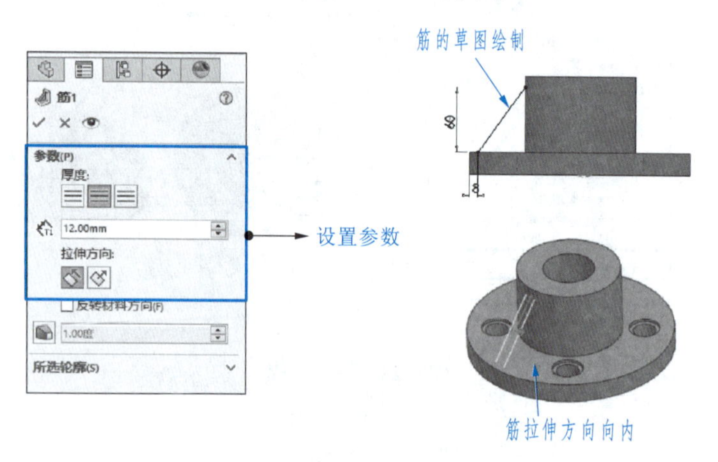

图 6-27 建立筋特征

(5)阵列筋特征。单击功能区"特征"选项卡中的"圆周阵列"按钮 ,设置各参数,完成筋特征的阵列,同样有不止一种方式,如图 6-28 所示。

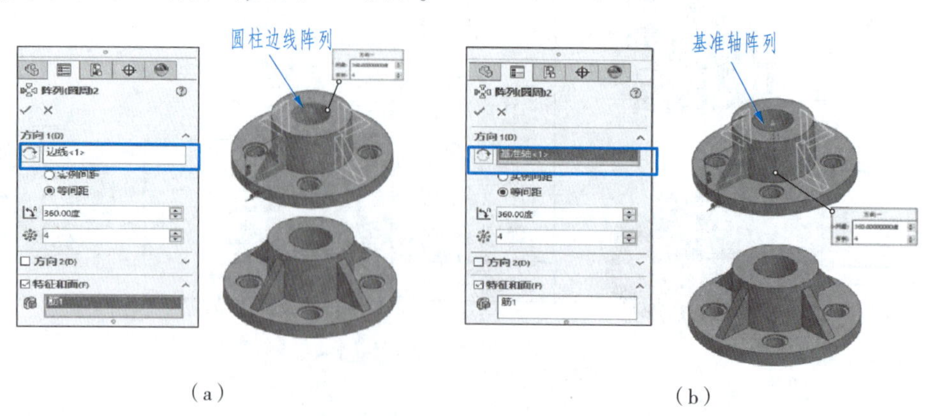

图 6-28 阵列筋特征

(6)建立圆角与倒角特征。单击功能区“特征”选项卡中的“圆角”按钮，设铸造圆角均为3 mm,选择所有需要修圆角的边线,如图6-29(a)所示。按住鼠标滚轮拖动,可任意旋转模型,便于选择边线,如图6-29(b)所示。加入圆角特征后的模型如图6-29(c)所示。同理加入“倒角”特征,如图6-29(d)、(e)所示。

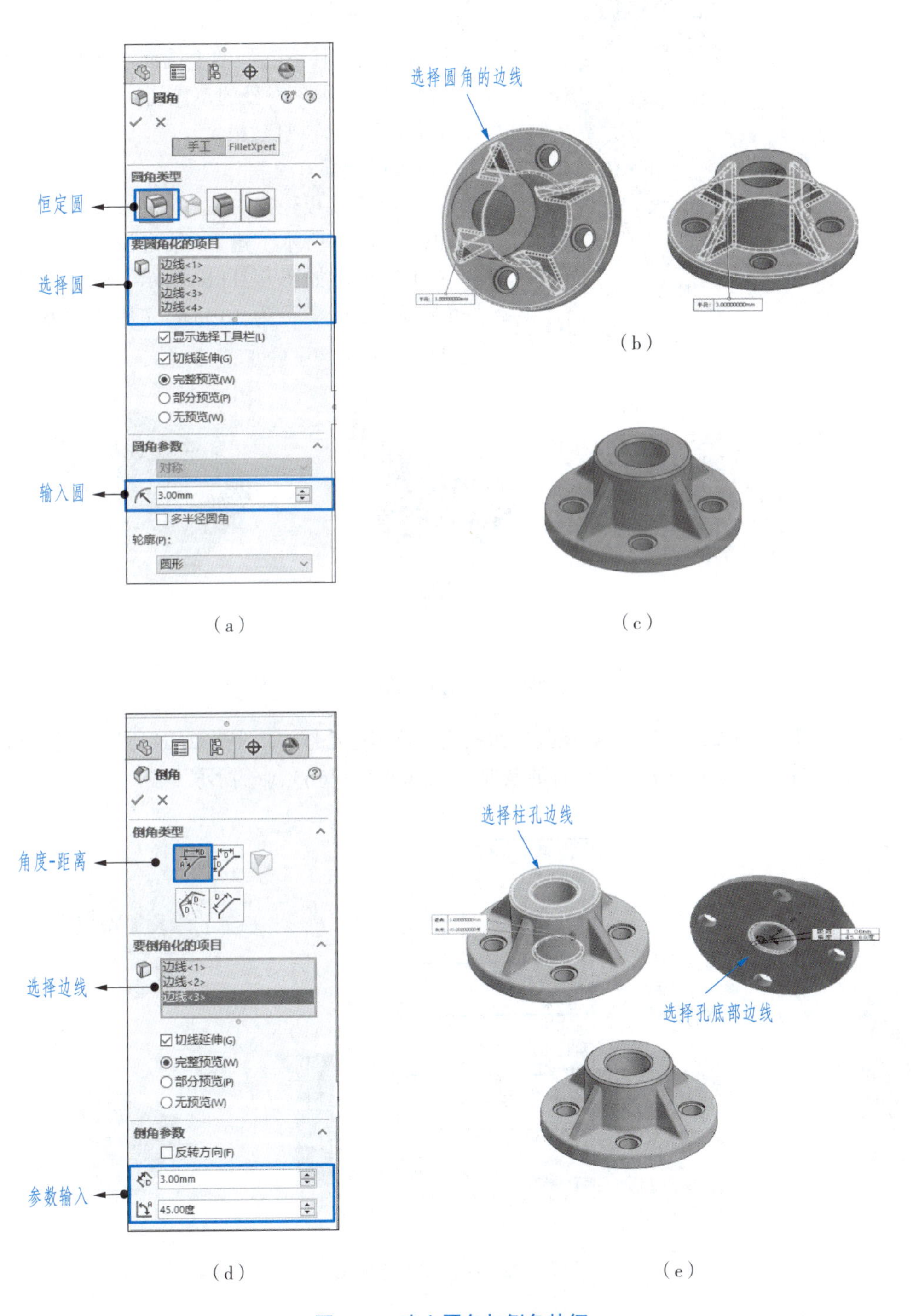

图6-29　建立圆角与倒角特征

例6-4　完成图 6-30 所示叉架零件的建模。

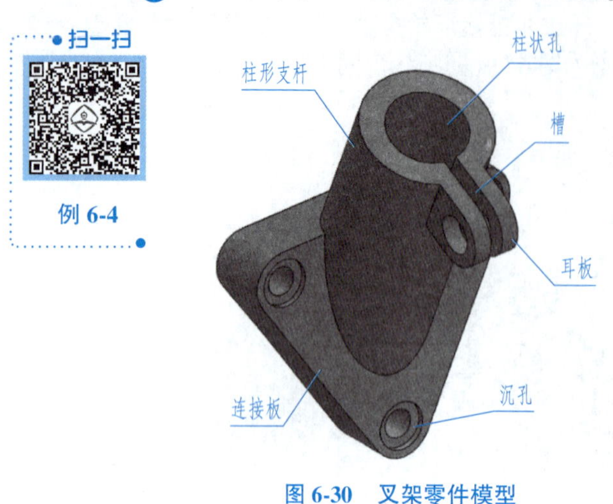

图 6-30　叉架零件模型

分析：

该零件由连接板、柱形支杆、耳板、柱状孔、槽及沉孔等主要结构组成。难点是柱形支杆的建模，由于柱形支杆为倾斜结构，故其建模时需要建立辅助基准面，即柱形支杆的上端面。在此辅助基准面上建立反映支杆直径的草图，拉伸形成到下一面，即可完成柱形支杆建模。

建模步骤：

（1）连接板建模。在右视面完成连接板草图，如图 6-31（a）所示。建立“给定深度”为 20 mm 的“拉伸”特征，如图 6-31（b）所示。给连接板添加圆角特征，圆角半径为 10 mm，完成连接板建模，如图 6-31（c）所示。

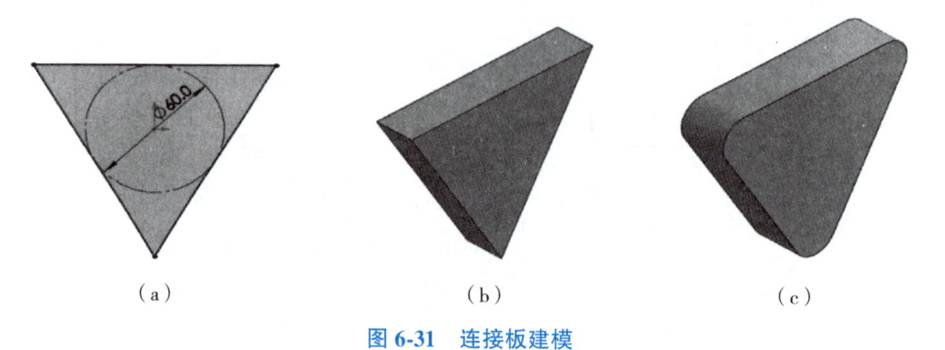

图 6-31　连接板建模

（2）建立辅助基准面。首先在右视基准面上绘制草图中心线，如图 6-32（a）所示。退出草图后，建立过中心线端点并与草图中心线垂直的基准面 1，如图 6-32（b）、（c）所示。

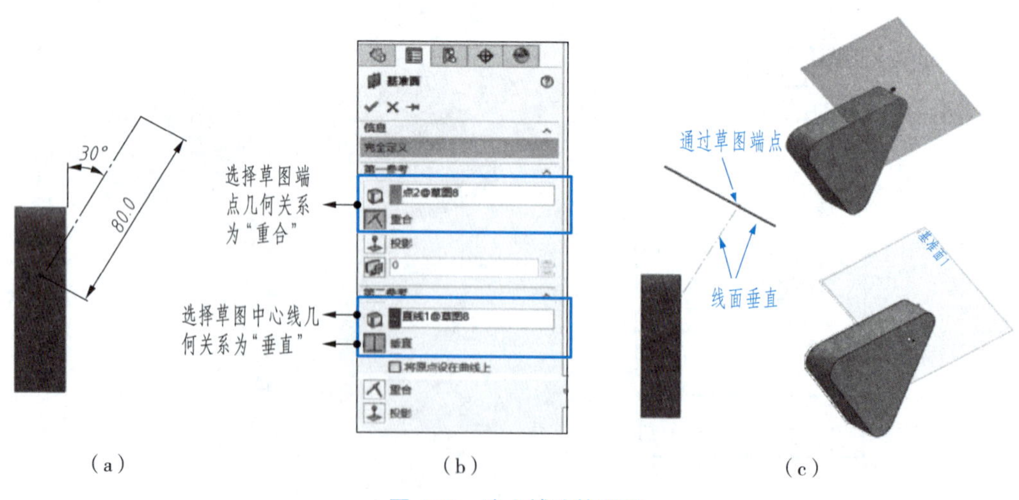

图 6-32　建立辅助基准面

（3）柱形支杆建模。在基准面 1 上，绘制草图圆，使其圆心与基准面 1 的原点重合，直径为 40 mm，如图 6-33（a）所示。建立“拉伸”特征，终止条件为“成形到实体”，选择实体并勾选“合并结果”复选框，如图 6-33(b)所示。完成柱形支杆建模，如图 6-33(c)所示。

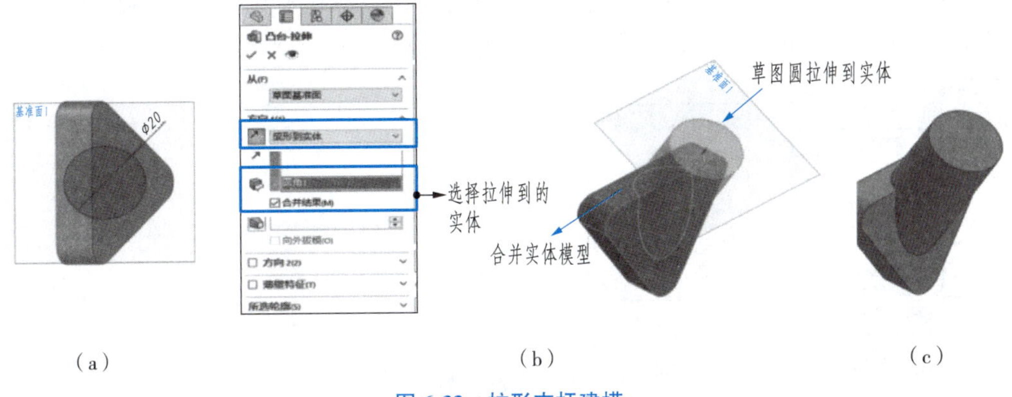

图 6-33 柱形支杆建模

(4)耳板建模。在前视面上，绘制耳板草图，如图 6-34(a)所示。建立拉伸特征，终止条件为“两侧对称”，距离为 15 mm，完成耳板建模，如图 6-34(b)所示。

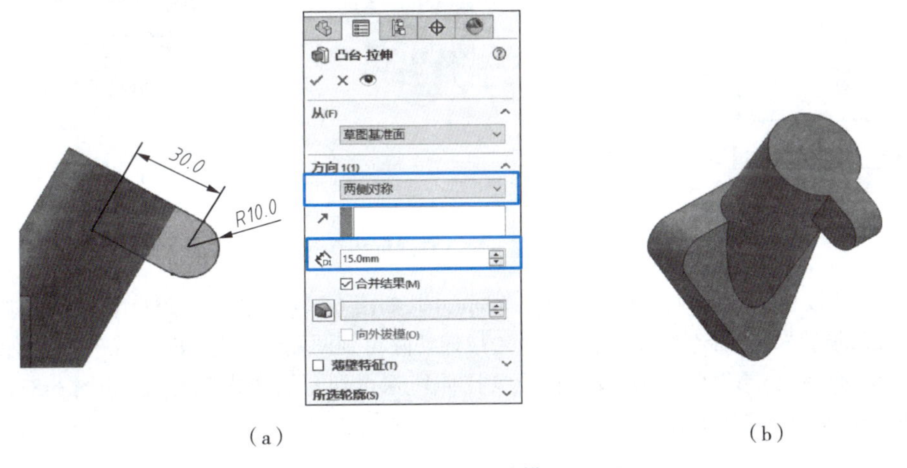

图 6-34 耳板建模

(5)拉伸切除圆柱孔和槽。在支杆端面，即基准面 1 上绘制内孔圆及槽的草图，如图 6-35(a)所示。建立“拉伸切除”特征，选择草图圆局部轮廓，设置“终止条件”为“完全贯穿”，拉伸切除得到圆柱孔，如图 6-35(b)所示。选择草图槽局部轮廓，设置“给定深度”为 20 mm，如图 6-35(c)所示。拉伸切除圆柱孔和槽的模型如图 6-35(d)所示。

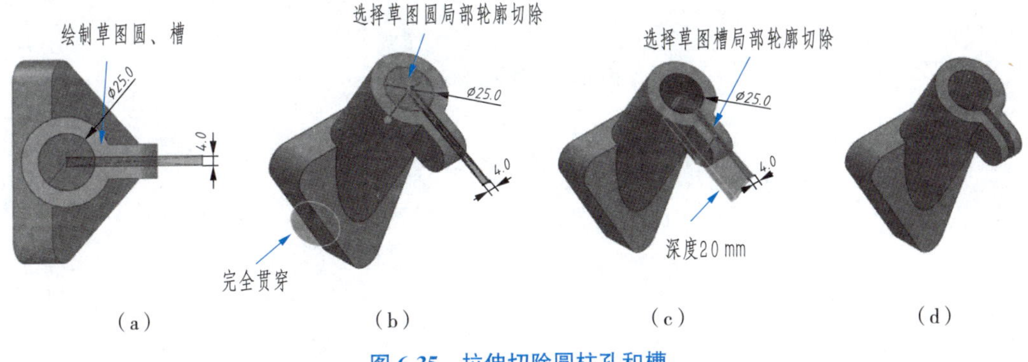

图 6-35 拉伸切除圆柱孔和槽

(6)插入柱形沉头孔。在连接板表面插入 M8 的柱形沉头孔，设置柱形沉头孔部分的直径为 15 mm，深度为 2 mm，如图 6-36(a)所示。在“位置”选项卡中，选择柱形沉头孔草图圆心与连接板圆角圆心重合，如图 6-36(b)所示。插入柱形沉头孔的模型如图 6-36(c)所示。

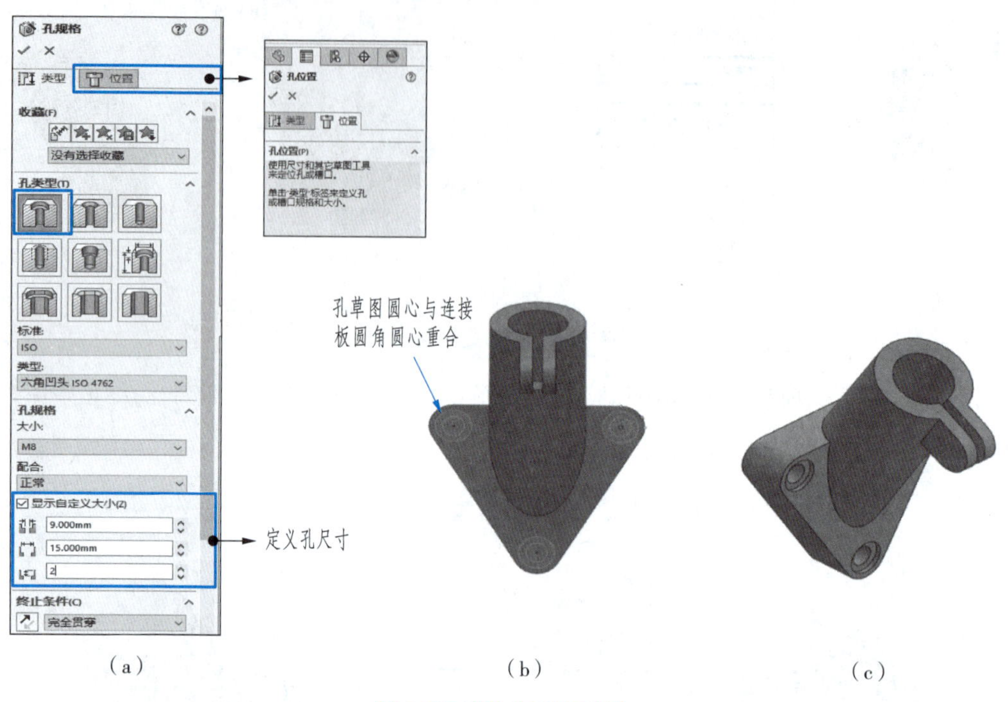

图 6-36 插入柱形沉头孔

(7)插入耳板孔。在耳板前端面绘制草图同心圆，如图 6-37(a)所示。建立“拉伸切除”特征，选择∅8 草图圆，设置“终止条件”为“完全贯穿”，拉伸切除得到两侧圆柱孔，如图 6-37(b)所示。选择∅12 草图圆，设置“终止条件”为“成形到一面”，拉伸切除得到左侧较大圆柱孔，如图 6-37(c)所示。完成零件建模，如图 6-37(d)所示。

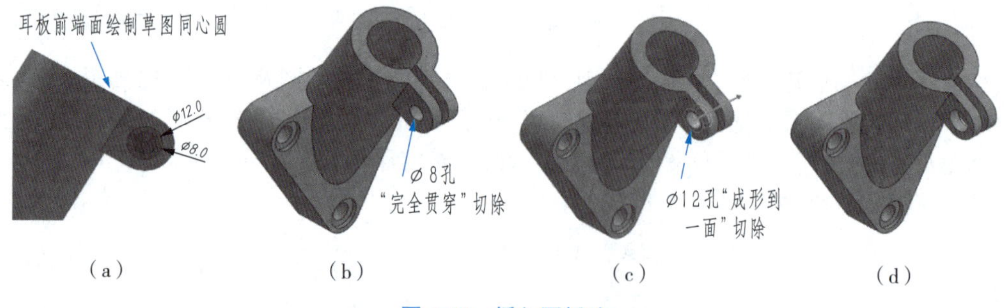

图 6-37 插入耳板孔

第7章 零件与零件图

7.1 零件与零件图概述

任何机器或部件都是由零件装配起来的,零件是组成机器或部件最基本的单元。零件与组合体不同,零件具有工艺结构和功能结构,如图7-1所示。功能结构取决于零件在机器中的功用,决定了零件的主要结构形状。工艺结构取决于制造、加工、测量及装配的要求,决定了零件的局部结构形状。零件的功能不同,形状各异,加工方法也各不相同。常用的加工方法有铸造、锻造、冲压、焊接、切削加工(如车、铣、刨、磨、钻、钳等)及热处理等。一般零件需要铸造形成毛坯,再对其形状、尺寸及表面质量要求高的部位进行切削加工,并对零件进行热处理以保证其机械性能。因此,零件设计时应考虑加工过程及方法,以使新设计的零件合理且便于加工制造。

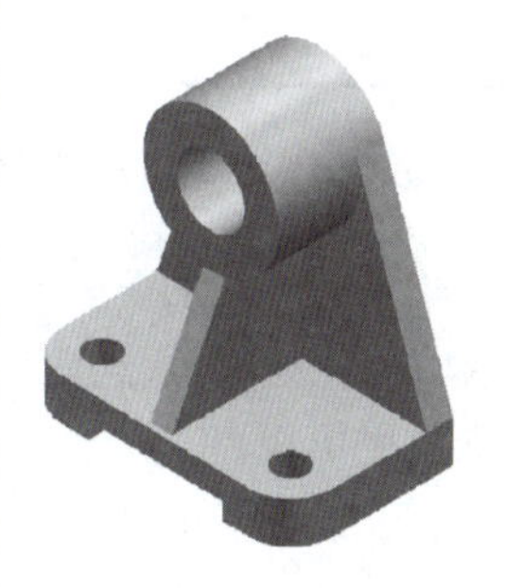

(a)组合体

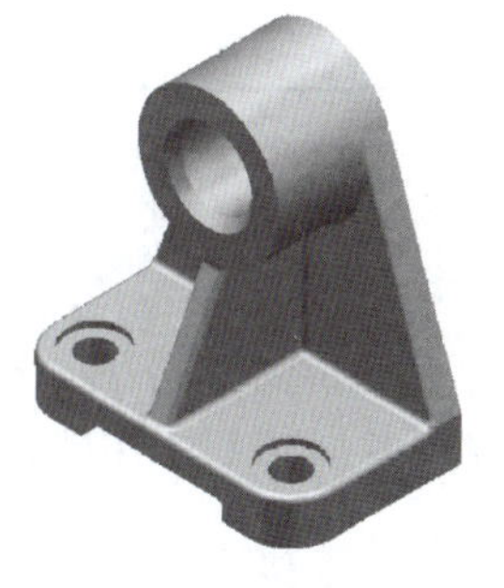

(b)零件

图7-1　组合体与零件

用于表达零件的形状、结构、大小及技术要求的图样称为零件图。零件图是制造和检验零件的主要技术依据。图7-2所示为主轴零件图,一张完整的零件图应包括下列四部分内容:

扫一扫

零件图的内容

1. 一组图形

采用国家标准规定的机械图样画法绘制一组图形,构成零件的图形表达方案,完整、清晰、简洁地表达出零件的内外结构形状。

2. 完整的尺寸

用一组尺寸,正确、完整、清晰、合理地标注出零件各结构形状的大小和相对位置关系。

3. 技术要求

用规定的符号、数字、字母和文字注解,简明、准确地表示出零件在加工、制造、检验时应达到的技术要求,如表面结构、尺寸公差、几何公差及材料热处理要求等。

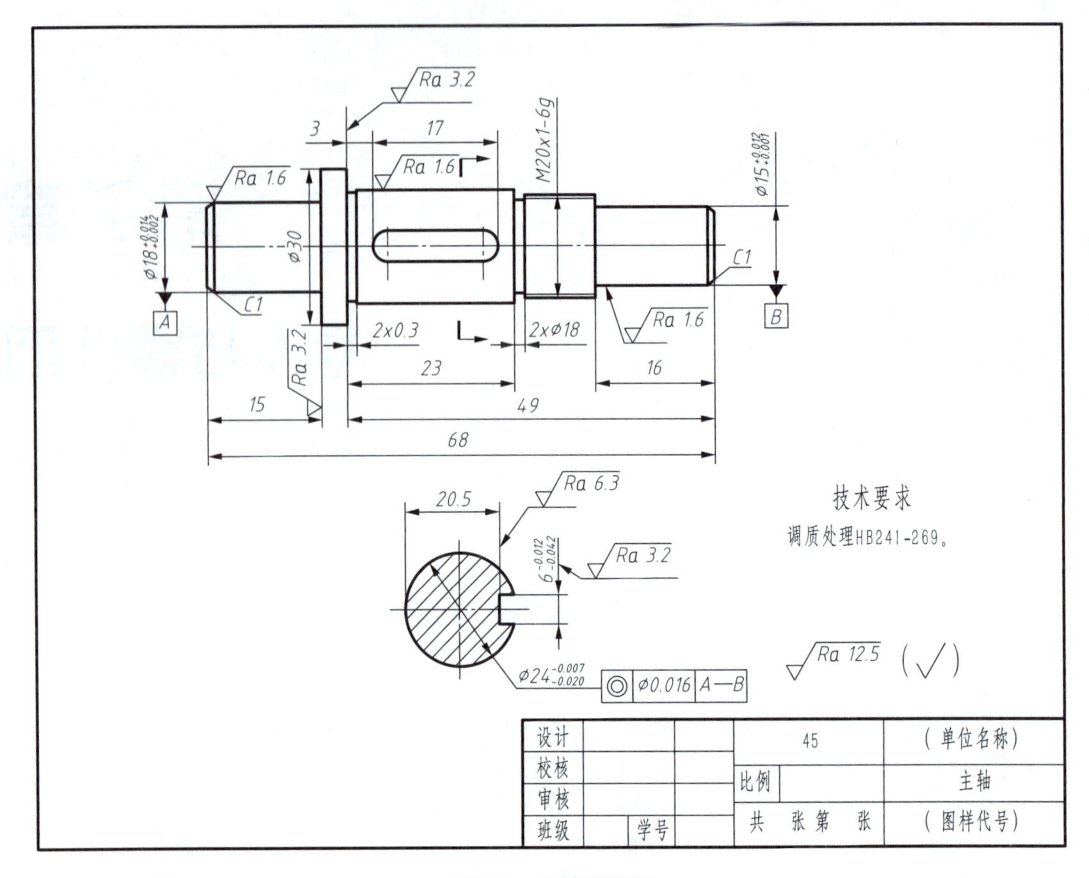

图 7-2 主轴零件图

4. 标题栏

注明零件的名称、材料、数量、图样编号、绘图比例、设计者等管理信息内容。由于标题栏中的内容较多，本教材采用简易的标题栏形式。

7.2 零件结构及其表达

一、铸造工艺结构的表达

1. 铸造圆角和起模斜度

如图 7-3(a)所示，在铸造零件毛坯时，为了防止铸件浇铸时在转角处的落砂，避免铸件冷却时产生缩孔或裂纹，在铸件各表面相交处都做成圆角，称为铸造圆角。为了便于将木模从砂型中取出，零件的内外壁沿起模方向常设计出 1°～3°的起模斜度。

在零件图中铸件未经切削加工的毛坯表面相交应画出铸造圆角，经过切削加工的表面，则应画成尖角，如图 7-3(b)所示。圆角半径一般取壁厚的 0.2～0.4 倍，同一零件圆角半径应尽量一致。铸造圆角的半径在视图上一般不注出，而在技术要求中作总体说明，如“全部铸造圆角 $R2$～$R5$”。当某个尺寸占多数时，也可注明“其余铸造圆角 $R2$～$R5$”等。

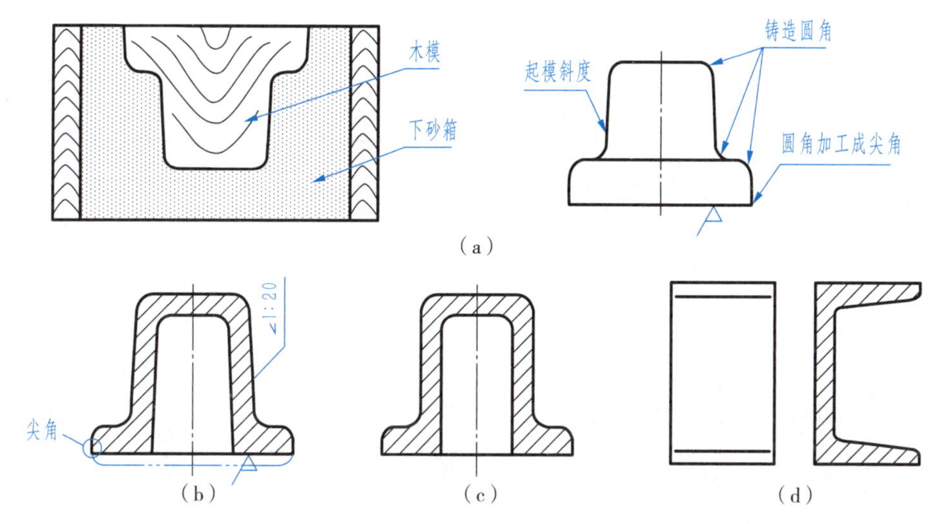

图 7-3 铸造圆角和起模斜度

无特殊要求时，起模斜度在零件图中一般不必画出，如图 7-3(c)所示，必要时可在相应技术文件中用文字说明；当起模斜度在一个视图中已表达清楚时，其他视图中允许只按小端画出，如图 7-3(d)所示。

由于铸造圆角的存在，铸件表面的交线不太明显。为了便于看图以区别不同表面，在零件图上仍要画出这种交线，此时称该线为过渡线，用细实线表示。过渡线的求法与交线的求法完全相同，只是表达时有所区别，图 7-4 所示为几种常见过渡线的画法。

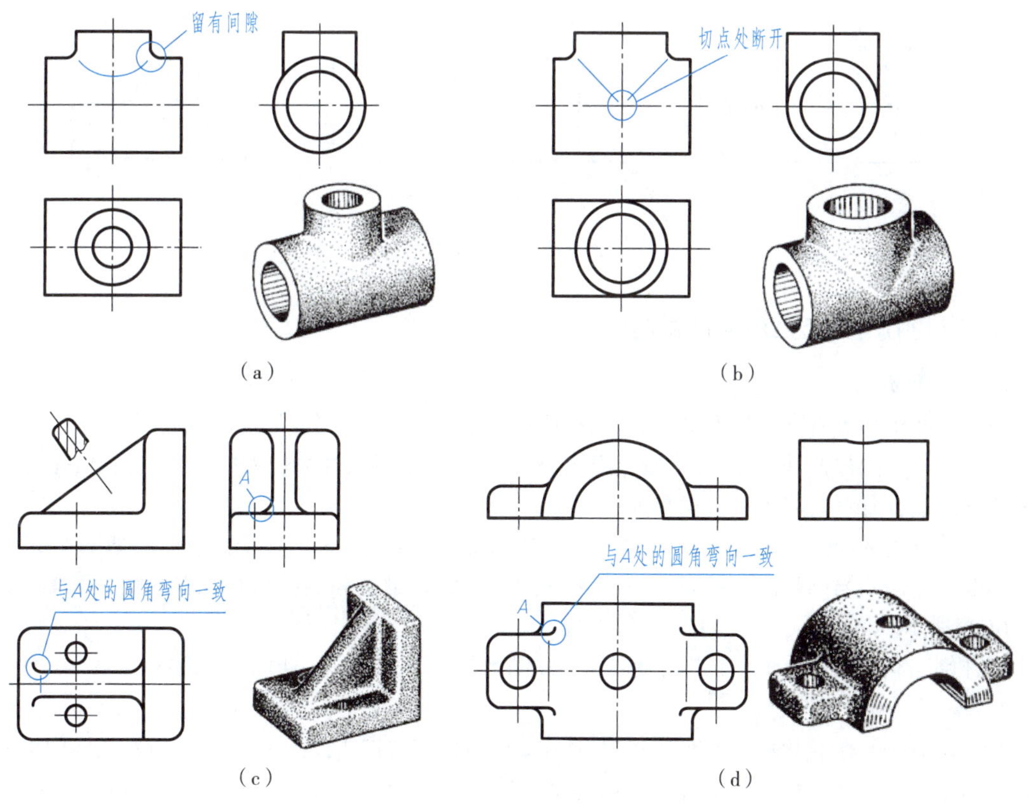

图 7-4 过渡线的画法

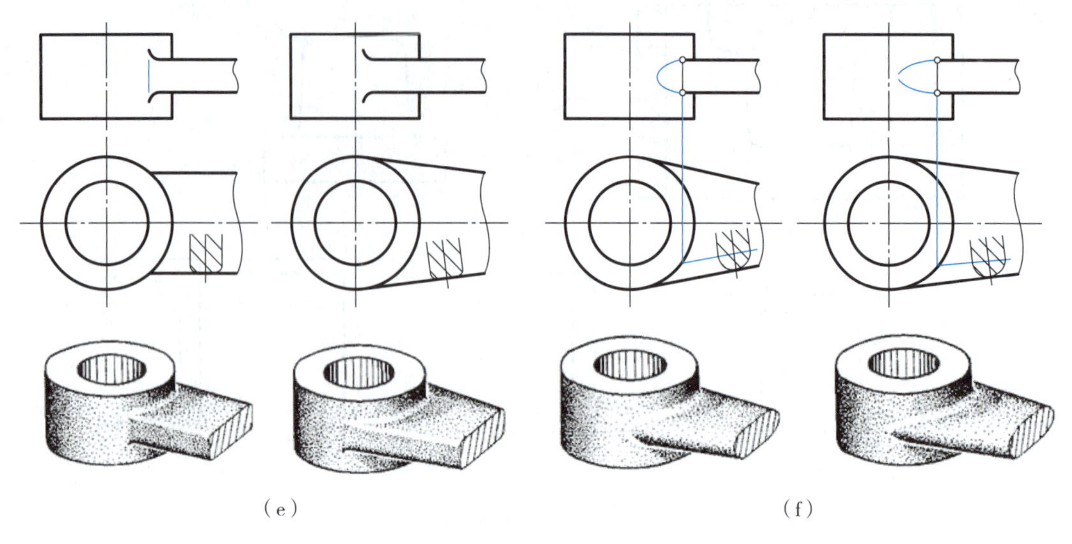
(e)　　(f)

图 7-4　过渡线的画法(续)

2. 铸件壁厚

为防止铸件浇注时,由于金属冷却速度不同而产生缩孔和裂纹[见图 7-5(a)],在设计铸件时,壁厚应尽量均匀或逐渐过渡,以避免出现壁厚突变或局部肥大现象,如图 7-5(b)、(c)所示。

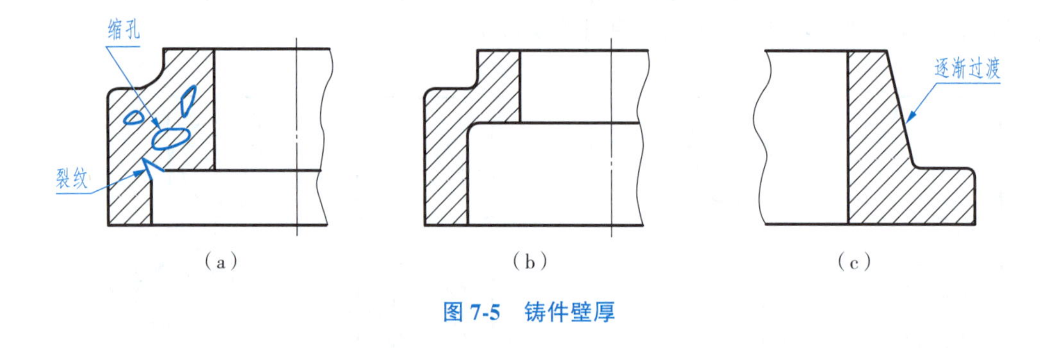

(a)　　(b)　　(c)

图 7-5　铸件壁厚

二、常见切削工艺结构的表达

1. 倒角和倒圆

为了去除机加工后产生的毛刺、锐边,便于装配并保证操作安全,常在轴或孔的端部做出圆锥台,即倒角;对于阶梯的轴和孔,为了避免因应力集中而产生裂纹,受力较大的零件在轴肩、孔肩处往往用圆角过渡,即倒圆,如图 7-6(a)所示。

常见的倒角为 45°,代号为 *C*,如图 7-6(b)中的 *C*2;倒角不是 45°时,要分开标注,如图 7-6(c)所示。倒圆尺寸注法与圆弧注法相同,如图 7-6(b)中的 *R*2。倒角和倒圆也可以简化绘制和标注,如图 7-6(d)所示。

零件倒圆和倒角的数值可按国家标准《零件倒圆与倒角》(GB/T 6403.4—2008)选取。

2. 退刀槽、砂轮越程槽

为在切削加工时不损坏刀具、便于退刀,且在装配时保证与相邻零件的端面靠紧,常在轴的根部和孔的底部做出环形沟槽即退刀槽和砂轮越程槽。退刀槽或砂轮越程槽可按“槽宽×直径”[见图 7-7(a)、(d)]或“槽宽×槽深”[见图 7-7(b)、(c)]的形式标注。

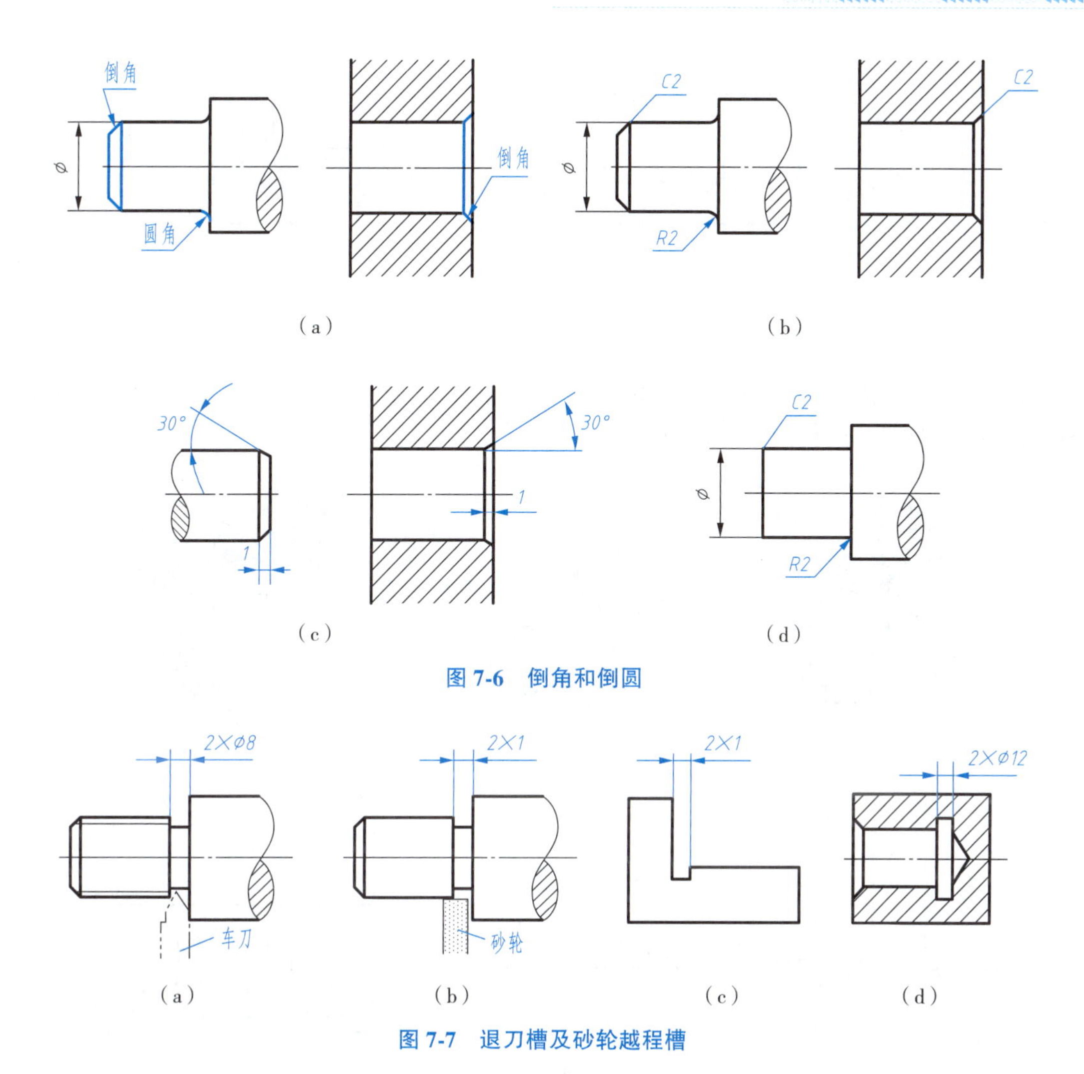

图 7-6　倒角和倒圆

图 7-7　退刀槽及砂轮越程槽

3. 钻孔

零件上有各种形式和不同用途的孔，多数使用钻头加工而成。用钻头钻孔时，钻头的轴线应垂直于被钻孔的端面。如果钻孔表面是斜面或曲面，应预先设置与钻孔方向垂直的平面、凸台或凹坑，如图 7-8 所示。

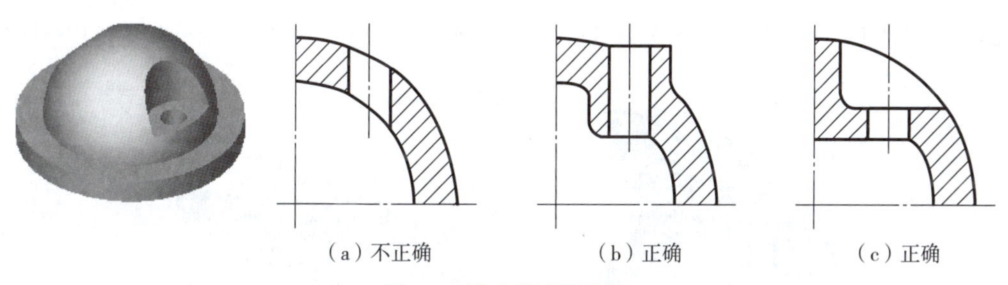

图 7-8　钻孔的端面结构

用钻头加工的盲孔或阶梯孔，因钻头端部的锥顶角约为 118°，钻孔时形成不穿通孔底部的锥面，画图时锥面的顶角（简称钻头角）可简化为 120°，视图中不必注明角度。钻孔深度不包括钻头角，其画法及尺寸标注如图 7-9 所示。

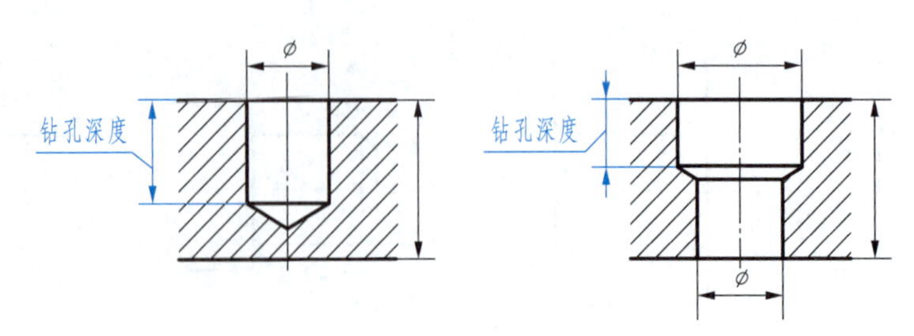

图 7-9 钻孔的画法

4. 凸台或凹坑

两零件的接触面一般都需要加工。为使配合面接触良好,并减少切削加工面积,应在接触处制成凸台、凹坑或凹槽等结构,如图 7-10 所示。

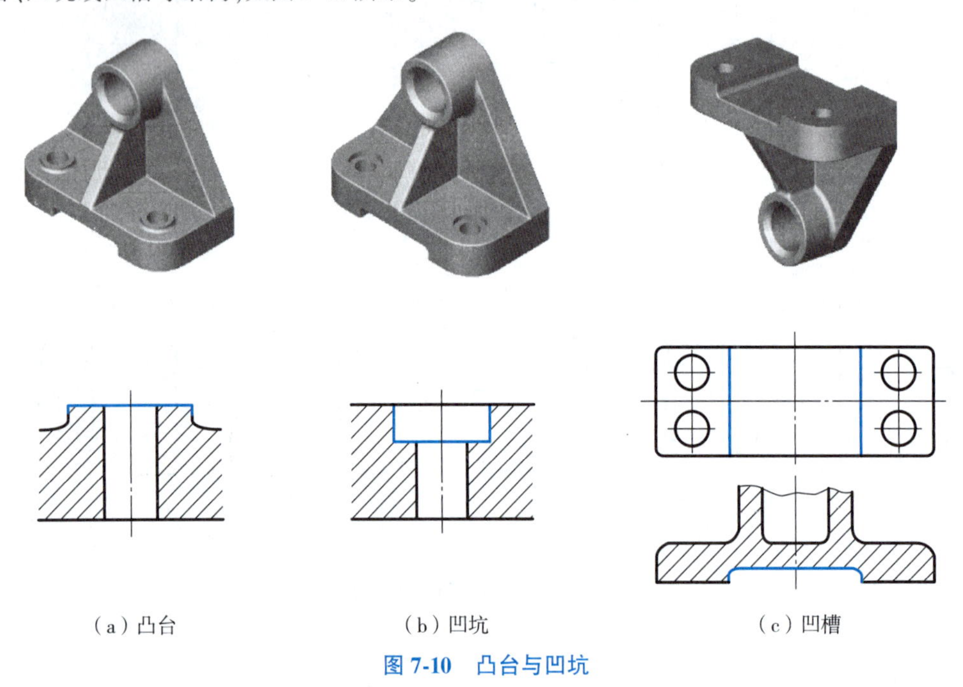

(a) 凸台　(b) 凹坑　(c) 凹槽

图 7-10 凸台与凹坑

三、常见功能结构的表达

1. 螺纹

螺纹是零件上一种常见的功能结构,分为内螺纹及外螺纹,如图 7-11 所示。其主要用途是零件间的连接或动力传动。

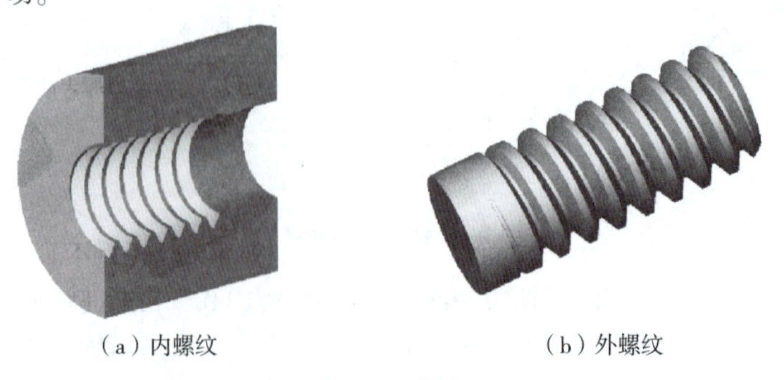

(a) 内螺纹　(b) 外螺纹

图 7-11 螺纹

螺纹通常由车削加工而成。将工件卡在车床卡盘上作等速旋转，同时，车刀沿其轴线作等速直线运动，当车刀沿径向切入工件一定深度时，便在工件表面加工出螺纹。

1）螺纹的基本要素

螺纹的基本要素有牙型、直径、线数、螺距和导程、旋向，具体见表 7-1。

表 7-1　螺纹基本要素

要　素	图示与说明
牙型	在通过螺纹轴线的剖面上，螺纹的轮廓形状称为螺纹牙形，常见的有三角形、梯形、矩形等 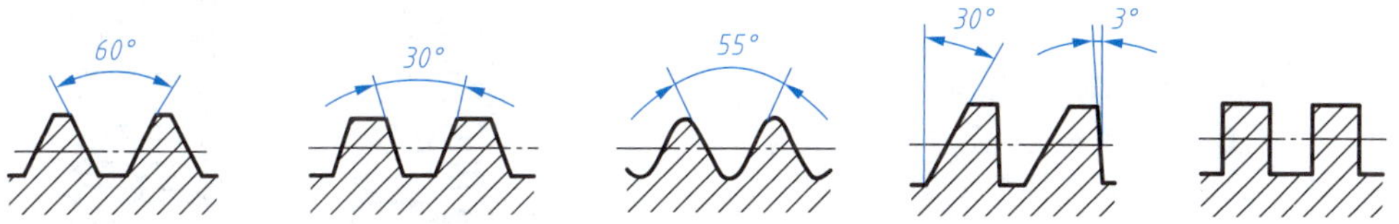 60°　30°　55°　30°　3° （a）三角形螺纹(M)　（b）梯形螺纹(Tr)　（c）管螺纹(G)　（d）锯齿形螺纹(B)　（e）矩形螺纹
直径	大径：与外螺纹牙顶或与内螺纹牙底重合的假想圆柱面的直径，称为螺纹的大径，内外螺纹的大径分别用 D、d 表示 小径：与外螺纹牙底或与内螺纹牙顶重合的假想圆柱面的直径，称为螺纹的小径，内外螺纹的小径分别用 D_1、d_1 表示 中径：是一个假想圆柱的直径，即在大径与小径之间，其母线上螺纹牙型上的沟槽和凸起宽度相等，内外螺纹的中径分别用 D_2、d_2 表示 螺纹的公称直径指大径 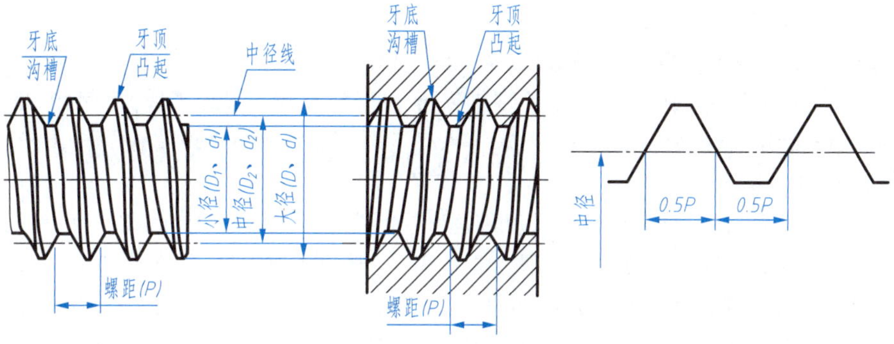 牙底沟槽　牙顶凸起　中径线　小径(D_1、d_1)　中径(D_2、d_2)　大径(D、d)　螺距(P)　牙底沟槽　牙顶凸起　螺距(P)　中径　0.5P　0.5P （a）外螺纹　（b）内螺纹　（c）中径
线数	线数(n)又称头数，指螺旋线的条数。沿一条螺旋线形成的螺纹称为单线螺纹，如普通螺纹、管螺纹多为单线螺纹；沿两条或两条以上在轴向等距分布的螺旋线形成的螺纹称为双线螺纹或多线螺纹，由于其旋进速度较快，因此多用于传动螺纹  （a）单线螺纹 　（b）双线螺纹

续上表

要　素	图示与说明
螺距和导程	螺纹上相邻两牙在中径线上对应两点之间的轴向距离称为螺距，用 P 表示。同一条螺旋线上相邻两牙在中径线上对应两点之间的轴向距离，称为导程，用 P_h 表示 单线螺纹：$P_h=P$ 多线螺纹：$P_h=nP$
旋向	螺纹分右旋和左旋。内外螺纹旋合时，顺时针旋转旋入的螺纹，称为右旋螺纹；逆时针旋入的螺纹，称为左旋螺纹，工程上常用右旋螺纹 左边高　右边高 （a）左旋螺纹　（b）右旋螺纹

为了便于设计计算和加工制造，国家标准对有些螺纹的牙型、公称直径和螺距都作了规定。凡是这三项要求都符合标准的称为标准螺纹；若牙型符合标准，而大径、螺距不符合标准的称为特殊螺纹；若牙型也不符合标准的称为非标准螺纹。标准螺纹主要包括普通螺纹、管螺纹、梯形螺纹和锯齿形螺纹等。普通螺纹又有粗牙和细牙之分，区别在于螺纹大径相同而螺距不同，螺距最大的一种称为粗牙，其余都称为细牙。内、外螺纹配合时，五个基本要素必须完全相同。

2）螺纹的工艺结构

螺纹常见的工艺结构有倒角、螺尾及螺纹退刀槽。

为了便于内、外螺纹旋合，防止端部螺纹碰伤，外螺纹始端一般加工成45°倒角，也可采用30°或60°倒角，端面倒角直径≤螺纹小径。内螺纹入口端面倒角一般为120°，也可采用90°倒角，端面倒角直径为1～1.05D。

加工完螺纹退刀时，车刀从匀速运动到运动停止无法加工出正常的螺纹，最后一段称为螺尾，是无效的螺纹，如图7-12(a)所示。为了便于退出刀具、避免形成螺尾，常在待加工面末端预先制出退刀的空槽，称为螺纹退刀槽，如图7-12(b)所示。一般来说退刀槽的宽度为2～3倍的螺距，深度对外螺纹应小于小径0.1～0.3 mm，对内螺纹应大于大径0.2～0.4 mm。螺纹工艺结构的准确尺寸可查阅国家标准《普通螺纹收尾、肩距、退刀槽和倒角》(GB/T 3—1997)。

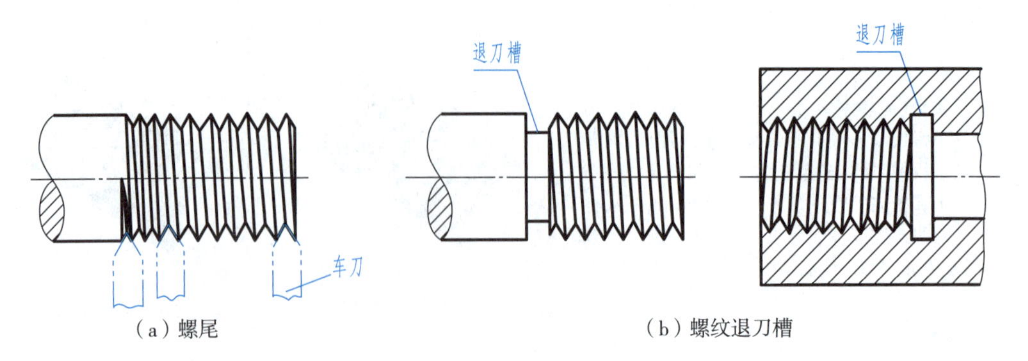

（a）螺尾　（b）螺纹退刀槽

图7-12　螺尾和螺纹退刀槽

3)螺纹的规定画法

由于螺纹的真实投影很复杂,为简化作图,国家标准《机械制图　螺纹及螺纹紧固件表示法》(GB/T 4459. 1—1995)规定了螺纹的表示法,见表 7-2。

表 7-2　螺纹的规定画法

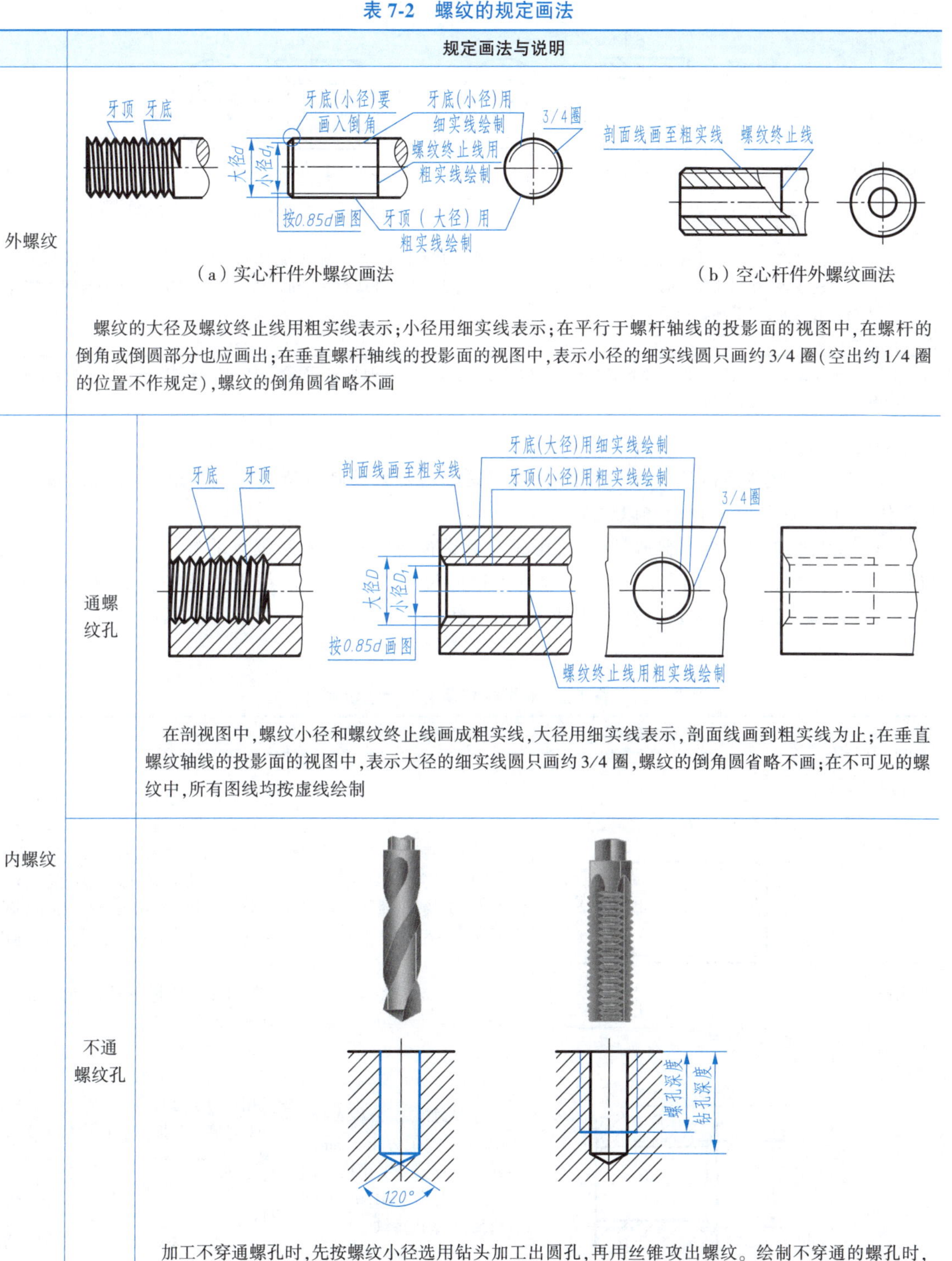

		规定画法与说明
外螺纹		(a)实心杆件外螺纹画法　(b)空心杆件外螺纹画法 螺纹的大径及螺纹终止线用粗实线表示;小径用细实线表示;在平行于螺杆轴线的投影面的视图中,在螺杆的倒角或倒圆部分也应画出;在垂直螺杆轴线的投影面的视图中,表示小径的细实线圆只画约 3/4 圈(空出约 1/4 圈的位置不作规定),螺纹的倒角圆省略不画
内螺纹	通螺纹孔	在剖视图中,螺纹小径和螺纹终止线画成粗实线,大径用细实线表示,剖面线画到粗实线为止;在垂直螺纹轴线的投影面的视图中,表示大径的细实线圆只画约 3/4 圈,螺纹的倒角圆省略不画;在不可见的螺纹中,所有图线均按虚线绘制
	不通螺纹孔	加工不穿通螺孔时,先按螺纹小径选用钻头加工出圆孔,再用丝锥攻出螺纹。绘制不穿通的螺孔时,应将钻孔深度与螺纹部分的深度分别画出,钻孔深度一般比螺纹深度大 0. 5D

续上表

	规定画法与说明
螺纹旋合	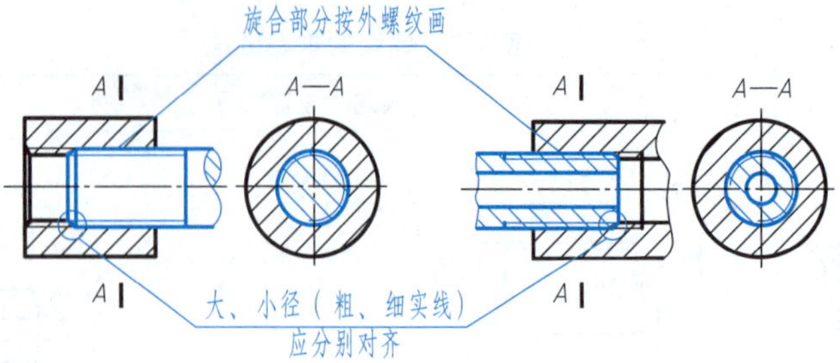 旋合部分按外螺纹画 A A—A A A—A 大、小径(粗、细实线)应分别对齐 以剖视图表示内、外螺纹的连接时,其旋合部分按外螺纹的画法绘制,其余部分仍按内、外螺纹各自的画法表示。表示内、外螺纹大径的细实线和粗实线必须对齐;表示内、外螺纹小径的粗实线和细实线也必须对齐。螺杆为实心件时,按不剖绘制

注:为方便绘图,通常将螺纹的小径画成大径的85%左右,这是一种近似画法;无论是外螺纹或内螺纹,在剖视或剖面图中的剖面线都应画到粗实线。

4)螺纹的分类及标注

由于螺纹采用规定画法后,图上无法反映出螺纹的要素及制造精度等。因此,国家标准规定用某些代号、标记标注在图样上加以说明。

(1)标准螺纹的标注。普通螺纹、梯形螺纹和锯齿形螺纹等米制螺纹的标记在图样上的注法与一般线性尺寸的注法相同,必须注在螺纹大径的尺寸线或其引出线上。英制管螺纹、60°圆锥管螺纹及锥螺纹的标记必须注在引出线上,指引线一般指向大径。常用标准螺纹的标注示例见表7-3。

表7-3 常用标准螺纹的标注示例

螺纹分类			标注示例	代号含义	说明
连接螺纹	普通螺纹	粗牙	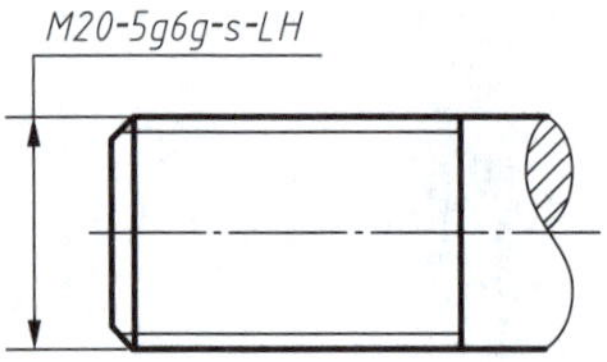 M20-5g6g-s-LH	粗牙普通螺纹,公称直径为20 mm,中径、顶径公差带代号为5g、6g,短旋合长度,左旋外螺纹	①单线螺纹标记格式:螺纹特征代号 公称直径×螺距-中、顶径公差带代号-旋合长度代号-旋向代号; ②多线螺纹标记格式:螺纹特征代号 公称直径×P_h导程 P 螺距-中、顶径公差带代号-旋合长度代号-旋向代号; ③粗牙螺纹不标注螺距,细牙螺纹必须标注螺距; ④中、顶径公差带相同时,只标注一个公差带代号(内螺纹用大写字母,外螺纹用小写字母); ⑤对短旋合长度组和长旋合长度组的螺纹,分别标注S和L代号。中等旋合长度组螺纹不标注旋合长度代号(N); ⑥右旋螺纹不标注旋向,左旋螺纹标注LH
		细牙	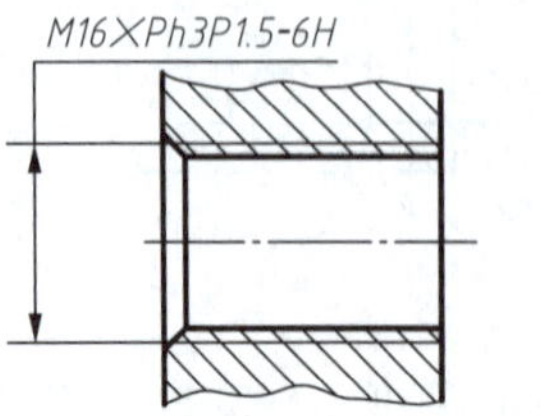 M16×Ph3P1.5-6H	细牙普通螺纹,公称直径为16 mm,螺距为1.5 mm,导程为3 mm,双线,中径、顶径公差带代号为6H,中等旋合长度,右旋内螺纹	

续上表

螺纹分类			标注示例	代号含义	说明
连接螺纹	管螺纹	非螺纹密封管螺纹	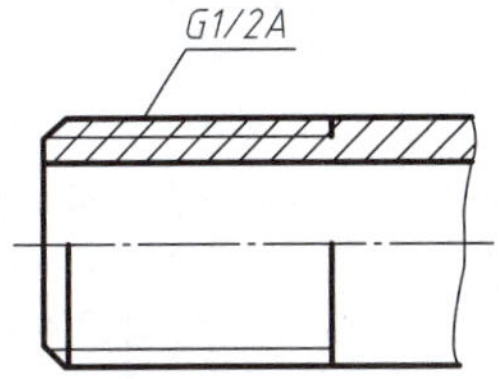 G1/2A	非螺纹密封的管螺纹，尺寸代号为1/2，公差等级为A级，右旋	①标记格式：螺纹特征代号　尺寸代号　公差等级代号-旋向代号，右旋不标记； ②管螺纹的尺寸代号并不是螺纹的大径，因此这类螺纹需要用指引线自螺纹大径引出标注。作图时可根据尺寸代号查出螺纹的大径； ③非螺纹密封的管螺纹，其内、外螺纹都是圆柱管螺纹； ④外螺纹的公差等级代号分为A、B两级，内螺纹的公差等级只有一种，不标注
			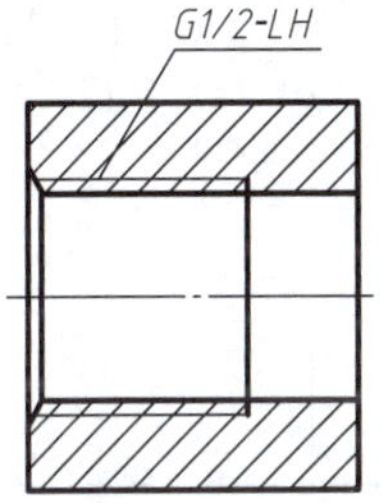 G1/2-LH	非螺纹密封的管螺纹，尺寸代号为1/2，左旋	
		螺纹密封管螺纹	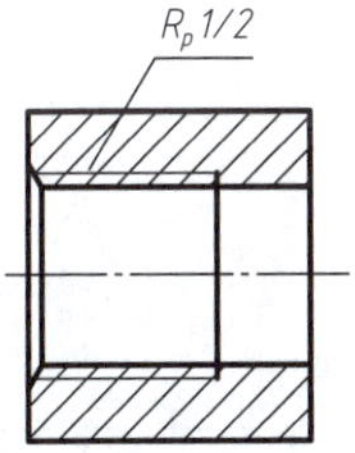 $R_p1/2$	圆柱内螺纹，尺寸代号为1/2，右旋	①标记格式：螺纹特征代号　尺寸代号-旋向代号，右旋不标记； ②Rp、Rc、R_1、R_2 分别表示圆柱内螺纹、圆锥内螺纹、与圆柱内螺纹相配合的圆锥外螺纹、与圆锥内螺纹相配合的圆锥外螺纹
			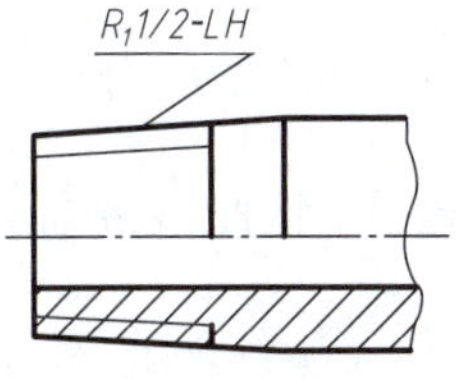 $R_1 1/2$-LH	与圆柱内螺纹相配合的圆锥外螺纹，尺寸代号为1/2，左旋	
			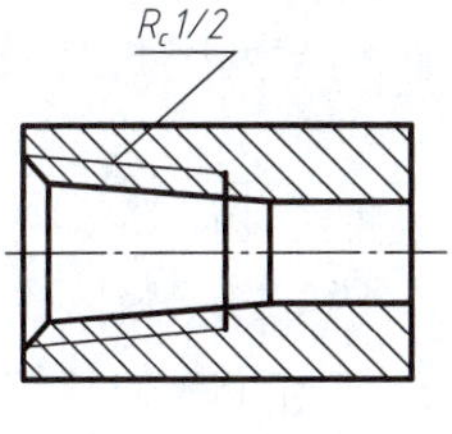 $R_c1/2$	圆锥内螺纹，尺寸代号为1/2，右旋	

续上表

螺纹分类		标注示例	代号含义	说明
传动螺纹	梯形螺纹	Tr36×12P6-7H-LH	梯形螺纹,公称直径为36 mm,双线,导程为12 mm,螺距为6 mm,中径公差带为7H,中等旋合长度,左旋	①梯形螺纹标记格式:螺纹特征代号 公称直径×导程 *P* 螺距-中径公差带代号-旋合长度代号-旋向; ②锯齿形螺纹标记格式:螺纹特征代号 公称直径×导程(*P* 螺距) 旋向-中径公差带代号-旋合长度代号; ③只标注中径公差带代号; ④旋合长度只有中等旋合长度组N和长旋合长度组L两种,中等旋合长度组不标注
	锯齿形螺纹	B40×7LH-8c	锯齿型螺纹,公称直径为40 mm,单线,螺距为7 mm,左旋,中径公差带代号为8c,中等旋合长度	

(2)非标准螺纹的标注。对于非标准螺纹,应画出螺纹的牙型,在图中注出完整的尺寸及有关要求。当线数为多线、旋向为左旋时,应在图样的适当位置注明。图7-13所示为单线右旋矩形螺纹(非标准螺纹)的两种画法及尺寸标注方法。

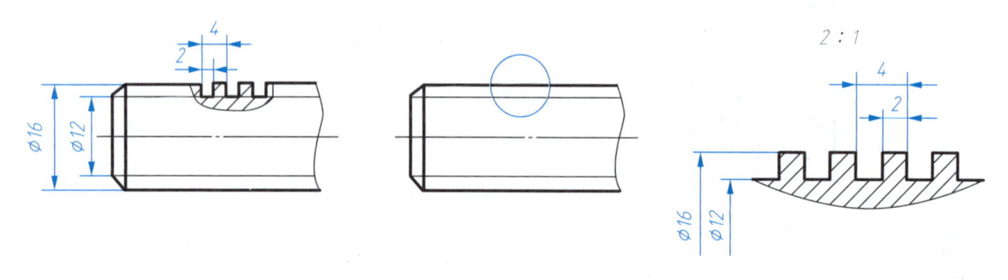

图7-13　单线右旋矩形螺纹的两种画法及尺寸标注方法

(3) 螺纹副的标注。螺纹副是内、外螺纹相互旋合形成的连接。因此,它的标记应包括内、外螺纹的标记。

普通螺纹、梯形螺纹等在旋合连接的装配图中用一个螺纹特征代号标出(由于内、外螺纹的公称直径相同)。但内、外螺纹的公差带代号必须分别注出,用斜线分开,前者是内螺纹公差带代号,后者是外螺纹公差带代号,在图样上的标注形式如图7-14(a)所示。

非螺纹密封的管螺纹表示螺纹副时,由于内螺纹不注公差等级代号,因此螺纹副的标记仅需标注外螺纹的标记代号,如G1/2A。

螺纹密封的管螺纹表示螺纹副时,由于内、外螺纹的标记只是螺纹特征代号不同,因此标记时应把内、外螺纹特征代号都写上,前面为内螺纹的特征代号,后面为外螺纹的特征代号,中间用斜线分开。标记示例:由尺寸代号为1/2的右旋圆锥外螺纹与圆锥内螺纹所组成的螺纹副的标记为 $Rc/R_2 1/2$,如图7-14(b)所示。

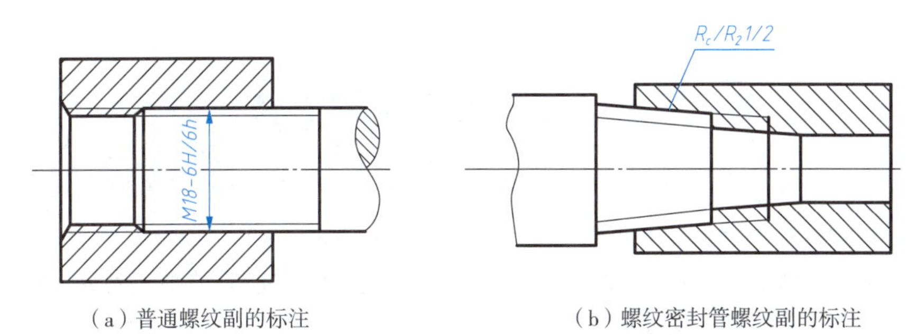

（a）普通螺纹副的标注　　（b）螺纹密封管螺纹副的标注

图 7-14　螺纹副的标注方法

2. 键槽

工程上常用键将轴和轴上的零件（如齿轮、带轮等）连接起来，使它们和轴一起转动。因此，需要在轴和轮上加工出键槽，装配好后，键的一部分嵌在轴上键槽内，另一部分嵌在轮上键槽内，如图 7-15（a）所示；图 7-15（b）、（c）所示分别为轴上键槽和轮毂上的键槽。

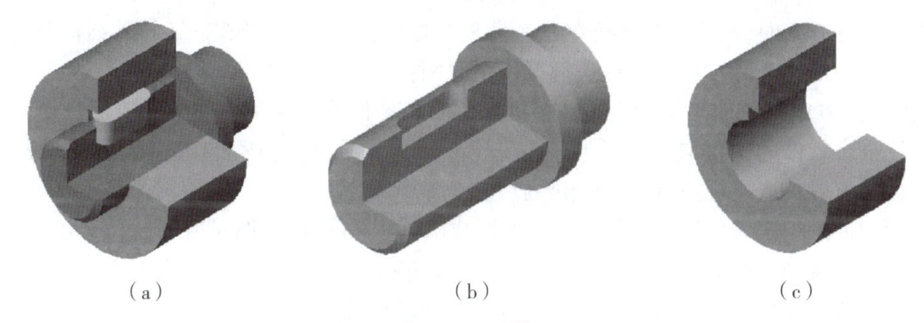

（a）　（b）　（c）

图 7-15　键槽

键的型式有多种，因此，键槽的型式也随之发生变化，图 7-16 所示为轴和轮毂上的普通平键键槽的表示方法和尺寸注法，其中 t_1 为轴上键槽，t_2 为毂上键槽。

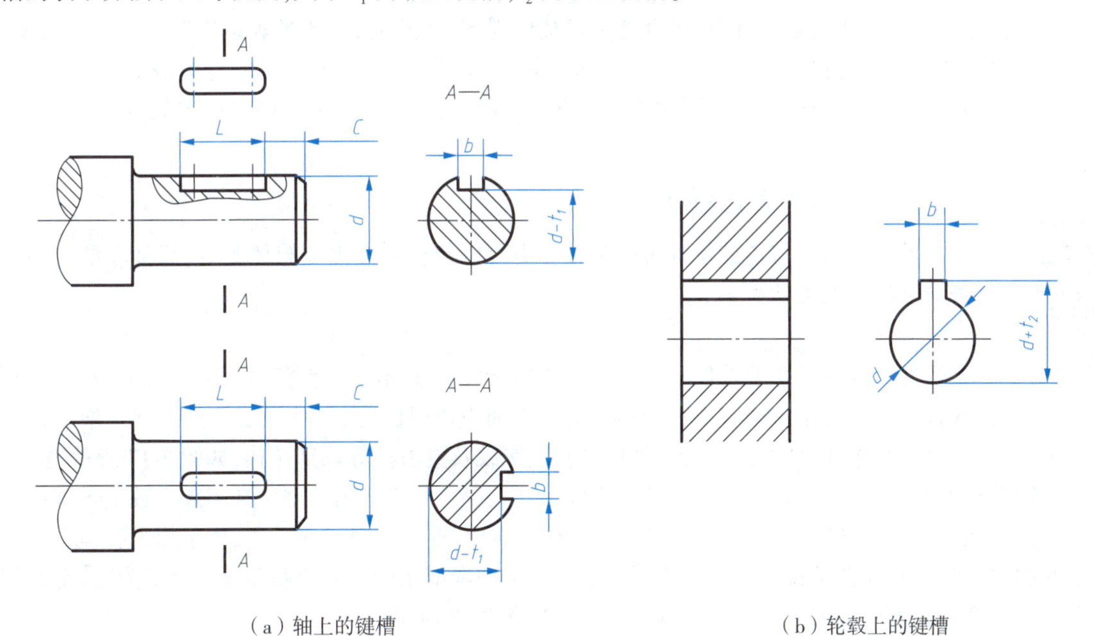

（a）轴上的键槽　　（b）轮毂上的键槽

图 7-16　键槽的表示方法及尺寸标注

7.3　零件图的视图表达

机械零件根据其作用和使用要求的不同，结构形状是千变万化的。应针对不同结构的零件，选用适当的表达方案。零件的视图选择，应首先考虑看图方便，并在完整、清晰地表示零件结构形状的前提下，尽量减少视图的数量，力求制图简便。

一、视图的选择方法

选择视图前，首先对零件进行形体分析和功用分析，即分析零件的结构、整体功能和在部件中的安装位置、工作状态、加工方法，以及零件各组成部分的形状及功用等，确定零件的主要形体。

1. 主视图选择原则

在拟定表达方案时，应把选择零件的主视图放在首位，因为主视图在表达零件结构形状、画图和看图中起主导作用。选择主视图一般应遵循以下原则：

（1）加工位置原则。加工位置指零件在机床上的装夹位置。为了使加工者看图方便，主视图的选择应尽量符合零件的主要加工位置。如轴、套、轮盘类零件，其主要加工工序是车削，故通常按这些工序的加工位置选取主视图，即轴线水平放置。

（2）工作位置原则。工作位置指零件在机器或部件中安装和工作时所处的位置。按照零件的工作位置选取主视图，读图比较直观且便于安装。有些零件加工部位较多，需要在不同的机床上加工，如支架、箱体类零件，这些零件一般需按工作位置选取主视图。

（3）形状特征原则。指选取最能反映零件形状特征的投影方向作为主视图的投影方向。即在主视图上尽可能多地展现零件内外结构形状以及各组成形体之间的相对位置。

2. 其他视图的选择

主视图中没有表达清楚的部分，要合理选择其他视图，达到完整、清晰表达出零件形状的目的。选择其他视图时，要注意每个视图都应有明确的表达重点，各个视图互相配合、互相补充而不重复；视图数量要恰当，在把零件内外形状、结构表达清楚的前提下，尽量减少视图数量，避免重复表达。

二、典型零件表达举例

扫一扫

零件的分类

零件就其结构特点的不同可分为轴套类、盘盖类、叉架类和箱体类等，每种零件应根据自身特点确定其表达方案。

1. 轴套类零件

轴套类零件的主要功能是安装、支撑传动件（如皮带轮、齿轮等），传递运动和动力。其结构特点一般是由不同直径的回转体与轴叠加组成，且轴向尺寸大于径向尺寸。根据设计和工艺要求，轴套类零件上常带有键槽、轴肩、销孔、螺纹及退刀槽等局部结构，如图 7-17 所示。

轴套类零件主要在车床上加工，加工时零件水平放置。一般只用一个主视图表示轴上各轴段长度、直径及各种结构的轴向位置。主视图按加工位置选取，即轴线呈水平状态，便于加工者读图。用断面图、局部视图、局部剖视或局部放大图等表达轴上的局部结构。实心轴以显示外形为主，空心轴套可用剖视图表示内部结构。典型转轴的零件图如图 7-18 所示。

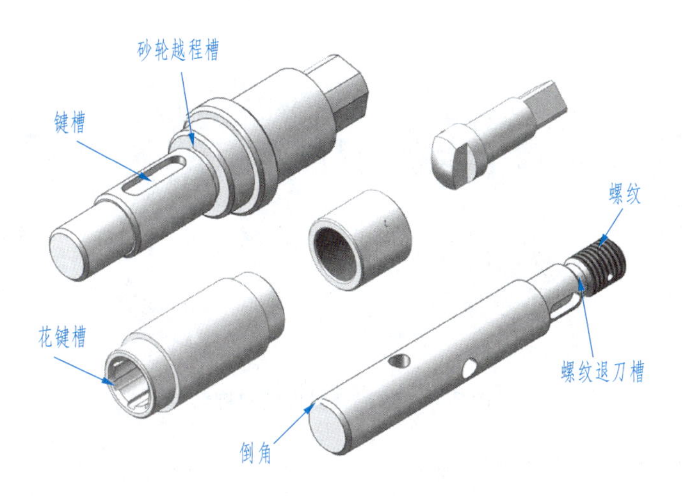

图 7-17 轴套类零件结构特点

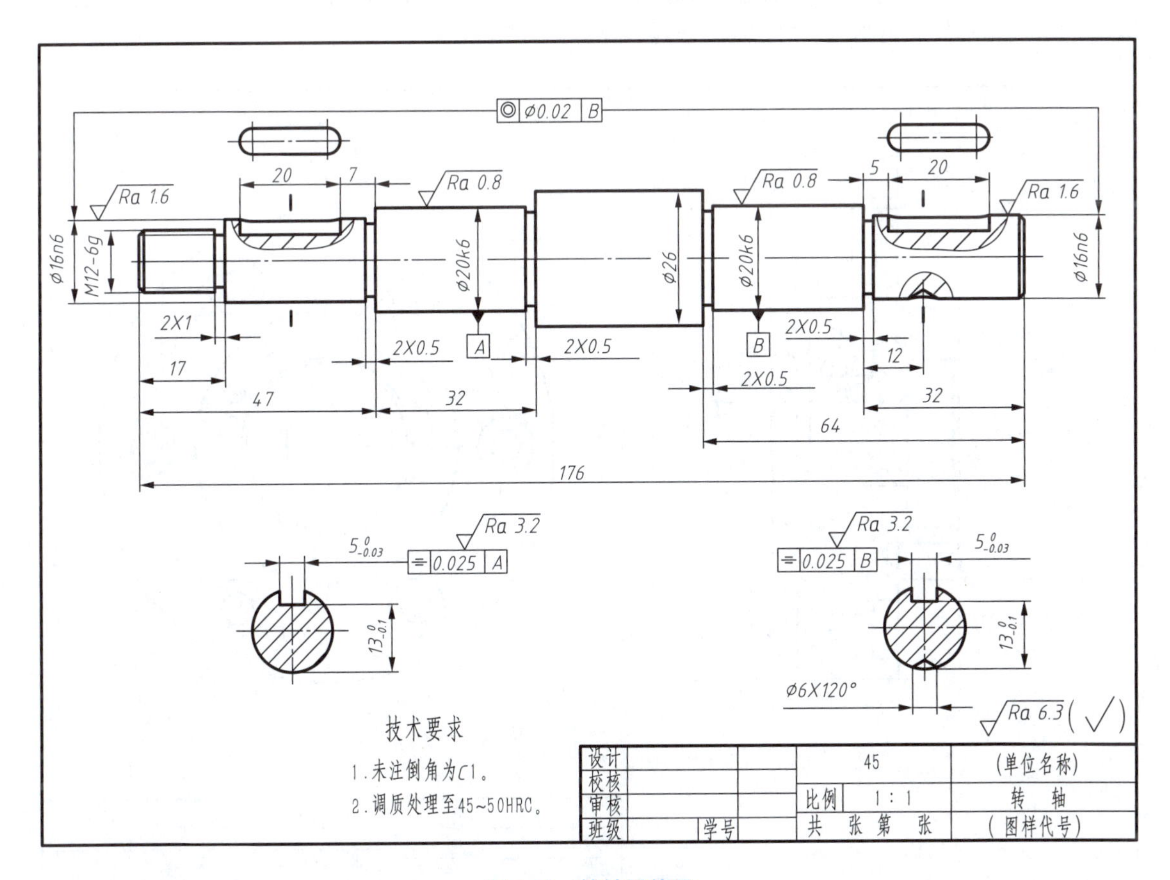

图 7-18 转轴零件图

2. 盘盖类零件

盘盖类零件的主要功能为支撑、连接、轴向定位及密封等。其结构多为同轴线回转体组成，且轴向尺寸小于径向尺寸，如各种轮、端盖及法兰盘等。常带有螺纹孔、光孔、定位销孔、键槽、凸缘和肋板等结构，如图 7-19 所示。

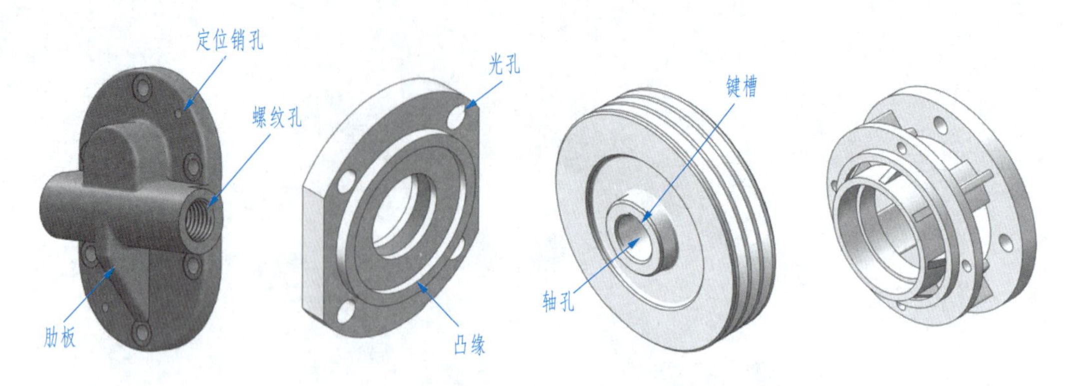

图 7-19 盘盖类零件结构特点

盘盖类零件一般经铸、锻形成毛坯,然后在车床上加工。主视图按加工位置选取,以过轴线的全剖视图为主视图,轴线水平放置。对非回转体类盘盖件可按工作位置确定主视图。盘盖类零件一般需要两个基本视图,常采用单一剖切面或相交剖切平面等剖切方法表示各部分结构。表达时应注意均布肋板及轮辐的规定画法。典型的端盖零件图如图 7-20 所示。

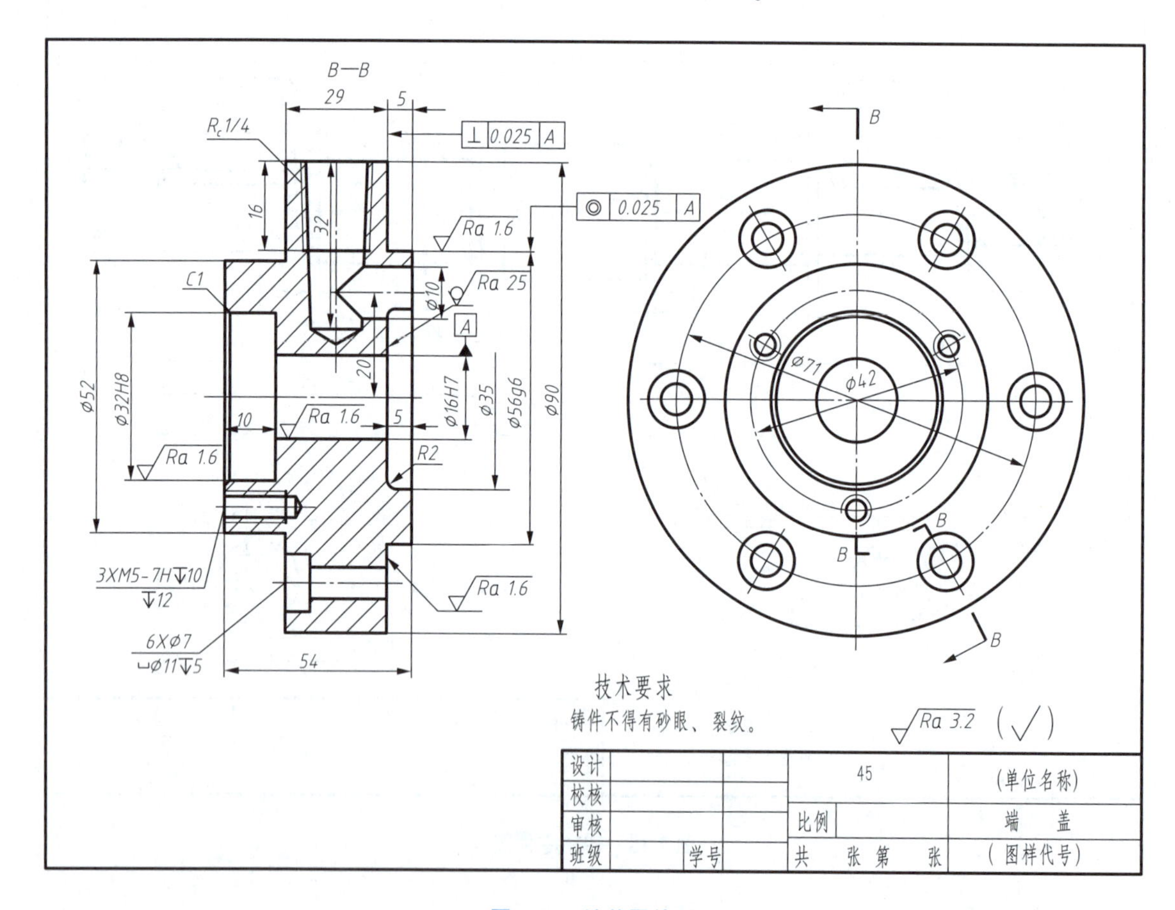

图 7-20 端盖零件图

3. 叉架类零件

叉架类零件一般包括拨叉、连杆及拉杆等叉杆类和支架类零件。主要功能为操纵、连接或支撑。

这类零件外形结构通常比较复杂,包括工作部分、连接部分和安装固定部分,通常含有肋板结构,如图 7-21 所示。

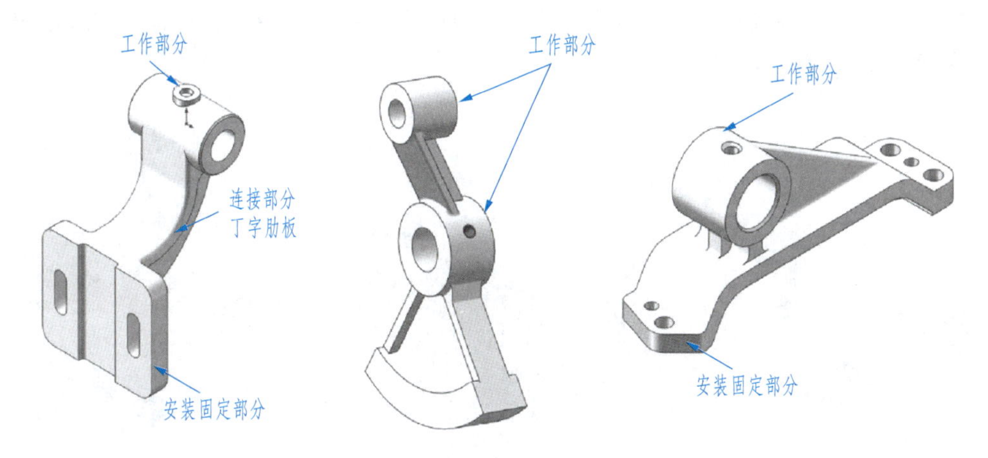

图 7-21　叉架类零件结构特点

一般以最能反映零件结构、形状特征的视图为主视图,按工作位置或自然平衡位置放置。因常存在起支撑、连接作用的倾斜结构,所以除采用基本视图表达外,常用斜视图、局部视图、断面图,以及用不平行于任何基本投影面的剖切平面形成的剖视图表达局部或内部结构。图 7-22 所示为连杆的零件图。

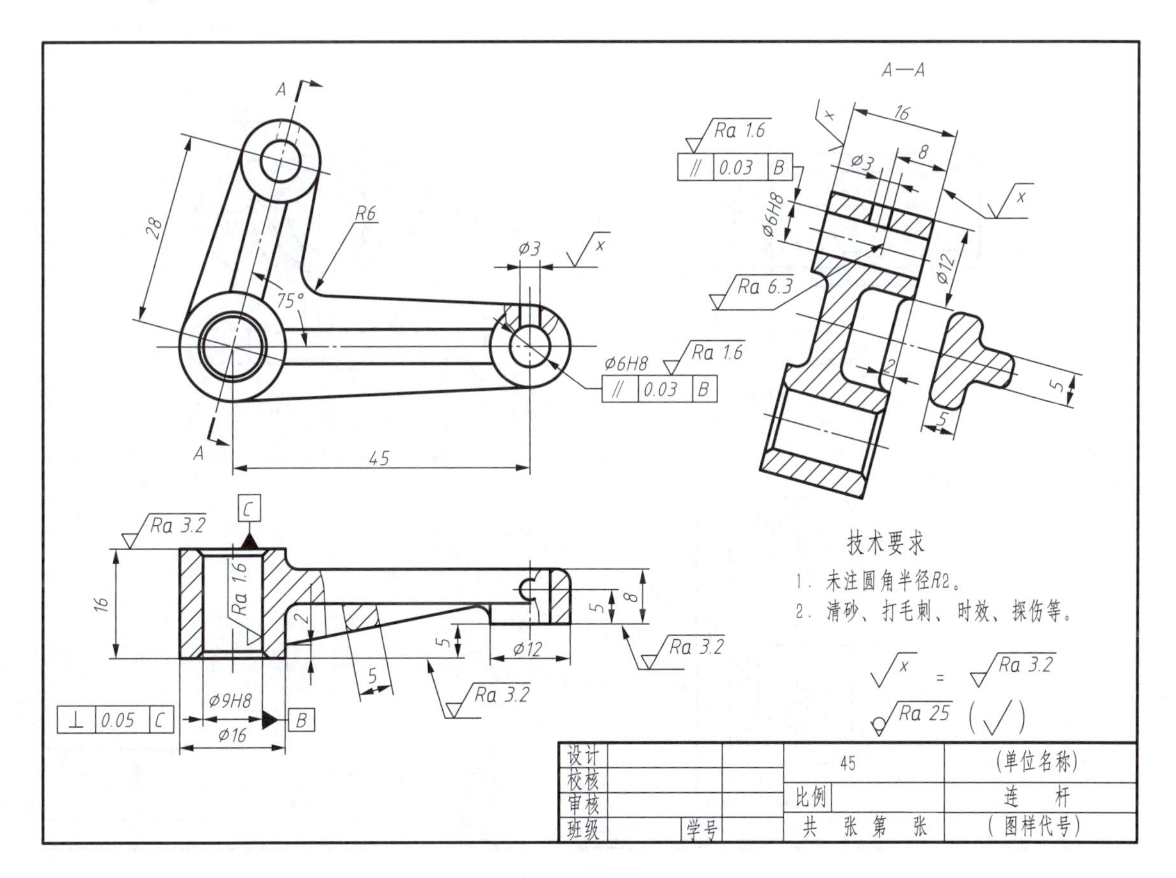

图 7-22　连杆零件图

4. 箱体类零件

箱体类零件是组成机器和部件的主体零件，包括泵体、阀体、箱体、壳体、底座等。主要用于支撑、包容和保护运动零件或其他零件，主要工作部分为形状复杂的空腔结构，还有安装部分、连接部分等结构，如图 7-23 所示。

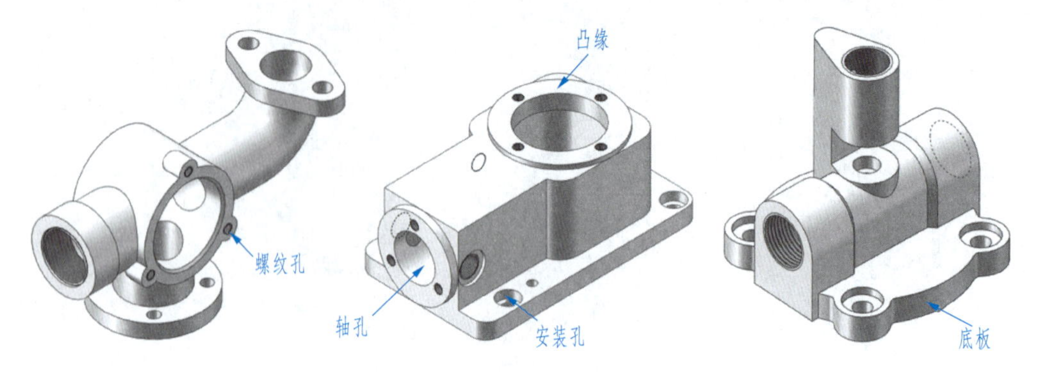

图 7-23 箱体类零件结构特点

箱体类零件多为铸件，加工工序多，加工位置多变，选择主视图时，主要考虑形状特征或工作位置。由于其主要结构在内腔，故主视图常选用全剖、半剖或较大面积的局部剖等表达方法，且由于内、外部形状复杂，常用多个视图或剖视图。为了在表达完整的同时，尽量减少视图的数量，可以适当保留必要的虚线。图 7-24 所示为支座零件图。

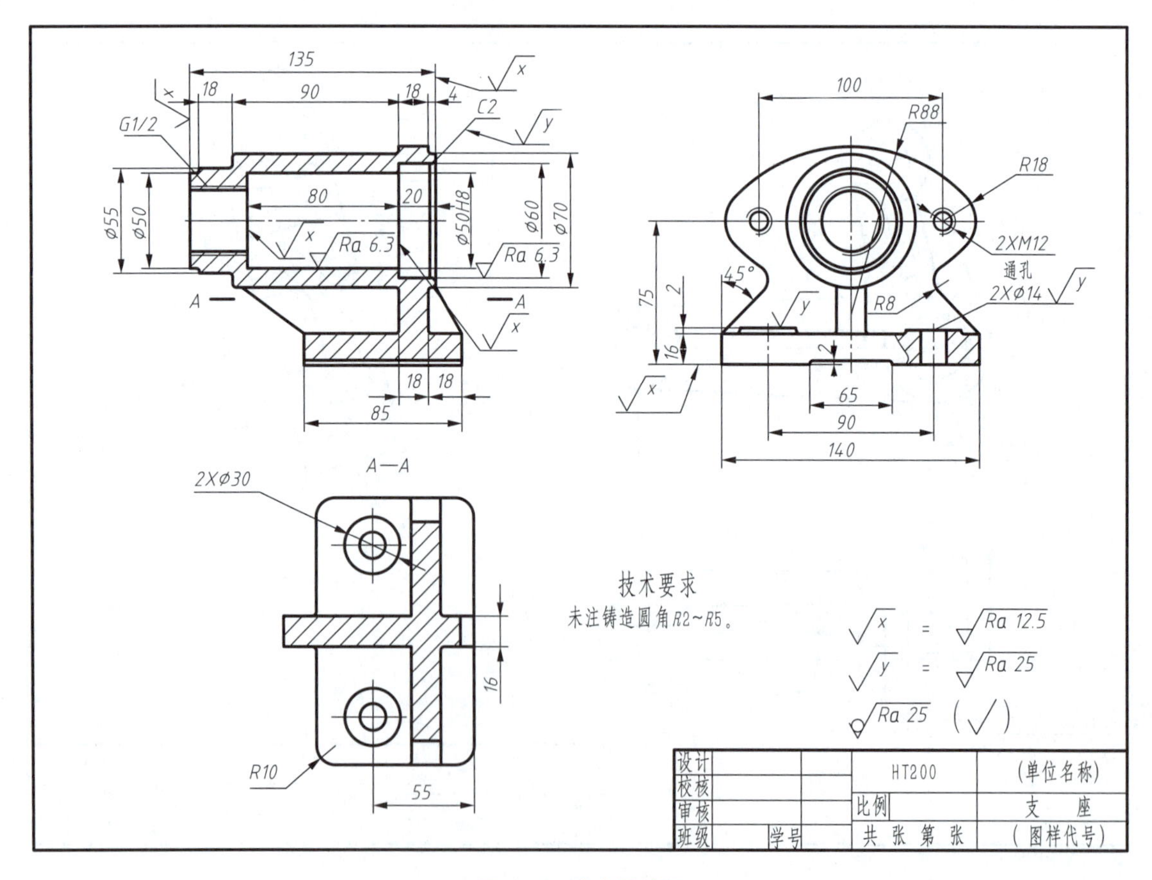

图 7-24 支座零件图

7.4 零件图的尺寸标注

与组合体尺寸标注相比,零件图中的尺寸标注要从设计要求和工艺要求出发,综合考虑设计、加工、测量等多方面因素,这需要有较多的生产实践经验和相关的专业知识。对零件图上标注尺寸的要求是:正确、完整、清晰、合理。前三项要求与组合体的尺寸标注法一致,本节着重介绍合理标注零件图尺寸的初步知识。

尺寸标注的合理性,是指正确选择尺寸基准,使标注出的尺寸既满足设计要求,又满足工艺要求,便于加工与测量。

1. 正确选择尺寸基准

根据基准的作用不同,零件的尺寸基准可以分为设计基准和工艺基准两类。在设计、制造与测量检验等不同阶段,常会采用不同的基准。

设计基准是在设计零件时,确定零件在机器或部件中位置的面和线。如图 7-25(a)所示的轴承座,分别选用底面 A 和对称面作为高度方向和左右方向的设计基准,以保证轴承安装后轴孔同心,实现其设计功能;对图 7-25(b)所示的短轴,由于轴肩端面 B 是装配齿轮时的定位面,因此该端面也是设计基准。

工艺基准是在零件加工时,为保证加工精度和方便加工与测量而选定的面和线。对图 7-25(a)所示的轴承座而言,其工艺基准和设计基准是重合的,这是最佳的情况;而对 7-25(b)所示的短轴来说,若轴向尺寸均以轴肩端面 B 为起点,显然加工和测量都不方便。而以短轴的一侧端面 C 或 D 为起点标注尺寸,则更加符合小轴在车床上加工的情况。

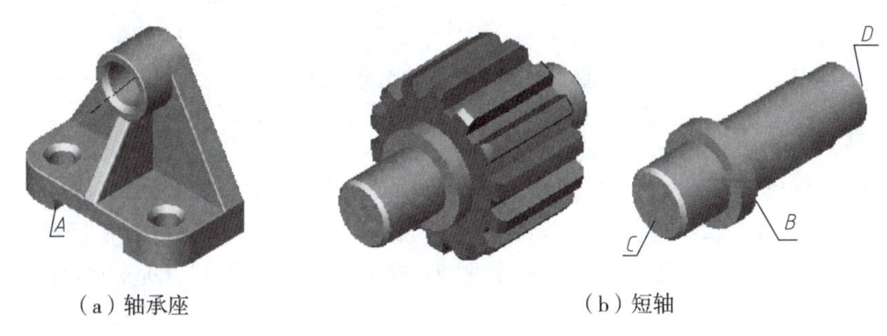

(a) 轴承座　　(b) 短轴

图 7-25 尺寸基准

轴承座及小轴零件的尺寸标注如图 7-26、图 7-27 所示。

从设计基准出发标注尺寸,可以直接反映设计要求,能保证设计的零件在机器或部件中的位置和功能;从工艺基准出发标注尺寸,可便于加工和测量操作,保证加工质量。在零件的尺寸标注中,为保证设计要求、尽量减少误差,应尽可能使设计基准与工艺基准重合。若两者不能统一时,应以保证设计要求为主。决定零件主要尺寸的基准称为主要基准,而附加基准称为辅助基准,主要基准与辅助基准之间一定有尺寸联系。

2. 重要的尺寸直接注出

重要尺寸指直接影响产品性能、装配精度等的尺寸,如配合表面的尺寸、重要的定位尺寸、重要的结构尺寸等。这些尺寸应当从设计基准出发直接注出,如图 7-26 所示的轴承座的轴心到底面的高度 38(主视图),以及底座安装孔的圆心距 38(俯视图)。

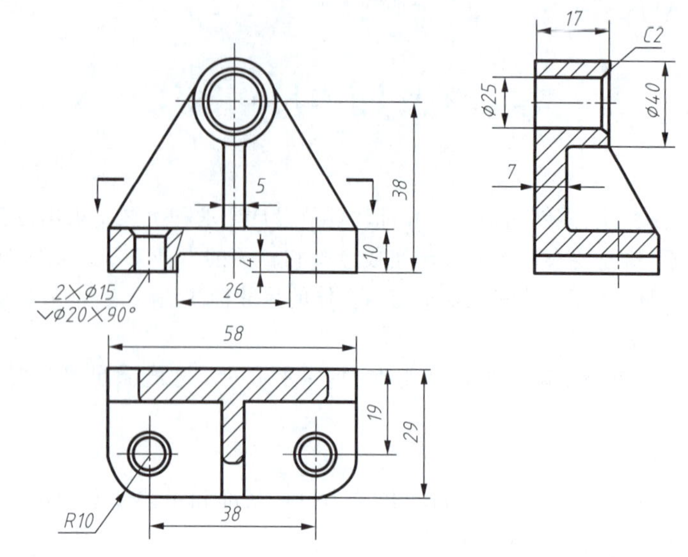

图 7-26　轴承座尺寸标注

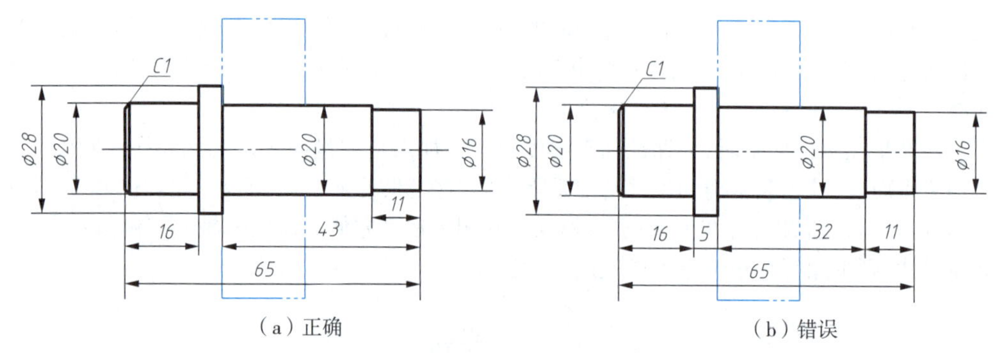

（a）正确　　（b）错误

图 7-27　小轴零件尺寸标注

3. 避免出现封闭的尺寸链

封闭尺寸链指首尾相接，绕成一整圈的一组尺寸。封闭尺寸链标注的尺寸意味着每个尺寸都要控制误差范围，这在加工中是难以保证的。当几个尺寸构成封闭尺寸链时，应在该链中挑选不重要的尺寸不标注，注成开口环，如图 7-27（a）所示，图 7-27（b）所示没有开口环是错误的。

4. 尺寸应便于加工与测量

在标注非功能尺寸时，应根据加工顺序和方法进行标注。按加工顺序标注尺寸，符合零件的加工过程，便于加工和测量。如图 7-28（a）、（b）所示轴段，其加工顺序如图 7-28（c）所示。可以看出，图 7-28（a）所示的长度尺寸标注法与其加工顺序一一对应，而图 7-28（b）所示的长度尺寸标注不符合加工顺序。

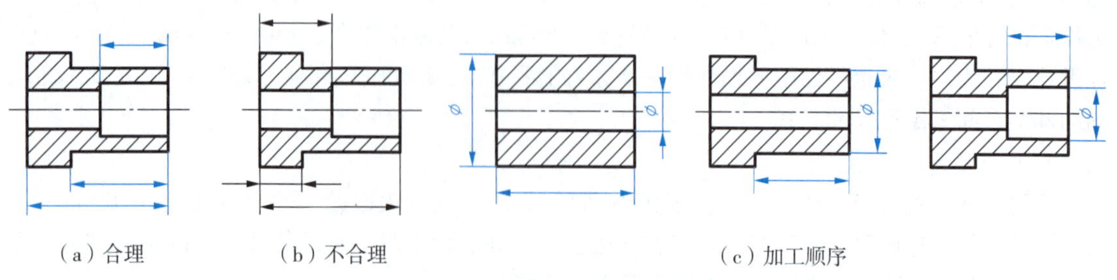

（a）合理　　（b）不合理　　（c）加工顺序

图 7-28　按加工顺序标注尺寸

5. 常见典型结构的尺寸标注

零件上常见的光孔、沉孔、螺孔等结构,可用表 7-4 中的方式标注。

表 7-4 常见典型结构的尺寸标注

结构类型		旁注法		普通注法	说明
一般光孔		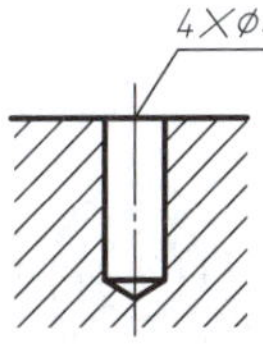 4×Ø4↧10	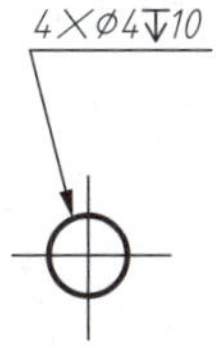 4×Ø4↧10	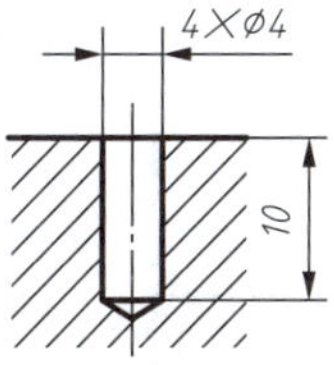 4×Ø4；10	4 个均匀分布的直径为Ø4 的光孔,孔深为 10
沉孔	锥形沉孔	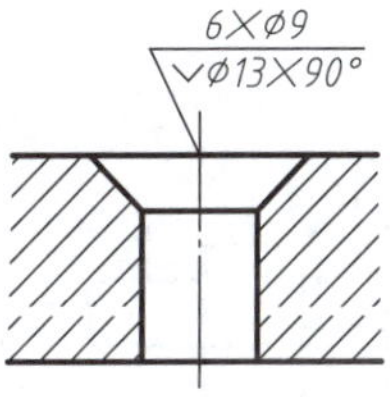 6×Ø9 ⌵Ø13×90°	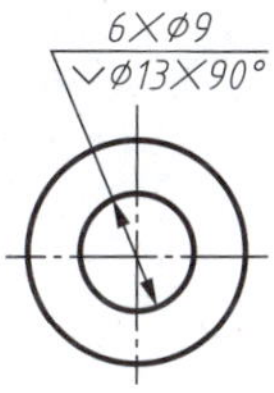 6×Ø9 ⌵Ø13×90°	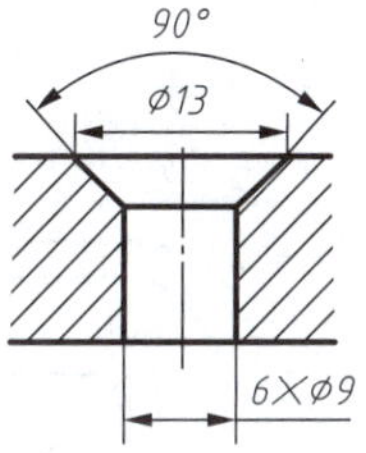 90°；Ø13；6×Ø9	6个直径为Ø9 的锥形沉孔,锥台大头直径为Ø13,锥台面顶角为 90°
	柱型沉孔	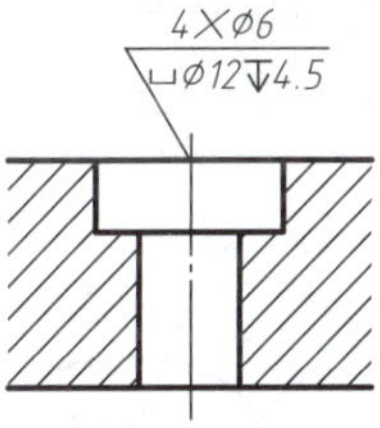 4×Ø6 ⌴Ø12↧4.5	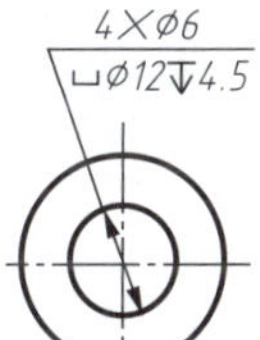 4×Ø6 ⌴Ø12↧4.5	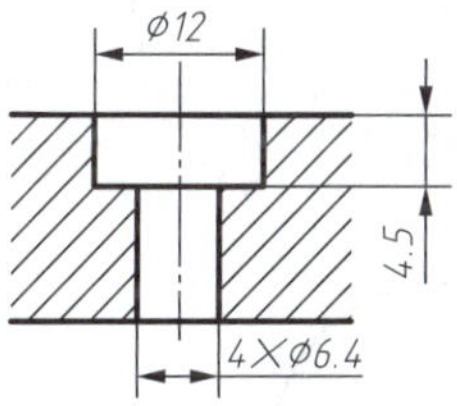 Ø12；4.5；4×Ø6.4	4 个直径为Ø6.4 的柱型沉孔,沉孔直径为Ø12,沉孔深 4.5
	锪平面沉孔	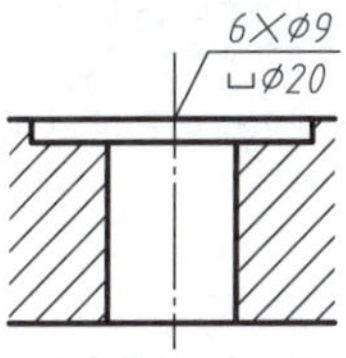 6×Ø9 ⌴Ø20	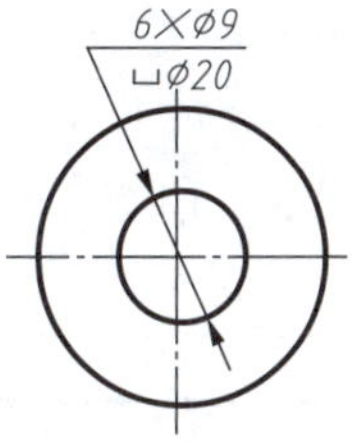 6×Ø9 ⌴Ø20	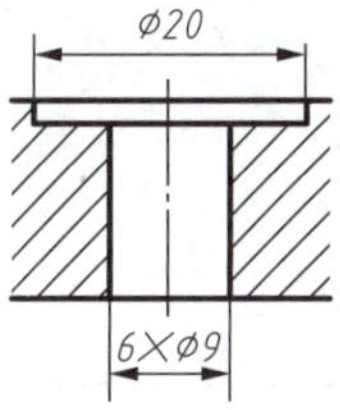 Ø20；6×Ø9	6 个直径为Ø9 的光孔,锪平圆直径Ø20,锪平深度不需要标注,一般锪平到不出现毛面为止
螺孔	通的螺孔	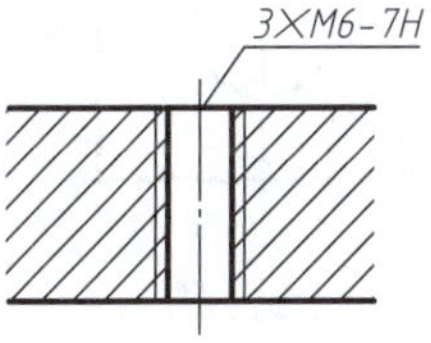 3×M6-7H	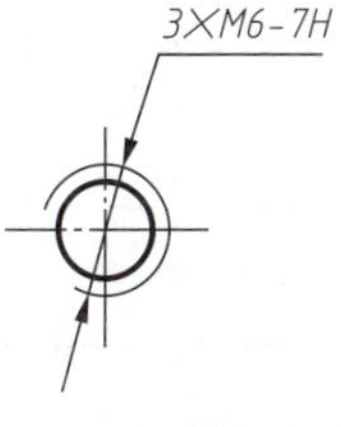 3×M6-7H	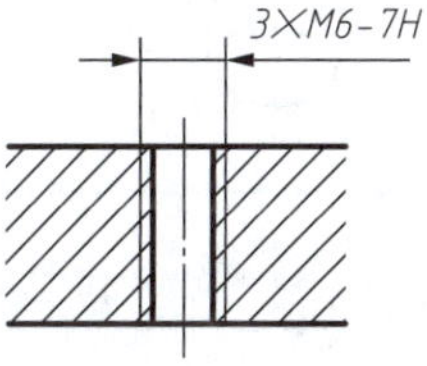 3×M6-7H	3 个公称直径为 M6 的螺孔
	不通螺孔	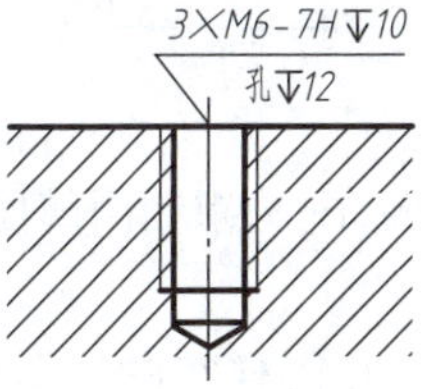 3×M6-7H↧10 孔↧12	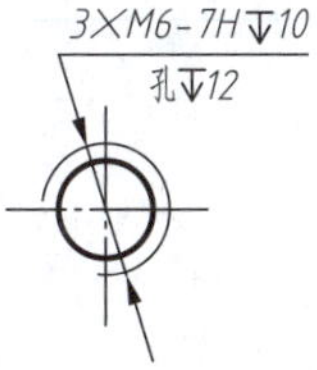 3×M6-7H↧10 孔↧12	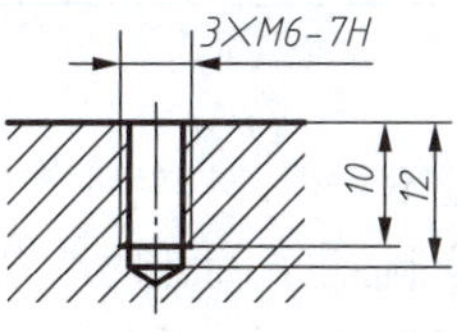 3×M6-7H；10；12	3 个公称直径为 M6 的螺孔,螺纹深 10,钻孔深 12

6. 常用简化标注

为了简化绘图工作、提高效率和图面清晰度，国家标准《技术制图　简化表示法　第2部分：尺寸注法》(GB/T 16675.2—2012)规定了技术图样中使用的简化注法。常用的简化注法见表7-5。

表7-5　常用简化注法

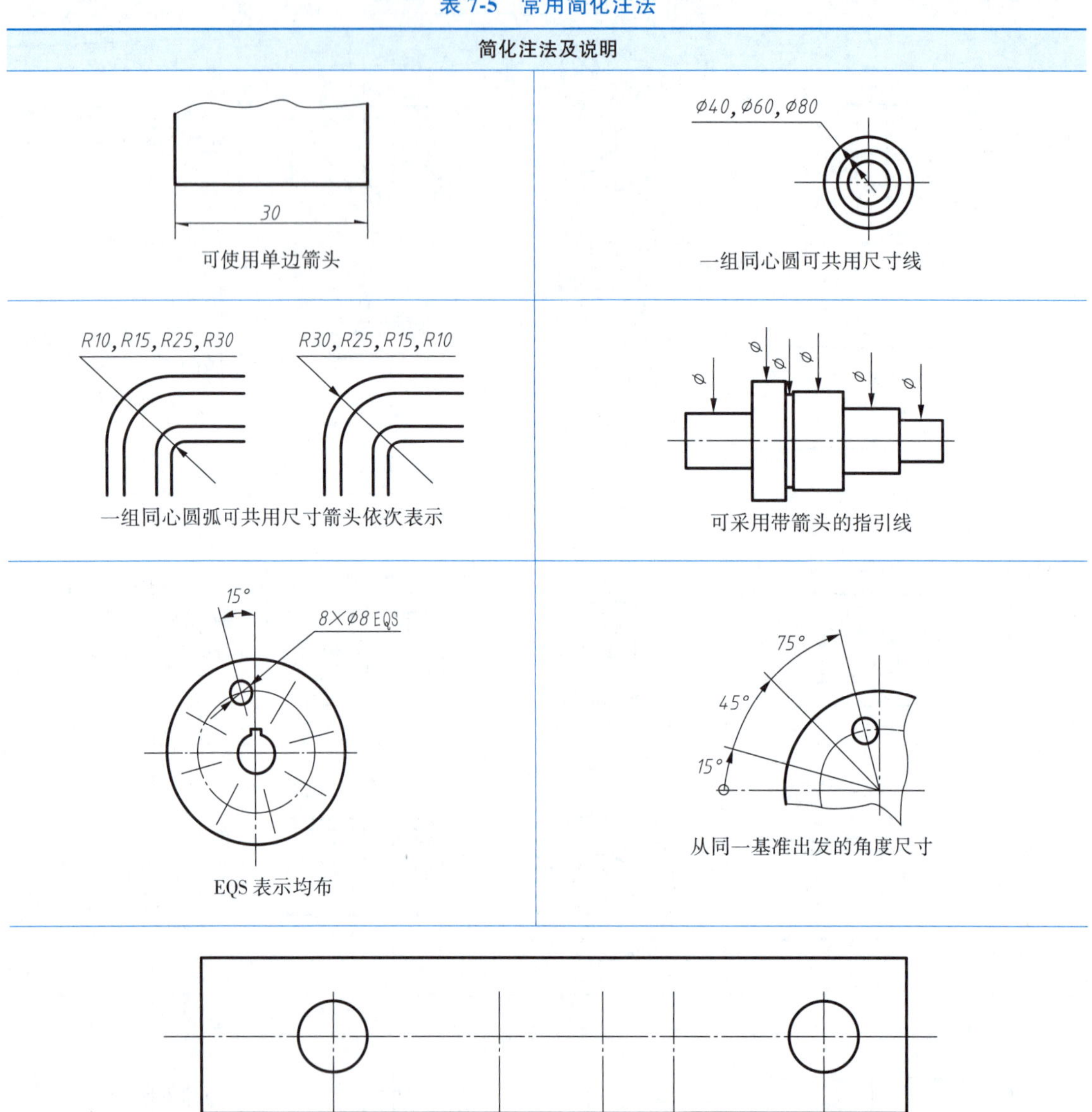

简化原则：

(1) 简化必须保证不致引起误解或产生理解的多义性。在此前提下，力求制图简便。

(2) 便于识图和绘制，注重简化的综合效果。

若图样中的尺寸和公差全部相同或某个尺寸和公差占多数时，可在图样空白处作总的说明，如“全部倒角 $C1$”或“其余圆角 $R3$”等。

7.5 零件图的技术要求

零件图的技术要求用于说明制造零件时应该达到的质量要求。技术要求主要包括表面结构、极限与配合、表面形状和位置公差、热处理及表面处理、零件的特殊加工、检验的要求等。

一、零件的表面结构

1. 基本概念

零件的实际表面是按规定特征加工形成的,看起来很光滑,但借助放大装置便会看到高低不平的状况,如图 7-29 所示。实际表面的轮廓是由粗糙度轮廓(*R* 轮廓)、波纹度轮廓(*W* 轮廓)和原始轮廓(*P* 轮廓)构成的。各种轮廓所具有的特性都与零件的表面功能密切相关。

(1)粗糙度轮廓。粗糙度轮廓是表面轮廓中具有较小间距和峰谷的部分,其具有的微观几何特性称为表面粗糙度。表面粗糙度主要因在加工过程中刀具和零件表面之间的摩擦、切屑分离时的塑性变形,以及工艺系统中存在的高频振动等原因形成,属于微观几何误差。

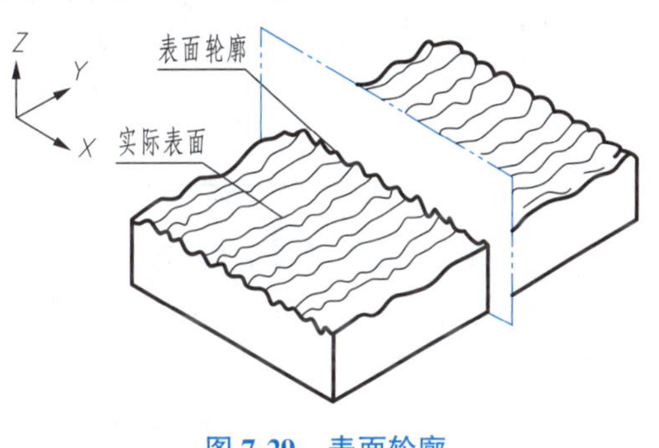

图 7-29 表面轮廓

(2)波纹度轮廓。波纹度轮廓是表面轮廓中不平度的间距比粗糙度轮廓大得多的部分。这种间距较大的、随机的或接近周期形式的成分构成的表面不平度称为表面波纹度。表面波纹度主要因在加工过程中加工系统的振动、发热以及在回转过程中的质量不均衡等原因形成,具有较强的周期性,属于微观和宏观之间的几何误差。

(3)原始轮廓。原始轮廓是忽略了粗糙度轮廓和波纹度轮廓之后的总的轮廓,主要是由于机床、夹具本身所具有的形状误差所引起的。原始轮廓具有宏观几何形状特性,如工件的平面不平、圆截面不圆等。

零件的表面结构特性是粗糙度、波纹度和原始轮廓特性的统称,是评定零件表面质量的重要技术指标。

2. 评定表面结构的参数

评定表面结构的参数主要有三组:轮廓参数(*R*、*W* 和 *P* 轮廓)、图形参数和支撑率参数。这三个参数组已经标准化并与完整符号一起使用。此处主要介绍常用的评定粗糙度轮廓的参数。

国家标准《产品几何技术规范(GPS)表面结构 轮廓法 术语、定义及表面结构参数》(GB/T 3505—2009)中规定了表面粗糙度的主要评定参数有:轮廓算术平均偏差(*Ra*)及轮廓的最大高度(*Rz*),优先采用 *Ra*。

轮廓算术平均偏差(*Ra*)是指在一个取样长度内纵坐标值 *Z*(*X*)绝对值的算术平均值。轮廓的最大高度(*Rz*)是指在一个取样长度内,最大轮廓峰高和最大轮廓谷深之和,如图 7-30 所示。

表面结构的参数值要根据零件表面不同功能的要求分别选用。粗糙度轮廓参数 *Ra* 几乎是所有表面必须选择的评定参数。*Ra* 越小,零件被加工表面越光滑,但加工成本越高。因此,在满足零件使用要求的前提下,应合理选用参数值。

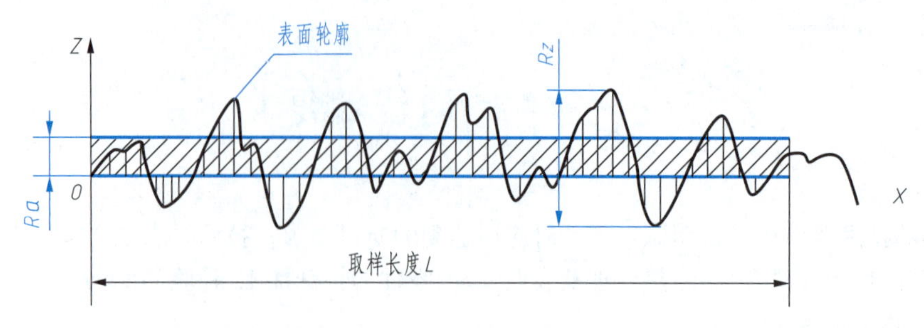

图 7-30　表面粗糙度的主要评定参数

国家标准《产品几何技术规范(GPS)表面结构　轮廓法　表面粗糙度参数及其数值》(GB/T 1031—2009)中规定了轮廓算术平均偏差(*Ra*)和轮廓最大高度(*Rz*)的数值系列,见表 7-6。

表 7-6　表面粗糙度参数数值　　单位:μm

表面粗糙度参数	数 值 系 列
Ra	0. 012、0. 025、0. 05、0. 1、0. 2、0. 4、0. 8、1. 6、3. 2、6. 3、12. 5、25、50、100
Rz	0. 025、0. 05、0. 1、0. 2、0. 4、0. 8、1. 6、3. 2、6. 3、12. 5、25、50、100、200、400、800、1600

3. 表面结构的图形符号、代号的含义

(1) 表面结构图形符号。表面结构图形符号及其含义见表 7-7,其中表面结构的基本符号由两条不等长的细直线组成,具体画法及尺寸如图 7-31 所示。

表 7-7　表面结构的图形符号及其含义(GB/T 131—2006)

序号	分　类	图 形 符 号	意义及说明
1	基本图形符号		基本图形符号,表示表面可用任何方法获得。当不加粗糙度参数值或有关说明时,仅适用于简化代号标注
2	扩展图形符号		基本图形符号加一短横,表示指定表面用去除材料的方法获得,如通过机械加工获得的表面
			基本图形符号加一个圆圈,表示指定表面用不去除材料的方法获得
3	完整图形符号		当要求标注表面结构特征的补充信息时,应在上述三个符号的长边上加一横线
4	工件轮廓各表面的图形符号		当在图样某个视图上构成封闭轮廓的各表面具有相同的表面结构要求时,应在上述完整图形符号上加一圆圈,标注在图样中工件的封闭轮廓线上

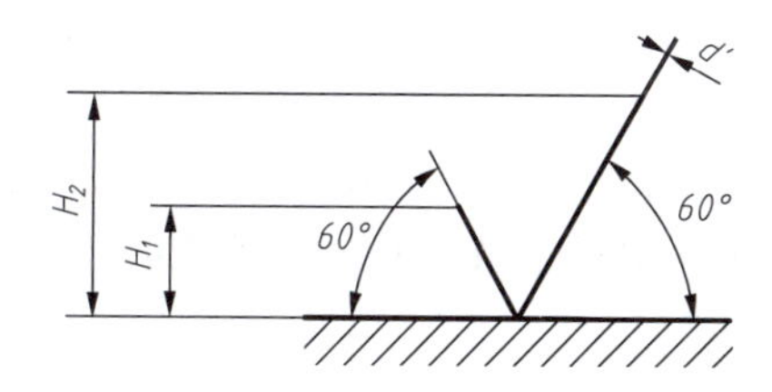

数字和字母高度h	2.5	3.5	5	7	10	14	20
符号线宽d'，字母线宽d	0.25	0.35	0.5	0.7	1	1.4	2
高度H_1	3.5	5	7	10	14	20	28
高度H_2	7.5	10.5	15	21	30	42	60

图 7-31　表面结构基本符号的画法及尺寸(单位:mm)

(2)表面结构代号。在表面结构图形符号上,标注表面结构参数值及其他有关规定项目后组成表面结构代号,如图 7-32 所示。

在表面结构代号中,对表面结构的单一要求和补充要求应注写在指定位置:位置 a 注写表面结构的单一要求;位置 a、b 注写两个或多个表面结构要求;位置 c 注写加工方法;位置 d 注写表面纹理和方向;位置 e 注写加工余量。

在图样上标注时,若采用默认定义,并对其他方面不要求时,可采用简化注法,如图 7-33 所示,将表面结构参数代号及其后的参数值写在 a 处。为避免误解,在参数代号和极限值间应插入空格。

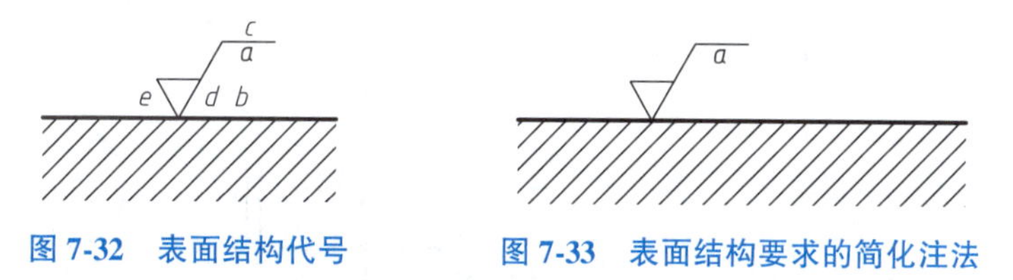

图 7-32　表面结构代号　　图 7-33　表面结构要求的简化注法

部分采用默认定义时的表面结构(粗糙度)代号及其含义见表 7-8。

表 7-8　默认定义时表面结构(粗糙度)代号及其含义

代号示例(GB/T 131—2006)	含义/解释
Ra 3.2	用不去除材料的方法获得的表面,单向上限值,*Ra* 的上限值为 3.2 μm
Ra 3.2	用去除材料的方法获得的表面,单向上限值,*Ra* 的上限值为 3.2 μm
Ra max 3.2	用去除材料的方法获得的表面,单向上限值,*Ra* 的最大值为 3.2 μm
U *Ra* 3.2 L *Ra* 1.6	用去除材料的方法获得的表面,双向上限值,*Ra* 的上限值为 3.2 μm,*Ra* 的下限值为 1.6 μm
Rz 3.2	用去除材料的方法获得的表面,单向上限值,*Rz* 的上限值为 3.2 μm

4. 表面结构要求在图样中的注法

表面结构要求对每一表面一般只标注一次,并尽可能注在相应的尺寸及其公差的同一视图上。

除非另有说明，所标注的表面结构要求是对完工零件表面的要求。注意应使表面结构的注写和读取方向与尺寸的注写和读取方向一致。

（1）标注在轮廓线、延长线或指引线上。表面结构要求可直接标注在图样的可见轮廓线或其延长线上，其符号尖端必须从材料外指向并接触被加工表面；必要时，表面结构符号也可用带箭头或黑点的指引线引出标注，如图 7-34 所示。

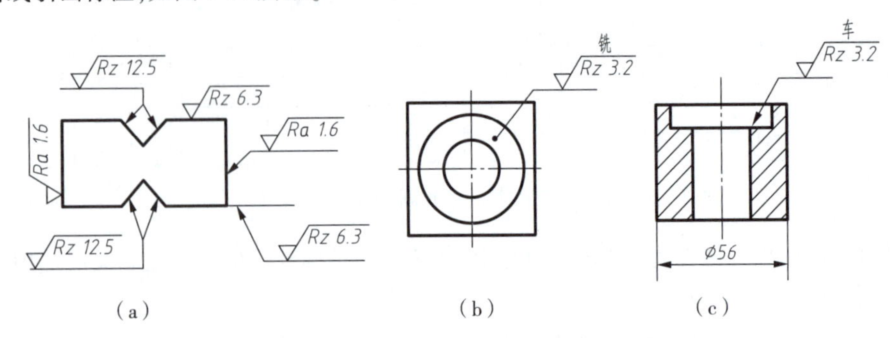

图 7-34　表面结构要求标注在轮廓线、延长线或指引线上

（2）标注在特征尺寸的尺寸线上。在不致引起误解时，表面结构要求可以标注在给定的尺寸线上，如图 7-35 所示。

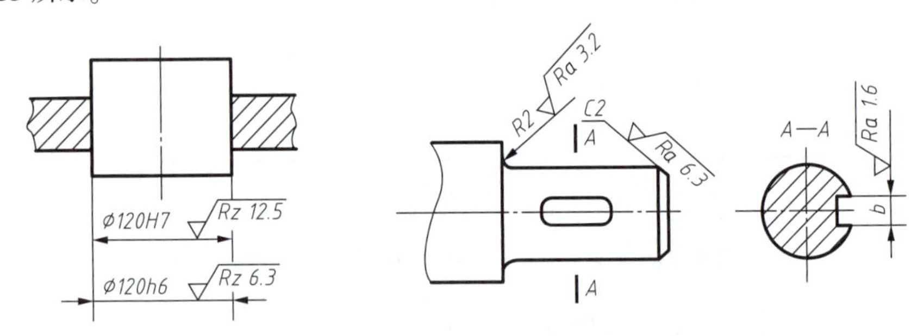

图 7-35　表面结构要求标注在尺寸线上

（3）标注在几何公差的框格上。表面结构要求可标注在几何公差框格的上方，如图 7-36 所示。

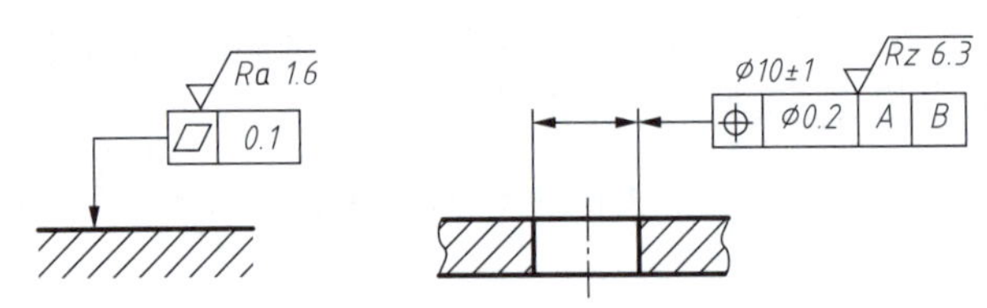

图 7-36　表面结构要求标注在几何公差框格的上方

（4）标注在圆柱和棱柱表面上。圆柱和棱柱表面的表面结构要求只标注一次，如图 7-37（a）所示。如果每个棱柱表面有不同的表面结构要求，则应分别单独标注，如图 7-37（b）所示，右端棱柱的上下两个平面分别标注 *Ra*6.3 和 *Ra*3.2。

（5）对周边各面有相同的表面结构要求的注法。当在图样某个视图上构成封闭轮廓的各表面有相同的表面结构要求时，应在完整图形符号上加一圆圈，标注在图样中工件的封闭轮廓线上，如图 7-38 所示，不包括前、后面。

（6）简化标注。如果工件的多数或全部表面具有相同的表面结构要求，则其表面结构要求可统一标注在图样的标题栏附近。此时（除全部表面有相同要求的情况外），表面结构要求的符号

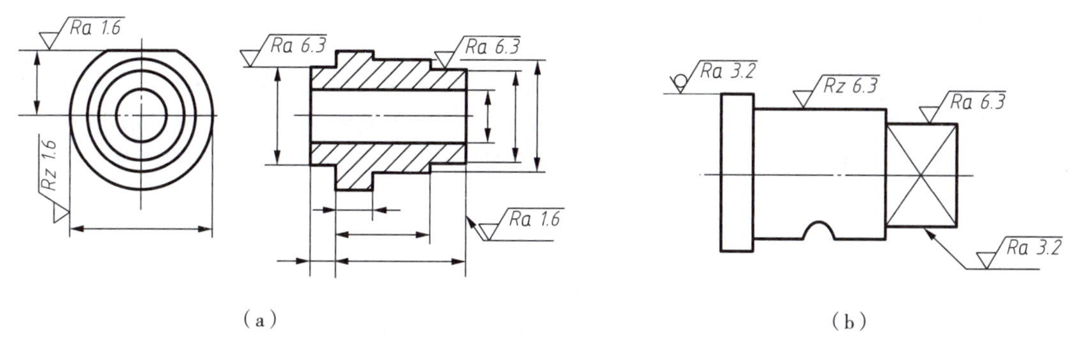

图 7-37　圆柱和棱柱表面结构要求的注法

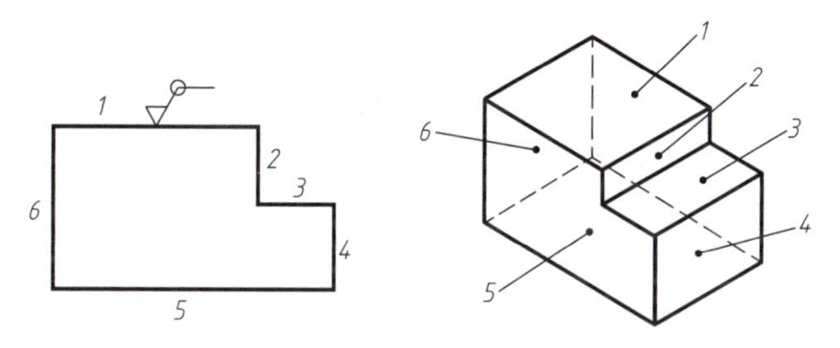

图 7-38　对周边各面有相同的表面结构要求的注法

后面应在圆括号内给出无任何其他标注的基本符号[见图 7-39(a)]或不同的表面结构要求[见图 7-39(b)]。

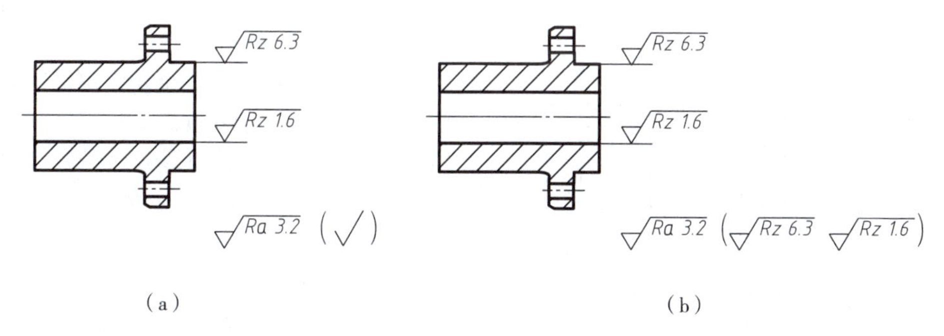

图 7-39　大多数表面有相同表面结构要求的简化标注

当多个表面具有相同的表面结构要求或图纸空间有限时，可用带字母的完整符号在图中进行简化标注，以等式的形式在标题栏附近注写具体要求[见图 7-40(a)]。

若表面结构要求的种类少，也可只用表面结构符号，以等式的形式给出对多个表面共同的表面结构要求[见图 7-40(b)]。

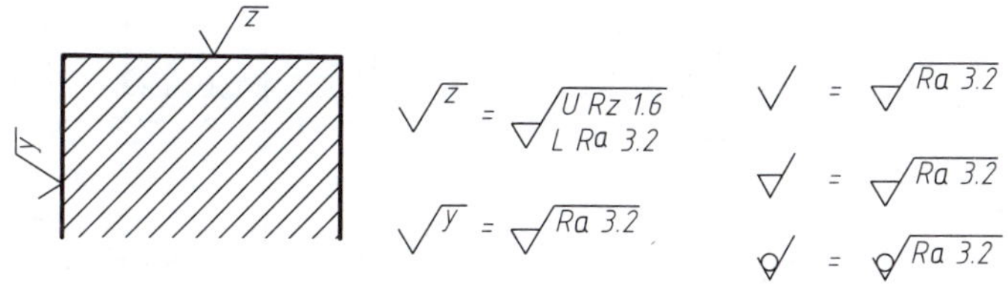

(a)　(b)

图 7-40　多个表面有共同要求的简化标注

二、极限与配合

极限与配合是检验产品质量的重要技术指标，是保证使用性能及互换性的前提，是零件图、装配图中的重要技术要求。通过限制零件功能尺寸不超过设定的上极限值和下极限值，相配合的零件（如轴和孔）各自达到技术要求后，装配在一起就能满足设计的松紧程度和工作精度要求，保证功能实现和互换性。

1. 互换性

批量生产条件下，在不同工厂、不同车间、由不同工人生产的相同规格的零部件中任取一个不经挑选或修配就可顺利地装入机器中，并满足预定的使用性能和要求，零件的这种性质称为互换性。零件的互换性促进了产品标准化，不但给机器的装配、维修带来方便，更重要的是为现代化大批量生产提供了可能性。

2. 极限与配合的基本概念

保证零件的互换性并不是要求每个零件都做得绝对一样。由于零件在实际生产过程中受到机床、刀具、加工、测量等诸多因素的影响，加工完的零件实际尺寸总是存在一定的误差，绝对精确是不可能的，从经济角度考虑也是不必要的。设计时，根据零件的使用要求，对零件尺寸规定一个允许的变动范围，这个允许的尺寸变动量即为尺寸公差，简称公差。零件实际尺寸的误差在这个允许的变动量之内就是合格产品。

根据国家标准《产品几何技术规范（GPS） 线性尺寸公差 ISO 代号体系 第 1 部分：公差、偏差和配合的基础》（GB/T 1800.1—2020），下面以图 7-41 和图 7-42 为例，介绍有关术语。

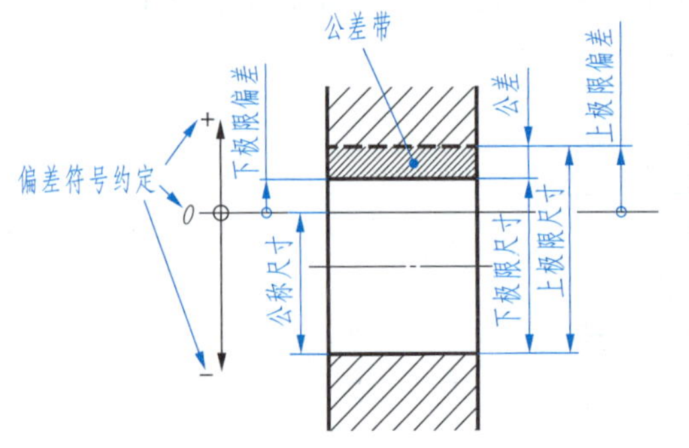

图 7-41 定义说明（以孔为例）

1）公称尺寸、实际尺寸、极限尺寸

（1）公称尺寸。由图样规范定义的理想形状要素的尺寸（⌀20）。零件的公称尺寸是根据使用要求，通过计算或根据试验和经验确定的，一般应尽量选用标准直径或标准长度。

（2）实际尺寸。拟合组成要素的尺寸，组成要素是指属于工件的实际表面或表面模型的几何要素，通过测量得到。

（3）极限尺寸。尺寸要素的尺寸允许极限值，包括上极限尺寸和下极限尺寸。上极限尺寸是尺寸要素允许的最大尺寸，如图 7-42 所示的孔的上极限尺寸为⌀20.020，轴的上极限尺寸为⌀19.993。下极限尺寸是尺寸要素允许的最小尺寸，如图 7-42 所示的孔的下极限尺寸为⌀20.007，轴的下极限尺寸为⌀19.980。

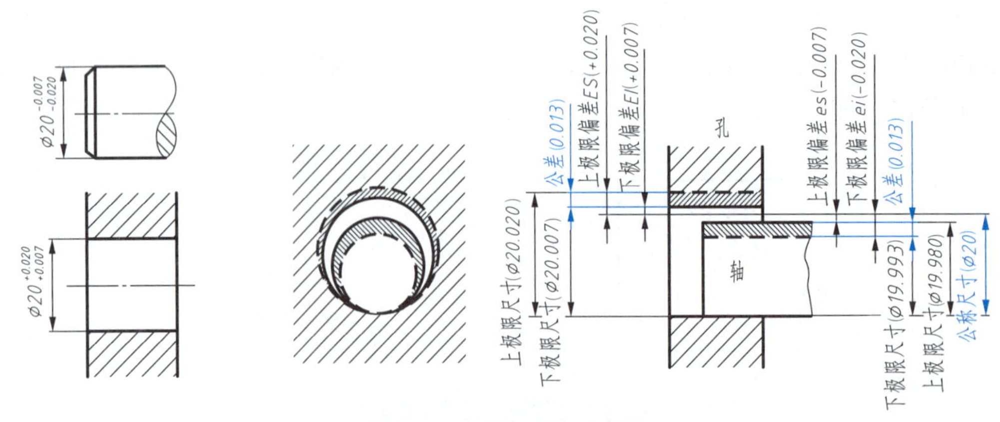

图 7-42 极限与配合示意图

2)偏差、极限偏差、基本偏差

(1)偏差。某值与其参考值之差。对于尺寸偏差,参考值是公称尺寸,某值是实际尺寸。

(2)极限偏差。相对于公称尺寸的上极限偏差和下极限偏差,计算方式为

极限偏差=极限尺寸-公称尺寸

上极限偏差=上极限尺寸-公称尺寸

下极限偏差=下极限尺寸-公称尺寸

国家标准规定用代号 *ES* 和 *es* 分别表示孔和轴的上极限偏差;用代号 *EI* 和 *ei* 分别表示孔和轴的下极限偏差,孔用大写,轴用小写。上、下极限偏差是一个带符号的值,可以为正值、负值或零值。如图 7-42 所示,孔的上极限偏差 $ES=20.020-20=+0.020$,孔的下极限偏差 $EI=20.007-20=+0.007$,轴的上极限偏差 $es=19.993-20=-0.007$,轴的下极限偏差 $ei=19.980-20=-0.020$。

(3)基本偏差。确定公差带相对公称尺寸位置的极限偏差,即最接近公称尺寸的极限偏差。

3)公差、公差极限、标准公差

(1)公差。公差是允许尺寸的变动量,计算方式为

公差=上极限尺寸-下极限尺寸=上极限偏差-下极限偏差

公差是一个没有符号的绝对值,且不能为零。如图 7-42 所示,孔的公差为 $20.020-20.007=0.013$ 或 $0.020-0.007=0.013$。

(2)公差极限。确定允许值上界限和(或)下界限的特定值。

(3)标准公差。线性尺寸公差 ISO 代号体系中的任一公差,用代号 IT(国际公差)表示。

4)公差带、公差带代号

(1)公差带。公差极限之间(包括公差极限)的尺寸变动值,公差带包含在上极限尺寸和下极限尺寸之间,由公差大小和相对于公称尺寸的位置确定(见图 7-41)。公差带不是必须包括公称尺寸,公差极限可以是双边的(两个值位于公称尺寸两边)或单边的(两个值位于公称尺寸的一边),当一个公差极限位于一边,而另一个公差极限为零时,这种情况则是单边标示的特例。

公差带是由公差带大小和公差带位置两个要素组成的。国家标准对这两个独立要素分别进行了标准化,即标准公差系列和基本偏差系列。

(2)公差带代号。基本偏差和标准公差等级的组合。在线性尺寸公差 ISO 代号体系中,公差带代号由基本偏差标示符与公差等级组成(如 D13、h9 等),包含公差大小和相对于尺寸要素的公称尺寸的公差带位置信息。

3. 线性尺寸公差 ISO 代号体系

(1)标准公差。用以确定公差带大小的公差为标准公差,标准公差等级用字符 IT 和等级数字表示,如 IT7。当标准公差等级与代表基本偏差的字母组合形成公差带代号时,IT 省略,如 H7。国家标准《产品几何技术规范(GPS)极限与配合》(GB/T 1800 系列)在公称尺寸为 500 mm 内时规定 IT01、IT0、IT1、…、IT18 共 20 个标准公差等级;在公称尺寸为 500~3150 mm 内时规定 IT1~IT18 共 18 个标准公差等级。其中数字 01、0、1、2、…、18 表示公差等级,其尺寸精确程度从 IT01 到 IT18 依次降低,相应的标准公差(公差带)依次加大。标准公差为公称尺寸的函数,标准公差的数值取决于公差等级和公称尺寸。

(2)基本偏差。基本偏差是用于确定公差带相对公称尺寸位置的极限偏差,也是上、下极限偏差中最接近公称尺寸的极限偏差。当公差带位于零线上方时,基本偏差为下极限偏差,当公差带位于零线下方时,基本偏差为上极限偏差。在图 7-42 中,孔的基本偏差为下极限偏差,轴的基本偏差为上极限偏差。

在公差制中,公差带相对于公称尺寸的位置,由基本偏差的大小和正负号确定。基本偏差原则上与标准公差无关,彼此独立。基本偏差的信息由一个或多个字母标示,称为基本偏差标示符。公差带相对于公称尺寸的位置与孔和轴的基本偏差(+或-)符号如图 7-43 所示。

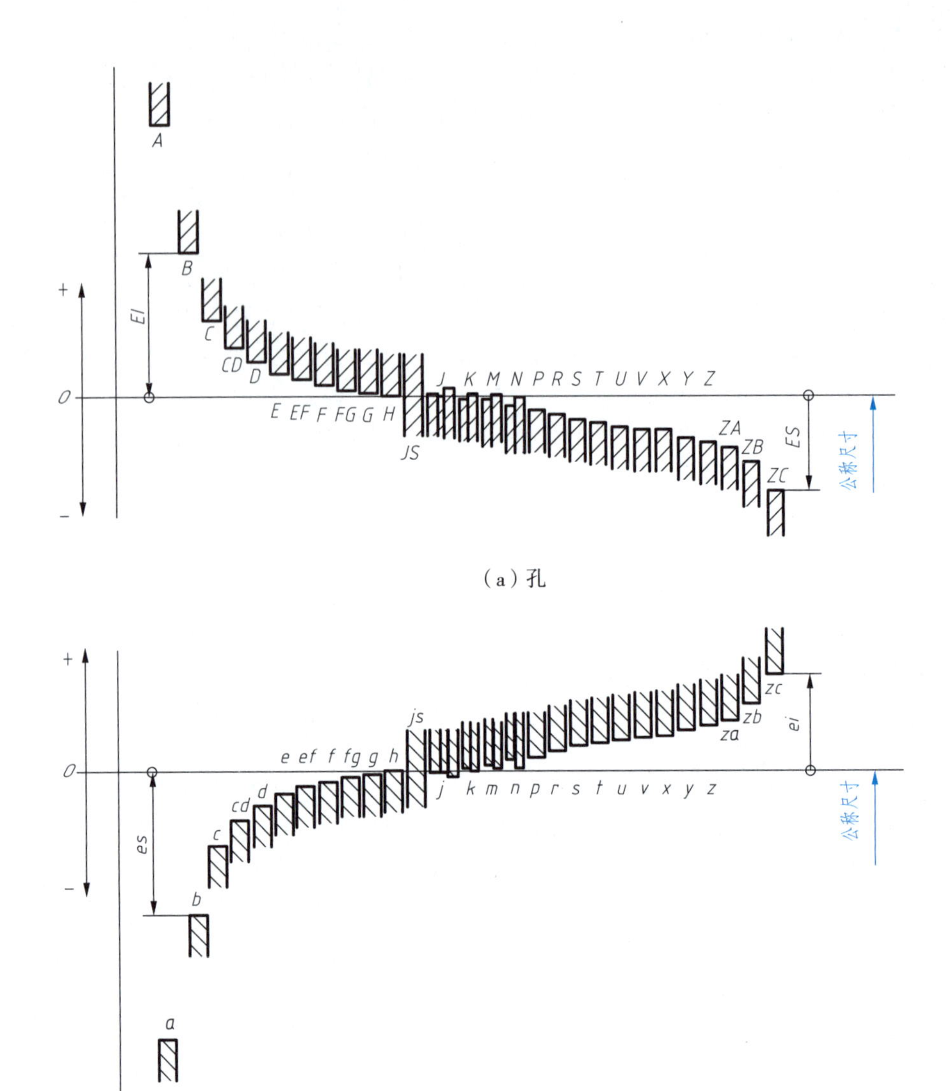

（a）孔

（b）轴

图 7-43　基本偏差系列图

图中轴的基本偏差从 $a \sim h$ 为上极限偏差，从 $j \sim zc$ 为下极限偏差。孔的基本偏差从 $A \sim H$ 为下极限偏差，从 $J \sim ZC$ 为上极限偏差。对 js 和 JS，其上下极限偏差是对称的。

基本偏差系列图只表示公差带相对于公称尺寸的位置，所以仅画出属于基本偏差的一端，另一端则是开口的，即公差带的另一端取决于标准公差（IT）的大小。若要计算轴和孔的另一偏差，可根据轴和孔的基本偏差和标准公差，按以下公式计算：

轴的另一个偏差（上极限偏差或下极限偏差）：$es = ei + \mathrm{IT}$ 或 $ei = es - \mathrm{IT}$。

孔的另一个偏差（上极限偏差或下极限偏差）：$ES = EI + \mathrm{IT}$ 或 $EI = ES - \mathrm{IT}$。

（3）公差带代号标示。孔、轴的公差带代号用代表基本偏差的标示符和代表标准公差等级数字组合表示。尺寸及其公差由公称尺寸及所要求的公差带代号标示，或由公称尺寸及+和/或-极限偏差标示。用极限偏差标注与用公差带代号标注等同。例如，图 7-42 所示的一对孔和轴的尺寸表示为 ϕ20G6 和 ϕ20g6，其含义如下：

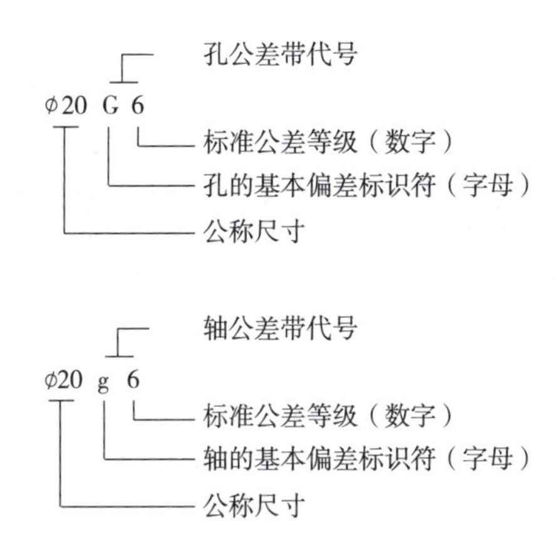

∅20g6 公差带的全称是：公称尺寸为∅20，标准公差等级为 6 级，基本偏差为 g 的轴的公差带。

4. 配合与配合制

公称尺寸相同的、相互结合的孔和轴（泛指一切内、外表面，包括非圆表面）公差带之间的关系，称为配合。通俗地讲，配合就是孔和轴结合时的松紧程度。

配合中可能会有间隙或过盈。孔的尺寸减去相配合的轴的尺寸所得的代数差称为间隙或过盈。当孔的尺寸大于轴的尺寸时，此差值为正，称为间隙，二者形成可动结合；当孔的尺寸小于轴的尺寸时，此差值为负，称为过盈，二者形成刚性结合。

1）配合的种类

通过改变孔和轴的公差带的大小和相互位置调节配合的松紧程度，以满足设计、工艺和实际生产的要求。

（1）间隙配合。孔的公差带完全位于轴的公差带之上［见图 7-44（a）］。任取一对轴孔配合时，孔的直径均大于轴的直径，形成具有间隙（包括最小间隙为零）的配合。当相互配合的两零件有相对运动时，采用间隙配合。

（2）过盈配合。孔的公差带完全位于轴的公差带之下［见图 7-44（b）］。任取一对轴孔配合时，孔的直径均小于轴的直径，形成具有过盈（包括最小过盈为零）的配合。当相互配合的两零件需要牢固连接时，采用过盈配合。

（3）过渡配合。孔和轴的公差带相互交叠［见图 7-44（c）］。任取一对轴孔配合时，可能具有间隙，也可能具有过盈的配合。此时，间隙或过盈的量都不大。对于不允许有相对运动，轴与孔的对中性要求比较高，且又需要拆卸的两零件配合，宜采用过渡配合。

2）配合制

配合制是由线性尺寸公差 ISO 代号体系确定公差的孔和轴组成的一种配合制度，形成配合要素的线性尺寸公差 ISO 代号体系应用的前提条件是孔和轴的公称尺寸相同。要得到各种性质的配合，就必须在保证获得适当间隙或过盈的条件下，确定孔和轴的公差带。在制造相配合的零件时，如果孔和轴两者的尺寸都可以任意变动，则情况变化极多，不便于零件的设计与制造。为此，国家标准规定了以下两种配合制度。

（1）基孔制配合。孔的基本偏差为零的配合，即其下极限偏差等于零，所要求的间隙或过盈由不同公差带代号的轴与一基本偏差为零的公差带代号的基准孔相配合得到，如图 7-45 所示。基孔制中的孔称为基准孔，其基本偏差代号为 H。因此，基孔制配合是孔的下极限尺寸与公称尺寸相等，孔的下极限偏差为零的一种配合制。

（2）基轴制配合。轴的基本偏差为零的配合，即其上极限偏差等于零，所要求的间隙或过盈由不同公差带代号的孔与一基本偏差为零的公差带代号的基准轴相配合得到，如图 7-46 所示。基轴

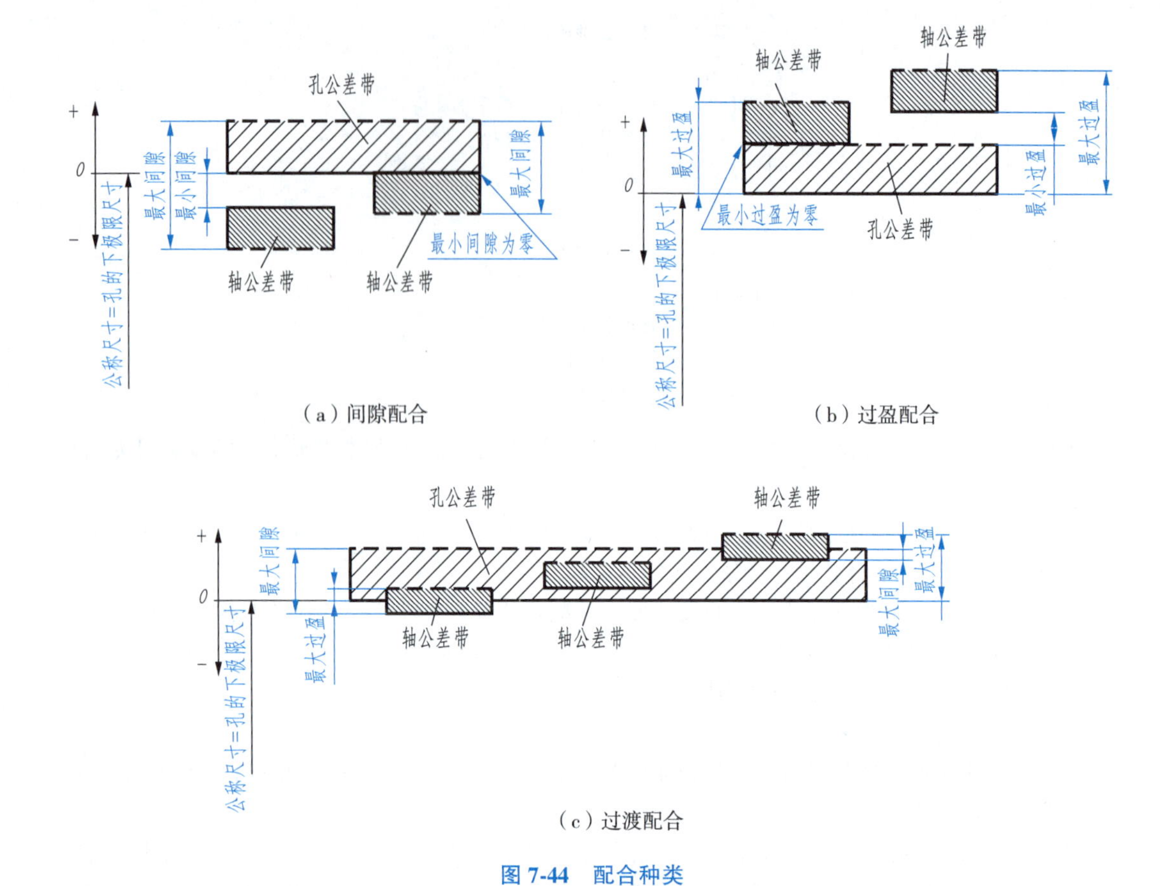

图 7-44 配合种类

制中的轴称为基准轴,其基本偏差代号为 h。因此,基轴制配合是轴的上极限尺寸与公称尺寸相等,轴的上极限偏差为零的一种配合制。

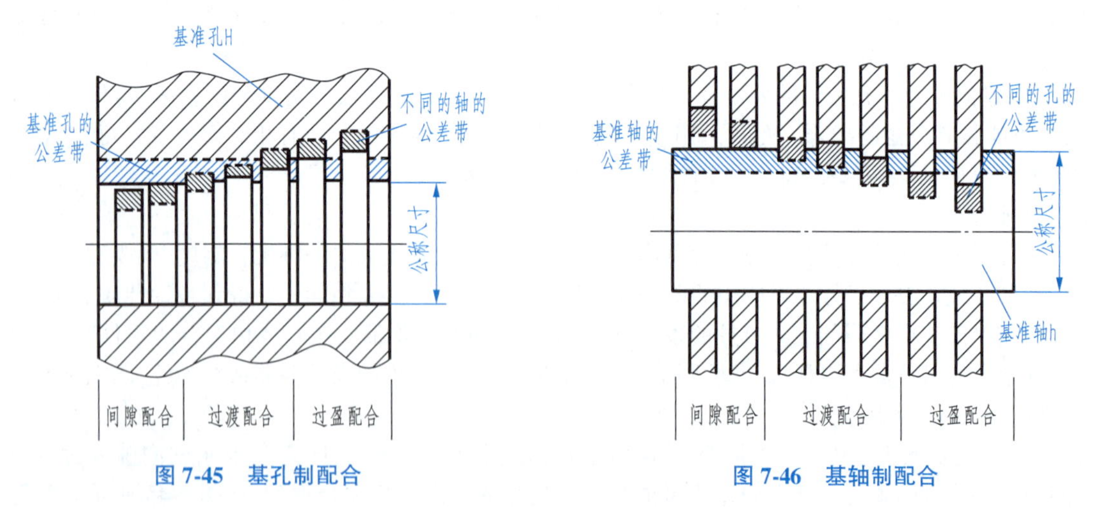

图 7-45 基孔制配合

图 7-46 基轴制配合

基孔制配合和基轴制配合都各有三种类型,其公差带间的关系如图 7-45 和图 7-46 所示。由于孔比轴更难加工一些,一般情况下优先采用基孔制配合。如有特殊需要,允许将任一孔、轴公差带组成配合。

在基孔制(基轴制)配合中,轴(孔)的基本偏差从 $a \sim h$($A \sim H$)用于间隙配合,从 $j \sim zc$($J \sim ZC$)

用于过渡配合和过盈配合。

5. 极限与配合的标注

在零件图中极限的标注有三种标注形式,如图 7-47 所示。

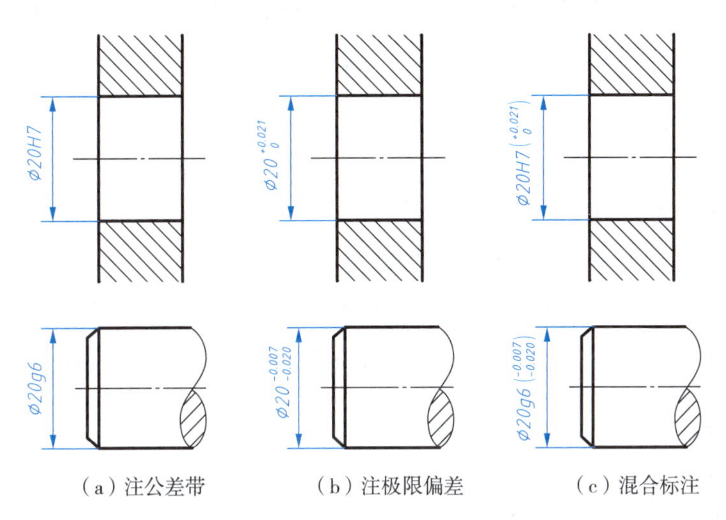

(a)注公差带　(b)注极限偏差　(c)混合标注

图 7-47 零件图中极限的标注

注写时应注意:上、下极限偏差绝对值不同时,偏差值字高应比公称尺寸数字字高小一号,下极限偏差与公称尺寸注在同一底线上,小数点对齐,且小数点后的位数也必须相同;当某一极限偏差为零时,用数字 0 标出,并与另一极限偏差的个位数对齐;当两个极限偏差绝对值相同时,仅写一个数值,字高与公称尺寸相同,数值前注写“±”符号,如Ø25±0. 030。

装配图中标注配合尺寸,用相同的公称尺寸后跟孔、轴公差带代号表示。孔、轴公差带代号写成分数形式,分子为孔公差带代号,分母为轴公差带代号,形式如下:

公称尺寸$\frac{\text{孔的公差带代号}}{\text{轴的公差带代号}}$或公称尺寸孔的公差带代号/轴的公差带代号

标注示例如图 7-48 所示。

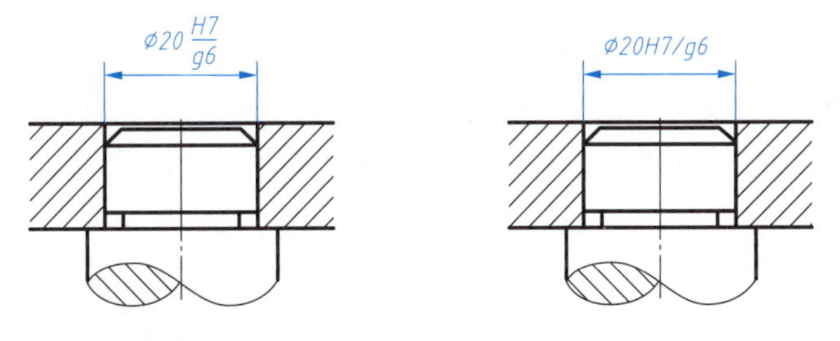

图 7-48 装配图中配合尺寸标注示例

三、几何公差

机械零件在加工中的尺寸误差用尺寸公差加以限制,而加工中对零件的几何形状和相对几何要素的位置误差则由几何公差加以限制。几何公差包括形状、方向、位置和跳动公差,指零件要素的实际形状和实际位置对于设计所要求的理想形状和理想位置所允许的变动量。几何误差(见图 7-49)的存在影响着工件的可装配性、结构强度、接触刚度、配合性质、密封性、运动精度及啮合性能等。

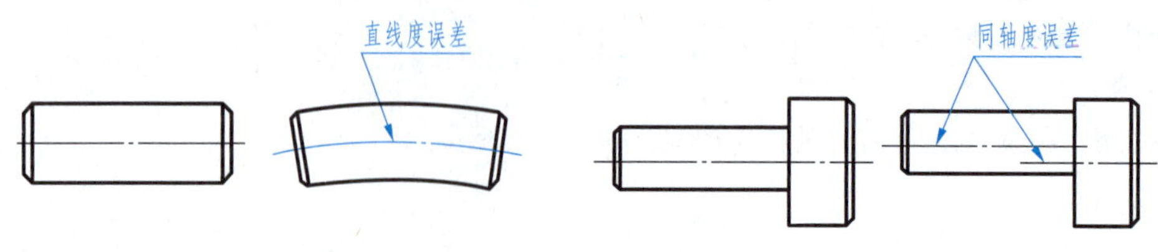

图 7-49　几何误差

1. 几何公差项目及符号

国家标准《产品几何技术规范(GPS)几何公差　形状、方向、位置和跳动公差标注》(GB/T 1182—2018)中规定了几何公差的几何特征和符号见表 7-9。

表 7-9　几何公差的几何特征和符号

公差类型	几何特征	符号	公差类型	几何特征	符号
形状公差	直线度	—	形状/方向/位置公差	线轮廓度	⌒
	平面度	▱		面轮廓度	⌓
	圆度	○	位置公差	位置度	⌖
	圆柱度	⌭		同心度、同轴度	◎
方向公差	平行度	//		对称度	⌯
	垂直度	⊥	跳动公差	圆跳动	↗
	倾斜度	∠		全跳动	⌰

2. 几何公差标注

几何公差要求注写在划分成两格或多格的矩形框格内，各格自左至右顺序标注几何特征代号、公差值、基准，如图 7-50 所示。

公差框格用细实线绘制，可水平或垂直放置，框格高度是图样中尺寸数字高度的两倍，其长度视需要而定。框格中的数字、字母一般应与图样中的字体同高，基准符号的比例和尺寸可查阅国家标准。

当被测要素为轮廓线或表面时，箭头指向该要素的可见轮廓线或其延长线(应与尺寸线明显错开)，并与之垂直，箭头的方向即为公差带宽度的方向，如图 7-51 中$\phi 1$圆柱面的圆度公差；当被测要素为中心要素(中心线、对称面或中心点)时，箭头应与该要素的尺寸线对齐，如图 7-51 中$\phi 1$轴线与$\phi 2$轴线的同轴度公差；基准用大写字母标注在与被测要素相关的基准方格内，用涂黑或空白的三角形相连表示基准，基准三角形放置在要素的轮廓线或其延长线上，如图 7-51 中$\phi 2$圆柱左端面基准 A。如果基准是尺寸的中心要素，基准三角形应放置在尺寸线的延长线上，如图 7-51 中$\phi 1$轴线基准 B。

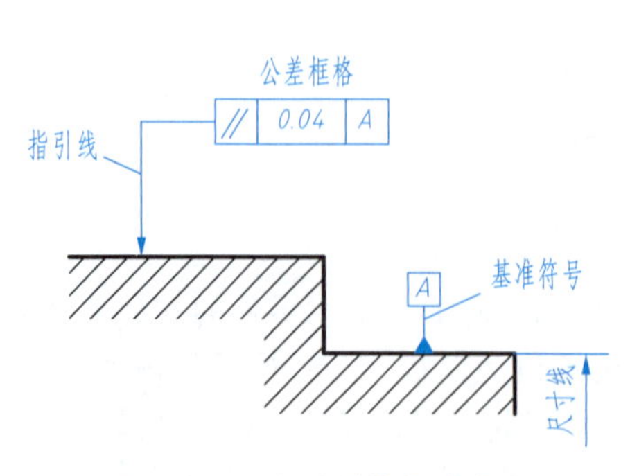

图 7-50　几何公差的标注内容

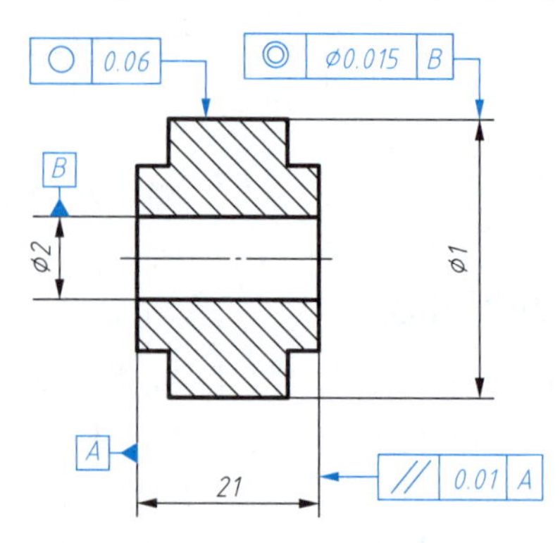

图 7-51　几何公差标注示例

7.6 读零件图

扫一扫

读零件图的方法和步骤

读零件图的目的是了解零件的名称、材料和用途，通过分析视图、分析尺寸，想象出零件的结构形状和大小，了解零件的各项技术要求以及制造方法。下面以图 7-52 所示的阀体零件图为例，说明读零件图的方法和步骤。

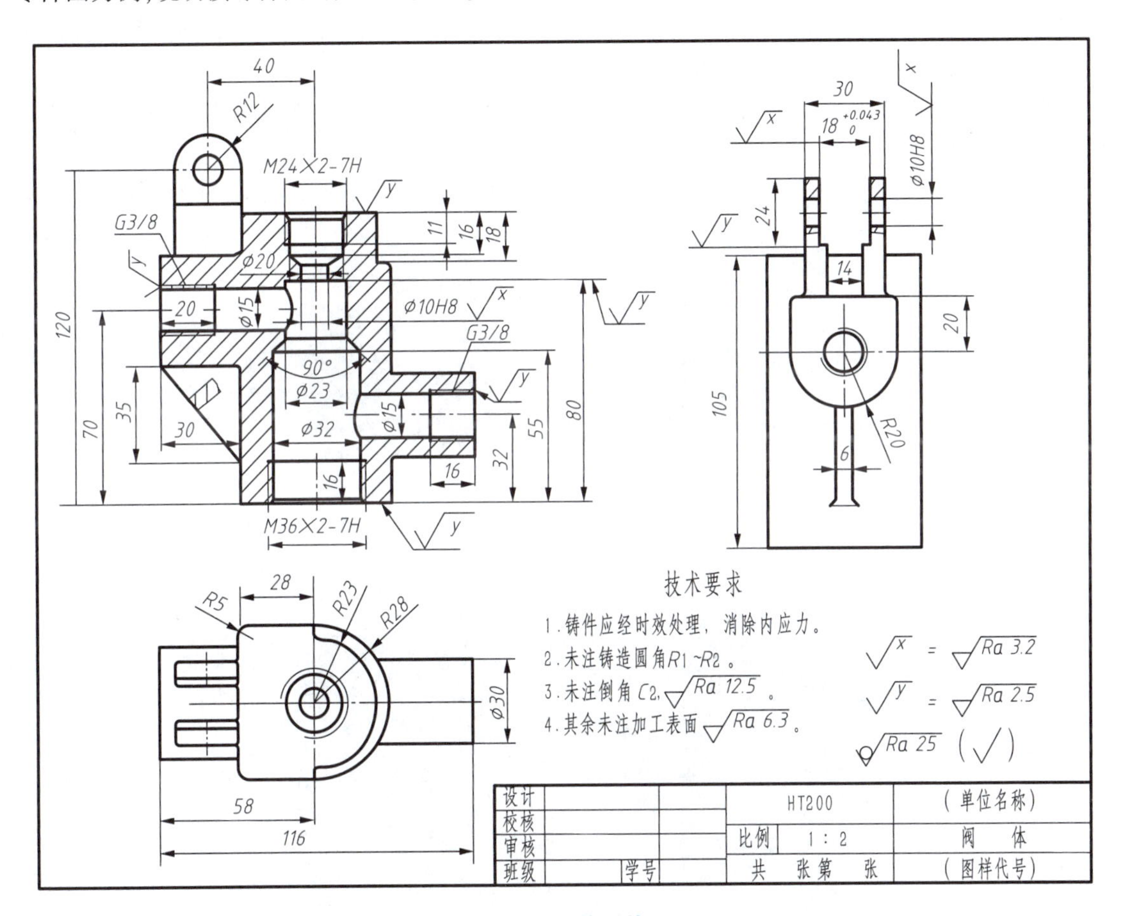

图 7-52 阀体零件图

1. 读标题栏

通过阅读标题栏，了解零件的名称、材料、数量、图样比例等信息，对零件有一个初步认识。从图 7-52 所示标题栏中可知，该零件为阀体，材料为 HT200(灰铸铁)，属箱体类铸造件，具有一般箱体类零件所具有的安装、容纳其他零件的结构。图样比例为 1 : 2，可以想象零件实物的大小。

2. 分析表达方案

先分析主视图，再看其他视图。了解视图的名称、相互间的投影关系、采用的表达方法。

该阀体零件图用三个基本视图表达内、外部结构和形状。主视图采用全剖视图，表达了主要的内部结构形状；俯视图主要表达阀体外部轮廓形状；左视图主要表达外形，用局部剖视图表达了上方两个支座立板上的通孔结构。

3. 分析构形，想象零件结构形状

分析构形，想象零件的结构形状是读零件图的重点和难点，也是读零件图的核心内容。在该过程中，既要熟练运用组合体视图的阅读方法分析视图，想象零件的主体结构形状，又要依靠对功能、工艺结构的分析想象零件上的局部结构。在形体分析时，要先整体、后局部，先主体、后细节，先易后难地逐步进行。

阀体外形主要由以下几个部分组成：*R*28 的半圆柱和与其相切的长方体组成的中心阀座［见图 7-53(a)］、左端 *R*20 的半圆柱和与其相切的长方体组成的凸缘、右端⌀30 圆柱凸缘、左侧凸缘上方两个 *R*12 半圆柱和相切长方体组成的支座立板、左侧凸缘下方一个厚度为 6 的支撑肋板。由俯视图能看出中心阀座的外形轮廓，左视图能看出左侧凸缘的外形轮廓，主视图能看出支座立板的外形轮廓，主要外形轮廓如图 7-53(b)所示。

阀体内腔主要结构为铅垂方向的阶梯孔、螺纹孔，以及主体阶梯孔左右两侧各一个与其垂直的连通孔，如图 7-53(c)所示。

综合以上分析，可清晰想象出阀体零件的完整外部形状及内部结构，如图 7-53(d)所示。

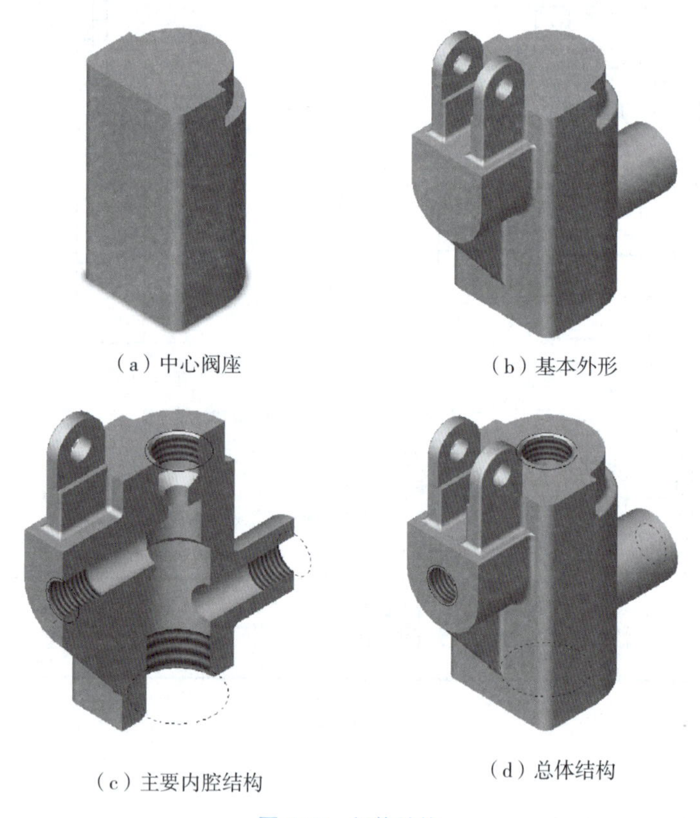

图 7-53　阀体结构

4. 分析尺寸

从零件长、宽、高三个方向的尺寸基准出发，按照形体分析法分析设计中的主要尺寸，找出定形尺寸、定位尺寸及总体尺寸。

长度方向主要尺寸基准是主体中心阀座孔⌀10H8 的轴线，它既是设计基准，又是工艺基准。主视图中左侧凸缘上方支座立板上孔的定位尺寸 40 及俯视图中阀座的尺寸 28、左侧凸缘的长度尺寸 60 等尺寸均是以此基准。左侧凸缘端面为辅助的工艺基准，是右侧凸缘长度的尺寸标注起点。

宽度方向尺寸基准也是主体中心阀座孔的轴线，它既是设计基准，又是工艺基准。左视图中的尺寸 30、14、18H9、6 等均是以此基准作为尺寸标注的起点。

高度方向尺寸基准是阀体的底面。主视图中高度方向的各尺寸及左视图中中心阀座的高度尺寸 105 等均是以此为基准。上平面是高度方向的辅助基准,是从该端面开始加工的阀座上的孔的尺寸标注起点。

从上述基准出发,结合零件的功用,可进一步分析各组成部分的定形、定位尺寸,从而完全确定该阀体的各部分大小。

5. 技术要求及加工方法分析

联系零件的结构形状和尺寸,分析图 7-52 中各项技术要求,了解零件的加工面要求,以便考虑采用相应的加工方法。

有尺寸公差要求的是主体中心阀座孔⌀10H8、左侧凸缘上方两个支座立板端面之间的距离 18H9 及两个支座立板上孔的直径⌀10H8。

从表面粗糙度标注看出,主体中心阀座孔⌀10H8 及左侧凸缘上方两个支座立板靠内侧的端面、两个支座立板上孔⌀10H8 的 *Ra* 值为 3. 2,其他内部螺纹孔、光孔的 *Ra* 值为 6. 3,中心阀座的顶面和底面、左右两侧油口端面等的 *Ra* 值为 25,其他未注倒角的 *Ra* 值为 12. 5,其余为铸造表面。

阀体材料为铸铁,为保证阀体加工后不致变形而影响工作,因此铸件应经时效处理。零件上的未注铸造圆角为 *R*1～*R*2。

此零件铸造成毛坯,经铣、钻等切削加工完成。

第8章 标准件与常用件

标准化、系列化和通用化是现代化生产的重要标志,可以提高劳动生产率,降低生产成本,保证产品质量。因此,对一些广泛使用的零(部)件的结构形式、尺寸大小、表面质量等实行标准化,这些零部件称为标准件,如螺纹紧固件、键、销及滚动轴承等。除了一般零件和标准件外,还有一些零件,如齿轮、弹簧等,其某些参数和尺寸也有统一的标准,这些零件习惯上称为常用件。《机械制图》国家标准规定了标准件、常用件的画法和标记。根据标准件的标记,即可查出它们的结构和尺寸。本章着重介绍广泛使用的标准件、常用件的规定画法及其标注。

8.1 螺纹紧固件

一、常用螺纹紧固件的种类与标记

螺纹紧固件是指通过螺纹旋合起到紧固、连接作用的主要零件和辅助零件。常用的螺纹紧固件有螺栓、螺柱、螺钉、螺母、垫圈等,如图8-1所示。其结构和尺寸已全部标准化,使用时可在紧固件的国家标准中选取。常用的螺纹紧固件及规定标记示例见表8-1。

(a) 六角头螺栓　(b) 双头螺柱　(c) 内六角螺钉　(d) 开槽圆柱头螺钉
(e) 开槽沉头螺钉　(f) 紧固螺钉　(g) 六角螺母　(h) 平垫圈　(i) 弹簧垫圈

图8-1　常见的螺纹紧固件

表 8-1 常用螺纹紧固件的规定标记示例

名称和标准代号	简化画法	标记及其说明
六角头螺栓 (GB/T 5782—2016)	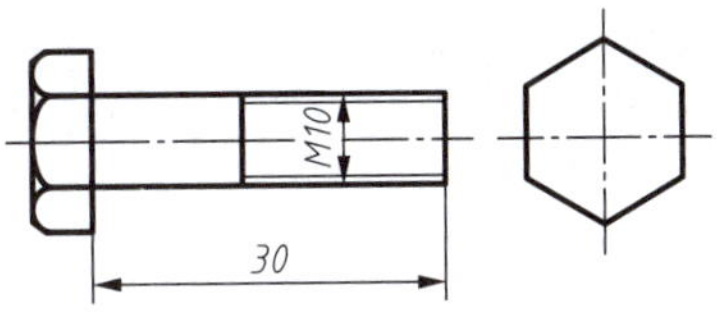	标记:螺栓 GB/T 5782 M10×30 表示:A 级六角头螺栓,螺纹规格 M10,公称长度为 30 mm,不经表面处理
双头螺柱 (GB/T 898—1988)	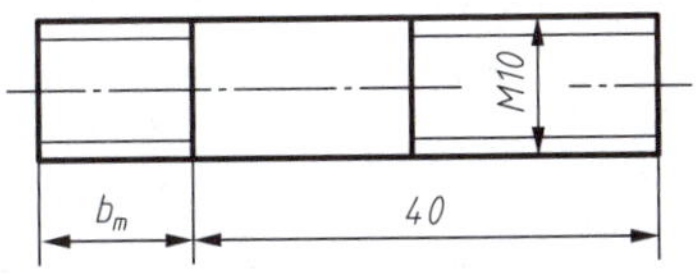	标记:螺柱 GB/T 898 M10×40 表示:B 型双头螺柱($b_m = 1.25d$),两端均为粗牙普通螺纹,螺纹规格为 M10,公称长度为 40 mm,不经表面处理
开槽沉头螺钉 (GB/T 68—2016)	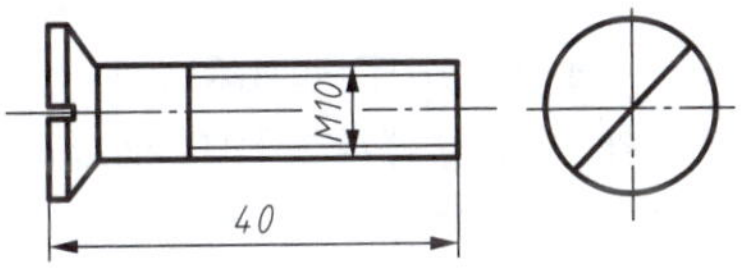	标记:螺钉 GB/T 68 M10×40 表示:开槽沉头螺钉,螺纹规格 M10,公称长度为 40 mm,不经表面处理
开槽圆柱头螺钉 (GB/T 65—2016)	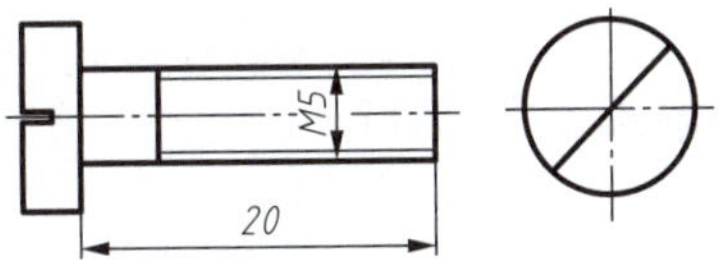	标记:螺钉 GB/T 65 M5×20 表示:开槽圆柱头螺钉,螺纹规格 M5,公称长度为 20 mm,不经表面处理
开槽平端紧定螺钉 (GB/T 73—2017)	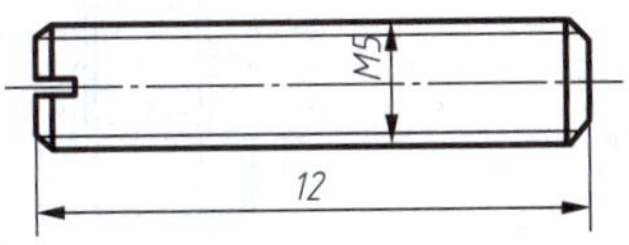	标记:螺钉 GB/T 73 M5×15 表示:开槽平端紧定螺钉,螺纹规格 M5,公称长度为 15 mm,不经表面处理
六角螺母 (GB/T 41—2016)	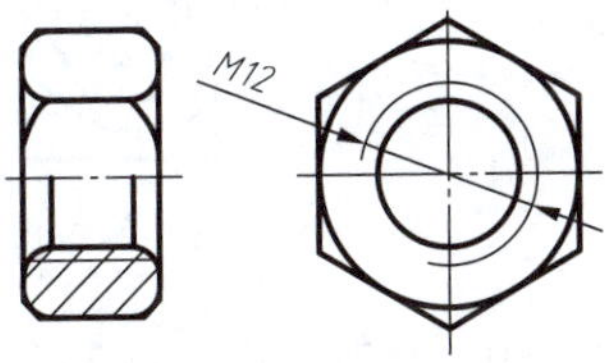	标记:螺母 GB/T 41 M12 表示:C 级的六角螺母,螺纹规格为 M12,不经表面处理

续上表

名称和标准代号	简化画法	标记及其说明
平垫圈 (GB/T 97.1—2002)	φ9	标记:垫圈　GB/T 97.1　8 表示:A级平垫圈,公称尺寸8 mm(螺纹公称直径)
弹簧垫圈 (GB/T 93—1987)	φ17	标记:垫圈　GB/T 93　16 表示:规格为16 mm(螺纹公称直径),材料为65Mn,表面氧化的标准型弹簧垫圈

二、螺纹紧固件的连接形式与装配画法

螺纹紧固件的基本连接方式有螺栓连接、双头螺柱连接和螺钉连接。紧固件各部分尺寸可在相应国家标准中查出,为了简便和提高效率,绘图时可采用比例画法。

螺纹紧固件连接的装配画法中规定:剖切平面通过螺纹紧固件轴线时,螺纹紧固件按未剖切绘制;螺纹连接件上的工艺结构可省略不画。画装配图时应注意:两零件接触表面应画成一条线,非接触的相邻表面应画两条线以表示其间隙;相邻被连接件的剖面线方向应相反。

1. 螺栓连接

螺栓连接常用于被连接件厚度不大,允许钻成通孔并能从被连接件两侧同时装配的场合,如图8-2所示。用螺栓连接时,被连接件上的通孔直径稍大于螺栓直径,螺栓穿过通孔后套上垫圈,再拧紧螺母。常用的六角头螺栓连接的比例画法如图8-3所示。

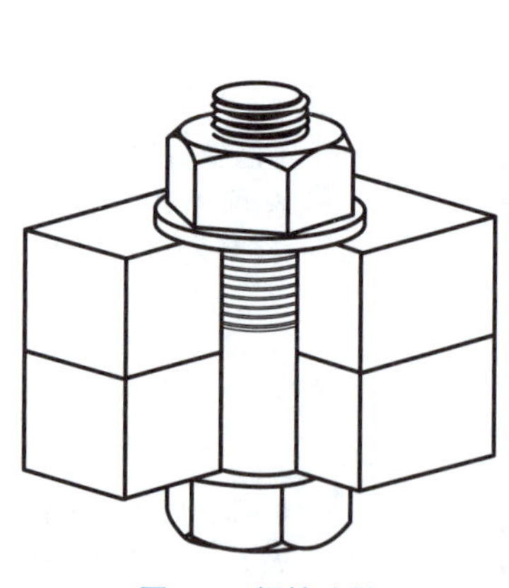

图8-2　螺栓连接

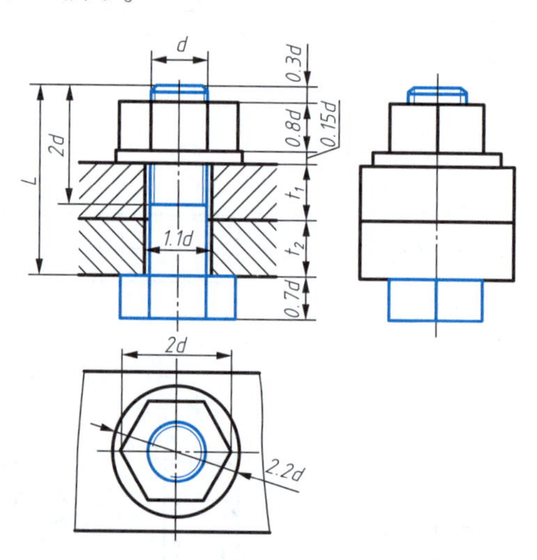

图8-3　六角头螺栓连接比例画法

螺栓的公称长度 $L \approx t_1+t_2+0.15d$(垫圈厚)$+0.8d$(螺母厚)$+0.3d$(螺栓末端的伸出高度),其中 t_1、t_2 为被连接件厚度,估算出长度 L 后,查阅螺栓有效长度系列值,选用接近的标准公称长度。图8-4为螺栓连接比例画法的画图步骤。

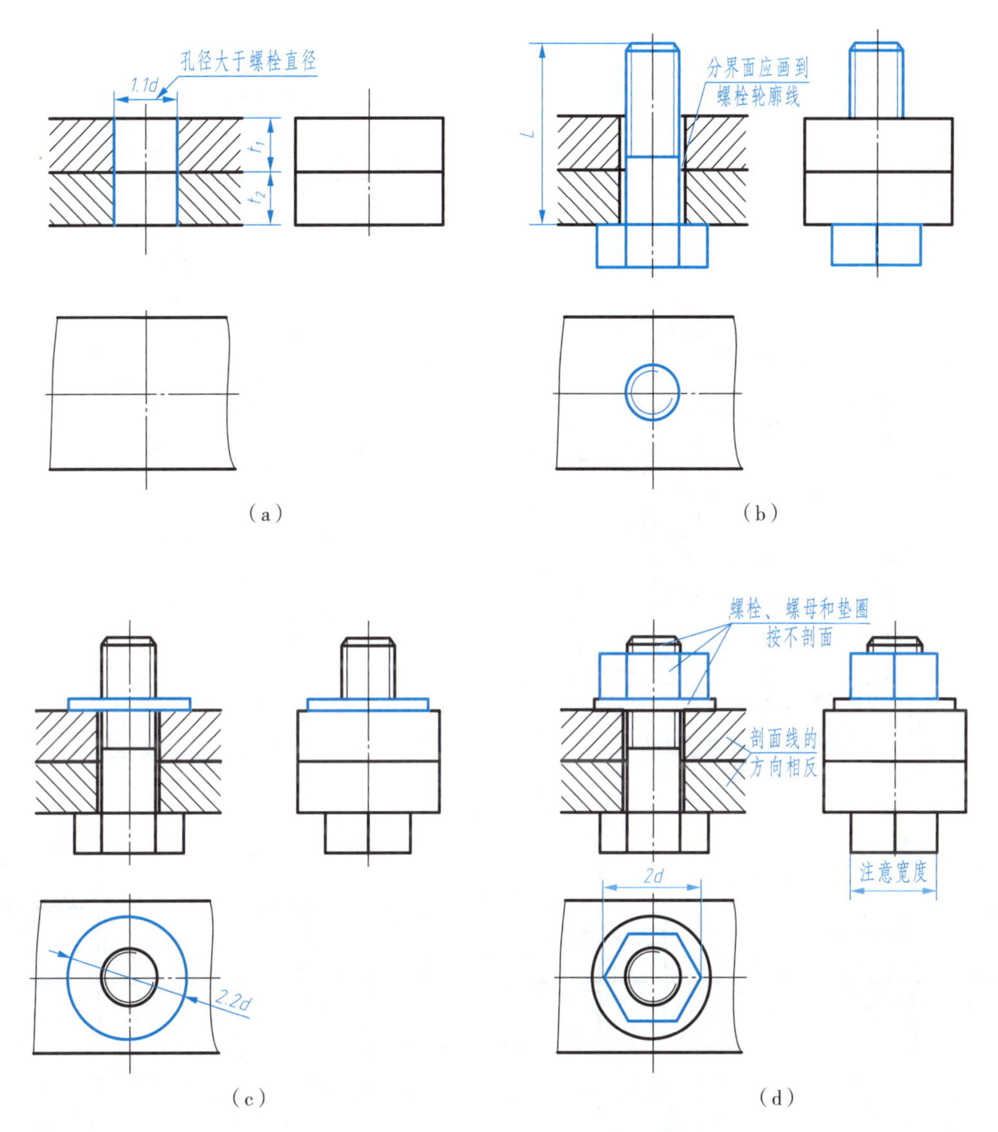

图 8-4　六角头螺栓连接比例画法的画图步骤

2. 双头螺柱连接

双头螺柱连接多用于被连接件之一太厚，不宜钻成通孔的场合，如图 8-5 所示。双头螺柱连接时，在一个被连接件上制有螺纹孔，将螺柱的一端旋入被连接件的螺孔内，另一端穿过另外一个零件的通孔，再套上垫片，拧紧螺母。拆卸时只需拧下螺母，取下垫片，而不必拧出螺柱，因此不会损坏被连接件上的螺孔。

扫一扫
双头螺柱
连接

双头螺柱两端都制有螺纹，一端用于旋入被连接件的螺孔内，称为旋入端，其长度为 b_m；另一端用于拧紧螺母，称为紧固端。旋入端长度 b_m 视被旋入件的材料而定，见表 8-2。

表 8-2　旋入端长度

被旋入零件的材料	旋入端长度 b_m
钢、青铜	$b_m=d$
铸铁	$b_m=1.25d$ 或 $b_m=1.5d$
铝	$b_m=2d$

双头螺柱的公称长度 $L\approx t+0.15d$（垫圈厚）$+0.8d$（螺母厚）$+0.3d$（螺栓末端的伸出高度），估算后查表取值。图 8-6 所示为双头螺柱连接的比例画法。图 8-7 所示为双头螺柱连接比例画法的画图步骤。

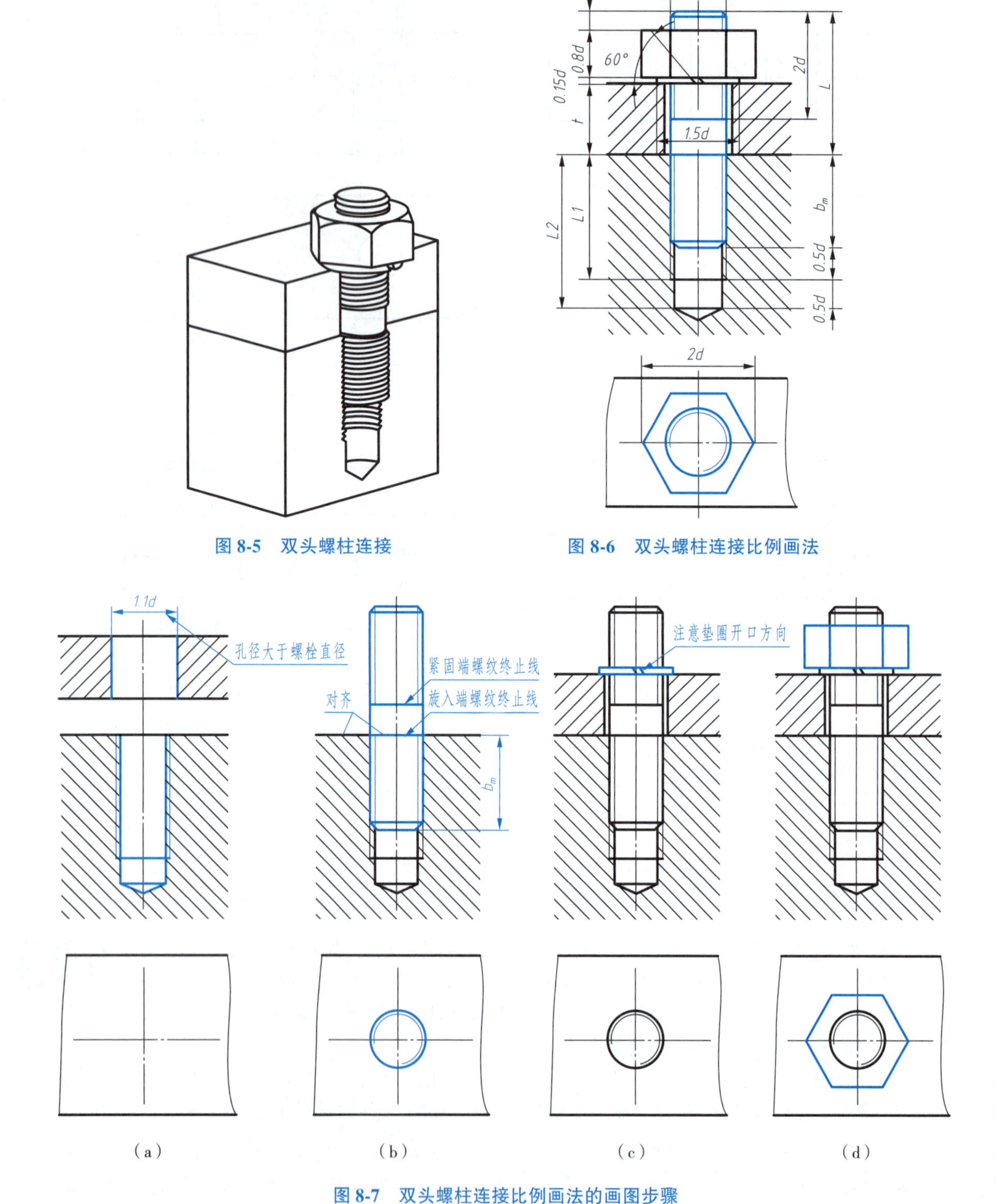

图 8-5　双头螺柱连接

图 8-6　双头螺柱连接比例画法

(a)　(b)　(c)　(d)

图 8-7　双头螺柱连接比例画法的画图步骤

3. 螺钉连接

螺钉连接多用于被连接件受力较小，又不需要经常拆卸的场合。用螺钉连接时，较厚的被连接件上制有螺纹孔，另外一个零件上加工有通孔，将螺钉穿过通孔旋入螺孔内，依靠螺钉头部压紧被连接件，如图 8-8 所示。

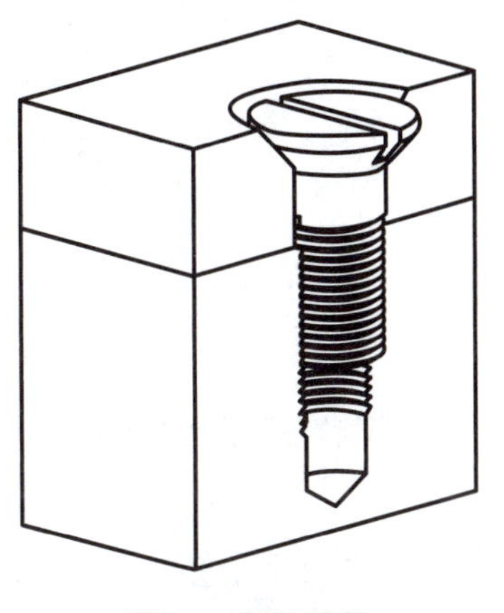

图 8-8 螺钉连接

螺钉根据用途不同分为连接螺钉与紧定螺钉。紧定螺钉用于防止配合零件之间的相对运动。各种常用螺钉连接的比例画法如图 8-9 所示。

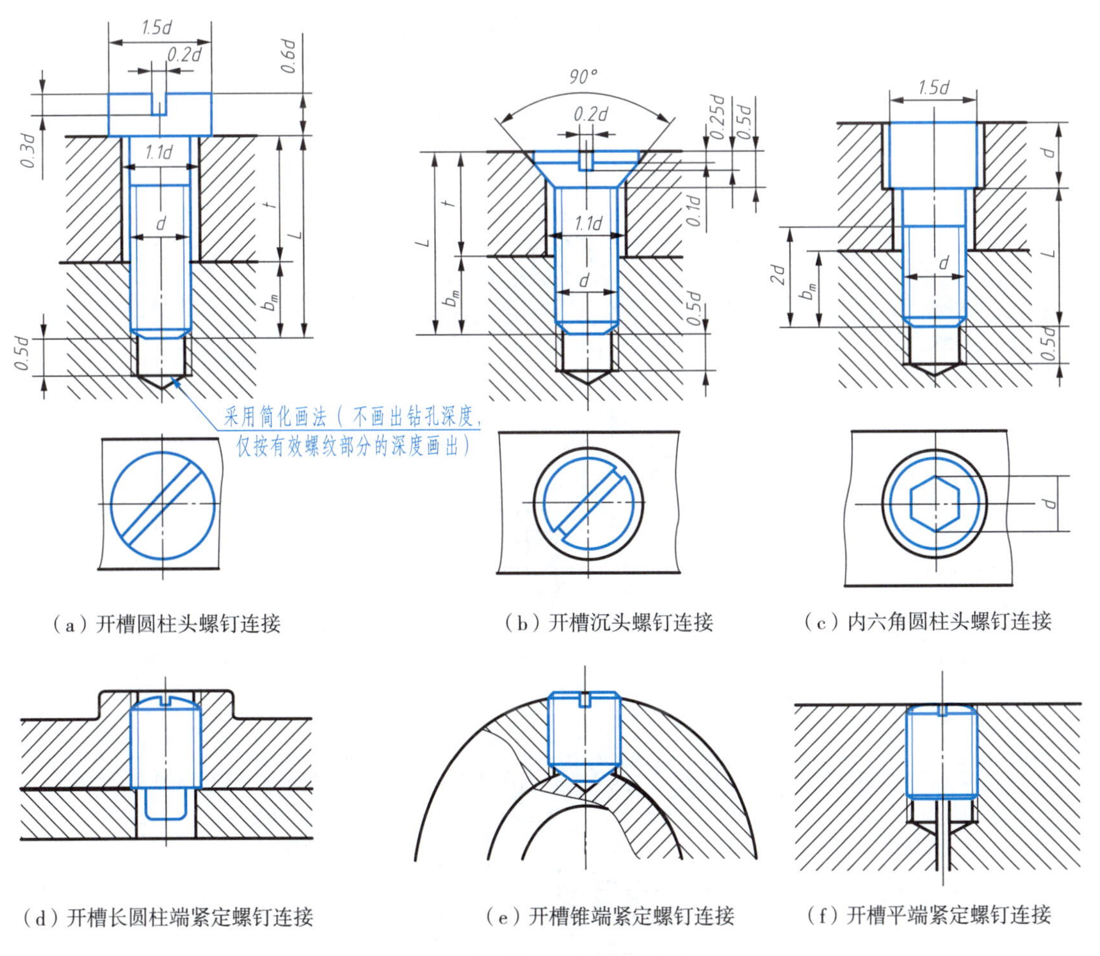

图 8-9 螺钉连接比例画法

8.2 键与键连接

键用于连接轴及轴上的传动件，如齿轮、皮带轮等，起切向定位和传递扭矩的作用。键连接的方法是，首先在轴上和轮毂孔壁上分别加工出键槽，然后将键嵌入轴上的键槽内，再将嵌有键的轴插入轮毂中，这样轴和轮即可通过键传递旋转运动和动力。

一、键的种类与标记

常用的键有普通平键、半圆键和钩头楔键三种，如图 8-10 所示。

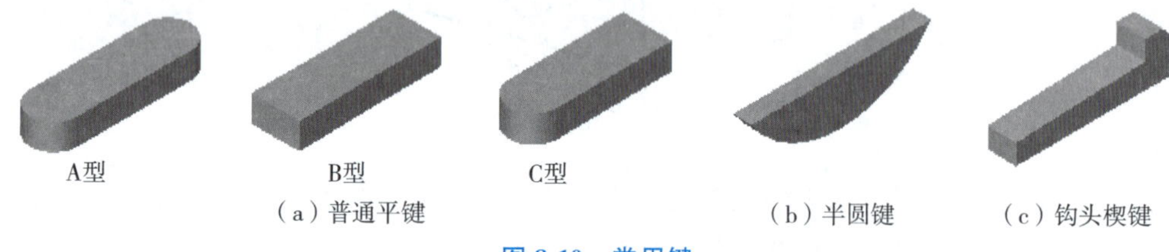

（a）普通平键　（b）半圆键　（c）钩头楔键

图 8-10　常用键

键是标准件，使用时需要根据传动情况确定键的形式，并查国家标准选取。常用键的图例和规定标记见表 8-3。

表 8-3　常用键的图例和规定标记

名　称	图　例	标注示例
普通型　平键 （GB/T 1096—2003）	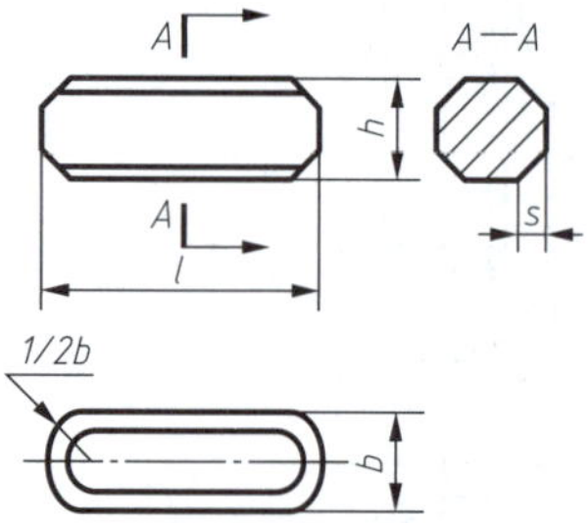	标记：GB/T 1096　键 8×7×20 表示：键宽 $b=8$ mm 键高 $h=7$ mm 键长 $l=20$ mm 普通 A 型平键
普通型　半圆键 （GB/T 1099. 1—2003）	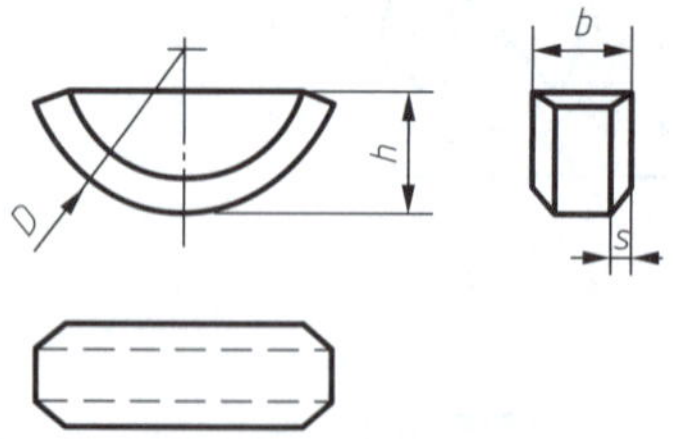	标记：GB/T 1099. 1　键 6×10×25 表示：键宽 $b=6$ mm 键高 $h=10$ mm 直径 $D=25$ mm 普通型半圆键
钩头型　楔键 （GB/T 1565—2003）	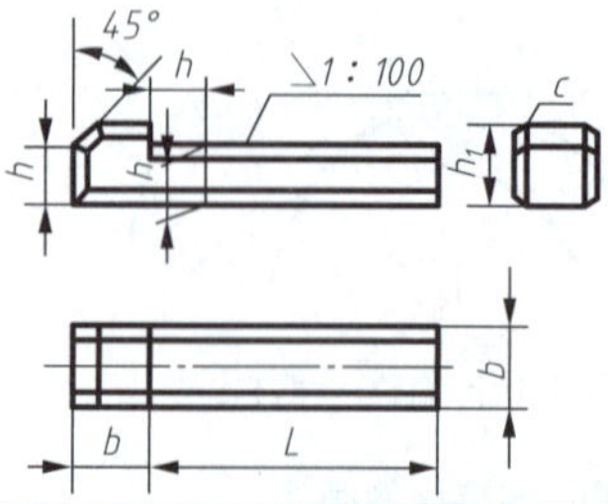	标记：GB/T 1565　键 16×100 表示：键宽 $b=16$ mm 键高 $h=10$ mm 键长 $l=100$ mm 钩头型楔键

二、键连接

1. 普通平键连接

普通平键连接应用最为广泛,其画法如图 8-11 所示,相关尺寸可根据所选取的键的规格查阅国家标准确定。

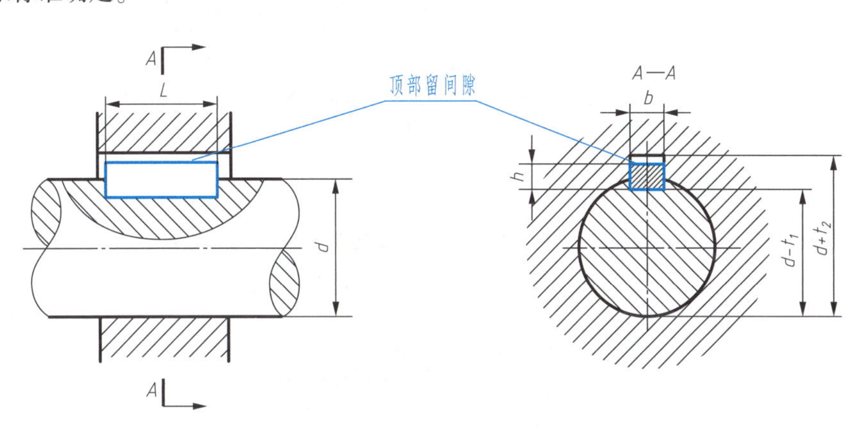

图 8-11 普通平键连接

画图时应注意:

(1)普通平键的两个侧面是工作面,键的侧面与键槽侧面以及键的底面与轴之间接触,应画一条线。

(2)键顶面是非工作面,它与轮毂的键槽之间留有间隙,画两条线。

(3)当键被剖切平面纵向剖切时,键按不剖绘制;当键被剖切平面横向剖切时,则画出剖面线。

(4)倒角、圆角省略不画。

2. 半圆键连接

半圆键连接常用于载荷不大的情况,其连接画法与普通平键相似,如图 8-12 所示。

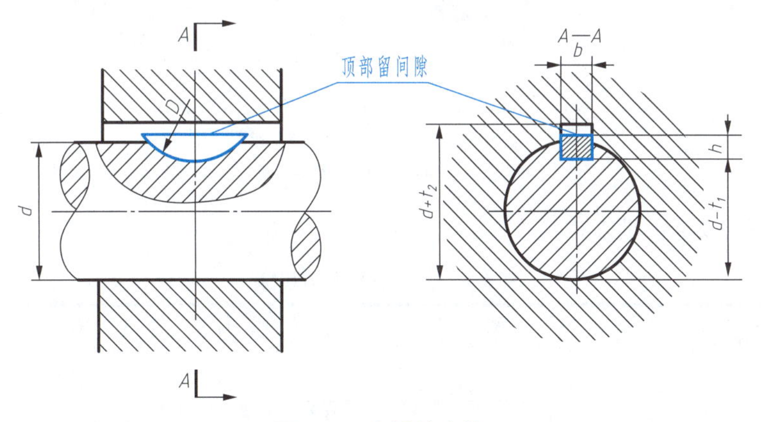

图 8-12 半圆键连接

3. 钩头型楔键连接

钩头型楔键的顶面具有 1∶100 的斜度,装配时将键打入键槽,依靠键的顶面、底面与轮、轴之间挤压产生的摩擦力连接。因此,楔键的顶面与底面同为工作面,画图时键的上下两接触面应画一条线,如图 8-13 所示。

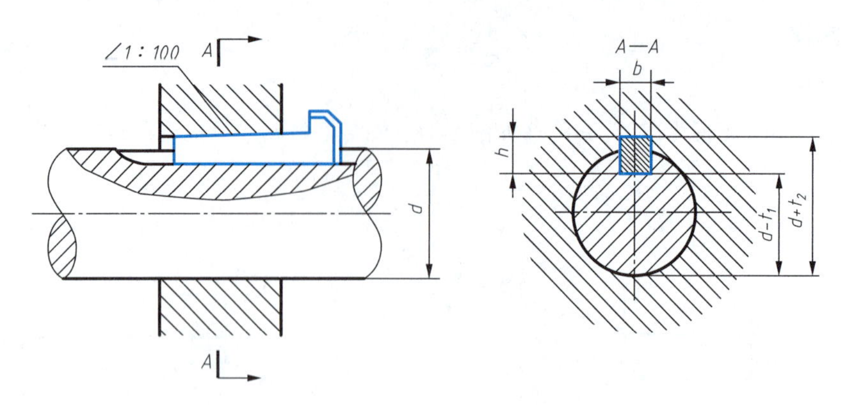

图 8-13　钩头型楔键连接

8.3　销与销连接

在机器设备中，销主要用于零件间的连接、定位和防松。销是标准件，其结构型式、尺寸大小、技术要求及标记在国家标准中都有规定，设计时可根据使用要求按有关标准选用。

一、销的种类与标记

常用的销有圆柱销、圆锥销、开口销等，如图 8-14 所示。

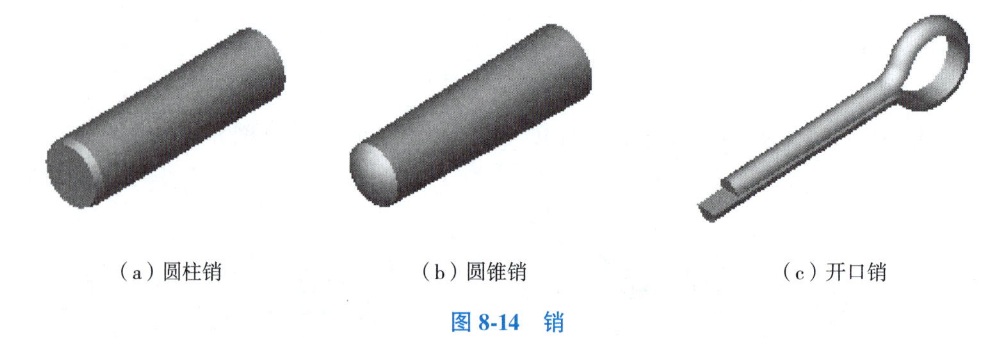

（a）圆柱销　（b）圆锥销　（c）开口销

图 8-14　销

常用销的图例及标记见表 8-4。

表 8-4　常用销的图例和标注

名　称	图　例	标注示例
圆柱销 （GB/T 119.1—2000）	≈15°　c　c　L　d	标记：销　GB/T 119.1　6 m6×30 表示：公称直径 $d=6$ mm、公差为 m6、公称长度 $L=30$ mm、材料为钢、不经淬火、不经表面处理的圆柱销

续上表

名　称	图　例	标 注 示 例
圆锥销 （GB/T 117—2000）		标记：销　GB/T 117　10×50 表示：公称直径 d = 10 mm、公称长度 L = 50 mm、材料为 35 钢、热处理硬度 28～38HRC、表面氧化处理的 A 型圆锥销
开口销 （GB/T 91—2000）		标记：销　GB/T 91　5×50 表示：公称直径 d = 5 mm、公称长度 L = 50 mm、材料为 Q215 或 Q235、不经表面处理的开口销

二、销连接

用圆柱销或圆锥销连接或定位零件时，为保证销连接的配合质量，被连接两零件的销孔必须在装配时一起加工。因此，在零件图上对销孔标注尺寸时，除了标注公称直径外，还需要注明“与××配作”。常用的圆柱销和圆锥销连接如图 8-15 所示。开口销常用于防松结构，其连接画法如图 8-16 所示。

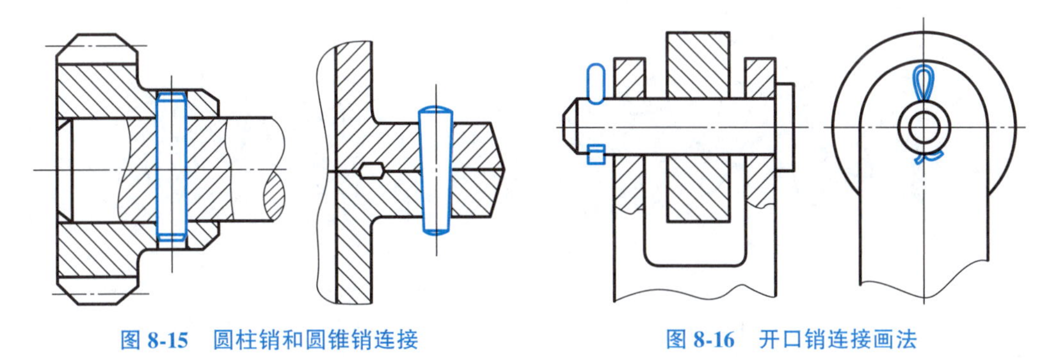

图 8-15　圆柱销和圆锥销连接

图 8-16　开口销连接画法

8.4　齿轮与齿轮啮合

齿轮是广泛应用于各种机械传动中的一种常用件，用于传递动力、改变转动速度和方向等。齿轮的种类很多，按其传动情况，可将其分为三类：

（1）圆柱齿轮传动：常用于传递两平行轴之间的运动，如图 8-17（a）所示。

（2）圆锥齿轮传动：常用于传递两垂直轴之间的运动，如图 8-17（b）所示。

（3）蜗轮蜗杆传动：常用于传递两交叉轴之间的运动，如图 8-17（c）所示。

其中圆柱齿轮应用广泛，根据轮齿的不同形式，圆柱齿轮分为直齿、斜齿、人字齿等。本节只介绍标准直齿圆柱齿轮的基本知识。

（a）圆柱齿轮

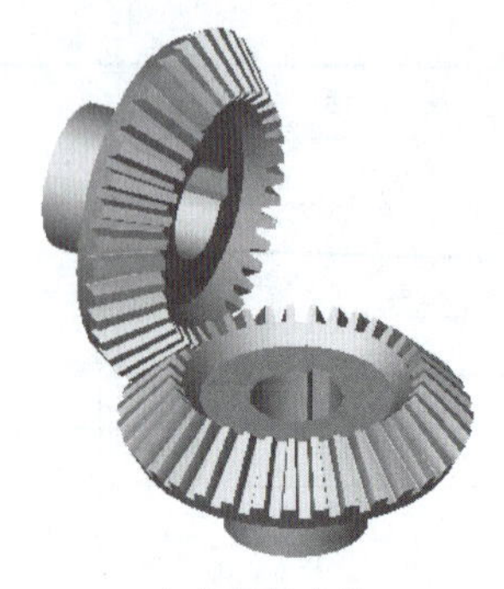

（b）圆锥齿轮

（c）蜗轮蜗杆

图 8-17 齿轮传动

一、标准直齿圆柱齿轮

1. 齿轮的名词术语

图 8-18 所示为圆柱齿轮各部分名称。

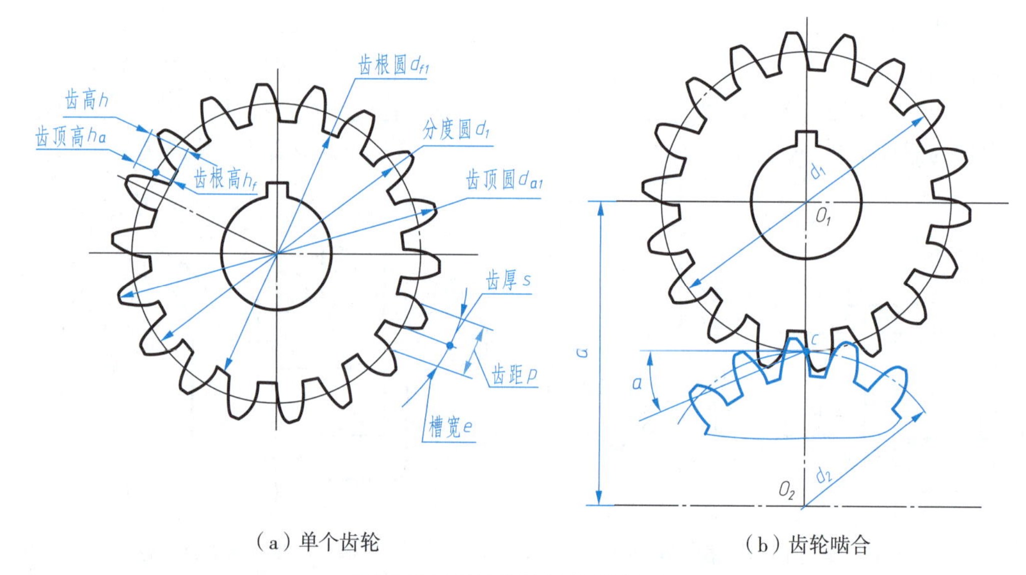

（a）单个齿轮　　（b）齿轮啮合

图 8-18 圆柱齿轮各部分的名称

（1）齿数：齿轮上轮齿的个数，用 z 表示。

（2）齿顶圆：通过轮齿顶部的圆，其直径用 d_a 表示。

（3）齿根圆：通过轮齿根部的圆，其直径用 d_f 表示。

（4）分度圆：加工齿轮时，作为齿轮轮齿分度的圆称为齿轮的分度圆，其直径用 d 表示。

（5）齿高、齿顶高、齿根高：齿顶圆与齿根圆的径向距离称为齿高，用 h 表示；齿顶圆与分度圆的径向距离称为齿顶高，用 h_a 表示；分度圆与齿根圆的径向距离称为齿根高，用 h_f 表示，且 $h=h_a+h_f$。

（6）齿距、齿厚、槽宽：在分度圆上，两个相邻的齿，同侧齿面间的弧长称为齿距，用 p 表示；一个轮齿齿廓间的弧长称为齿厚，用 s 表示；一个齿槽齿廓间的弧长称为槽宽，用 e 表示。在标准齿轮中，$s=e$，$p=s+e$。

（7）模数：设齿轮的齿数为 z，则齿轮分度圆周长为 $pz=\pi d$，即 $d=(p/\pi)z$，令 $(p/\pi)=m$ 为参数，于是 $d=mz$，m 即为齿轮的模数。

模数 m 是设计和制造齿轮的重要参数。模数大、轮齿大,模数小、轮齿小。为了便于齿轮的设计与制造,国家标准已将模数系列化,标准模数见表 8-5。

表 8-5 渐开线圆柱齿轮标准模数 m(GB/T 1357—2008) 单位:mm

第一系列	1, 1.25, 1.5, 2, 2.5, 3, 4, 5, 6, 8, 10, 12, 16, 20, 25, 32, 40, 50
第二系列	1.125, 1.375, 1.75, 2.25, 2.75, 3.5, 4.5, 5.5, (6.5), 7, 9, 11, 14, 18, 22, 28, 35, 45

注:在选用模数时,应优先选用第一系列,其次选用第二系列,括号内的模数尽可能不用。

(8)压力角:相互啮合的两圆柱齿轮在接触点处的受力方向与运动方向所夹的锐角,用 α 表示。我国标准齿轮采用的压力角为 20°。

(9)中心距:相互啮合的两圆柱齿轮轴线之间的最短距离称为中心距,用 a 表示。

2. 轮齿的基本尺寸与参数关系

在设计齿轮时,首先确定齿轮的齿数、模数,其他各部分尺寸即可计算出来,具体的计算公式见表 8-6。

表 8-6 标准直齿圆柱齿轮各基本尺寸的计算公式 单位:mm

名称	符号	计算公式
分度圆直径	d	$d=mz$
齿顶圆直径	d_a	$d_a=m(z+2)$
齿根圆直径	d_f	$d_f=m(z-2.5)$
齿顶高	h_a	$h_a=m$
齿根高	h_f	$h_f=1.25m$
齿高	h	$h=h_a+h_f=2.25m$
齿距	p	$p=m\pi$
中心距	a	$a=1/2(d_1+d_2)=1/2m(z_1+z_2)$

3. 圆柱齿轮的规定画法

齿轮的轮齿部分是在专用机床上用齿轮刀具加工出来的,故一般不需要画出轮齿的真实投影。国家标准规定齿轮的画法如图 8-19 所示。

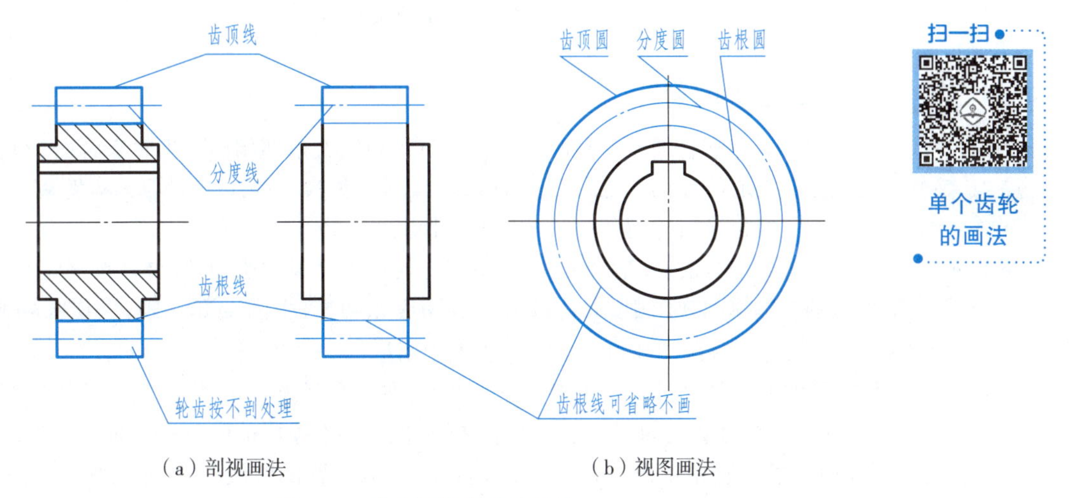

图 8-19 单个圆柱齿轮的画法

(1)齿顶圆和齿顶线用粗实线绘制，分度圆和分度线用细点画线绘制，分度线应超出轮齿两端面2～3 mm。

(2)在剖视图中，当剖切平面通过齿轮的轴线时，轮齿一律按不剖处理。此时，齿根线应用粗实线绘制。

(3)在视图中，齿根圆和齿根线用细实线绘制，也可省略不画。

图8-20所示为直齿圆柱齿轮的零件图。零件图中，轮齿部分的尺寸只注出齿顶圆、分度圆的直径和齿宽，而齿轮的模数、齿数和齿形角等参数在图样右上角的参数表中列出。齿面的表面粗糙度代号注写在分度线上。

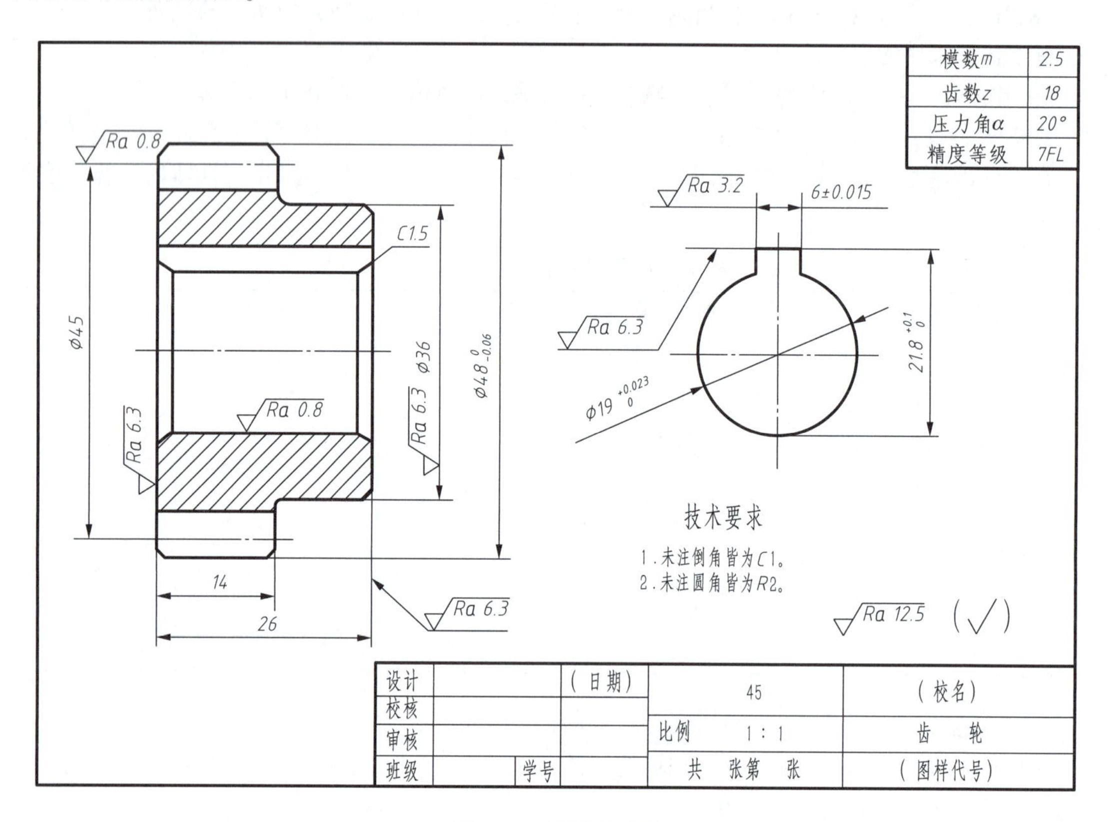

图 8-20　齿轮零件图

二、齿轮啮合

两齿轮相啮合的条件是两个齿轮的模数和压力角都相同。齿轮啮合时，两轮齿啮合的接触点是连心线上的C点[见图8-18(b)]，该点称为节点，以圆心到节点距离为半径的圆即为节圆。对标准齿轮而言节圆与分度圆相等。

两齿轮啮合时，除啮合区外，其余部分均按单个齿轮绘制，啮合区按规定绘制。在两个齿轮啮合的端面视图中，啮合区内两节圆应相切，齿根圆全部不画，齿顶圆均画成粗实线[见图8-21(a)]，也可采用图8-21(b)所示的简化画法。

在径向视图中，啮合区的节线用细点画线表示；在啮合区内，一个齿轮的齿顶线用粗实线绘制，另一个齿轮的齿顶线被遮挡的部分用虚线绘制[见图8-21(c)]，也可省略不画。画外形图时，啮合区的齿顶线和齿根线省略不画，节线画成粗实线，其他位置的节线仍用细点画线绘制[见图8-21(d)]。厚度不等的两齿轮啮合区的放大图如图8-22所示。

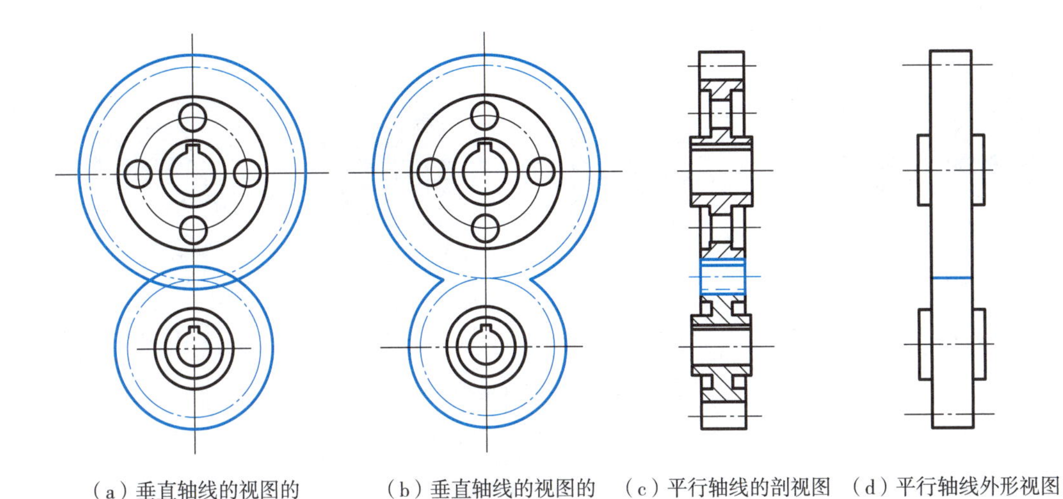

（a）垂直轴线的视图的规定画法 （b）垂直轴线的视图的简化画法 （c）平行轴线的剖视图 （d）平行轴线外形视图

图 8-21 圆柱齿轮啮合的画法

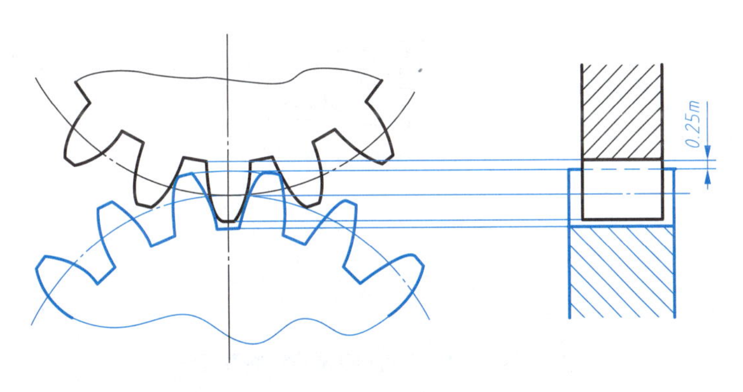

图 8-22 圆柱齿轮轮齿啮合放大图

8.5 弹 簧

弹簧是利用材料的弹性和结构特点，通过变形储存能量进行工作，当去除外力后立即恢复原形。弹簧具有减振、夹紧、储存能量和测力等作用。

弹簧的种类很多，常见的有螺旋弹簧、板弹簧、碟形弹簧、平面涡卷弹簧等。根据受力情况的不同，螺旋弹簧又分为压缩弹簧、拉伸弹簧及扭转弹簧等，如图 8-23 所示。本节重点介绍普通圆柱螺旋压缩弹簧的规定画法。

一、圆柱螺旋压缩弹簧的有关参数

圆柱螺旋压缩弹簧各部分的名称及尺寸关系如图 8-24 所示。

(1)簧丝直径 d：制造弹簧的钢丝直径，按标准选取。

(2)弹簧中径 D：弹簧内径和外径的平均值，按标准选取。

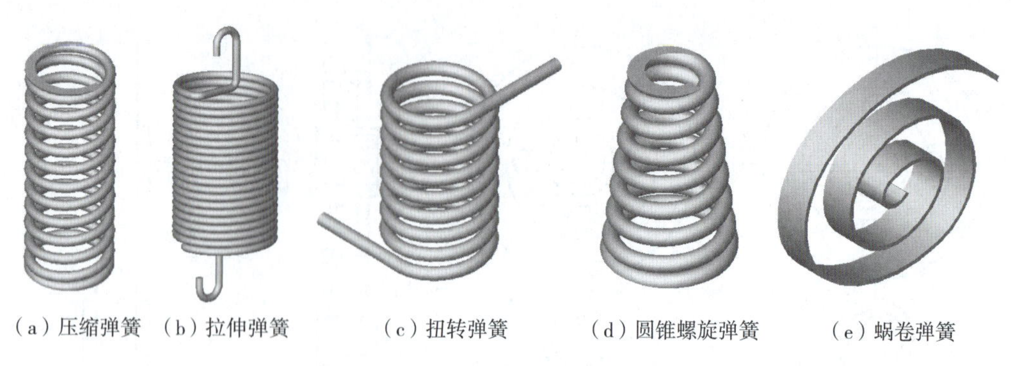

图 8-23　常用的弹簧种类

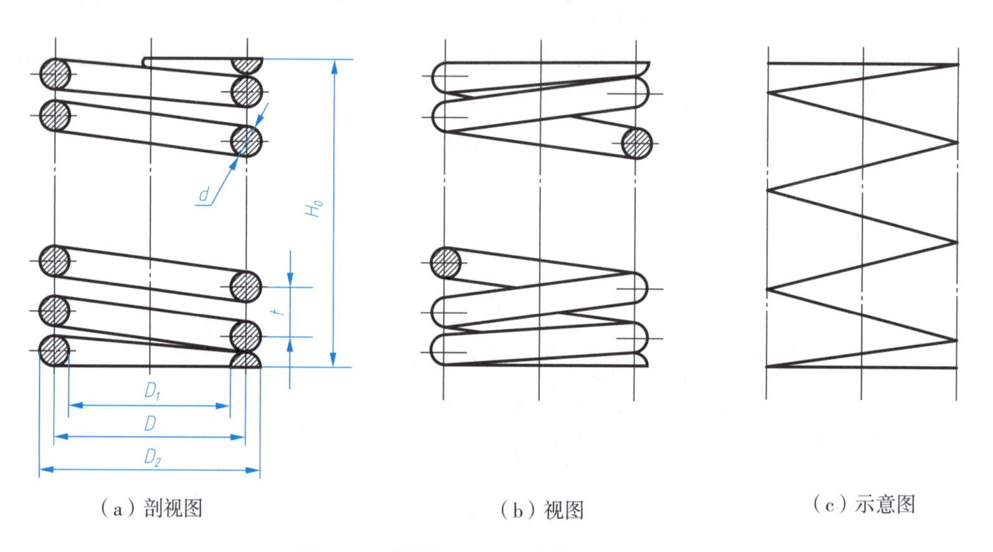

图 8-24　圆柱螺旋压缩弹簧参数及画法

弹簧内径 D_1：弹簧的最小直径，$D_1=D-d$。

弹簧外径 D_2：弹簧的最大直径，$D_2=D+d$。

（3）有效圈数 n：保持相等节距的圈数。

支撑圈数 n_2：为了使螺旋压缩弹簧工作时受力均匀，增加弹簧的平稳性，弹簧的两端要并紧、磨平。并紧、磨平的各圈仅起支撑作用，称为支撑圈。支撑圈数分为 1.5 圈、2 圈、2.5 圈三种，一般多用 2.5 圈。

总圈数 n_1：有效圈数和支撑圈数之和，称为总圈数，即 $n_1=n+n_2$。

（4）节距 t：两相邻有效圈截面中心线的轴向距离。

（5）自由高度 H_0：弹簧无负荷时的高度，$H_0=nt+(n_2-0.5)d$。

（6）展开长度 L：制造弹簧时所需的簧丝的长度，$L\approx\pi D(n+2)$。

（7）旋向：弹簧的旋向与螺纹的旋向一样，也有右旋和左旋之分。

二、圆柱螺旋压缩弹簧的规定画法

1. 单个弹簧的画法

单个弹簧可用视图或剖视图表示，也可用示意图表示，如图 8-24 所示。在平行于轴线的投影面上的视图中，其各圈的轮廓线应画成直线；当有效圈在四圈以上时，允许两端只画两圈，中间部分可省略不画，长度也可适当缩短，其真实长度可用尺寸注出。螺旋弹簧不论左旋还是右旋，在图样上均可按右旋画出，对左旋弹簧注明 LH；两端并紧且磨平的压缩弹簧，不论其支撑圈的圈数多少及端部并紧情况如何，都可按支撑圈数为 2.5、磨平圈数为 1.5 画出，圆柱螺旋压缩弹簧的画图步骤如图 8-25 所示。

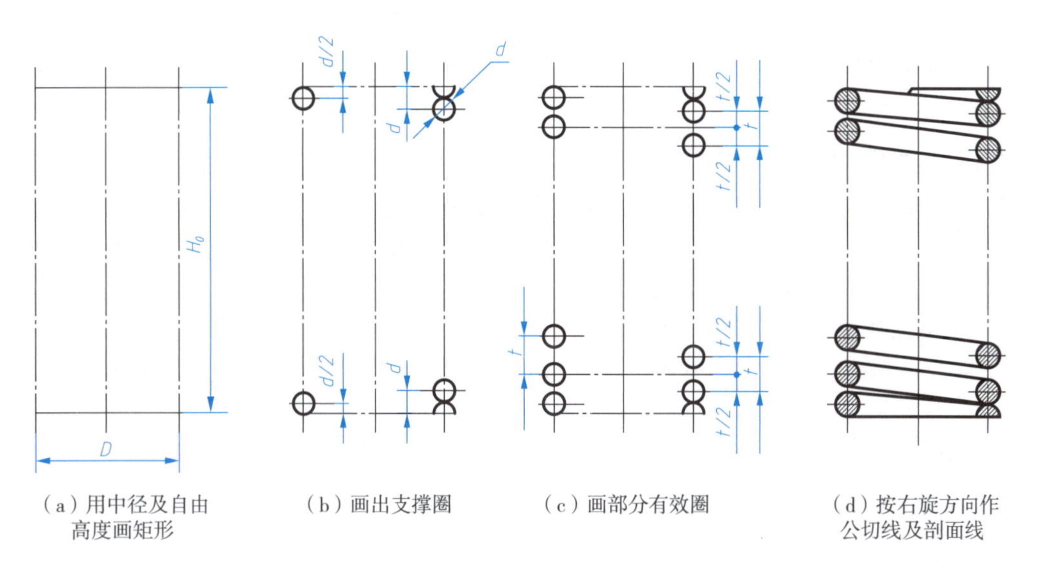

（a）用中径及自由高度画矩形　（b）画出支撑圈　（c）画部分有效圈　（d）按右旋方向作公切线及剖面线

图 8-25　圆柱螺旋压缩弹簧的画图步骤

2. 装配图中弹簧的画法

装配图中，弹簧被看成实心物体，被弹簧挡住的结构一般不画出，可见部分应从弹簧外轮廓线或簧丝断面的中心线画起，如图 8-26(a) 所示。螺旋弹簧被剖切时，簧丝直径在图形上等于或小于 2 mm 的剖面允许用涂黑表示[见图 8-26(b)]，也可采用示意画法[见图 8-26(c)]。

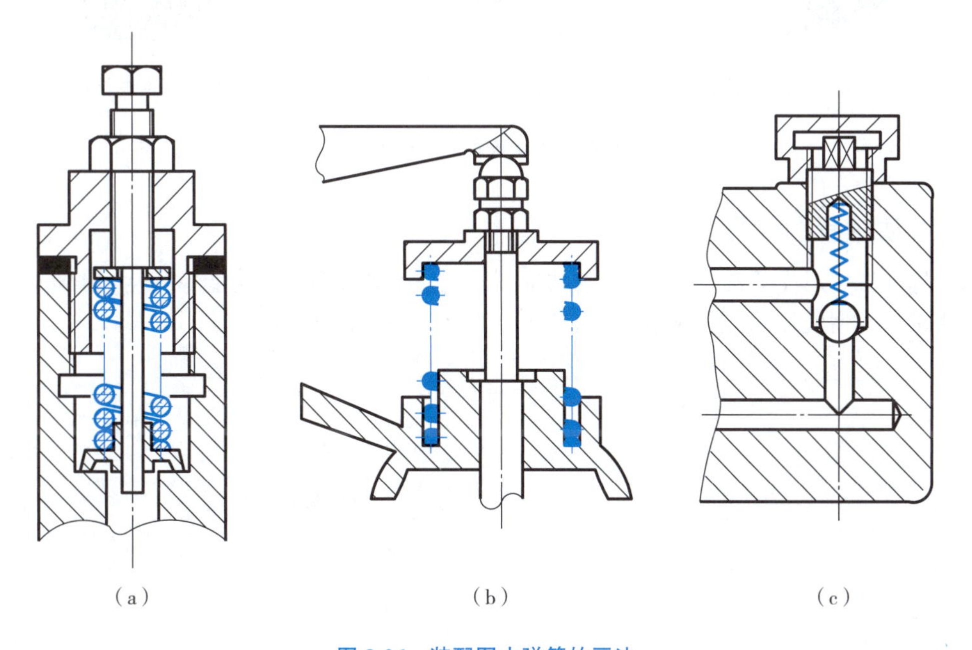

（a）　（b）　（c）

图 8-26　装配图中弹簧的画法

8.6 滚动轴承

滚动轴承是支撑旋转轴的组件,由于其具有结构紧凑、效率高、摩擦阻力小、维护简单等优点,因此在各种机器中广泛应用。滚动轴承是标准部件,需要时可根据型号选购。

一、滚动轴承的结构和分类

滚动轴承的结构一般由外圈、内圈、滚动体和保持架四部分组成,如图 8-27(a)所示。内圈装在轴上,与轴紧密结合在一起;外圈装在轴承座孔内,与轴承座孔紧密结合在一起;滚动体可做成滚珠(球)或滚子(圆柱、圆锥或针状)形状,排列在内外圈之间;保持架用于将滚动体分开。

滚动轴承按其受力方向可分为以下三类:

(1)向心轴承:主要承受径向载荷,如深沟球轴承,如图 8-27(a)所示。

(2)推力轴承:主要承受轴向载荷,如推力球轴承,如图 8-27(b)所示。

(3)向心推力轴承:同时承受径向载荷和轴向载荷,如圆锥滚子轴承,如图 8-27(c)所示。

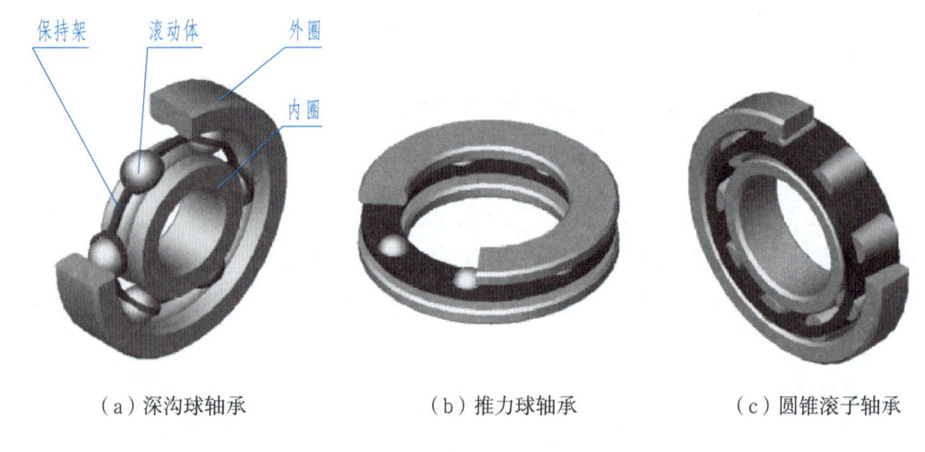

(a)深沟球轴承　　(b)推力球轴承　　(c)圆锥滚子轴承

图 8-27　滚动轴承的结构及类型

二、滚动轴承的代号

国家标准规定用代号表示滚动轴承的结构、尺寸、公差等级和技术性能等特性。滚动轴承的基本代号由轴承类型代号、尺寸系列代号、内径代号构成。代号示例如下:

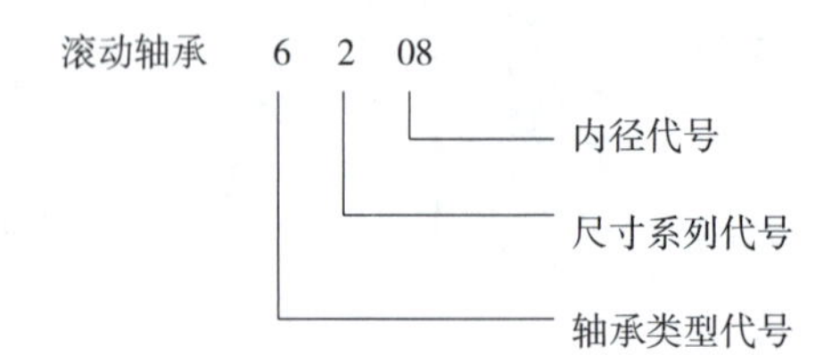

1. 轴承类型代号

轴承类型代号用数字或拉丁字母表示,常用类型及含义见表 8-7。

表 8-7 部分轴承类型代号及含义

代号	轴承类型	代号	轴承类型
3	圆锥滚子轴承	6	深沟球轴承
5	推力球轴承	N	圆柱滚子轴承

2. 尺寸系列代号

尺寸系列代号由轴承的宽(高)度系列代号和直径系列代号组成,反映同种轴承在内圈孔径相同的情况下,内、外圈宽度和厚度及滚动体大小的不同。显然,尺寸系列代号不同的轴承,其外轮廓尺寸不同,承载能力也不同。滚动轴承部分尺寸系列代号见表 8-8。

表 8-8 滚动轴承部分尺寸系列代号

直径系列代号	向心轴承								推力轴承			
	宽度系列代号								高度系列代号			
	8	0	1	2	3	4	5	6	7	9	1	2
	尺寸系列代号											
0	—	00	10	20	30	40	50	60	70	90	10	—
1	—	01	11	21	31	41	51	61	71	91	11	—
2	82	02	12	22	32	42	52	62	72	92	12	22
3	83	03	13	23	33	—	—	—	73	93	13	23

3. 内径代号

用于表示轴承公称内径的内径代号,是轴承的内圈孔径,因其与轴产生配合,故为轴承的主要参数。滚动轴承内径代号见表 8-9。

表 8-9 滚动轴承内径代号

公称内径/mm		内径代号	示例
10～17	10	00	深沟球轴承 6200 $d=10$ mm
	12	01	
	15	02	
	17	03	
20～480 (22、28、32 除外)		公称直径除以 5 的商数,当商数为个位数时,需在左边加“0”,如 08	深沟球轴承 6208 $d=40$ mm
22、28、32		用公称内径毫米数直接表示,但与尺寸系列代号之间用“/”分开	深沟球轴承 62/22 $d=22$ mm

三、滚动轴承的规定画法

滚动轴承是标准部件,不必画零件图。在装配图中可采用通用画法、规定画法或特征画法画出。常用滚动轴承的画法见表 8-10,其各部分尺寸可根据轴承代号查阅有关轴承标准手册。

表 8-10　常用滚动轴承的规定画法和特征画法

轴承类型	规定画法	特征画法
深沟球轴承 （GB/T 276—2013） 类型代号 6	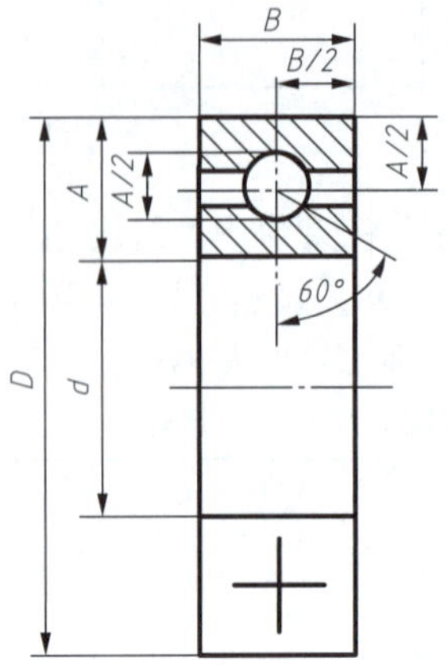	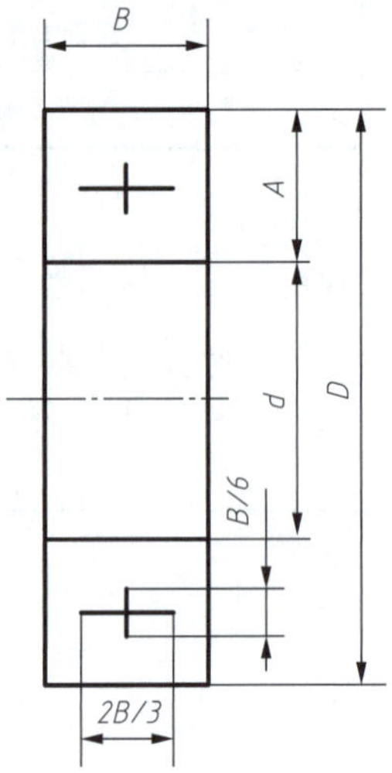
推力球轴承 （GB/T 301—2015） 类型代号 5	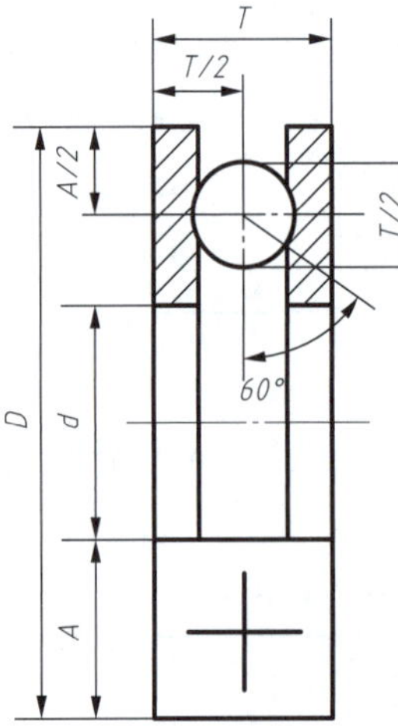	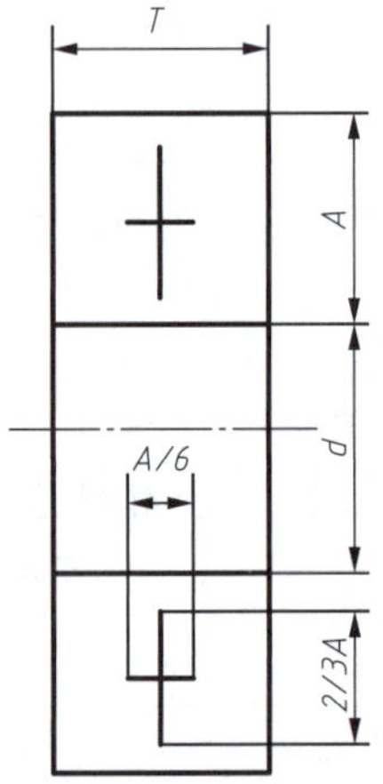
圆锥滚子轴承 （GB/T 297—2015） 类型代号 3	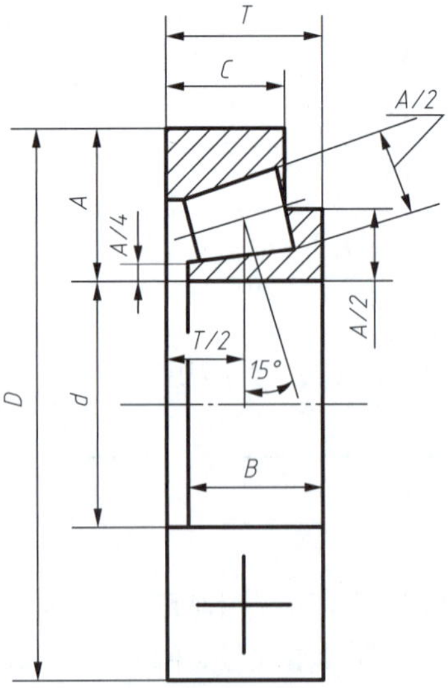	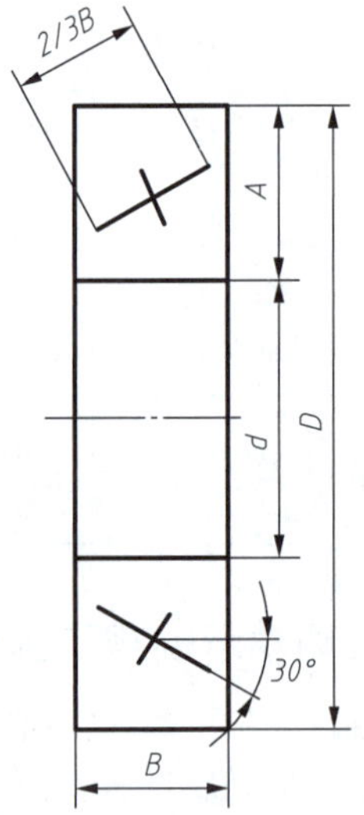

规定画法中，轴承的滚动体不画剖面线，其内、外圈可画成方向和间隔相同的剖面线，在不致引起误解的时，也允许省略不画。

图 8-28 所示为滚动轴承的通用画法，图 8-29 所示为滚动轴承轴线垂直于投影面的特征画法，图 8-30 所示为深沟球轴承在装配图中的画法。

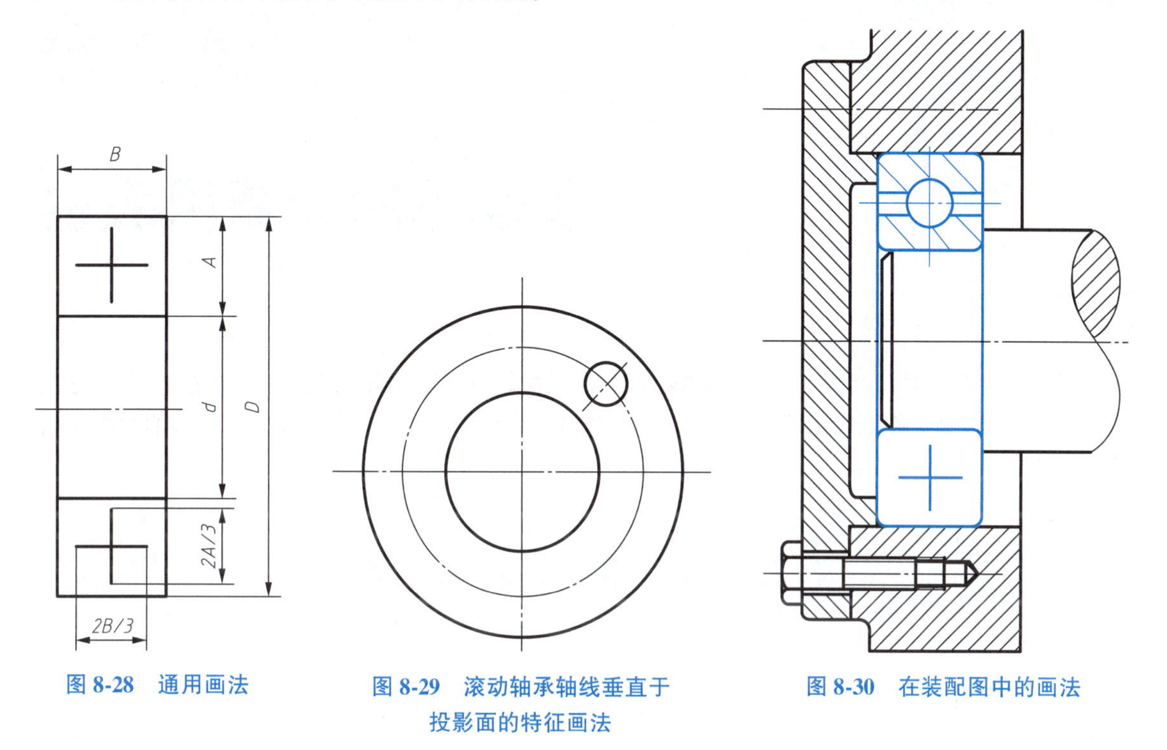

图 8-28　通用画法

图 8-29　滚动轴承轴线垂直于投影面的特征画法

图 8-30　在装配图中的画法

第 9 章 装配体的计算机表达

装配体是将零件模型插入“装配体”文件中，利用配合方式限制各个零件的相对位置，使其装配成一个零件组，直至装配成一部完整的机器。SolidWorks 允许在装配体文件中插入数以百计的零件进行装配配合。

9.1 装配体建模

下面以图 9-1 所示夹线体为例，介绍创建夹线体装配体模型的一般过程。

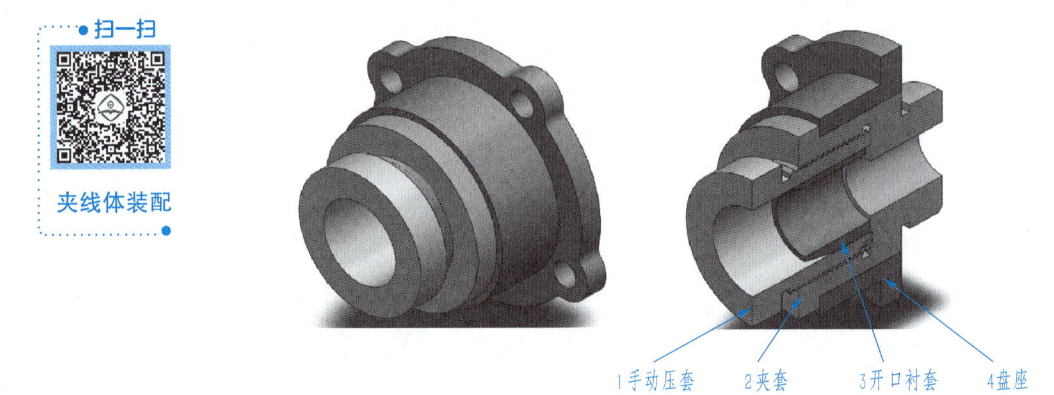

图 9-1 夹线体

一、插入盘座

要实现对零部件进行装配，必须首先创建一个装配体文件。

（1）新建文件。选择菜单栏中的“文件”→“新建”命令，或单击“快速访问”工具栏中的“新建”按钮，弹出“新建 SOLIDWORKS 文件”对话框，如图 9-2 所示。

（2）在上述对话框中单击“装配体”按钮，单击“确定”按钮，进入装配体制作界面，如图 9-3 所示。

（3）在“开始装配体”属性管理器中，单击“要插入的零件/装配体”选项组中的“浏览”按钮，弹

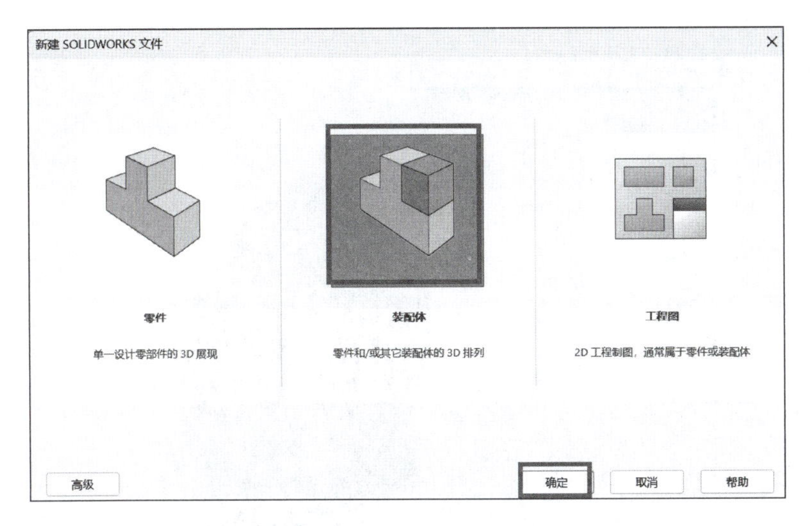

图 9-2　“新建 SOLIDWORKS 文件”对话框

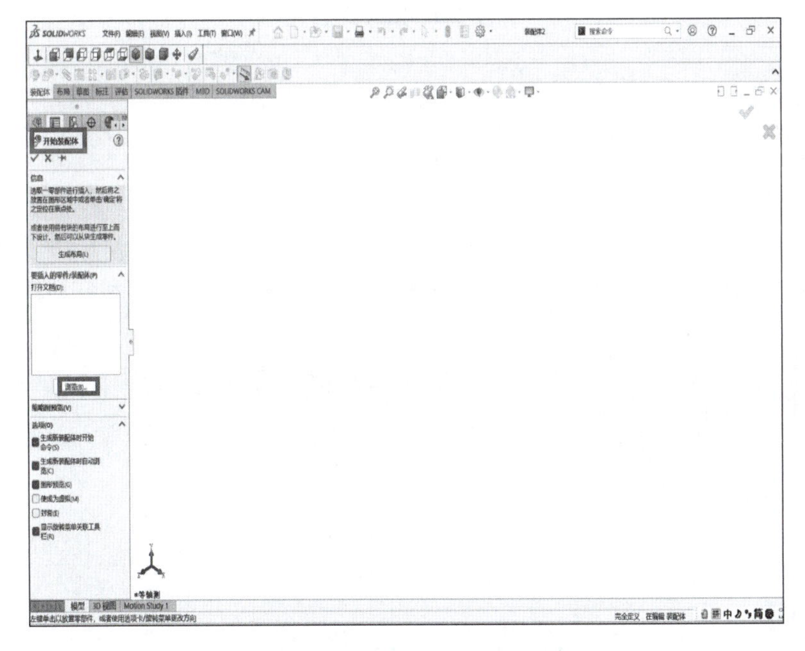

图 9-3　装配体制作界面

出“打开”对话框。

(4)插入盘座。选择“盘座”作为装配体的基准零件,单击“打开”按钮,然后在图形区中的合适位置单击以放置零件。接下来调整视图为“等轴测”,即可得到插入零件后的界面,如图 9-4 所示。

装配体制作界面与零件的制作界面基本相同,特征管理器中出现一个配合组,在装配体制作界面中出现图 9-4 所示的“装配体”工具栏,对“装配体”工具栏的操作与前文介绍的工具栏操作相同。

(5)将一个零部件(单个零件或子装配体)放入装配体中时,这个零部件文件会与装配体文件链接。此时零部件出现在装配体中,零部件的数据还保存在原零部件文件中。

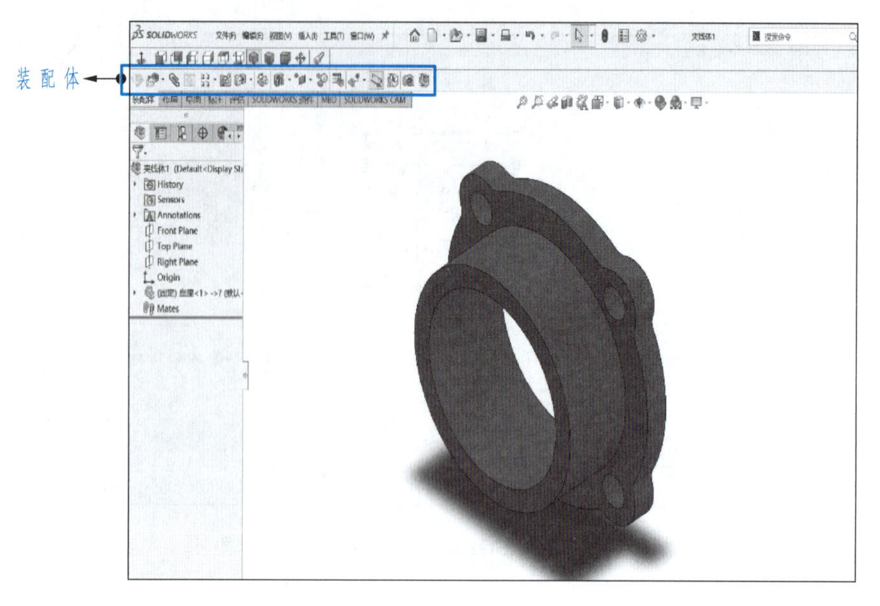

图 9-4 插入盘座

二、插入夹套

1. 插入零件

单击“装配体”工具栏中的“插入零部件”按钮,在“插入零部件”属性管理器中单击“浏览”按钮选择夹套,单击“打开”按钮,如图 9-5(a)所示。单击“装配体”工具栏中的“移动”按钮右侧的三角符号,打开下拉菜单如图 9-5(b)所示,在其中选择“旋转零部件”或“移动零部件”命令,将夹套放置到合适的位置,如图 9-5(c)所示。

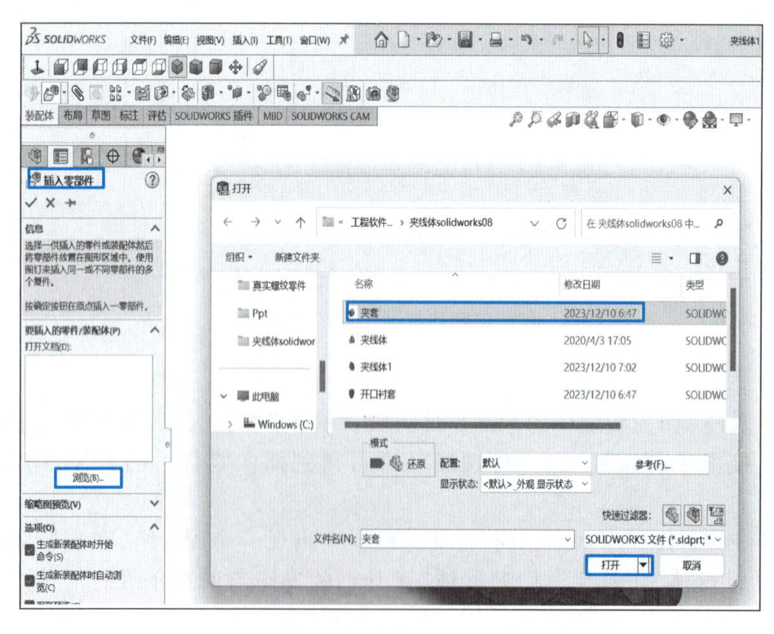

(a)

(b)

图 9-5 插入零件

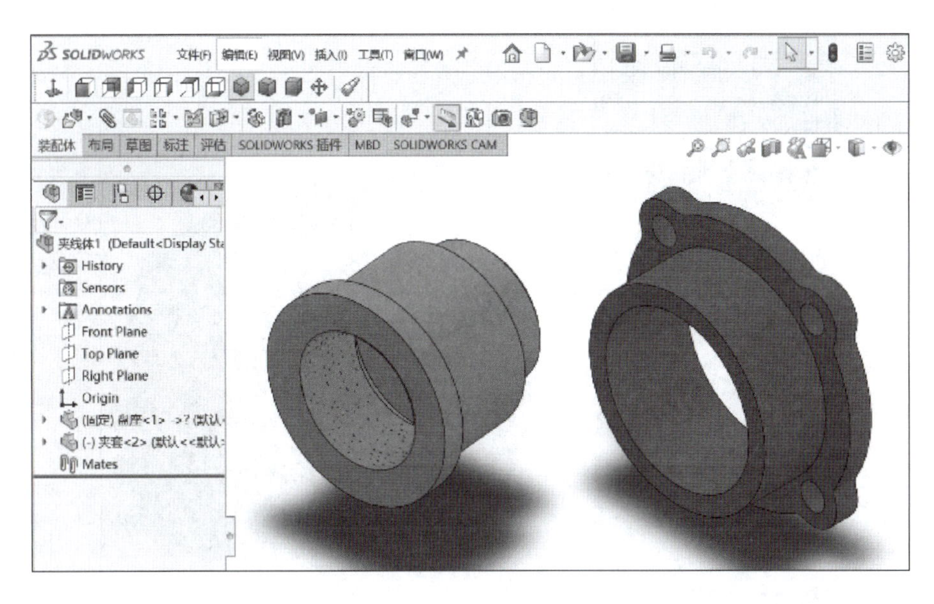

（c）

图 9-5 插入零件(续)

2. 添加配合关系

若要使夹套完全定位，共需要向它添加三种配合关系，分别为同轴配合、轴向配合和径向配合。单击“装配体”工具栏中的“配合”按钮，弹出图 9-6(a)所示的“配合”属性管理器，以下的所有配合都将在“配合”属性管理器中完成。

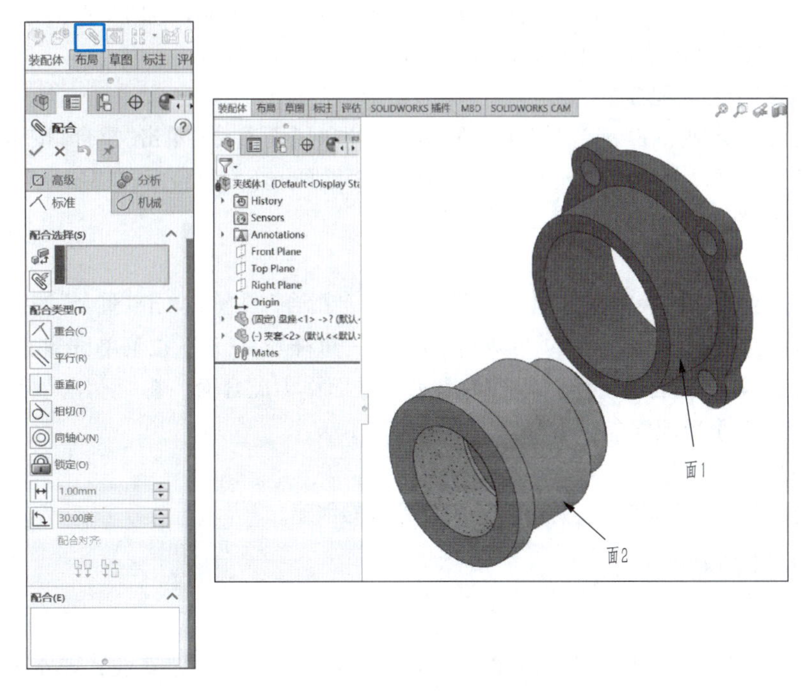

（a）“配合”属性管理器　　（b）选取配合面

图 9-6 添加配合关系

（c）完成装配配合

图 9-6 添加配合关系（续）

1）定义第一个装配配合

（1）确定配合类型。在“配合”属性管理器的“标准配合”区域中单击“同轴心”按钮◎。

（2）选取配合面。分别单击零件模型，选取图 9-6（b）所示的面 1 与面 2 作为配合面，在“配合”属性管理器中单击✓按钮，完成图 9-6（c）所示的第一个装配配合。

2）定义第二个装配配合

（1）确定配合类型。在“配合”属性管理器的“标准配合”区域中单击“重合”按钮⊼。

（2）选取配合面。分别选取图 9-7（a）所示的面 3 与面 4 作为配合面，在“配合”属性管理器中单击✓按钮，完成图 9-7（b）所示的第二个装配配合。

3）定义第三个装配配合

（1）确定配合类型。在“配合”属性管理器的“标准配合”区域中单击“重合”按钮⊼。

（2）选取配合面。单击夹线体 1 ▾ 夹线体1左侧三角符号，打开下拉菜单，选取图 9-7（c）所示的“盘座”零件的上视基准面与“夹套”零件的右视基准面作为配合面。在“配合”属性管理器中单击✓按钮，完成第三个装配配合。

4）完成创建

单击“配合”属性管理器的✓按钮，完成装配体的创建。

三、插入开口衬套

1. 插入零件

单击“装配体”工具栏中的“插入零部件”按钮，在“插入零部件”属性管理器中单击“浏览”按钮，选择开口衬套，单击“打开”按钮。选择“旋转零部件”或“移动零部件”命令，将夹套放置到合适的位置，如图 9-8（a）所示。

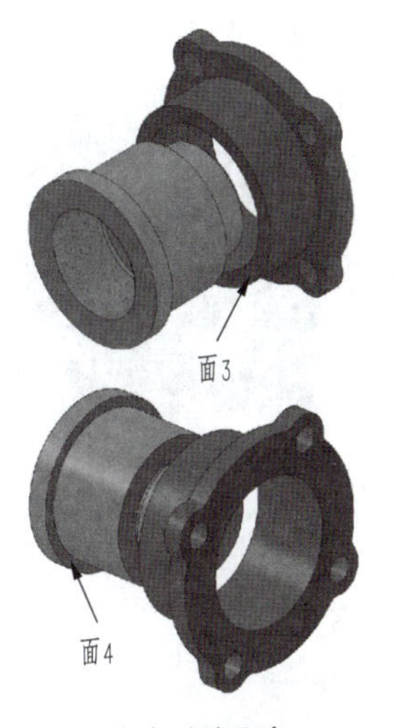

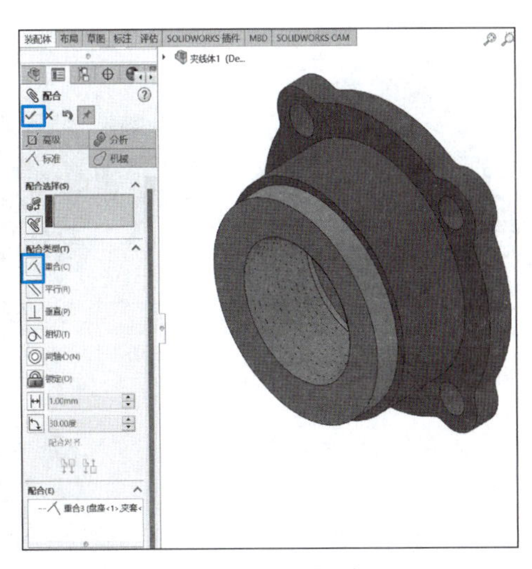

（a）选取配合　　　　　　　　（b）完成装配配合

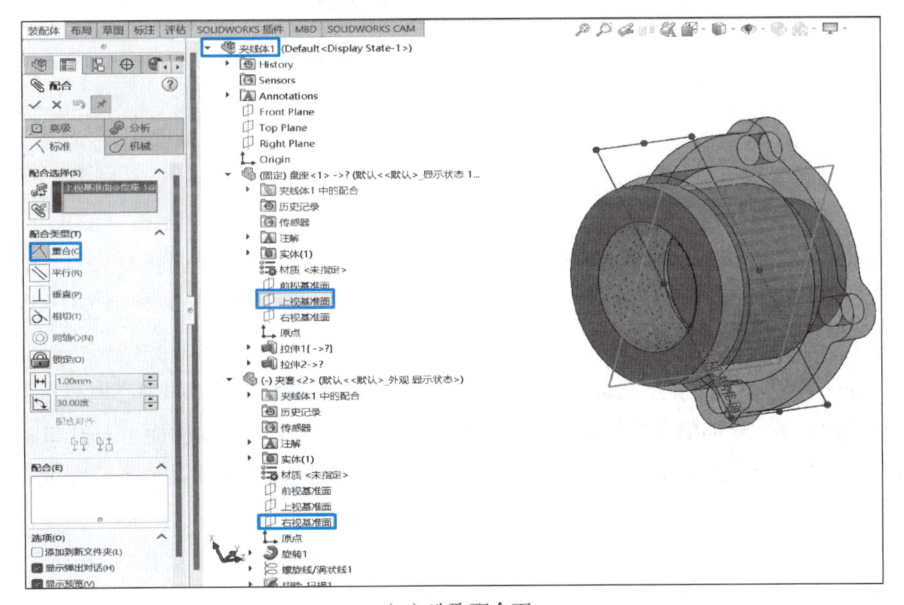

（c）选取配合面

图 9-7　定义装配配合

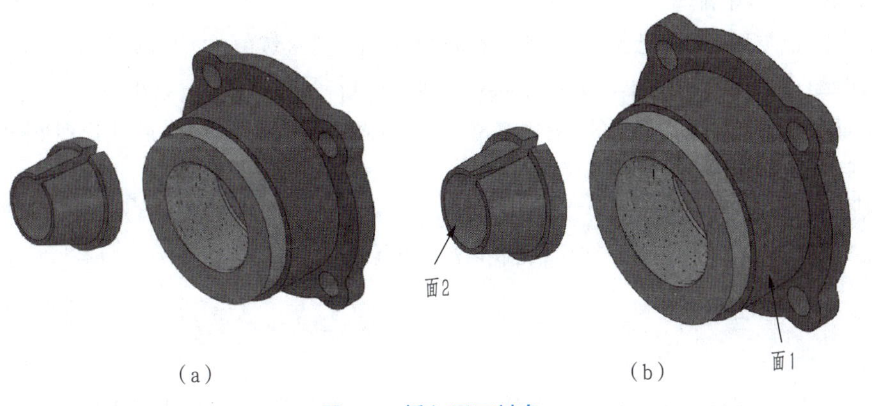

图 9-8　插入开口衬套

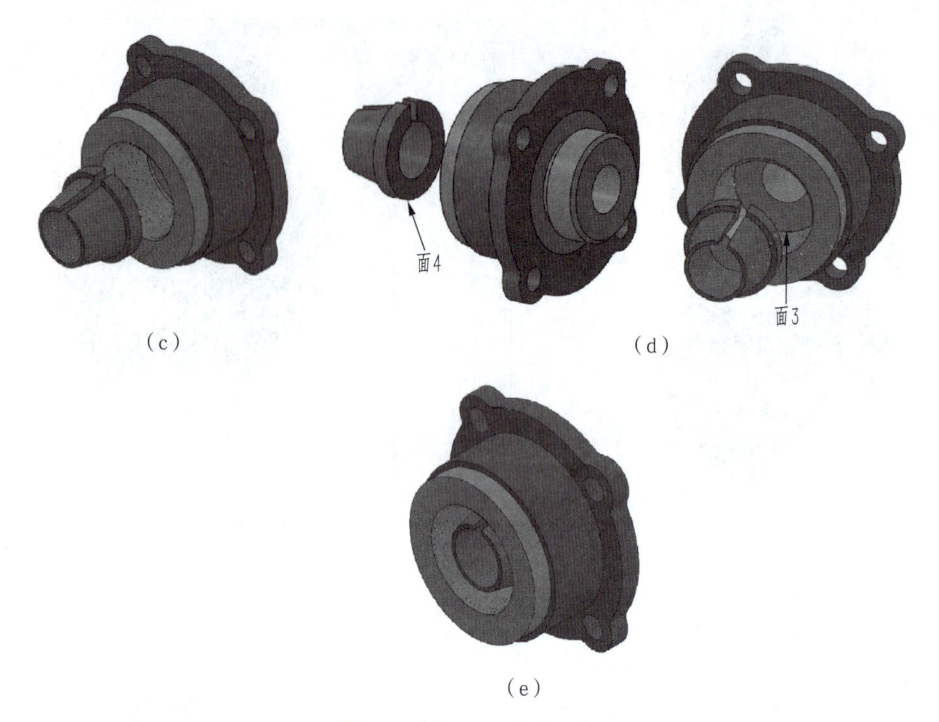

(c)　　(d)

(e)

图 9-8　插入开口衬套(续)

2. 添加配合关系

同样添加三种配合关系,分别为同轴配合、轴向配合和径向配合。单击"装配体"工具栏中的"配合"按钮,弹出"配合"属性管理器,以下的所有配合都将在"配合"属性管理器中完成。

1)定义第一个装配配合

(1)确定配合类型。在"配合"属性管理器的"标准配合"区域中单击"同轴心"按钮。

(2)选取配合面。分别单击零件模型,选取图 9-8(b)所示的盘座外圆柱面 1 与开口衬套内孔面 2 作为配合面,在"配合"属性管理器中单击✓按钮,完成图 9-8(c)所示的第一个装配配合。

2)定义第二个装配配合

(1)确定配合类型。在"配合"属性管理器的"标准配合"区域中单击"重合"按钮。

(2)选取配合面。分别选取图 9-8(d)所示的夹套内孔端面 3 与开口衬套右端面面 4 作为配合面,在"配合"属性管理器中单击✓按钮,完成第二个装配配合。

3)定义第三个装配配合

(1)确定配合类型。在"配合"属性管理器的"标准配合"区域中单击"重合"按钮。

(2)选取配合面。单击夹线体 1 夹线体1左侧三角符号,打开下拉菜单,选取"盘座"零件的"右视基准面"与"开口衬套"零件的"右视基准面"作为配合面。在"配合"属性管理器中单击✓按钮,完成图 9-8(e)所示的第三个装配配合。

4)完成创建

单击"配合"属性管理器的✓按钮,完成装配体的创建。

四、插入手动压套

1. 插入零件

单击"装配体"工具栏中的"插入零部件"按钮,在"插入零部件"属性管理器中单击"浏览"按钮,选择手动压套,单击“打开”按钮。选择“旋转零部件”或“移动零部件”命令,将手动压套放置到合适的位置,如图 9-9(a)所示。

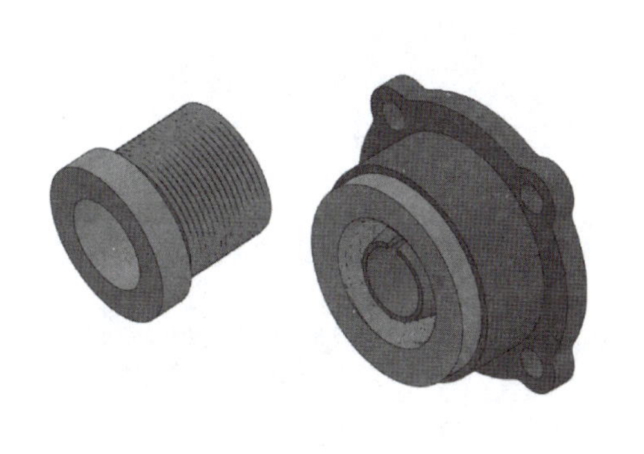

(a)插入零件

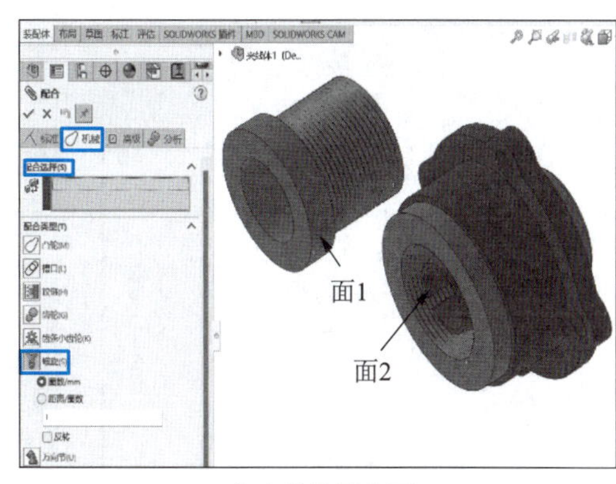

(b)选取配合面

(c)完成装配配合

图 9-9 插入手动压套

2. 添加配合关系

添加手动压套外螺纹柱面与夹套内螺纹孔面螺旋配合。

(1)确定配合类型。在“配合”属性管理器的“机械配合”区域中单击“螺旋”按钮。

(2)选取配合面。分别单击零件模型,选取图 9-9(b)所示的手动压套外螺纹面 1 与夹套内螺纹面 2 作为配合面,在“配合”属性管理器中单击✓按钮,完成如图 9-9(c)所示的装配配合。

9.2 爆炸视图的生成

爆炸视图又称零件分解图,由爆炸视图可以直观、形象地看出各零件之间的位置关系和装配关系。一个爆炸视图包括一个或多个爆炸步骤,被保存在生成的装配体配置中。建立爆炸视图主要是建立一个新的配置并指定爆炸方向及距离。下面以夹线体为例,说明爆炸视图的生成过程。

1. 添加爆炸视图配置

打开已保存的“夹线体 1”装配图。右击配置管理器中的“夹线体 1 配置”,在弹出的快捷菜单中选择“添加配置”命令，如图 9-10（a）所示。将新配置命名为“爆炸图”，如图 9-10（b）、（c）所示。

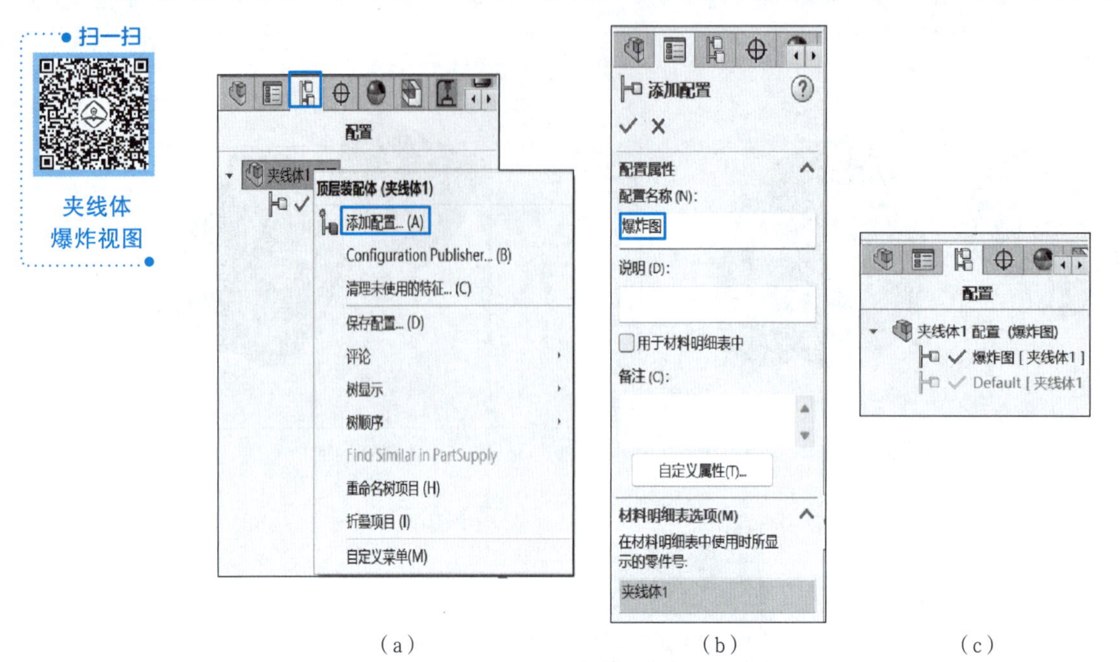

图 9-10　添加爆炸视图配置

2. 生成爆炸视图

右击“爆炸图[夹线体 1]”，在弹出的快捷菜单中选择“新爆炸视图”命令，如图 9-11（a）所示，弹出“爆炸”属性管理器，如图 9-11（b）所示。

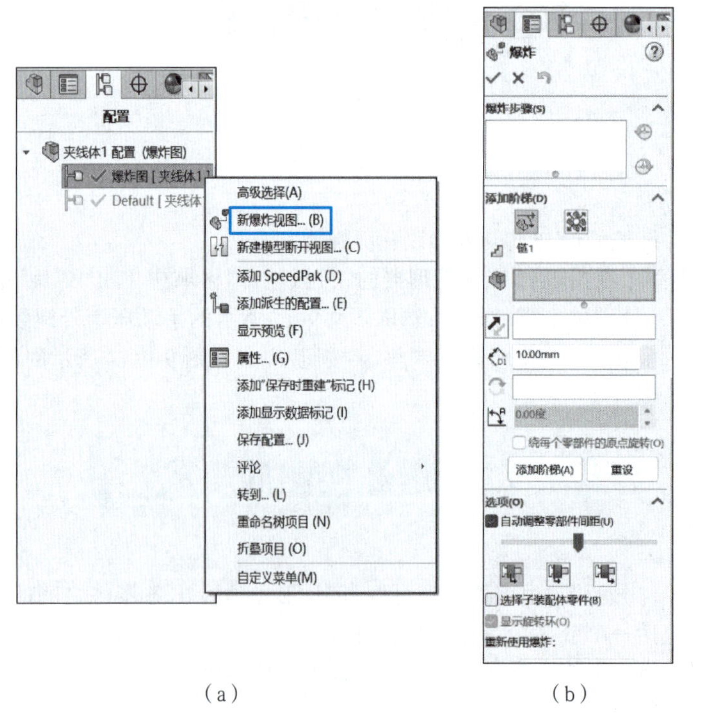

图 9-11　生成爆炸视图

3. 创建爆炸步骤

1)创建爆炸步骤 1

(1)定义要爆炸的零件。在图形区选取图 9-12(a)所示的手动压套。

(2)确定爆炸方向。选取 Z 轴为移动方向;将光标停在零件的 Z 轴上,并沿 Z 轴反向拖动此手动压套到适合的位置,松开鼠标,如图 9-12(b)所示。

(3)定义移动距离。在“爆炸”属性管理器设定区域的尺寸栏中输入数值为 150 mm,如图 9-12(c)所示。

(4)单击“完成”按钮,完成创建爆炸的步骤 1。

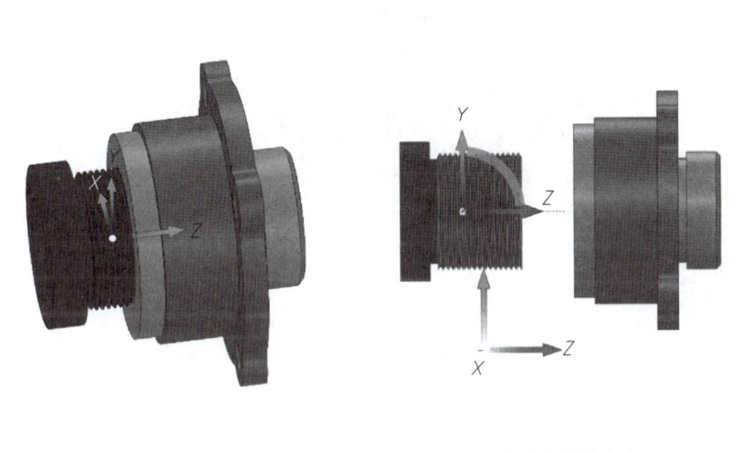

(a) 定义要爆炸的零件　　(b) 确定爆炸方向　　(c) 定义移动距离

图 9-12　创建爆炸步骤 1

2)创建爆炸步骤 2

(1)定义要爆炸的零件。在图形区选取开口衬套。

(2)确定爆炸方向。选取 Z 轴为移动方向;将光标停在零件的 Z 轴上,并沿 Z 轴反向拖动此开口衬套到适合的位置,松开鼠标,如图 9-13(a)所示。

(3)定义移动距离。在“爆炸”属性管理器设定区域的尺寸栏中输入数值为 120 mm,如图 9-13(b)所示。

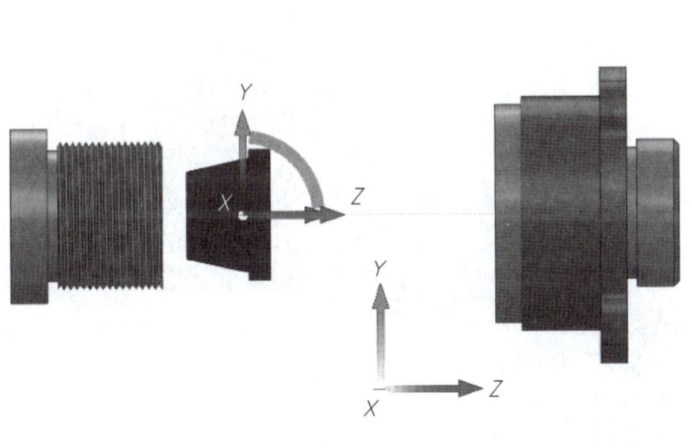

(a) 确定爆炸方向　　(b) 定义移动距离

图 9-13　创建爆炸步骤 2

（4）单击“完成”按钮，完成创建爆炸的步骤 2。

3）创建爆炸步骤 3

（1）定义要爆炸的零件。在图形区选取夹套。

（2）确定爆炸方向。选取 Z 轴为移动方向；将光标停在零件的 Z 轴上，并沿 Z 轴反向拖动此夹套到适合的位置，松开鼠标。

（3）定义移动距离。在“爆炸”属性管理器设定区域的尺寸栏中输入数值为 70 mm。

（4）单击“完成”按钮，完成创建爆炸的步骤 3，生成的爆炸视图如图 9-14 所示。

图 9-14　完成的爆炸视图

9.3　装配体工程图的计算机表达

本节介绍在装配体文件中，利用“从零件/装配体产生工程图”命令，建立装配体的爆炸工程视图，在此延用 9.2 节所建立的“夹线体 1”装配体示范实例，进行爆炸工程视图的建立。

1. 打开练习文件

打开 9.2 节中建立的“夹线体 1”，单击设计树配置管理器中的“夹线体 1 配置”，双击“爆炸视图 1”，如图 9-15 所示。

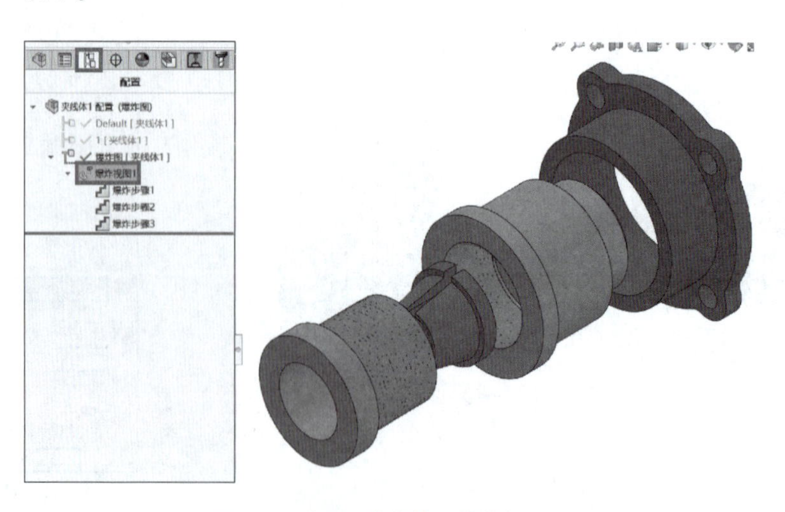

图 9-15　打开“夹线体 1 爆炸视图”

2. 新建工程图

单击“标准”工具栏中的“新建”按钮，单击“工程图”[见图9-16(a)]。选择标准图纸大小为A3横向；勾选“显示图纸格式”复选框，单击“确定”按钮，如图9-16(b)所示。

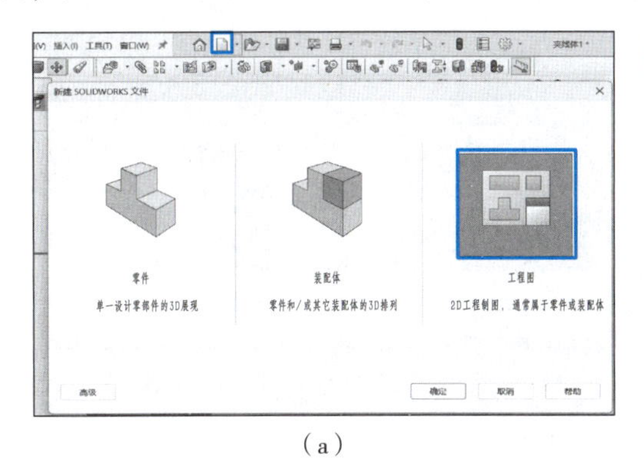

(a)

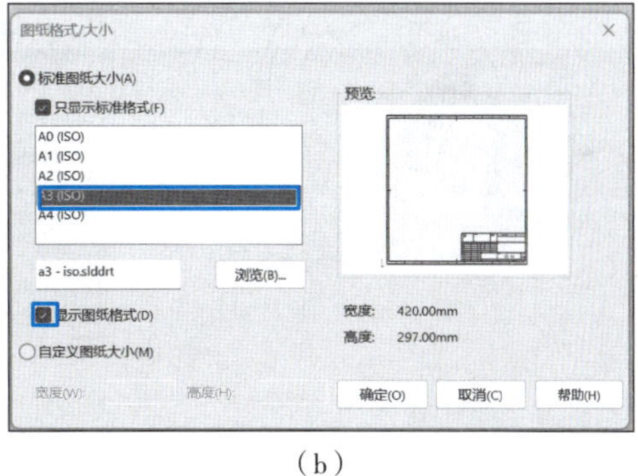

(b)

图 9-16　新建工程图

3. 插入“夹线体1”

在菜单栏中选择“插入”→“工程图视图”→“模型”命令，如图9-17(a)所示。打开“模型视图”属性管理器，如图9-17(b)所示。双击“夹线体1”，打开图9-17(c)所示的“工程图视图”属性管理器。在“参考配置”选项板的下拉菜单中双击“爆炸图”。在“方向”中选择“等轴侧视图”，在“显示样式”中选择“消除隐藏线”，在“比例”中选择“使用自定义比例”单选按钮，并输入1∶2。插入的“夹线体1”如图9-17(d)所示，模型中显示原点。在菜单栏中选择“视图”→“隐藏/显示”→“原点”命令，将“原点”隐藏。模型中不再显示原点，如图9-17(e)所示。

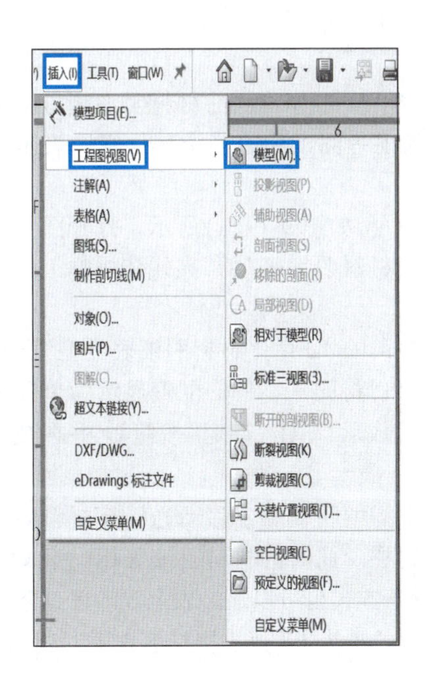

(a)

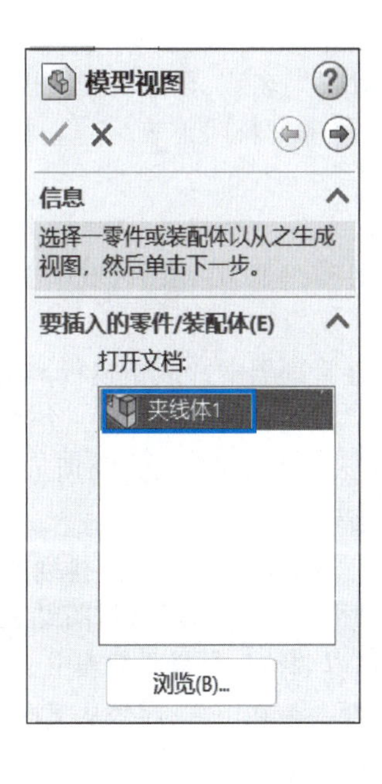

(b)

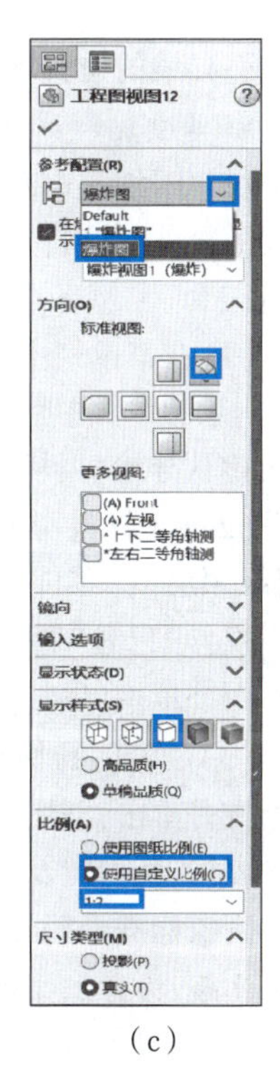

(c)

图 9-17　插入“夹线体1”

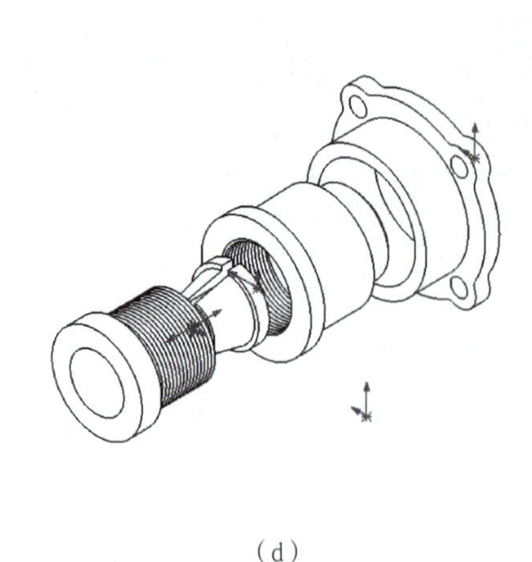

（d）

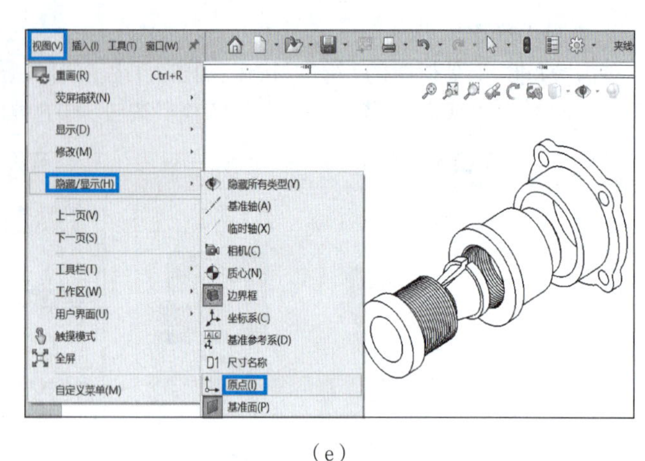

（e）

图 9-17　插入“夹线体 1”（续）

4. 插入零件序号

插入零件序号常用的方式有两种：自动零件序号和零件序号。在菜单栏中选择“插入”→“注解”→“自动零件序号”命令，如图 9-18（a）所示。打开图 9-18（b）所示的“自动零件序号”属性管理器，在绘图区域单击欲加入零件序号的“夹线体爆炸工程视图”。在“阵列类型”选项板中单击“布置零件序号到上”按钮。在“引线附加点”选项板中，如果选择“边线”则引线的末端以“箭头”的形式指向各个零件的边线；如果选择“面”则引线的末端以“点”的形式指向各个零件的表面。在“零件序号设定”选项板中，零件序号的形状选择“圆形”；零件序号大小的缺省状态是“2 个字符”，在下拉菜单中选择“紧密配合”，如图 9-18（b）所示。零件序号如果距离装配体爆炸视图太远，可移动光标至零件序号上，拖动零件序号到适当位置。单击“确定”按钮，结果如图 9-18（c）所示。如果零件序号或引导线的位置不是很恰当，可以通过拖动调整，图 9-18（d）所示为经过调整后的结果。

5. 建立材料明细表

材料明细表（BOM）标示序号、名称、数量、材质、规格等数据。SolidWorks 的材料明细表可根据插入的零件属性自动生成。通常材料明细表为建立在同一张工程图纸中有多个零件视图表示时采用。

（1）在菜单栏中选择 “插入”→“表格”→“材料明细表”命令，如图 9-19（a）所示。打开图 9-19（b）所示的“材料明细表”属性管理器，在绘图区域单击欲加入“材料明细表”的“夹线体爆炸工程视图”，确认导出材料明细表。

（2）在“材料明细表”属性管理器中，“表格模板”选择“boom-standard”；“材料明细表类型”选择“仅限顶层”；“零件配置分组”同时选择“显示为一个项目号”和“将同一零件的配置显示为单独项目”；在“项目号”起始于后输入“1”，如图 9-19（b）所示。设置完成后，单击“确定”按钮✓并在视图旁空白处单击以放置材料明细表。

（3）放置后的材料明细表，大小、序号、名称、排列顺序等都需要再调整。移动光标至材料明细表上方并单击，如图 9-20（a）所示，再次出现材料明细表的标题栏。此时的材料明细表相当于文档中的表格，其列宽及行高都可以调整。材料明细表中文字的对齐方式也可以通过表上方的工具条调整。国家标准中明细表的标题一般在下方，序号从下向上排序，单击表上的“表格标题在下”按钮即可实现，设置结果如图 9-20（b）所示。

（4）更改材料明细表中的文字内容。在“说明”单元格中右击，在弹出的快捷菜单中选择“编辑多个属性值”命令，如图 9-21（a）所示。双击“说明”单元格，弹出图 9-21（b）所示“编辑”对话框，输

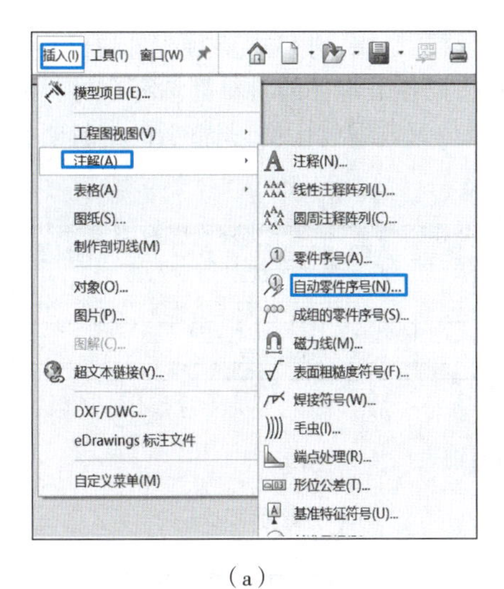

(a)

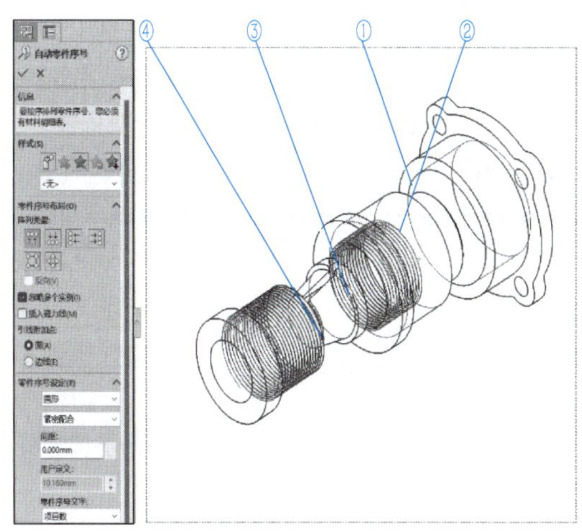

(b)

(c)

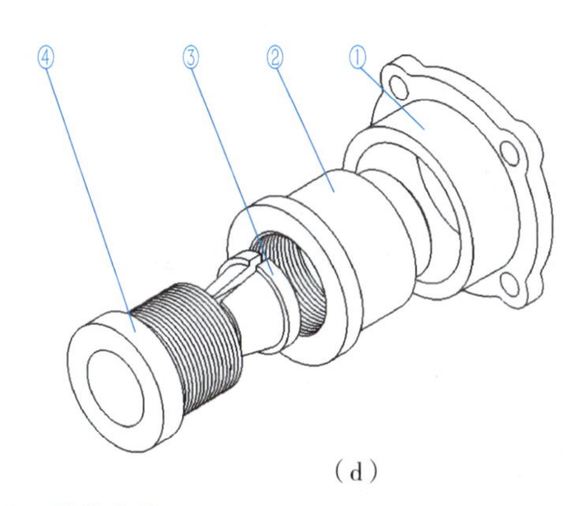

(d)

图 9-18 插入“零件序号”

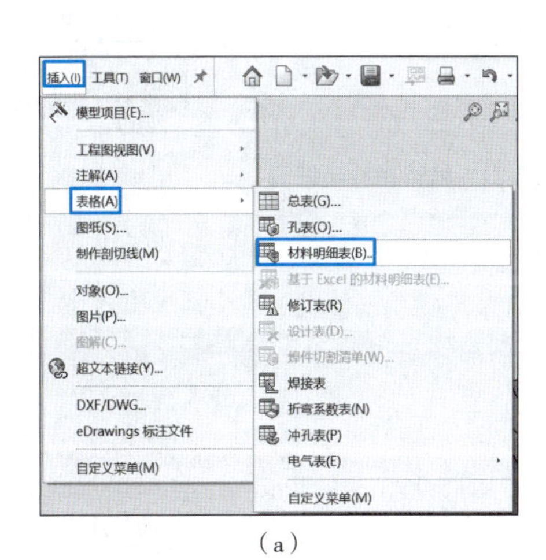

(a)

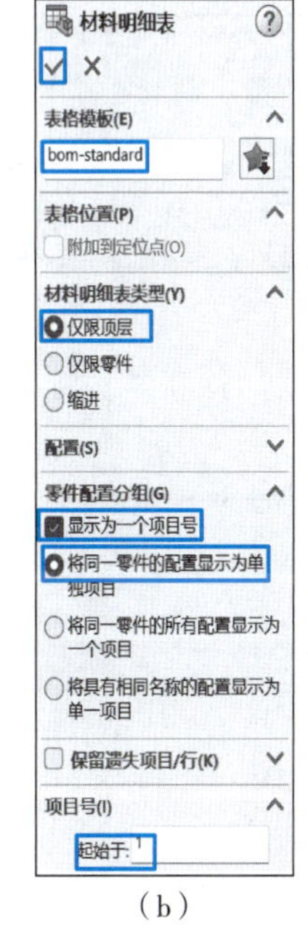

(b)

图 9-19 建立材料明细表

入“材料”并单击“确定”按钮，即可更改单元格内容。在“材料”这一列右击，在弹出的快捷菜单中选择“插入”→“右列”命令，如图 9-21(c)所示。用上述方法把各个零件的材料都填写在材料明细表中。材料明细表完成后，可以通过拖动移动工程图至适当位置或缩放比例，调整后的材料明细表如图 9-21(d)所示。

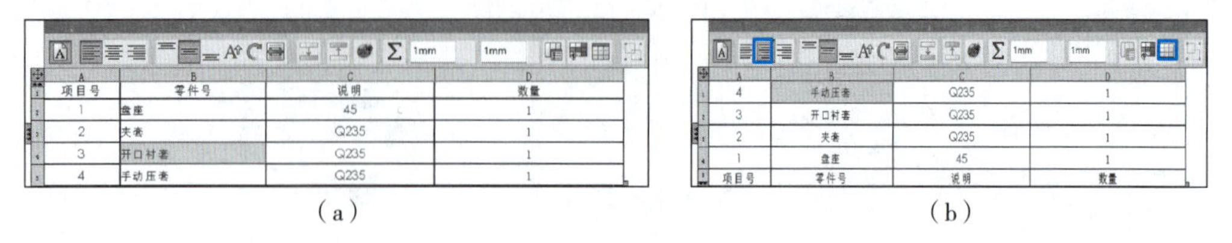

(a)　　(b)

图 9-20　调整材料明细表

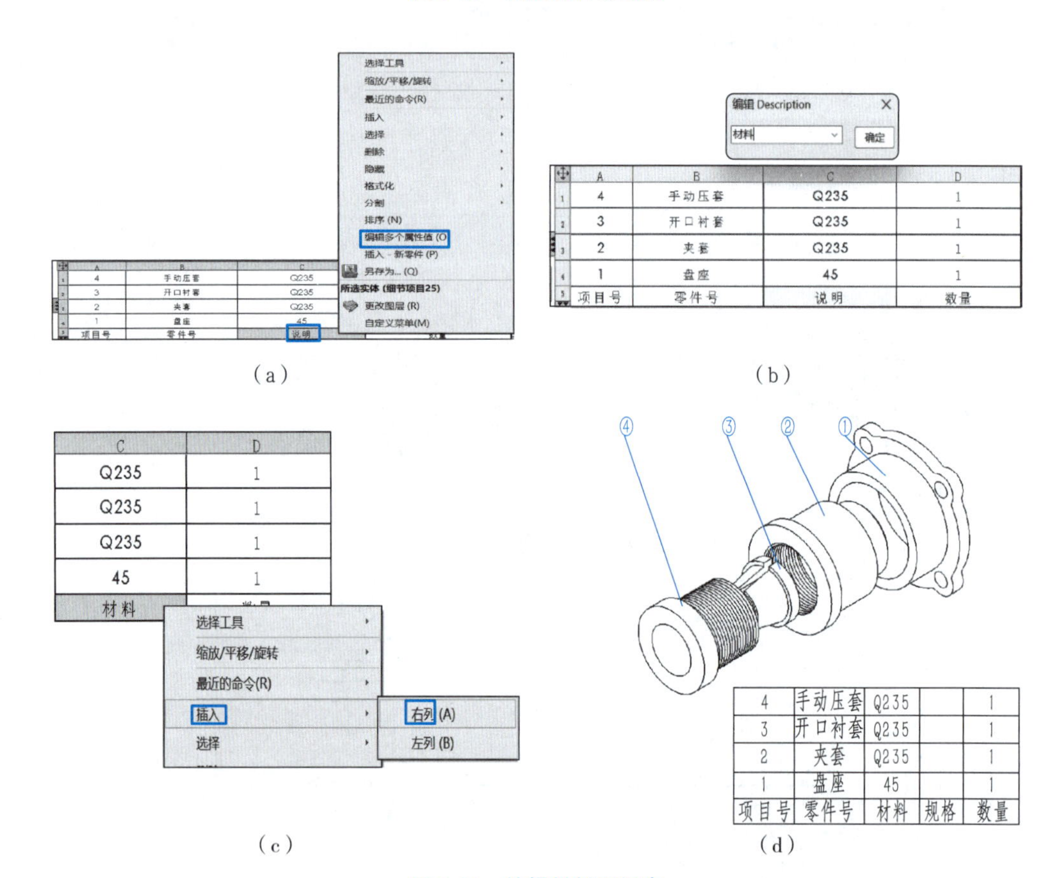

(a)　　(b)

(c)　　(d)

图 9-21　编辑材料明细表

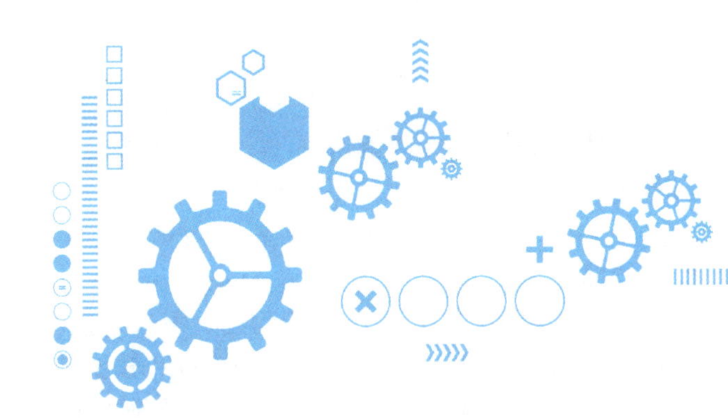

第10章 装配体与装配图

在进行机器和部件的设计时，一般采用“由上而下”的设计方式，从装配体开始设计，然后再根据装配体设计零件。零件不是孤立存在的，每个零件存在于机器或部件中，并有其独特的作用，与其他零件有机地装配在一起，实现整个部件的功用。在设计和绘制装配图的过程中，应重视零件与零件的装配关系以及装配结构的合理性，以保证机器或部件的性能，方便零件的加工和拆装，对装配体的认知为学习装配图提供了丰富的感性认识。本章主要介绍装配体的相关知识和装配图的内容、画法以及阅读装配图的方法和步骤。

10.1 装配体

任何机器或部件，都是由一定数量的零件，根据其性能和工作原理，按照一定的装配关系和技术要求组装在一起的。装配过程中，应掌握机器的工作原理、装配干线、零件之间的配合关系等。本节以螺旋千斤顶为例，说明装配体的装配过程，对该过程的认识和了解，对绘制装配图具有启发和指导作用。

一、装配示意图

装配示意图是针对产品的设计要求、设计方案，用规定的简单符号或线条绘制而成的。用以表示机器或部件各部分的运动和传动关系，以及各零件的相对位置和装配关系，能反映机器或部件的工作原理。因此，装配示意图可作为机器设计和装配的依据。螺旋千斤顶装配示意图如图10-1所示。

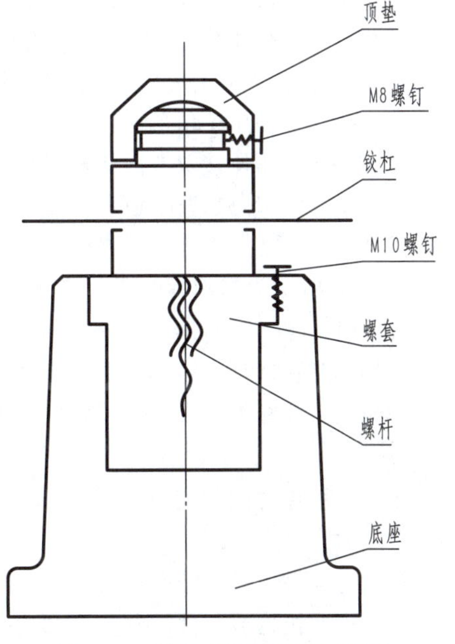

图10-1　螺旋千斤顶装配示意图

螺旋千斤顶是利用螺纹传动顶举重物的起重工具。当操作者转动铰杠，使螺旋杆在螺套中转动时，螺旋杆的旋转运动转变为上下直线运动，即顶起或降下重物。螺旋杆头部的圆球面上套装顶垫，既保证顶起重物时受力向心，也使螺旋杆旋转时，螺旋杆和顶垫的球面之间产生摩擦，保证不损伤重物表面。

二、装配干线与装配关系

1. 确定装配干线

装配干线指机器或部件装配时，零件依次围绕一根或几根轴线装配起来，可体现主要的装配关系，该轴线即为装配干线。千斤顶的装配干线如图10-2所示，零件底座、螺套、螺杆、顶垫围绕共同的轴线装配，实现升举功能。

图10-2　千斤顶的装配干线

2. 明确装配关系

零件与零件之间的连接和装配关系包括：配合连接、螺纹连接、键连接、销连接、齿轮啮合、弹簧连接和轴承连接等，这些连接关系在装配环境下就变成了面与面之间的重合关系、等距离关系、相切关系、同轴关系，直线与直线之间的重合关系等。例如，圆轴与圆孔是一种配合关系，那么在装配环境下就变成了同轴关系；键与键槽的底面具有接触关系，那么在装配环境下就变成了平面与平面的重合关系。

对千斤顶而言，螺套与底座之间存在径向同轴关系及轴向共面关系；螺套与螺杆之间存在径向同轴关系及轴向限位关系；螺杆与顶垫之间存在径向同轴关系及球形端面共面关系。

10.2　装配图的内容

表达机器或部件的工作原理、结构性能以及各零件之间的装配关系的图样称为装配图。装配图是了解机器或部件工作原理、功能结构的技术文件，是进行装配、检验、安装、调试和维修的重要依据。在设计过程中，首先要绘制装配图，然后再根据装配图完成零件的设计及绘图。

图10-3所示为球阀的结构立体图，其工作原理是：转动扳手12，带动阀杆13和球心4转动，通过改变球心4和阀体接头5内孔轴线相交的角度控制球阀的流量。当球心4内孔轴线与阀体接头5内孔轴线垂直时，球阀完全关闭，流量为0；当球心4内孔轴线与阀体接头5内孔轴线重合时，球阀完全打开，流量最大。

图10-4所示为球阀装配图。从图中可以看出，装配图应包含以下内容。

1. 一组图形

正确、完整、清晰地表达机器或部件的组成、零件之间的相对位置关系、连接关系、装配关系、工作原理及其主要零件主要结构形状的一组视图。

2. 必要的尺寸

用于表示零件间的配合、零部件安装、机器或部件的性能、规格、关键零件间的相对位置以及机器的总体大小。

3. 技术要求

用于说明机器或部件在装配、安装、检验、维修及使用方面的要求。

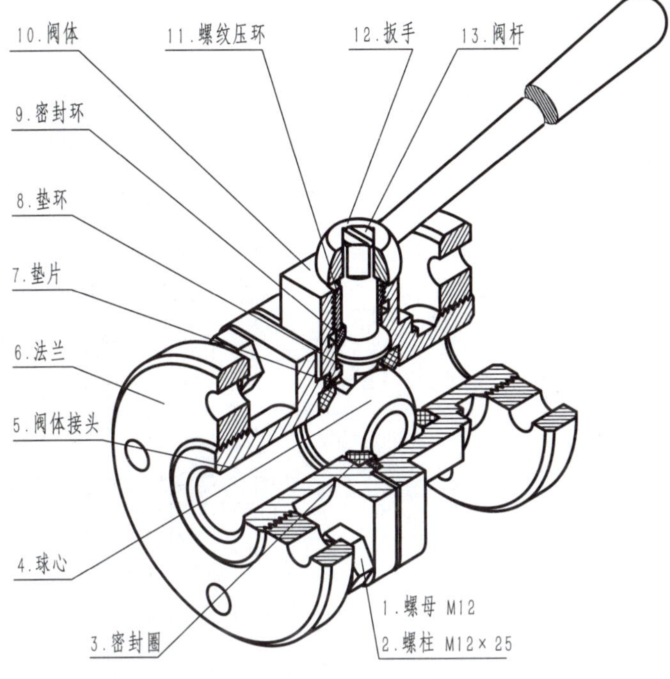

图 10-3 球阀的结构立体图

4. 零件的序号、明细栏和标题栏

序号与明细栏的配合说明了零件的名称、数量、材料、规格等,在标题栏中填写部件名称、数量及生产组织和管理工作需要的内容。

一、装配图的表达方法

零件的各种表达方法在表达机器或部件时同样适用。但装配图以表达部件或机器的工作原理、各零件间的装配关系为主,因此,除了前面章节所介绍的各种表达方法外,还需要一些表达部件或机器的规定画法和特殊画法。

1. 规定画法

(1)相邻两个零件的接触表面或配合表面只画一条共用的轮廓线,不接触的两零件表面,即使间隙很小,也要用两条轮廓线表示,两线之间的距离应大于 0.7 mm。

(2)为区分不同零件,画剖视图时,相邻两零件的剖面线方向应相反或方向一致间隔不同。注意,同一零件在各个视图上剖面线的倾斜方向和间隔必须一致。对薄片零件可涂黑,如图 10-4 中的件 7(垫片)。

(3)对一些实心杆件(如轴、连杆等)和一些标准件(如螺母、螺栓、垫圈、键、销等),若剖切平面通过其轴线剖切时,这些零件只画外形,不画剖面线,如图 10-4 中的件 13(阀杆)。

2. 特殊画法

(1)拆卸画法。为了表达被遮挡的装配关系,可假想拆去一个或几个零件,只画出所要表达部分的视图,这种画法称为拆卸画法。如图 10-4 中的俯视图,是拆去件 6(法兰)后绘制的。

(2)沿结合面剖切画法。为了表达内部结构,可采用沿结合面剖切画法。零件的结合面不画剖面线,被剖切的零件应画出剖面线。

(3)单独表达某个零件。在装配图中,当某个零件的形状未表达清楚而对理解装配关系有影响时,可单独画出该零件的某一视图。

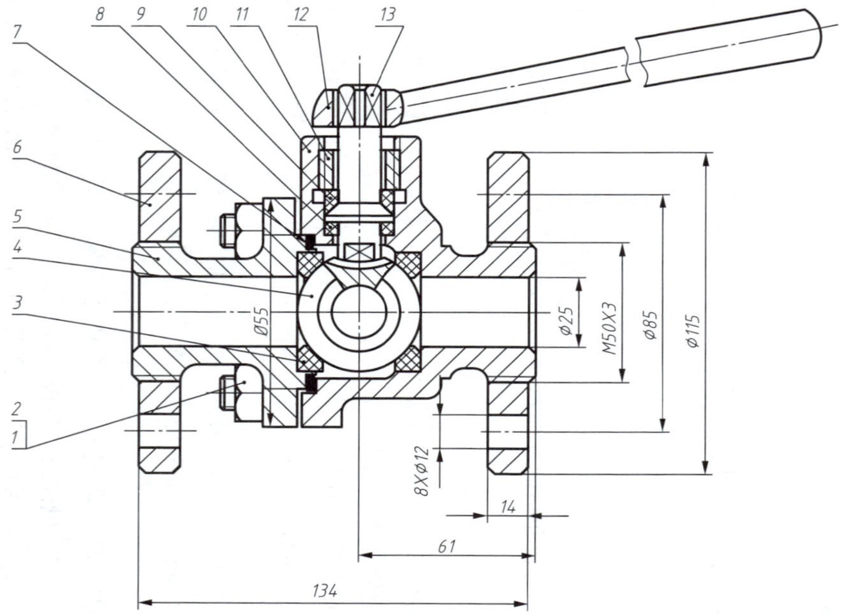

拆去零件6

技术要求

1. 制造与验收技术条件应符合GB/T 12237—2021的规定。

2. 不锈钢材料进厂后做化学分析的腐蚀性试验，合格后投产。

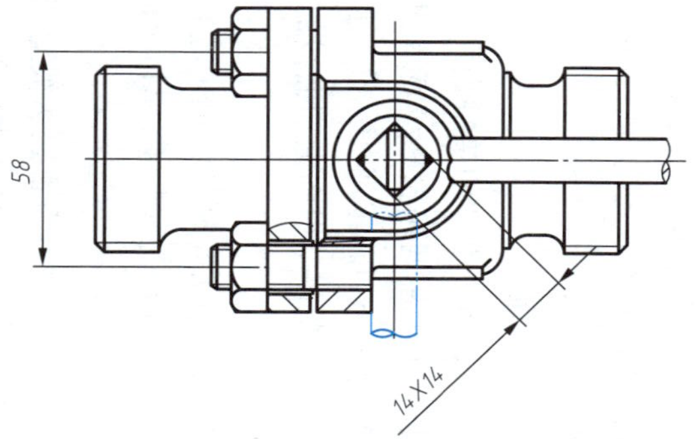

序号	代号	名称	数量	材料	单件质量	总计质量	备注
13		阀杆	1	1Cr18Ni12Mo2Ti			
12		扳手	1	Q235			
11		螺纹压环	1	25			
10		阀体	1	1Cr18Ni12Mo2Ti			
9		密封环	1	聚四氟乙烯			
8		垫环	1	聚四氟乙烯			
7		垫片	1	聚四氟乙烯			
6		法兰	2	25			
5		阀体接头	1	1Cr18Ni12Mo2Ti			
4		球心	1	1Cr18Ni12Mo2Ti			
3		密封圈	2	聚四氟乙烯			
2	GB/T 898	螺柱M12x25	4	40			外购
1	GB/T 6170	螺母M12	4	Q235			外购

设计		（日期）	（材 料）	（校 名）
校核			比例 1∶2	球 阀
审核				
班级	学号		共 张 第 张	（图样代号）

图 10-4 球阀装配图

（4）夸大画法。遇到薄片零件、细丝弹簧及微小间隙时，无法按实际尺寸画出，或虽能如实画出，但不能明显表达其结构（如圆锥销、锥销孔的锥度很小时），均可采用夸大画法。即把垫片厚度、簧丝直径、微小间隙以及锥度等适当夸大画出，如图10-4中的件7（垫片）就是夸大绘制的。

（5）假想画法。在装配图中，可用细双点画线画出某些零件的外形轮廓，以表示机器或部件中，某些运动零件的极限位置或中间位置，如图10-4俯视图中球阀手柄的运动范围（双点画线）。也可以表示与本部件有装配关系但又不属于本部件的其他相邻零部件的位置。

（6）展开画法。为了表达某些重叠的装配关系，如多级传动变速箱、齿轮的传动顺序和装配关系，可假想将空间轴系按其传动顺序展开在一个平面上，画出剖视图，这种画法称为展开画法。

3. 简化画法

（1）在装配图中，零件的工艺结构，如圆角、倒角以及退刀槽等允许不画。

（2）在装配图中，螺母和螺栓头允许采用简化画法。当遇到螺纹连接件等相同的零件组时，在不影响理解的前提下，允许只画一处，其余可用点画线表示其中心位置。

（3）在剖视图中，表示滚动轴承时，允许只画出对称图形的一半，另一半画出其轮廓，并用细实线画出轮廓的对角线。

4. 视图选择与表达举例

（1）部件分析。分析部件的功能、组成，零件间的装配关系以及装配干线的组成，分析部件的工作状态、安装固定方式及工作原理。

图10-5所示为安全阀的装配图，其工作原理是当⌀20的进油孔腔内压力过大时，阀门2被顶开，油被压入出油孔，从而减缓进油腔内的压力，保证油路的安全。通过调节螺母7控制弹簧4的压缩状态，从而调节限压值。其动作的传递过程是：松开螺母7，转动螺杆9可使其上下移动进行调节，通过弹簧垫10、弹簧4将压力传递给阀门2。可见上述各零件与阀体组成装配干线，这是该部件工作的主要部分，包含主要的装配关系，是表达的重点。

（2）选择主视图。主视图应反映部件的整体结构特征，表示主要装配干线的装配关系，表明部件的工作原理，反映部件的工作状态和位置。因此，安全阀的主视图采用过装配干线的剖切平面进行剖切得到的全剖视图。同时，该全剖视图能够清晰反映主要零件阀体的内部结构特征。

（3）其他视图的选择。采用省略画法画出的俯视图表达了阀体1和阀盖5的主体形状以及连接螺母的位置。采用省略画法画出的向视图*B*，反映了阀体下端面的真实形状。放大了的局部剖视图*A*—*A*，表达了阀体1和阀盖5之间的螺柱连接关系。

由上述分析，最终得到安全阀的表达方案。

二、装配图的尺寸标注

装配图和零件图的作用不同，因此，对尺寸标注的要求也不同，需标注以下几类尺寸：

1. 性能（规格）尺寸

表示机器或部件性能和规格的尺寸，是设计或选用零部件的主要依据。如图10-4中的管口直径⌀25以及图10-5中的进油孔直径⌀20。

2. 装配尺寸

（1）配合尺寸。表示两个零件之间配合性质和相对运动情况的尺寸，是分析部件工作原理、设计零件尺寸偏差的重要依据。如图10-5中的⌀34H7/g6。

（2）相对位置尺寸。装配机器、设计零件时都需要有保证零件间相对位置的尺寸。如图10-4中的58及图10-5中的⌀68均为此类尺寸。

3. 总体尺寸（外形尺寸）

表示机器或部件外形轮廓的尺寸，即总长、总宽和总高，可为机器或部件的包装、运输、安装以及

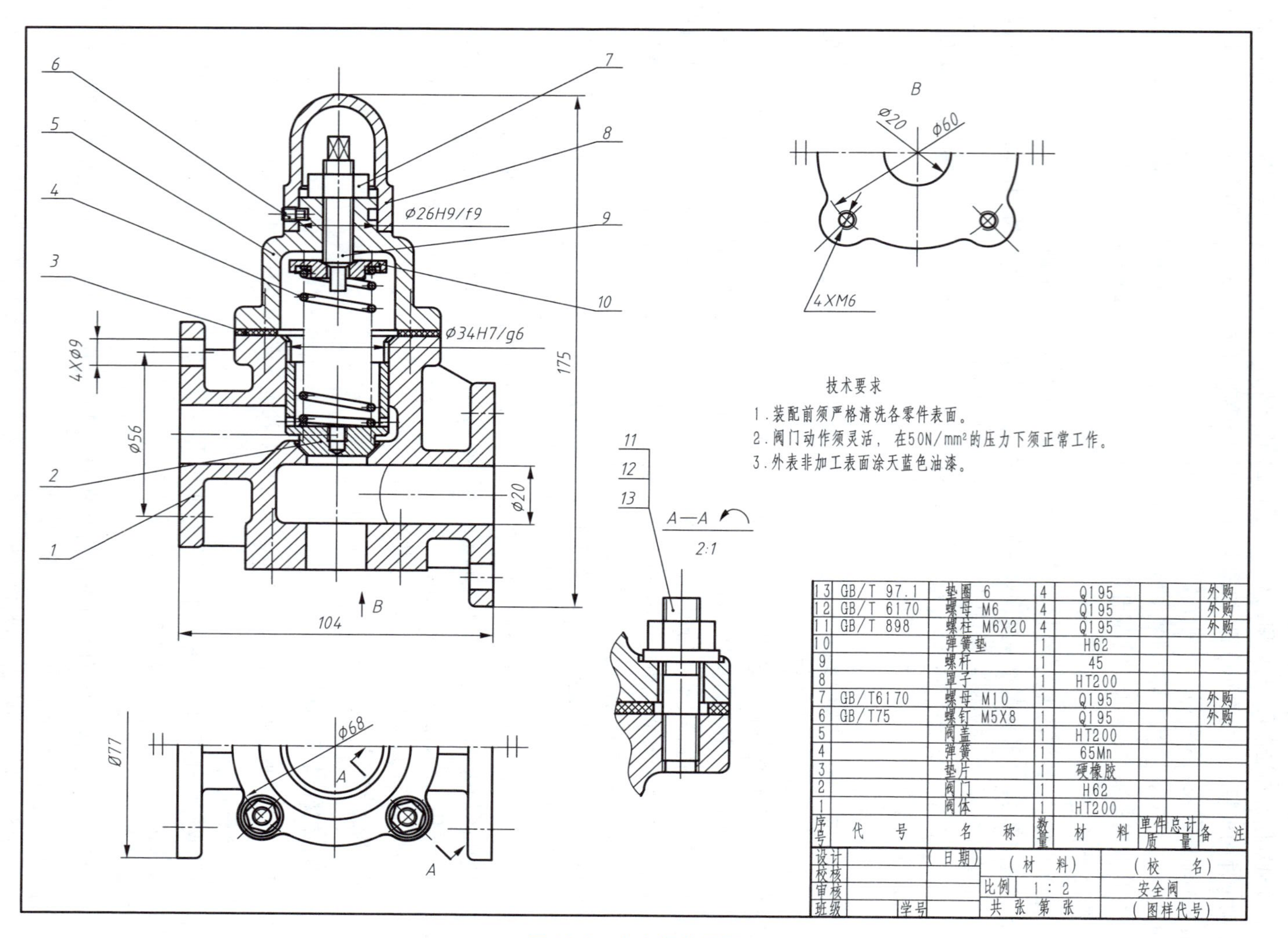
1
2
3
4
5
6
7
8
9
10
11
12
13
Ø26H9/f9
Ø34H7/g6
4XØ9
Ø56
Ø20
175
104
B
Ø77
Ø68
A
B
Ø20
Ø60
4XM6
A—A
2:1
技术要求
1.装配前须严格清洗各零件表面。
2.阀门动作须灵活，在50N/mm²的压力下须正常工作。
3.外表非加工表面涂天蓝色油漆。
13 GB/T 97.1 垫圈 6 4 Q195 外购
12 GB/T 6170 螺母 M6 4 Q195 外购
11 GB/T 898 螺柱 M6X20 4 Q195 外购
10 弹簧垫 1 H62
9 螺杆 1 45
8 罩子 1 HT200
7 GB/T6170 螺母 M10 1 Q195 外购
6 GB/T75 螺钉 M5X8 1 Q195 外购
5 阀盖 1 HT200
4 弹簧 1 65Mn
3 垫片 1 硬橡胶
2 阀门 1 H62
1 阀体 1 HT200
序号 代号 名称 数量 材料 单件质量 总计质量 备注
设计 （日期） （材料） （校名）
校核
审核 比例 1:2 安全阀
班级 学号 共 张 第 张 （图样代号）

图 10-5　安全阀装配图

厂房设计提供依据。如图 10-5 中的 175。

4. 安装尺寸

是装配体与其他零部件安装时所需要的尺寸。如图 10-5 中的⌀56(安装孔的位置)和图 10-4 中的⌀85。

5. 其他重要尺寸

在设计过程中经计算确定或选定的尺寸,但又未包括在上述四种尺寸之中,如图 10-4 中的 61。

三、装配图的技术要求

不同性能的机器或部件,其技术要求也各不相同。装配图中的技术要求主要包括装配要求、检验要求及使用要求等。如图 10-4 中的技术要求属于检验要求,图 10-5 中的技术要求属于装配要求。技术要求通常用文字注写在明细栏上方或图纸下方的空白处,也可以另写成技术文件,附于图纸前面。

四、装配图的零部件序号及明细栏

为了便于图样的管理和阅读,必须对机器或部件的各组成部分(零、部件等)编注序号,填写明细栏,以便统计零件数量,进行生产准备工作。

1. 零部件序号

(1)基本规定。每一种零件只编写一个序号,序号应按水平或铅垂方向排列整齐,同时按顺时针或逆时针排序,零件序号应与明细栏中的序号一致。

(2)序号编排方法与标注。序号编写方法有两种,一种是将一般件和标准件混合在一起编排(见图 10-4),另一种是将一般件编号填入明细栏中,标准件直接在图样上标注规格、数量及国标号。

序号应标注在图形轮廓线的外边,并填写在指引线的横线上或圆内,横线或圆用细实线画出。指引线应从所指零件的可见轮廓内引出,并在末端画一圆点,若所指部分(很薄的零件或涂黑的剖面)不宜画圆点时,可在指引线末端画出箭头指向该部分轮廓。指引线尽可能分布均匀且不要彼此相交,也不要过长。当指引线通过有剖面线的区域时,应尽量不与剖面线平行,必要时,指引线可以画成折线,但只允许弯折一次,如图 10-6 所示。

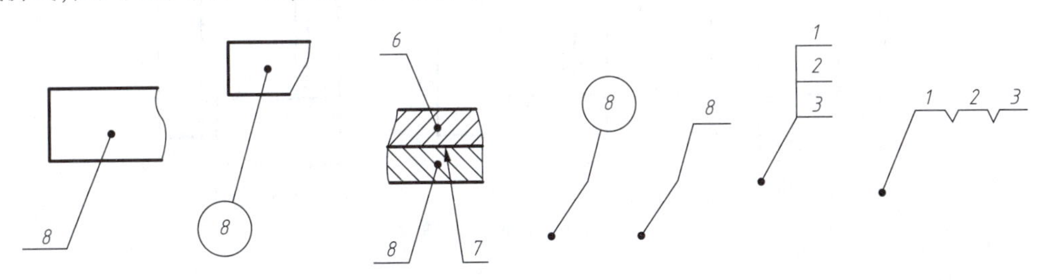

图 10-6 零部件序号与指引线

2. 明细栏

明细栏是全部零件的详细目录,其内容一般有序号、代号、名称、数量以及备注等。明细栏画在标题栏上方,序号的编写应自下而上,以便增加零件,位置不够时可在标题栏左侧继续向上填写,明细栏的最上方一条线为细实线,如图 10-7 所示。对其中的标准件,还应在“备注”栏内填写其国家标准代号。

序号	代 号	名 称	数量	材 料	单件	总计	备 注
					质量		

设计		(日期)	(材料)	(校名)
校核				
审核			比例	(图样名称)
班级	学号		共 张 第 张	(图样代号)

图 10-7 明细栏

10.3 装配图的画法

绘制装配图时,应首先了解装配工艺结构,保证装配结构的合理性。在具体绘图时除了按规定使用第五章所介绍的各种图样画法外,还可以使用装配图的规定画法和特殊表达方法。

一、装配工艺结构

为使零件装配成机器(或部件)后能够达到性能要求,并考虑拆装方便,对装配结构要求有一定的合理性,下面介绍几种常见的装配工艺结构。

1. 接触面转折处结构

孔与轴配合且轴肩与孔的端面相互贴合时,为保证两零件接触良好,孔端应制成倒角或轴的根部作出退刀槽,如图 10-8 所示。

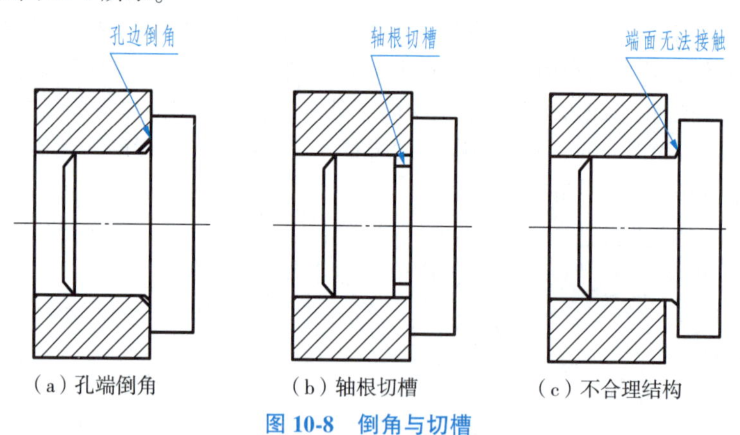

(a)孔端倒角　(b)轴根切槽　(c)不合理结构

图 10-8 倒角与切槽

2. 单方向接触面结构

为了避免因加工误差,导致设计上要求接触的面未能接触,当两个零件接触时,在同一方向上最好只有一组接触面,否则就必须大大提高接触面处的尺寸精度,增加加工成本。如图 10-9(a)所示,既保证了零件接触良好,又降低了加工要求,而图 10-9(b)所示为不合理结构。

3. 便于拆装结构

在用螺纹连接件连接时,为保证拆装方便,必须留出扳手活动空间,如图 10-10 所示。

用圆柱销或圆锥销定位两零件时,为便于加工、拆装,应将销孔做成通孔,如图 10-11 所示。

安装滚动轴承时,图 10-12(a)所示的结构由于轴肩过高、内孔过小,造成拆卸轴承时顶不到轴

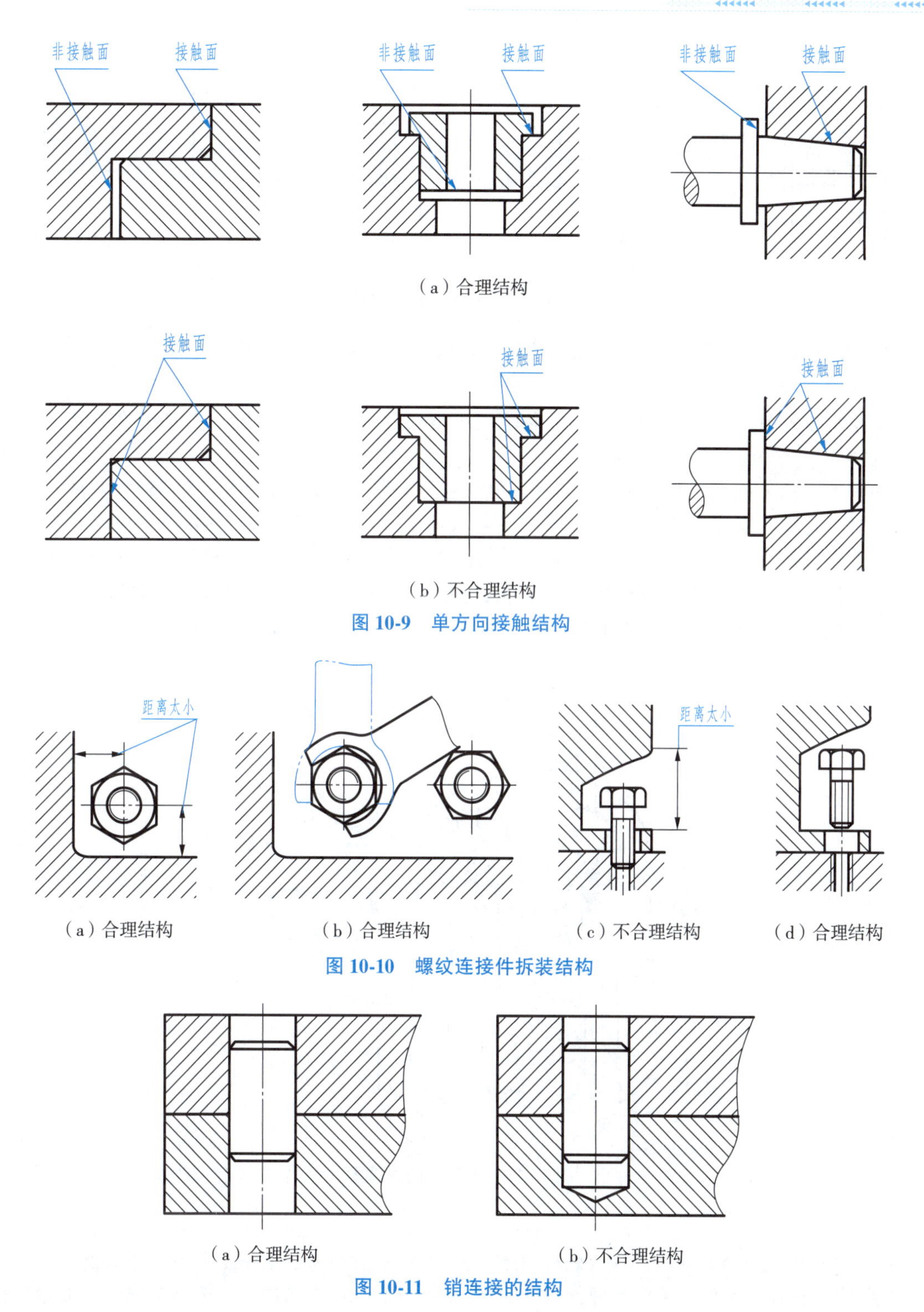

图 10-9　单方向接触结构

图 10-10　螺纹连接件拆装结构

图 10-11　销连接的结构

承内、外圈，轴承无法拆卸；而图 10-12(b)所示结构通过减小轴肩、加大内孔直径或设计拆卸孔等方法，方便了轴承的拆卸。

二、装配图的画图步骤

画装配图时，首先要分析机器的工作情况和装配结构特征，然后选择一组图形，把部件的工作原

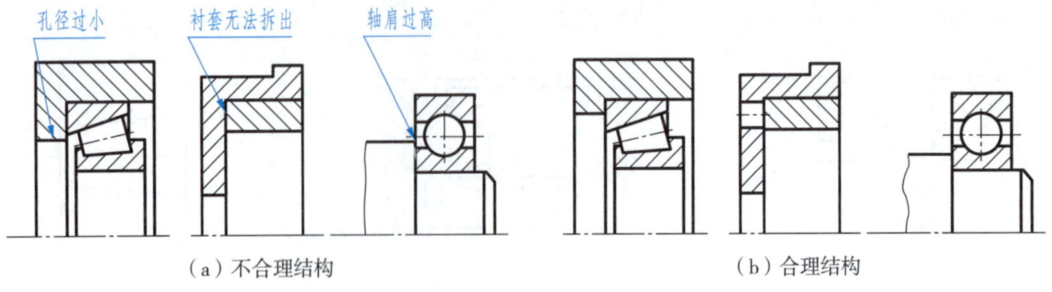

（a）不合理结构　　（b）合理结构

图 10-12　安装轴承的结构

理、装配关系和零件的主要结构形状表达清楚。现以千斤顶为例，说明画装配图的方法和步骤。

1. 分析机器或部件的工作原理

在绘制装配图之前，首先要对所画的装配图进行必要的分析，了解机器或部件的功用、工作原理、零件之间的装配关系和结构特点。

如图 10-13 所示，千斤顶是在汽车修理和机器安装工作中用于起重和顶举的部件，主要由底座、螺套、螺杆、铰杠和顶垫等零件组成。螺套镶嵌在底座中，用紧定螺钉定位，使螺纹磨损后方便更换。螺杆与螺套靠螺纹连接，通过旋转可上下移动；螺杆顶部呈球面状，外套一个顶垫。顶垫上部呈平面形状，放置准备顶起的重物。顶垫用螺钉与螺杆连接而又不固定，目的是防止顶垫随螺旋杆一起转动时不致脱落。顶垫与螺杆的球面接触，便于顶垫在放置重物时顶面保持水平。

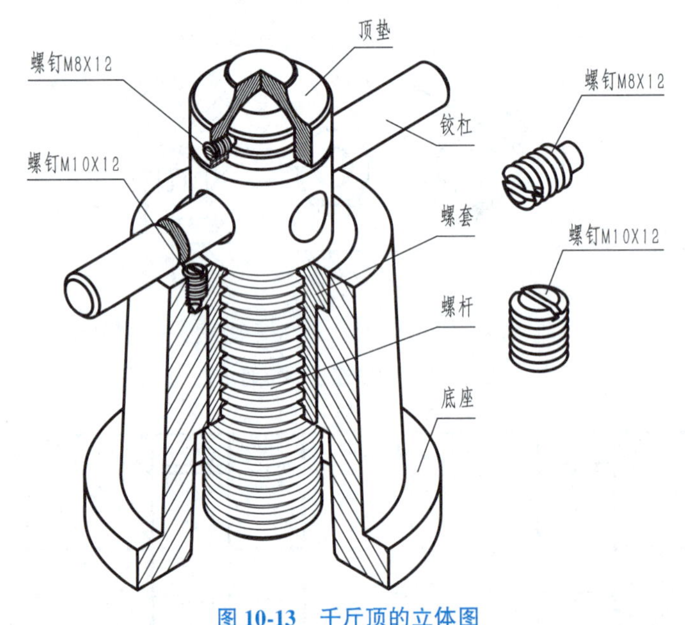

图 10-13　千斤顶的立体图

2. 确定表达方案

（1）主视图的选择。主视图应反映机器或部件的整体结构特征，表示机器或主要装配干线的装配关系，表明机器或部件的工作原理，反映机器或部件的工作状态和位置。选择主视图时通常按机器或部件的工作位置选择，并使主要装配干线、主要安装面处于水平或铅垂位置，同时应较好地表达机器或部件的工作原理和形状特征，以及主要零件的相对位置和装配连接关系。

图 10-13 所示的千斤顶按工作位置放置，主视图采用全剖视，主要表达千斤顶的工作原理，以及螺套与底座的配合关系、螺套与螺杆的螺纹连接关系、顶垫与螺杆的固定关系、铰杠与螺杆的贯穿关系等内容，同时也表达了上述零件的主体结构形状等内容。

（2）其他视图的选择。其他视图的选择应围绕主视图表达的不足进行，使所选视图有明确的表达目的性，整个表达方案应力求简练、清晰、正确。例如，千斤顶的主视图采用全剖视后，其工作原理和装配关系可基本上反映清楚，再选择反映外形的俯视图，进一步表达形状特征。

3. 选择合适的比例及图幅

根据机器或部件的大小、视图数量，确定画图的比例及图幅，画出图框，留出标题栏和明细栏的位置。

4. 画图步骤

扫一扫

千斤顶
初始装配

（1）合理布局视图。根据视图的数量及轮廓尺寸，画出确定各视图位置的基准线，同时，各视图之间应留出适当的位置，以便标注尺寸和编写零件序号，如图 10-14(a)所示。

（2）画各视图底稿。按照装配顺序，先画主要零件，后画次要零件；先画内部结构，由内向外逐个画；先确定零件的位置，后画零件的形状；先画主要轮廓，后画细节。从主视图开始，按照投影关系，几个视图联系起来一起画。千斤顶装配图的画图方法与步骤如图 10-14 所示。

千斤顶
剖面线填充

扫一扫

千斤顶
尺寸标注

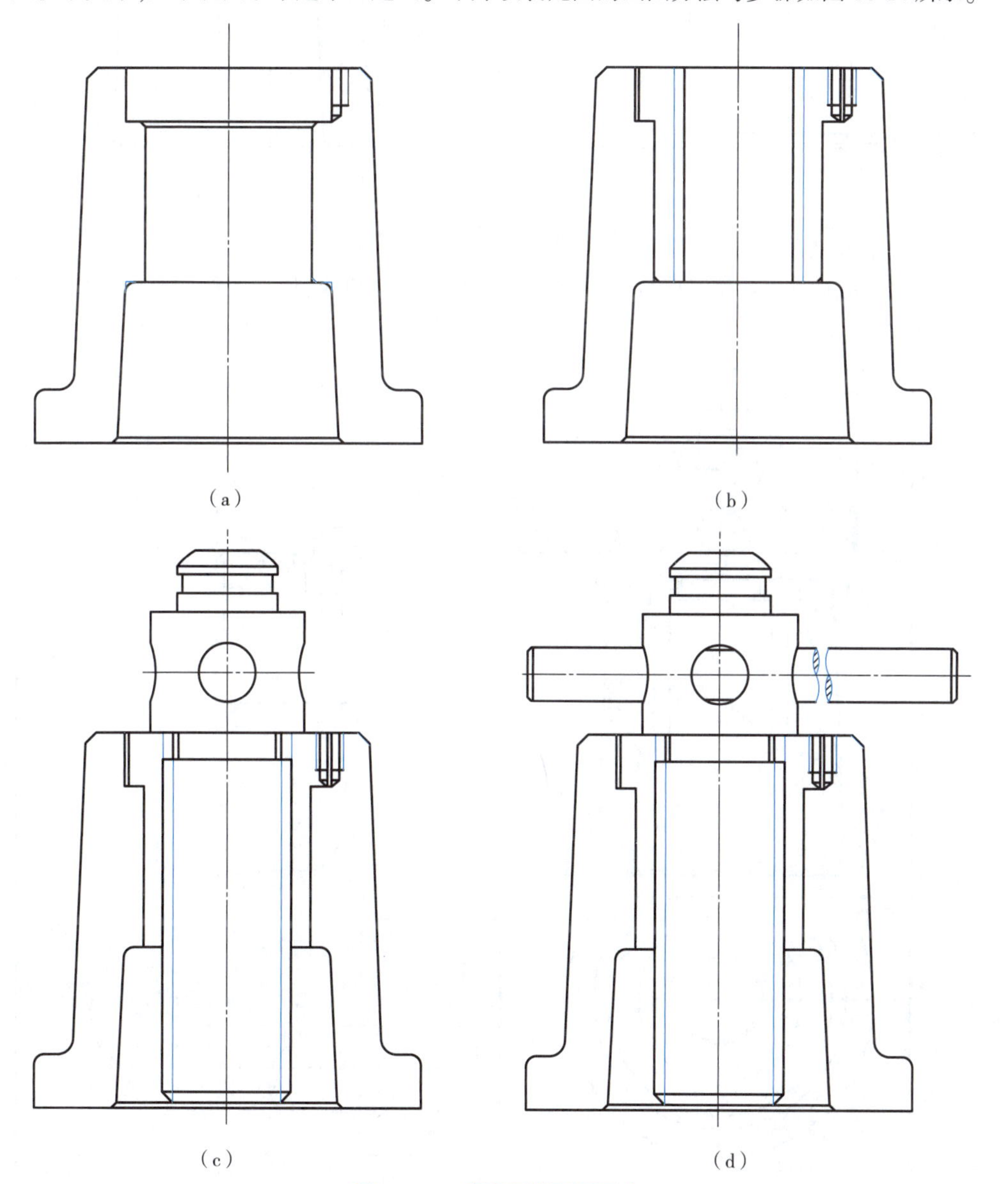

图 10-14 千斤顶装配图画法

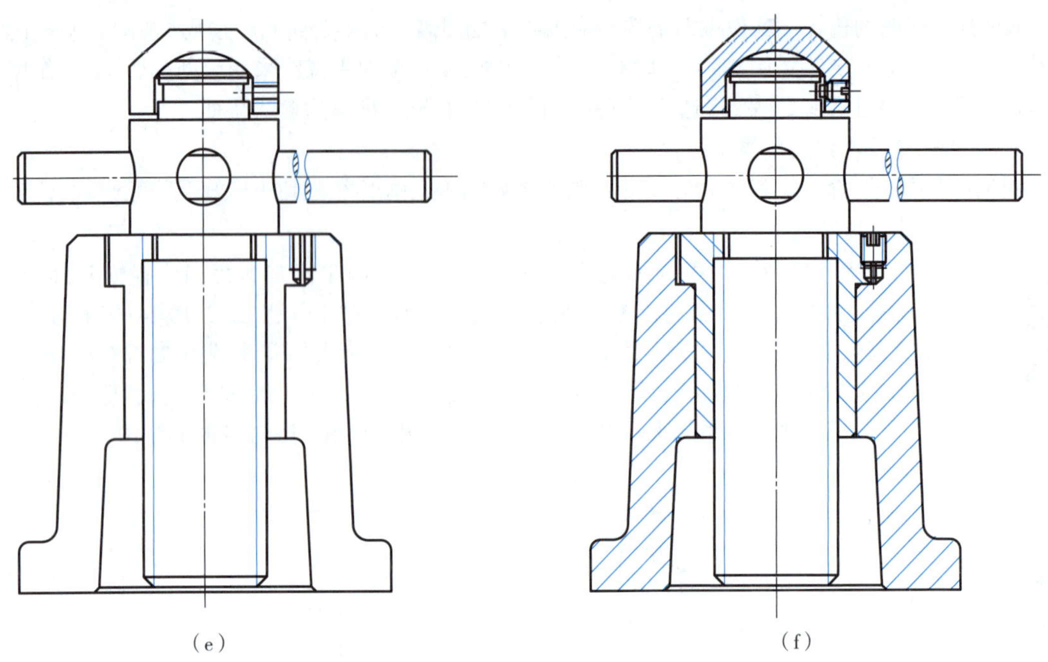

图 10-14　千斤顶装配图画法(续)

(3)完成装配图。画完底稿后,要检查校核,擦去多余图线,加深图线,标注尺寸,画剖面线,写技术要求,编写零、部件序号,最后填写明细栏及标题栏,完成装配图,如图 10-15 所示。

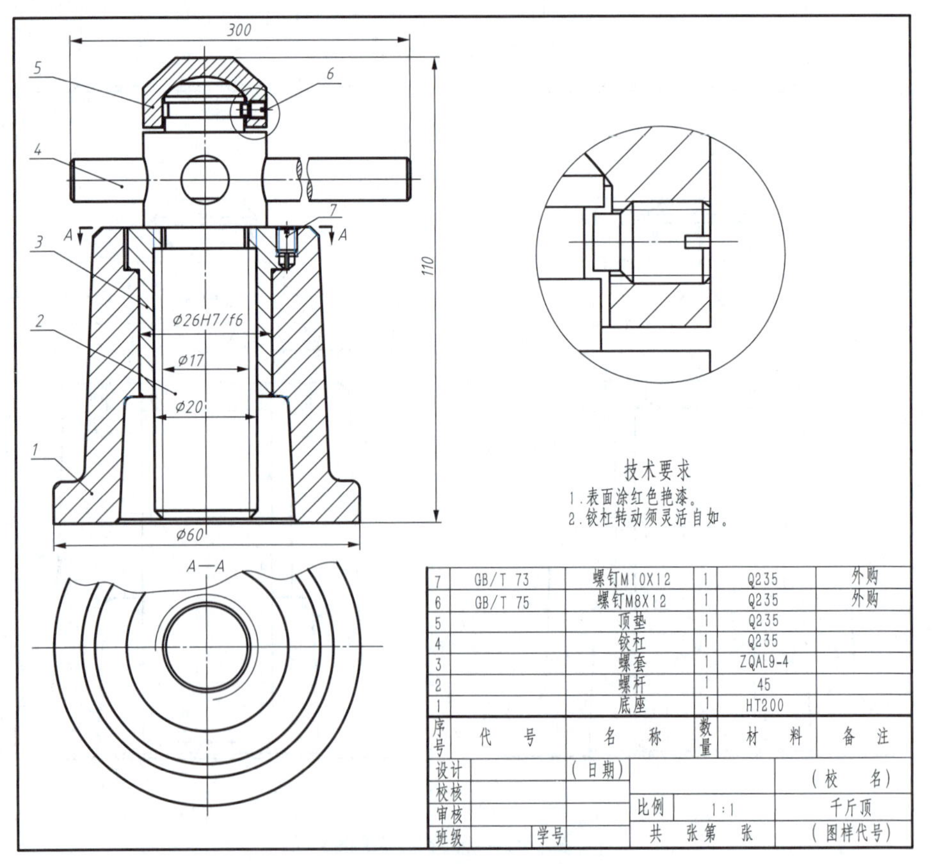

图 10-15　千斤顶装配图

10.4 读装配图及拆画零件图

在机器或部件的设计、装配和使用中，都会遇到读装配图的问题即通过装配图的图形、尺寸、技术要求，并参阅产品说明书明确机器或部件的性能、工作原理和装配关系，了解各零件的结构形状和作用以及机器或部件的使用和调整的方法。

一、读装配图的方法和步骤

1. 读装配图的要求

(1)了解机器或部件的性能、功用和工作原理。

(2)了解各零件作用及其相对位置、装配关系、连接及紧固的形式、拆装顺序。

(3)了解各零件的名称、数量、材料及结构形状。

(4)了解机器或部件的尺寸和技术要求。

2. 读装配图举例

以图 10-16 所示的齿轮油泵装配图为例，说明读装配图的方法步骤。

(1)概括了解。首先要通过阅读有关说明书、装配图中的技术要求及标题栏了解部件的名称、性能和用途等。从图 10-16 中的标题栏可知，该部件的名称为齿轮油泵。从明细栏可知，齿轮油泵由 10 种零件组成，其中标准件 2 组（共 16 个），非标准件 8 种，该部件的总体大小为 110×85×96。

(2)分析视图。阅读装配图时，应分析采用了哪些表达方法，并找出各视图间的投影关系，明确各视图表达的内容。齿轮油泵装配图采用了三个基本视图，其中主视图采用相交剖切平面进行剖切得到的全剖视图（*A—A* 剖视图），双点画线表示假想画法。主视图表达了零件之间的主要装配关系；俯视图采用了局部视图，表达了零件的外部形状；左视图采用了沿结合面剖切的半剖视图，补充表达零件之间的装配关系以及主要零件"泵体"的主要结构，两个局部剖视表达部件安装孔结构和进出油孔的结构。

(3)细致分析工作原理和装配关系。概括了解之后，还应仔细阅读装配图。一般方法是：从表达主装配线的视图入手，根据装配干线，对照零件在各视图中的投影关系；由各零件剖面线的不同方向和间隔，分清零件轮廓的范围；由装配图上所标注的配合代号，了解零件间的配合关系；根据规定画法和常见结构的表达方法识别零件，如齿轮、轴承等。根据零件序号对照明细栏，找出零件的数量、材料、规格，帮助了解零件的作用并确定零件在装配图中的位置；利用相互连接两零件的接触面应大致相同和一般零件结构的对称性等特点，想象出零件的结构形状。

齿轮油泵的工作原理从主、左俯视图的投影可知：运动从齿轮（主视图中双点画线部分）输入，通过销连接传递给主动齿轮轴 4，再通过齿轮啮合传递给从动齿轮轴 9。两齿轮啮合传动带动油从吸油口进入泵体，再由压油口流出。其工作原理如图 10-17 所示。

(4)分析零件。明确每个零件的结构形状和各零件间的装配关系。一般应首先从主要零件开始分析，确定零件的范围、结构、形状和装配关系。首先要根据零件各个视图的投影轮廓确定其投影范围，同时要利用剖面线的方向、间隔把所要观察的零件从其他零件中分离出来。例如，齿轮油泵的主要零件泵体 3，从主视图和左视图可知包容齿轮的内腔结构形状，且其端面上有六个贯通的螺纹孔和两个定位销孔，用于安装及定位左右泵盖，从俯视图、左视图可知泵体底板形状和安装孔结构尺寸。

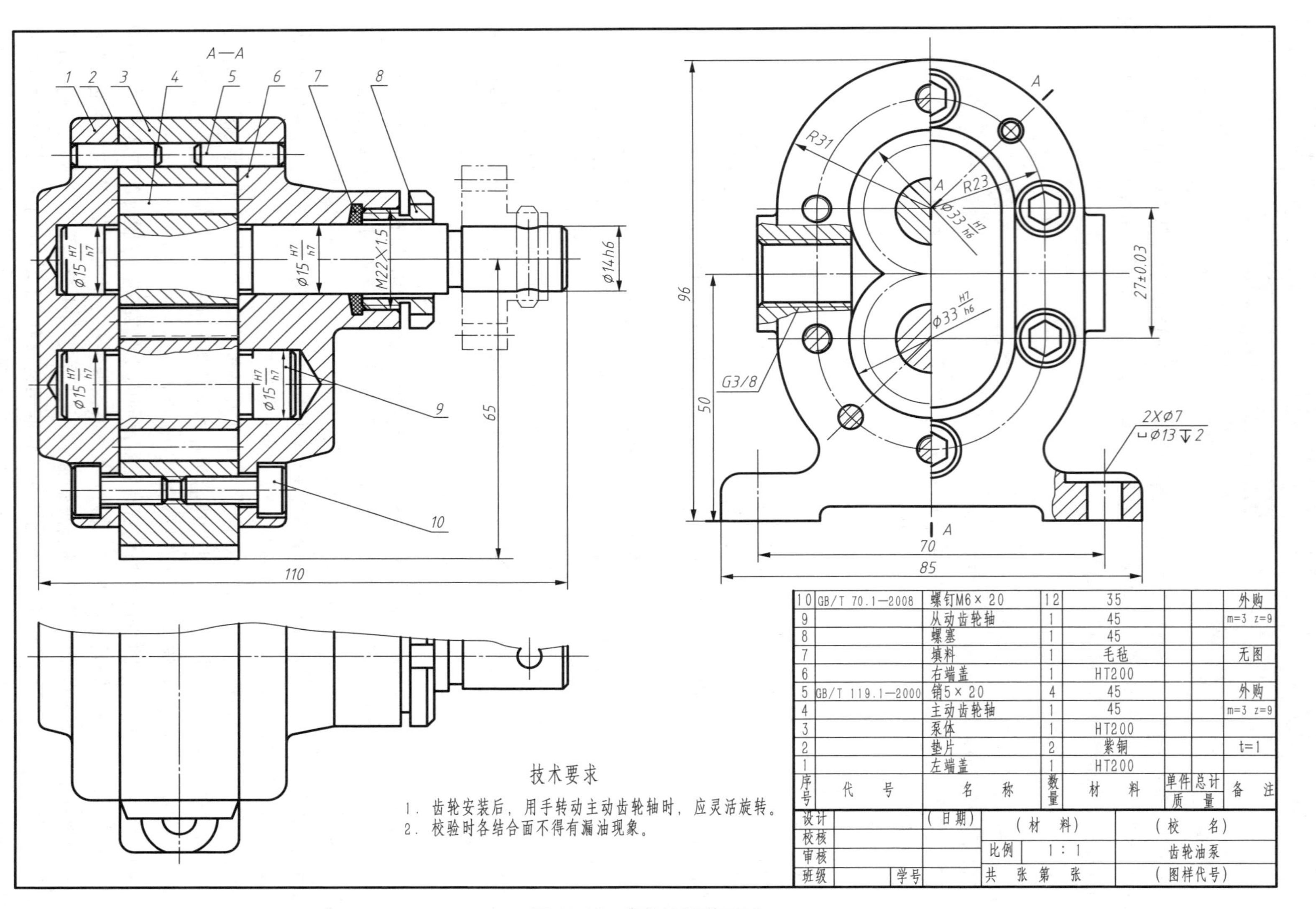

序号	代号	名称	数量	材料	单件	总计	备注
10	GB/T 70.1—2008	螺钉M6×20	12	35			外购
9		从动齿轮轴	1	45			m=3 z=9
8		螺塞	1	45			
7		填料	1	毛毡			无图
6		右端盖	1	HT200			
5	GB/T 119.1—2000	销5×20	4	45			外购
4		主动齿轮轴	1	45			m=3 z=9
3		泵体	1	HT200			
2		垫片	2	紫铜			t=1
1		左端盖	1	HT200			
					质量		

设计		（日期）	（材 料）		（校 名）
校核					
审核			比例	1:1	齿轮油泵
班级	学号		共 张 第 张		（图样代号）

图 10-16 齿轮油泵装配图

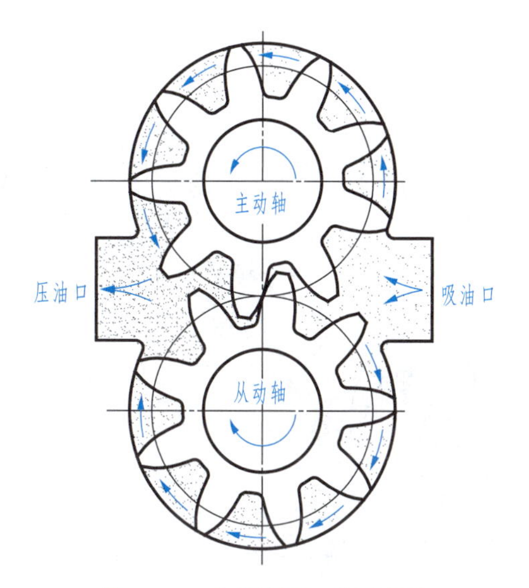

图 10-17　齿轮油泵工作原理图

(5)归纳总结。对装配关系和主要零件进行结构分析后,还要对技术要求、尺寸进行研究,进一步了解机器(或部件)的设计思想和装配工艺性,总结想象出整个部件的结构形状。齿轮油泵的总体结构如图 10-18、图 10-19 所示。

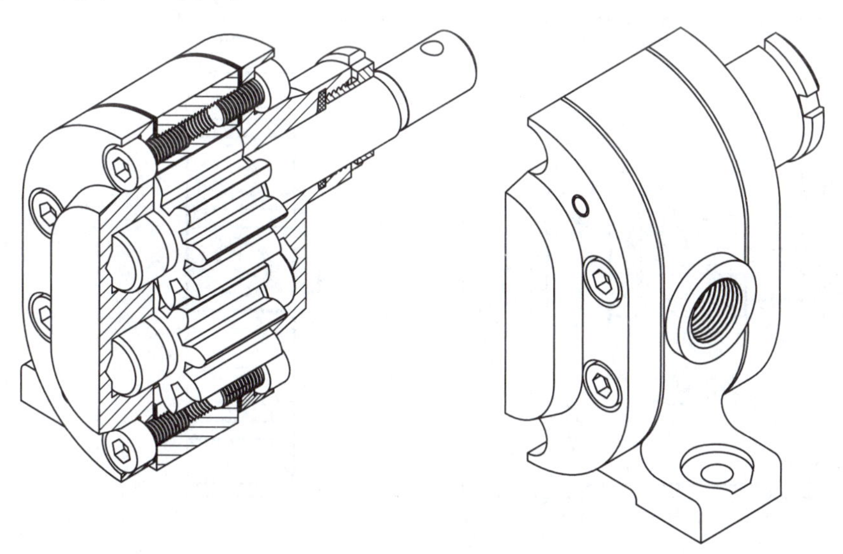

图 10-18　齿轮油泵轴测装配图

二、拆画零件图的方法和步骤

由装配图拆画零件图是设计工作中的一个重要环节。装配图着重表达的是机器的工作原理和零件之间的装配关系,对每个零件的具体形状和结构不一定能够完全表达清楚。拆图时,要在全面读懂装配图的基础上,根据该零件的作用和与其他零件的装配关系,确定零件的结构形状、尺寸和技术要求等内容。通常先拆画主要零件,然后根据装配关系逐一拆画出其他零件,以便保证各零件的形状和尺寸要求等协调一致。对装配图中没有表达清楚的零件的某些结构形状,在拆画零件图时,要结合零件的功能与工艺要求,完成零件的设计。下面结合实例说明拆画零件图的方法及步骤,从图 10-17 所示齿轮油泵装配图中拆画出零件 3 泵体的零件图,如图 10-20 所示。

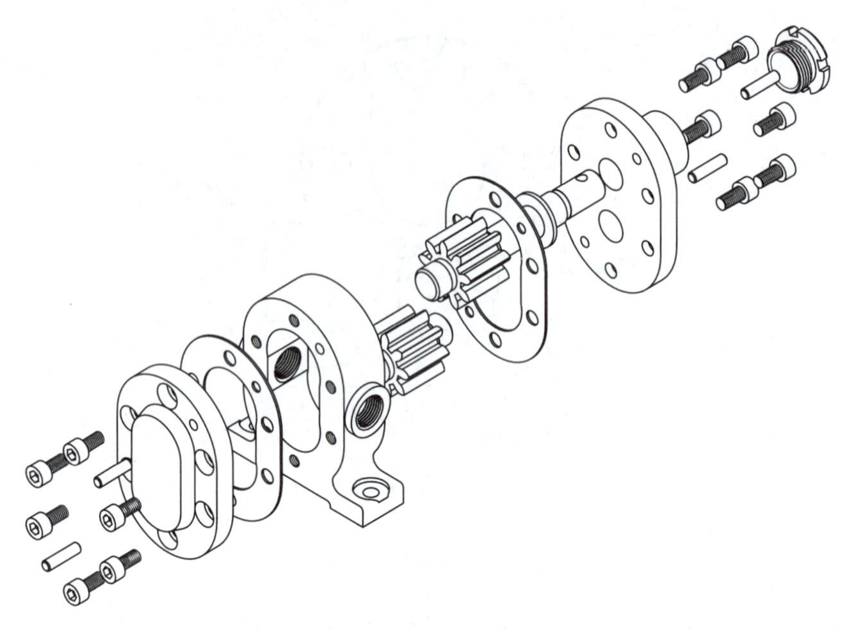

图 10-19　齿轮油泵零件分解图

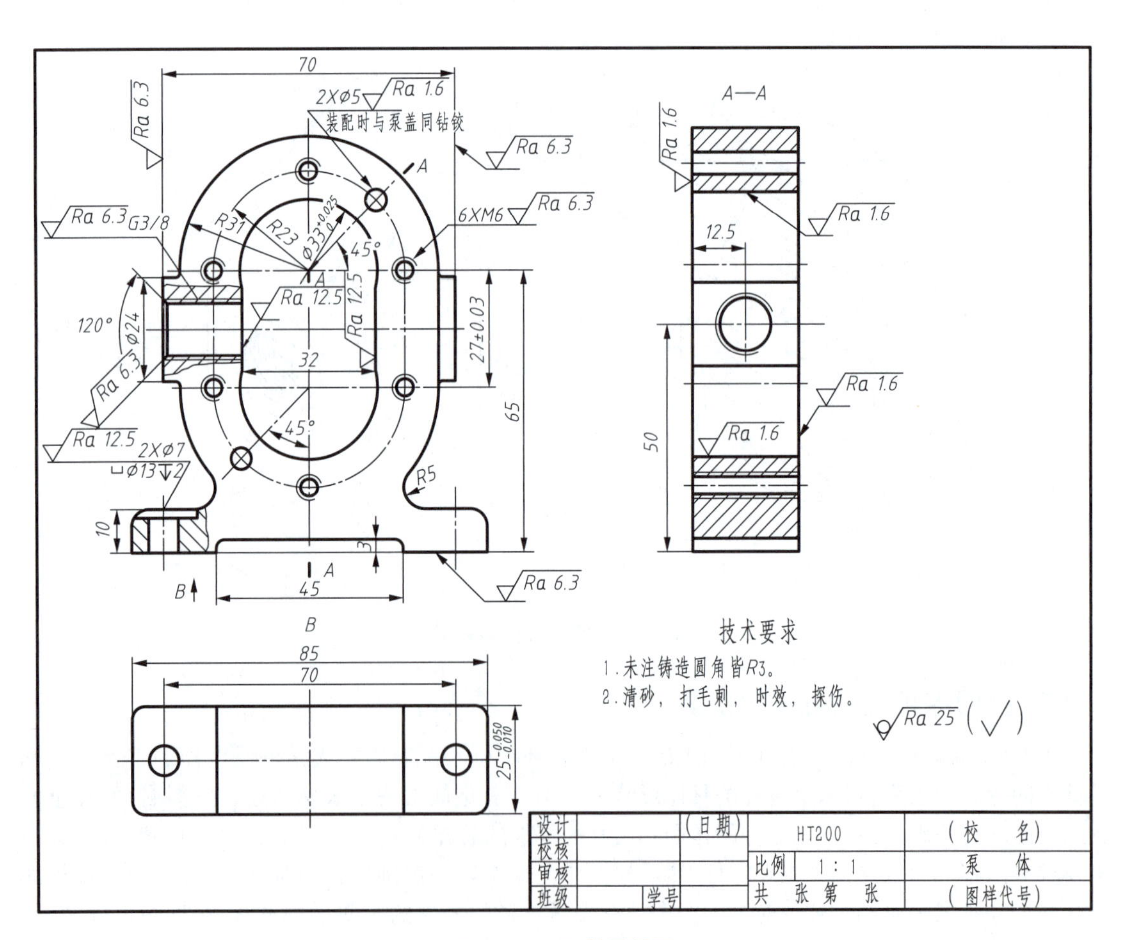

图 10-20　泵体零件图

1. 零件分类

对标准件不需要画出零件图,只要按照标准件的规定标记列出汇总表即可。对借用零件(即借用定型产品上的零件)可利用已有的图样,不必另行画图。对设计时确定的重要零件,应按给出的图样和数据绘制零件图。对一般零件,基本上是按照装配图表示的形状、大小和技术要求画图,是拆画零件图的主要对象。

2. 对表达方案的处理

由装配图拆画零件图时,零件的表达方案是根据零件的结构形状特点考虑的,不要求与装配图一致。在多数情况下,箱体类零件的主视图与装配图所选的位置一致,对于轴套类零件应按加工位置选取主视图。在装配图中,若零件上某些标准结构,如倒角、倒圆、退刀槽等未完全表达清楚,拆画零件图时,应考虑设计要求和工艺要求,补画出这些结构。

根据装配图中泵体 3 的剖面符号,在各视图中找到泵体的投影,确定泵体的轮廓。泵体零件图的主视图与装配图的左视图一致,左视图与装配图的主视图一致,增加了仰视图,用于表达泵体安装部分的结构。

3. 对零件图上尺寸的处理

零件的尺寸应由装配图决定,方法通常有以下几种:

(1)直接抄注。凡是装配图上已标注的尺寸,在相关的零件图上应直接抄注。

(2)计算得出。某些尺寸要根据装配图所给的数据进行计算得出,如齿轮的分度圆、齿顶圆直径等尺寸。

(3)查找。与标准件相连接或配合的有关尺寸,要从明细栏中查找。标准结构倒角、沉孔、退刀槽、砂轮越程槽等结构的尺寸,应从有关手册中查取。

(4)从图中量取。其他尺寸可以从装配图中按比例直接量取并注意数字的圆整,应注意相邻零件接触面的有关尺寸及连接件的尺寸应协调一致。

4. 关于技术要求

零件表面粗糙度是根据其作用和要求确定的,一般接触面与配合面的粗糙度较小,自由表面的粗糙度较大。技术要求在零件图中占重要地位,直接影响零件的加工质量。正确制定技术要求涉及很多专业知识,本书不作进一步介绍。

附　录

附录 A　普通螺纹基本尺寸

（摘录 GB/T 193—2003、GB/T 196—2003）

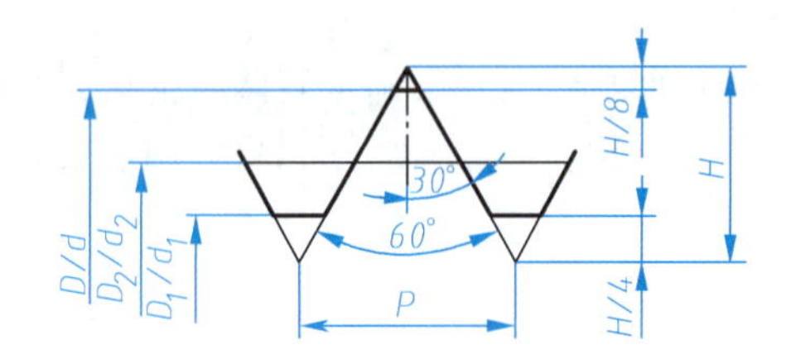

$H=\frac{\sqrt{3}}{2}P=0.866P$

标记示例：

M24×1.5 LH

表示公称直径 24 mm，螺距 1.5 mm 的左旋普通螺纹

mm

公称直径 D、d			螺距 P	中径 D_2、d_2	小径 D_1、d_1	公称直径 D、d			螺距 P	中径 D_2、d_2	小径 D_1、d_1
第一系列	第二系列	第三系列				第一系列	第二系列	第三系列			
1			0.25	0.838	0.729		3.5		(0.6)	3.110	2.850
			0.2	0.870	0.783				0.35	3.273	3.121
	1.1		0.25	0.983	0.829	4			0.7	3.545	3.242
			0.2	0.970	0.883				0.5	3.675	3.459
1.2			0.25	1.038	0.929		4.5		(0.75)	4.013	3.688
			0.2	1.070	0.983				0.5	4.176	3.959
	1.4		0.3	1.205	1.075	5			0.8	4.280	4.134
			0.2	1.270	1.183				0.5	4.675	4.459
1.6			0.35	1.373	1.221			5.5	0.5	5.175	4.959
			0.2	1.470	1.383	6			1	5.350	4.917
	1.8		0.35	1.573	1.421				0.75	5.513	5.188
			0.2	1.670	1.583				(0.5)	5.676	5.459
	2		0.4	1.740	1.567			7	1	6.350	5.917
			0.25	1.838	1.729				0.75	6.513	6.188
	2.2		0.45	1.908	1.712				0.5	6.675	6.459
			0.25	2.038	1.929	8			1.25	7.188	6.647
2.5			0.45	2.208	2.013				1	7.350	6.917
			0.35	2.273	2.121				0.75	7.513	7.188
3			0.5	2.675	2.459				(0.5)	7.675	7.459
			0.35	2.773	2.621			9	(1.25)	8.188	7.647

续上表

公称直径 D、d			螺距 P	中径 D_2、d_2	小径 D_1、d_1
第一系列	第二系列	第三系列			
		9	1	8.350	7.917
			0.75	8.513	8.188
			0.5	8.675	8.459
10			1.5	9.026	8.376
			1.25	9.188	8.647
			1	9.360	8.917
			0.75	9.513	9.188
			(0.5)	9.675	9.459
		11	(1.5)	10.026	9.376
			1	10.350	9.917
			0.75	10.513	10.188
			0.5	10.675	10.459
12			1.75	10.863	10.106
			1.5	11.026	10.376
			1.25	11.188	10.647
			1	11.350	10.917
			(0.75)	11.513	11.188
			(0.5)	11.675	11.459
	14		2	12.701	11.835
			1.5	13.026	12.376
			(1.25)	13.188	12.647
			1	13.350	12.917
			(0.75)	13.513	13.188
			(0.5)	13.675	13.459
15			1.5	14.026	13.376
			(1)	14.350	13.917
16			2	14.701	13.835
			1.5	16.026	14.376
			1	16.350	14.917
			(0.75)	15.513	15.188
			(0.5)	15.675	15.459
		17	1.5	16.026	15.376
			(1)	16.350	15.917
	18		2.5	16.310	15.294
			2	16.701	15.835
			1.5	17.026	16.376
			1	17.350	16.917
			(0.75)	17.513	11.188
			(0.5)	17.675	17.459
20			2.5	18.376	17.294
			2	18.701	17.835
			1.5	19.020	18.376
			1	19.350	18.917
			(0.75)	19.513	19.188
			(0.5)	19.675	19.459
22			2.5	20.376	19.294
			2	20.701	19.835
			1.5	21.026	20.376
			1	21.350	20.917
			(0.75)	21.513	21.188
			(0.5)	21.675	21.459

备注:①直径优先选用第一系列,其次选用第二系列,第三系列尽可能不采用。

②第一、二系列中螺距的第一行为粗牙,其余为细牙,第三系列中螺距是细牙。

③括号内尺寸尽可能不用。

附录B 梯形螺纹的基本尺寸
(摘录 GB/T 5796.2—2022、GB/T 5796.3—2022)

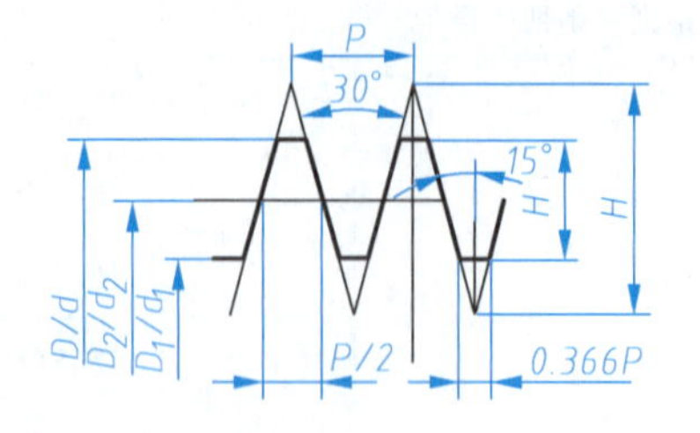

标记示例:

Tr40×14(P7)LH

表示公称直径 40 mm,导程 14 mm,螺距 7 mm 的双线左旋梯形螺纹

mm

公称直径 d		螺距	中径	大径	小径	
第一系列	第二系列	P	$D_2=d_2$	D_4	d_3	D_1
8		1.5	7.25	8.30	6.20	6.50
	9	1.5	8.25	9.30	7.20	7.50
		2	8.00	9.50	6.50	7.00
10		1.5	9.25	10.30	8.20	8.50
		2	9.00	10.50	7.50	8.00
	11	2	10.00	11.50	8.50	9.00
		3	9.50	11.50	7.50	8.00
12		2	11.00	12.50	9.50	10.00
		3	10.50	12.50	8.50	9.00
	14	2	13.00	14.50	11.50	12.00
		3	12.50	14.50	10.50	11.00
16		2	15.00	16.50	13.50	14.00
		4	14.00	16.50	11.50	12.00
	18	2	17.00	18.50	15.50	16.00
		4	16.00	18.50	13.50	14.00
20		2	19.00	20.50	17.50	18.00
		4	18.00	20.50	15.50	16.00
	22	3	20.00	22.50	18.50	19.00
		5	19.50	22.50	16.50	17.00
		8	18.00	23.00	13.00	14.00
24		3	22.50	24.50	20.50	21.00
		5	21.50	24.50	18.50	19.00
		8	20.00	25.00	15.00	16.00

公称直径 d		螺距	中径	大径	小径	
第一系列	第二系列	P	$D_2=d_2$	D_4	d_3	D_1
	26	3	24.50	26.50	22.50	23.00
		5	23.50	26.50	20.50	21.00
		8	22.00	27.00	17.00	18.00
28		3	26.50	28.50	24.50	25.00
		5	25.50	28.50	22.50	23.00
		8	24.00	29.00	19.00	20.00
	30	3	28.50	30.50	26.50	29.00
		6	27.00	31.00	23.00	24.00
		10	25.00	31.00	19.00	20.00
32		3	30.50	32.50	28.50	29.00
		6	29.00	33.00	25.00	26.00
		10	27.00	33.00	21.00	22.00
	34	3	32.50	34.50	30.50	31.00
		6	31.00	35.00	27.00	28.00
		10	29.00	35.00	23.00	24.00
36		3	34.50	36.50	32.50	33.00
		6	33.00	37.00	29.00	30.00
		10	31.00	37.00	25.00	26.00
	38	3	36.50	38.50	34.50	35.00
		7	34.50	39.00	30.00	31.00
		10	33.00	39.00	27.00	28.00
40		3	38.50	40.50	36.50	37.00
		7	36.50	41.00	32.00	33.00
		10	35.00	41.00	29.00	30.00

附录 C　55°非密封管螺纹(摘录 GB/T 7307—2001)

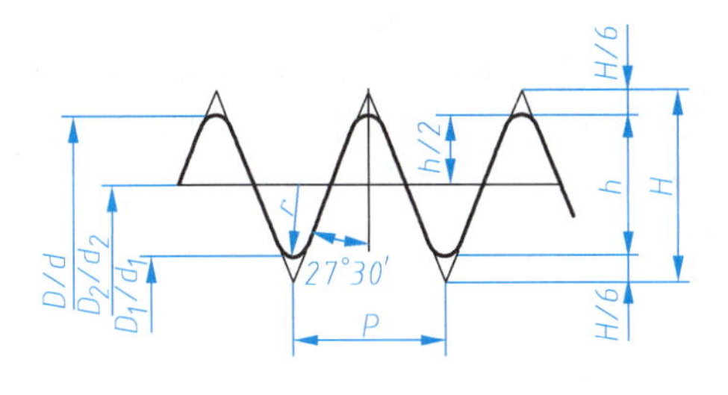

$P=25.4/n$

$H = 0.960\ 491\ P$

标记示例:

G 1½ A

表示尺寸代号为 1½,A 级右旋外螺纹

mm

尺寸代号	每 25.4 mm 内的牙数 n	螺距 P	牙高 h	圆弧半径 $r\approx$	基本直径		
					大径 $d=D$	中径 $d_2=D_2$	小径 $d_1=D_1$
1/16	28	0.907	0.581	0.125	7.723	7.142	6.561
1/8	28	0.907	0.581	0.125	9.728	9.147	8.566
1/4	19	1.337	0.856	0.184	13.157	12.301	11.445
3/8	19	1.337	0.856	0.184	16.662	15.806	14.950
1/2	14	1.814	1.162	0.249	20.955	19.793	18.631
5/8	14	1.814	1.162	0.249	22.911	21.749	20.587
3/4	14	1.814	1.162	0.249	26.441	25.279	24.117
7/8	14	1.814	1.162	0.249	30.201	29.039	27.877
1	11	2.309	1.479	0.317	33.249	31.770	30.291
11/8	11	2.309	1.479	0.317	37.897	36.418	34.939
1¼	11	2.309	1.479	0.317	41.910	40.431	38.952
1½	11	2.309	1.479	0.317	47.803	46.324	44.845
1¾	11	2.309	1.479	0.317	53.746	52.267	50.788
2	11	2.309	1.479	0.317	59.614	58.135	56.656
2¼	11	2.309	1.479	0.317	65.710	64.231	62.752
2½	11	2.309	1.479	0.317	75.184	73.705	72.226
2¾	11	2.309	1.479	0.317	81.534	80.055	78.576
3	11	2.309	1.479	0.317	87.884	86.405	84.926
3½	11	2.309	1.479	0.317	100.330	98.851	97.372
4	11	2.309	1.479	0.317	113.030	111.551	110.072
4½	11	2.309	1.479	0.317	125.730	124.251	122.772
5	11	2.309	1.479	0.317	138.430	136.951	135.472
5½	11	2.309	1.479	0.317	151.130	149.651	148.172
6	11	2.309	1.479	0.317	163.830	162.351	160.872

附录 D　六角头螺栓(摘录 GB/T 5780—2016)

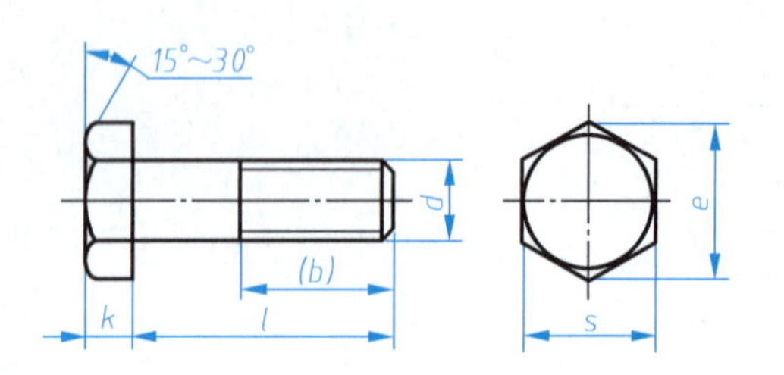

标记示例:

螺栓　GB/T 5780　M 12 × 80

表示螺纹规格　d = M12,

公称长度 l = 80 mm,C 级

mm

螺纹规格 *d*		M5	M6	M8	M10	M12	(M14)	M16	(M18)	M20	(M22)	M24	(M27)
b 参考	*l* ≤125	16	18	22	26	30	34	38	42	40	50	54	60
	125~200	—	—	28	32	36	40	44	48	52	56	60	66
	L >200	—	—	—	—	—	53	57	61	65	69	73	79
e	min	8. 63	10. 89	14. 2	17. 59	19. 85	22. 78	26. 17	29. 50	32. 95	37. 20	39. 55	45. 2
k	公称	3. 5	4	5. 3	6. 4	7. 5	8. 8	10	11. 5	12. 5	14	15	17
s	max	8	10	13	16	18	21	24	27	30	34	36	41
l 范围	GB/T5780 —2016	25~ 50	30~ 60	35~ 80	40~ 100	45~ 120	60~ 140	55~ 160	80~ 180	65~ 200	90~ 220	80~ 240	100~ 260

螺纹规格 *d*		M30	(M33)	M36	(M39)	M42	(M45)	M48	(M52)	M56	(M60)	M64	
b 参考	*l* ≤125	66	72	78	84	—	—	—	—	—	—	—	
	125~200	72	78	84	90	96	102	108	116	124	132	140	
	L >200	85	91	97	103	109	115	121	129	137	145	153	
a	max	14	10. 5	16	12	13. 5	13. 5	15	15	16. 5	16. 5	18	
e	min	50. 85	55. 37	60. 79	66. 44	72. 02	76. 95	82. 6	88. 25	93. 56	99. 21	104. 86	
k	公称	18. 7	21	22. 5	25	26	28	30	33	35	38	40	
r	min	1	1	1	1	1. 2	1. 2	1. 6	1. 6	2	2	2	
s	max	46	50	55	60	65	70	75	80	85	90	95	
l 范围	GB/T5780 —2016	90~ 300	130~ 320	110~ 300	150~ 400	160~ 420	180~ 440	180~ 480	200~ 500	220~ 500	240~ 500	260~ 600	
l 系列		10、12、16、20~50(5 进位)、(55)、60、(65)、70~160(10 进位)、180、220、240、260、280、300、320、340、360、380、400、420、440、460、480、500											

附录 E 开槽圆柱头螺钉(GB/T 65—2016)开槽盘头螺钉(GB/T 67—2016)开槽沉头螺钉(GB/T 68—2016)开槽半沉头螺钉(GB/T 69—2016)

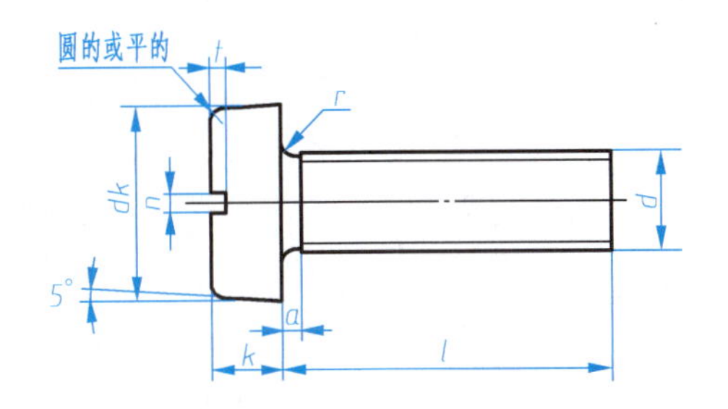

GB/T65—2016

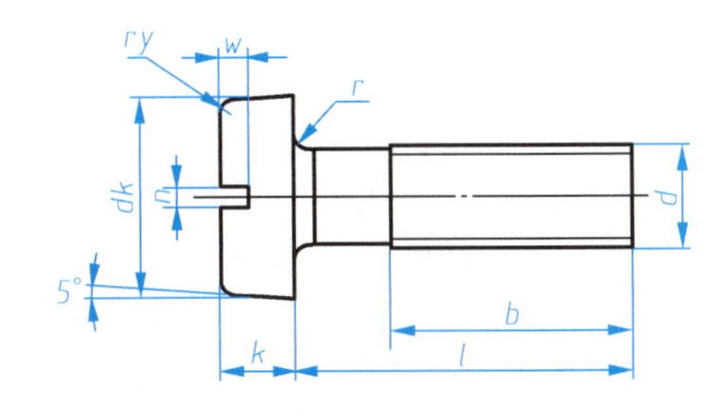

GB/T67—2016

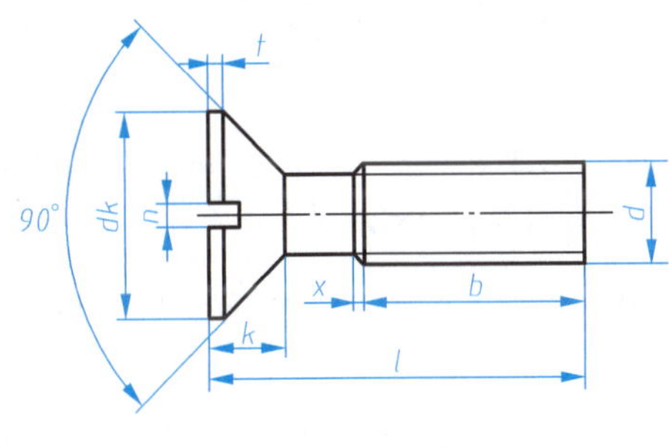

GB/T68—2016

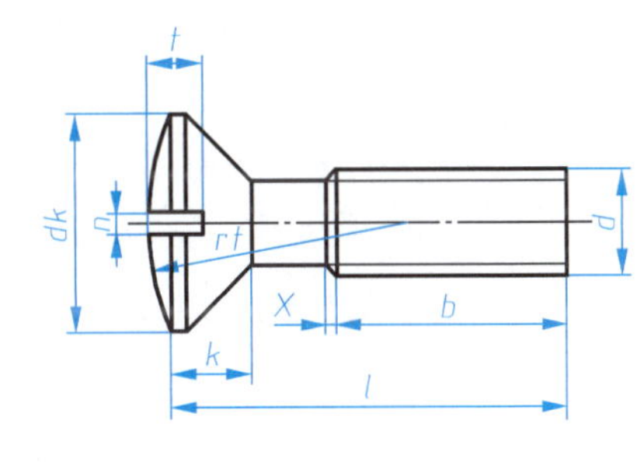

GB/T69—2016

标记示例:螺钉 GB/T 65—2016 M 10×30

表示螺纹规格 d=M10,公称长度 l=30 mm 的开槽圆柱头螺钉

mm

螺纹规格 d		M1.6	M2	M2.5	M3	M4	M5	M6	M8	M10
p		0.35	0.4	0.45	0.5	0.7	0.8	1	1.25	1.5
a max		0.7	0.8	0.9	1	1.4	1.6	2	2.5	3
b min		25				38				
n 公称		0.4	0.5	0.6	0.8	1.2		1.6	2	2.5
d_a max		2.1	2.6	3.1	3.6	4.7	5.7	6.8	9.2	11.2
x max		0.9	1	1.1	1.25	1.75	2	2.5	3.2	3.8
GB/T 65—2016	d_k max	3	3.8	4.5	5.5	7	8.5	10	13	16
	k max	1.1	1.4	1.8	2	2.6	3.3	3.9	5	6
	t min	0.45	0.6	0.7	0.85	1.1	1.3	1.6	2	2.4
	r min	0.1				0.2		0.25	0.4	
	l 范围公称	2~16	3~20	3~25	4~30	5~40	6~50	8~60	10~80	12~80
	全螺纹时最大长度	30				40				

续上表

螺纹规格 d			M1.6	M2	M2.5	M3	M4	M5	M6	M8	M10
GB/T 67—2016	d_k	max	3.2	4	5	5.6	8	9.5	12	16	20
	k	max	1	1.3	1.5	1.8	2.4	3	3.6	4.8	6
	t	min	0.35	0.5	0.6	0.7	1	1.2	1.4	1.9	2.4
	r	min	0.1				0.2		0.25	0.4	
	r_f	参考	0.5	0.6	0.8	0.9	1.2	1.5	1.8	2.4	3
	l 范围公称		2~16	2.5~20	3~25	4~30	5~40	6~50	8~60	10~80	12~80
	全螺纹时最大长度		30				40				
GB/T 68—2016 GB/T 69—2016	d_k	max	3	3.8	4.7	5.5	8.4	9.3	11.3	15.8	18.3
	k	max	1	1.2	1.5	1.65	2.7	2.7	3.3	4.65	5
	t min	GB/T68	0.32	0.4	0.5	0.6	1	1.1	1.2	1.8	2
		GB/T69	0.64	0.8	1	1.2	1.6	2	2.4	3.2	3.8
	r	max	0.4	0.5	0.6	0.8	1	1.3	1.5	2	2.5
	r_f	参考	3	4	5	6	9.5	9.5	12	16.5	19.5
	f		0.4	0.5	0.6	0.7	1	1.2	1.4	2	2.3
	l 范围公称		2.5~16	3~20	4~25	5~30	6~40	8~50	8~60	10~80	12~80
	全螺纹时最大长度		30				45				
l 系列			2、2.5、3、4、5、6、8、10、12、(14)、16、20、25、30、35、40、45、50、(55)、60、(65)、70、(75)、80								

注:b 不包括螺尾;括号内规格尽可能不采用。

附录 F 开槽锥端紧定螺钉(GB/T 71—2018) 开槽平端紧定螺钉(GB/T 73—2017) 开槽长圆柱端紧定螺钉(GB/T 75—2018)

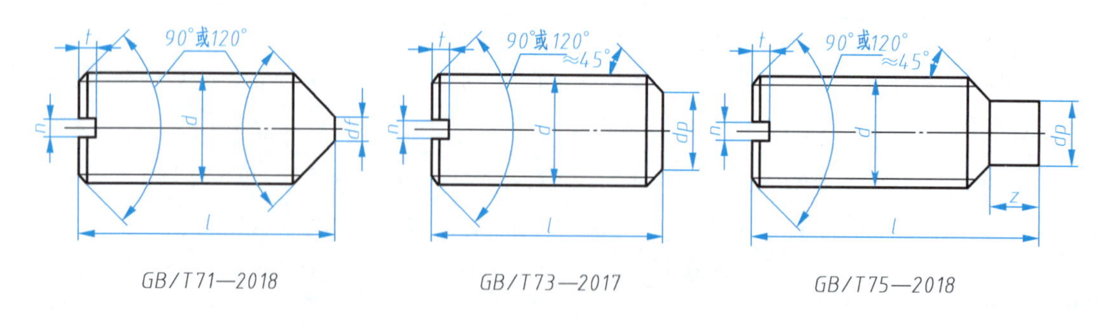

GB/T71—2018　　GB/T73—2017　　GB/T75—2018

标记示例:螺钉　GB/T 71　M 10 × 30

表示螺纹规格 d=M10,公称长度 l=30 mm 的开槽锥端紧定螺钉

mm

螺纹规格 *d*		M1.2	M1.6	M2	M2.5	M3	M4	M5	M6	M8	M10	M12
d_p max		0.6	0.8	1	1.5	2	2.5	3.5	4	5.5	7	8.5
n 公称		0.2	0.25	0.25	0.4	0.4	0.6	0.8	1	1.2	1.6	2
t max		0.52	0.74	0.84	0.95	1.05	1.42	1.63	2	2.5	3	3.6
d_t max		0.12	0.16	0.2	0.25	0.3	0.4	0.5	1.5	2	2.5	3
z max		—	1.05	1.25	1.5	1.75	2.25	2.75	3.25	4.3	5.3	6.3
l 范围	GB/T 71—1985	2~6	2~8	3~10	3~12	4~16	6~20	8~25	8~30	10~40	12~50	14~60
	GB/T 73—2017	2~6	2~8	2~10	2.5~12	3~16	4~20	5~25	6~30	8~40	10~50	12~60
	GB/T 75—1985	—	2.5~8	3~10	4~12	5~16	6~20	8~25	8~30	10~40	12~50	14~60
公称长度	GB/T 71—1985	2	2.5	2.5	3	3	4	5	6	8	10	12
	GB/T 73—2017	—	2	2.5	3	3	4	5	6	6	8	10
	GB/T 75—1985	—	2.5	3	4	5	6	8	10	14	16	20
l 系列		2、2.5、3、4、5、6、8、10、12、(14)、16、20、25、30、35、40、45、50、(55)、60										

备注:(1) 公称长度 l≤表内值时顶端制成 120°,l>表内值时顶端制成 90°。

(2) 尽可能不采用括号内规格。

附录G　双 头 螺 柱

双头螺柱——$b_m=1d$(GB/T 897—1988)　双头螺柱——$b_m=1.25d$(GB/T 898—1988)

双头螺柱——$b_m=1.5d$(GB/T 899—1988)　双头螺柱——$b_m=2d$(GB/T 900—1988)

A 型

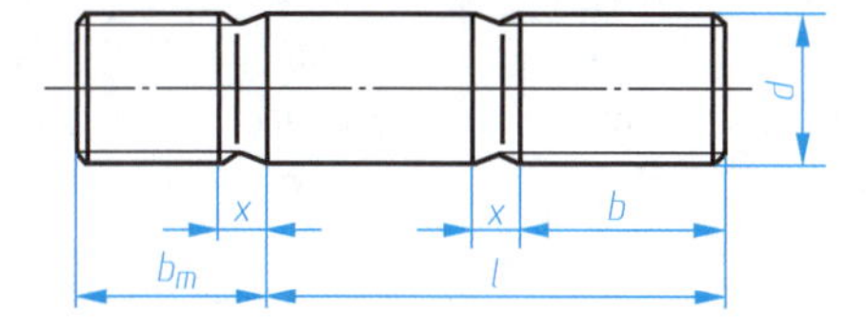

B 型

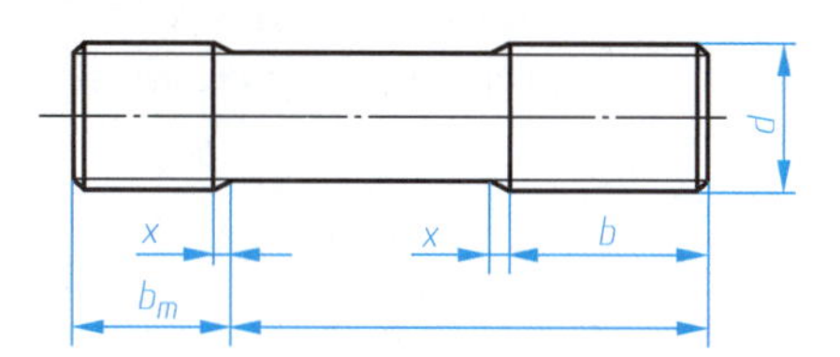

标记示例:螺柱　GB/T 898—1988　M10 × 50

表示两端均为粗牙普通螺纹,$d=10$ mm,$l=50$ mm,B 型,$b_m=1.25d$ 的双头螺柱。

螺柱　GB/T 900—1988　AM10—M10×1×50

表示旋入端为粗牙普通螺纹、紧固端为螺距 $P=1$ mm 的细牙普通螺纹,$d=10$ mm,$l=50$ mm,A 型,$b_m=2d$ 的双头螺柱。

mm

螺纹规格 *d*		M5	M6	M8	M10	M12	M16
b_m	GB/T 897—1988	5	6	8	10	12	16
	GB/T 898—1988	6	8	10	12	15	20
	GB/T 899—1988	8	10	12	15	18	24
	GB/T 900—1988	10	12	16	20	24	32

续上表

螺纹规格 d		M5	M6	M8	M10	M12	M16
d		5	6	8	10	12	16
x		1.5P					
l/b		(16～22)/10 (25～50)/16	(20～22)/10 (25～30)/14 (32～75)/18	(20～22)/12 (25～30)/16 (32～90)/22	(25～28)/14 (30～38)/16 (40～120)/26 130/32	(25～30)/16 (32～40)/20 (45～120)/30 (130～180)/36	(30～38)/20 (40～55)/30 (60～120)/38 (130～200)/44
螺纹规格 d		M20	M24	M30	M36	M42	M48
b_m	GB/T 897—1988	20	24	30	36	42	48
	GB/T 898—1988	25	30	38	45	52	60
	GB/T 899—1988	30	36	45	54	65	72
	GB/T 900—1988	40	48	60	72	84	96
d		20	24	30	36	42	48
x		1.5P					
l/b		(35～40)/25 (45～65)/35 (70～120)/46 (130～200) /52	(45～50)/30 (55～75)/45 (80～120)/54 (130～200) /60	(60～65)/40 (70～90)/50 (95～120)/60 (130～200) /72 (210～250) /85	(60～75)/45 (80～110)/60 120/78 (130～200) /84 (210～300) /91	(60～80)/50 (85～110)/70 120/90 (130～200) /96 (210～300) /109	(80～90)/60 (95～110)/80 120/102 (130～200) /108 (210～300) /121
l 系列		16、(18)、20、(22)、25、(28)、30、(32)、35、(38)、40、45、50、(55)、60、(65)、70、(75)、80、(85)、90、(95)、100、110、120、130、140、150、160、170、180、190、200、210、220、230、240、250、260、280、300					

备注：①$b_m=d$ 一般用于钢对钢；$b_m=(1.25、1.5)d$ 一般用于钢对铸铁；$b_m=2d$ 一般用于钢对铝合金。

②P 表示螺距。

③尽可能不采用括号内的规格。

附录 H 1型六角螺母(GB/T 6170—2015)

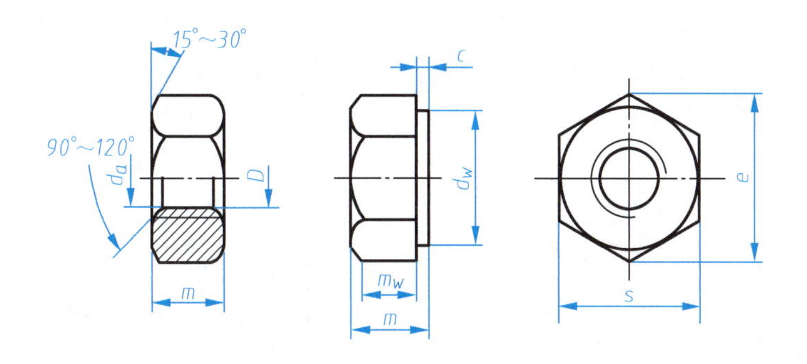

标记示例：

螺母 GB/T 6170—2015 M 12

表示螺纹规格 D=M12,产品等级为 A 级的 1 型六角螺母

mm

螺纹规格 D	c max	d_a		d_w min	e min	m		mw min	s	
		max	min			max	min		max	min
M1.6	0.2	1.84	1.6	2.4	3.41	1.3	1.05	0.8	3.2	3.02
M2	0.2	2.3	2	3.1	4.32	1.6	1.35	1.1	4	3.82
M2.5	0.3	2.9	2.5	4.1	5.45	2	1.75	1.4	5	4.82
M3	0.4	3.45	3	4.6	6.01	2.4	2.15	1.7	5.5	5.32
M4	0.4	4.6	4	5.9	7.66	3.2	2.9	2.3	7	6.78
M5	0.5	5.75	5	6.9	8.79	4.7	4.4	3.5	8	7.78
M6	0.5	6.75	6	8.9	11.05	9.2	4.9	3.9	10	9.78
M8	0.6	8.75	8	11.6	14.38	6.8	6.44	5.1	13	12.73
M10	0.6	10.8	10	14.6	17.77	8.4	8.04	6.4	16	15.73
M12	0.6	13	12	16.6	20.03	10.8	10.37	8.3	18	17.73
M16	0.8	17.3	16	22.5	26.75	14.8	14.1	11.3	24	23.67
M20	0.8	21.6	20	27.7	32.95	18	16.9	13.5	30	29.16
M24	0.8	25.9	24	33.2	39.55	21.5	20.2	16.2	36	35
M30	0.8	32.4	30	42.7	50.85	25.6	24.3	19.4	45	45
M36	0.8	38.9	36	51.1	60.79	31	29.4	23.5	55	53.8
M42	1	45.4	42	60.6	75.02	34	32.4	25.9	65	63.8
M48	1	51.8	48	69.4	62.6	38	36.4	29.1	75	74.1
M56	1	60.5	56	78.7	93.56	45	43.4	34.7	85	82.8
M64	1.2	69.1	64	88.2	104.86	51	49.1	39.3	95	92.8

备注：A 级用于 $D \leqslant 16$ 的螺母；B 级用于 $D>16$ 的螺母。

附录I 垫 圈

1. 小垫圈 —A 级(GB/T 848—2002)　　平垫圈 —A 级(GB/T 97.1—2002)

平垫圈倒角型 —A 级(GB/T 97.2—2002)　　平垫圈 —C 级(GB/T 95—2002)

特大垫圈 —C 级(GB/T 5287—2002)　　大垫圈 —A 和 C 级(GB/T 96—2002)

GB/T 97.1—2002　　GB/T 97.2—2002

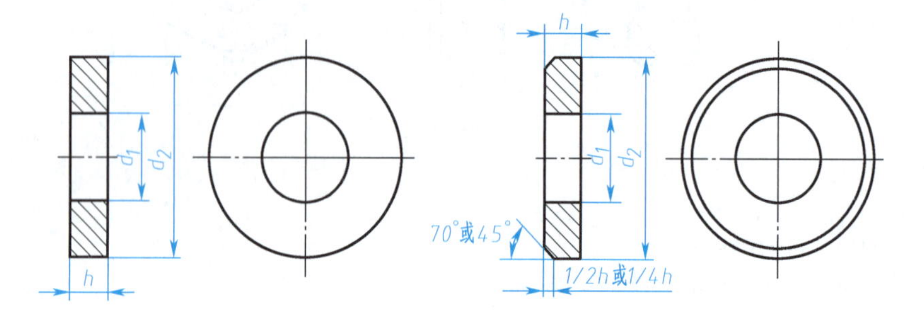

标记示例:垫圈　GB/T 95　8~100 HV　表示标准系列,公称尺寸 $d=8$ mm,性能等级 100 HV 的 C 级平垫圈

标记示例:垫圈　GB/T 97.2　8~140 HV　表示标准系列,公称尺寸 $d=8$ mm,性能等级 140 HV,倒角型 A 级平垫圈

mm

公称尺寸	GB/T 95—2002			GB/T 97.1—2002			GB/T 97.2—2002			GB/T 5287—2002			GB/T 96—2002			GB/T 848—2002		
d	d_1	d_2	h	d_1	d_2	h	d_1	d_2	h	d_1	d_2	h	d_1	d_2	h	d_1	d_2	h
1.6	—	—	—	—	—	—	—	—	—	—	—	—	—	—	—	1.7	3.5	0.3
2	—	—	—	—	—	—	—	—	—	—	—	—	—	—	—	2.2	4.5	0.3
2.5	—	—	—	—	—	—	—	—	—	—	—	—	—	—	—	2.7	5	0.5
3	—	—	—	—	—	—	—	—	—	—	—	—	3.2	9	0.8	3.2	6	0.8
4	—	—	—	—	—	—	—	—	—	—	—	—	4.3	12	1	4.3	8	0.5
5	5.5	10	1	5.3	10	1	5.3	10	1	5.5	18	2	5.3	15	1.2	5.3	9	1
6	6.6	12	1.6	6.4	12	1.6	6.4	12	1.6	6.6	22	2	6.4	18	1.6	6.4	11	1.6
8	9	16	1.6	8.4	16	1.6	8.4	16	1.6	9	28	3	8.4	24	2	8.4	15	1.6
10	11	20	2	10.5	20	2	10.5	20	2	11	34	3	10.5	30	2.5	10.5	18	1.6
12	13.5	24	2.5	13	24	2.5	13	24	2.5	13.5	44	4	13	37	3	13	20	2
14	15.5	28	2.5	15	28	2.5	15	28	2.5	15.5	50	4	15	44	3	15	24	2.5
16	17.5	30	3	17	30	3	17	30	3	17.5	56	5	17	50	3	17	28	2.5
20	22	37	3	21	37	3	21	37	3	22	72	6	22	60	4	22	34	3
24	26	44	4	25	44	4	25	44	4	26	85	6	26	72	5	26	39	4
30	33	56	4	31	56	4	31	56	4	33	105	6	33	92	6	33	50	4
36	39	66	5	37	66	5	37	66	5	39	125	8	36	110	8	36	60	5

备注:(1)A 级、C 级为产品等级:A 级适用于精装配系列,C 级适用于中等装配系列,C 级垫圈没有 Ra3.2 和去毛刺的要求。

(2) GB/T 848—2002 主要用于带圆柱头螺钉,用于标准六角螺栓、螺钉和螺母。

2. 标准弹簧垫圈(GB/T 93—1987)、轻型弹簧垫圈(GB/T 859—1987)、重型弹簧垫圈(GB/T 7244—1987)

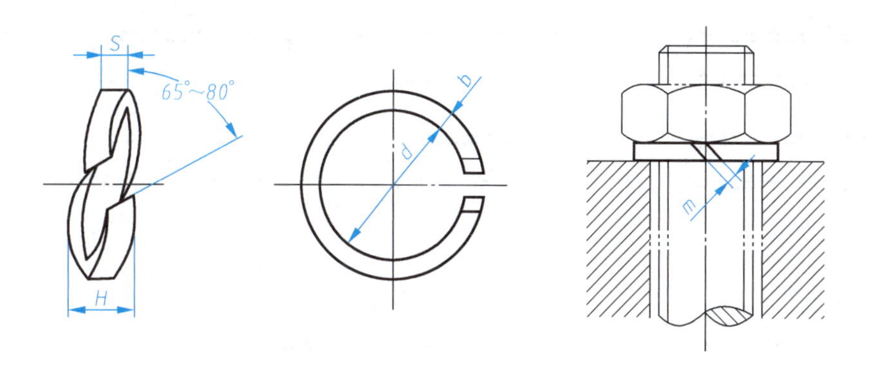

标记示例:垫圈 GB/T 93—1987 16

表示规格 16 mm,材料为 65Mn,表面氧化的标准型弹簧垫圈。

mm

规格(螺纹大径)	d min	GB/T 93—1987				GB/T 859—1987				GB/T 7244—1987			
		S 公称	b 公称	H max	m ≤	S 公称	b 公称	H max	m ≤	S 公称	b 公称	H max	m ≤
2	2.1	0.5	0.5	1.25	0.25	—	—	—	—	—	—	—	—
2.5	2.6	0.65	0.65	1.63	0.33	—	—	—	—	—	—	—	—
3	3.1	0.8	0.8	2	0.4	0.6	1	1.5	0.3	—	—	—	—
4	4.1	1.1	1.1	2.75	0.55	0.8	1.2	2	0.4	—	—	—	—
5	5.1	1.3	1.3	3.25	0.65	1.1	1.5	2.75	0.55	—	—	—	—
6	6.1	1.6	1.6	4	0.8	1.3	2	3.25	0.65	1.8	2.6	4.5	0.9
8	8.1	2.1	2.1	5.25	1.05	1.6	2.5	4	0.8	2.4	3.2	6	1.2
10	10.2	2.6	2.6	6.5	1.3	2	3	5	1	3	3.8	7.5	1.5
12	12.2	3.1	3.1	7.75	1.55	2.5	3.5	6.25	1.25	3.5	4.3	8.75	1.75
16	16.2	4.1	4.1	10.25	2.05	3.2	4.5	8	1.6	4.8	5.3	12	2.4
20	20.2	5	5	12.5	2.5	4	5.5	10	2	6	6.4	15	3
24	24.5	6	6	15	3	5	7	12.25	2.5	7.1	7.5	17.75	3.55
30	30.5	7.5	7.5	18.75	3.75	6	9	15	3	9	9.3	22.5	4.5
36	36.5	9	9	22.5	4.5	—	—	—	—	10.8	11.1	27	5.4
42	42.5	10.5	10.5	26.25	5.25	—	—	—	—	—	—	—	—
48	48.5	12	12	30	6	—	—	—	—	—	—	—	—

备注:m 应大于零。

附录 J 普通型平键(GB/T 1096—2003)

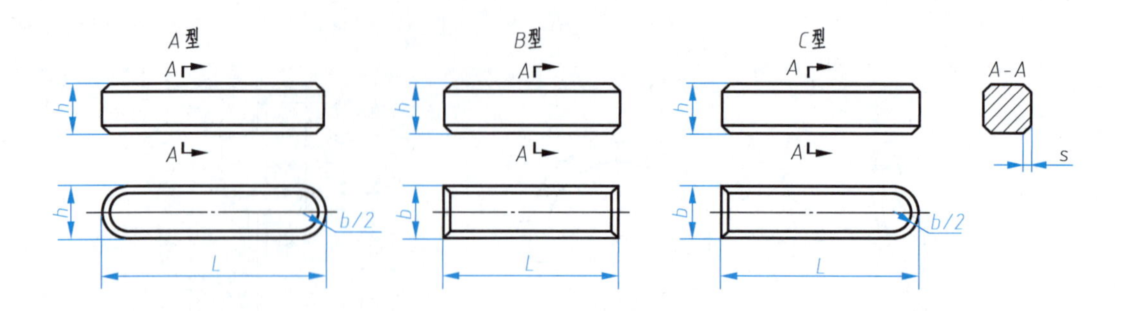

标记示例:

GB/T 1096—2003 键 16×10×100 表示圆头普通平键(A 型)$b=16$ mm,$h=10$ mm,$L=100$ mm

GB/T 1096—2003 键 B16×10×100 表示平头普通平键(B 型)$b=16$ mm,$h=10$ mm,$L=100$ mm

GB/T 1096—2003 键 C16×10×100 表示单圆头普通平键(C 型)$b=16$ mm,$h=10$ mm,$L=100$ mm

mm

b	公称尺寸	2	3	4	5	6	8	10	12	14	16
	偏差 h9	0 -0.025		0 -0.030			0 -0.036		0 -0.043		
h	公称尺寸	2	3	4	5	6	7	8	8	9	10
	偏差 h11	0 -0.06		0 -0.075			0 -0.090				
S		0.16~0.25			0.25~0.40			0.40~0.60			
L		6~20	6~36	8~45	10~56	14~70	18~90	22~110	28~140	36~160	45~180
b	公称尺寸	18	20	22	25	28	32	36	40	45	50
	偏差 h9	0 -0.043	0 -0.052				0 -0.062				
h	公称尺寸	11	12	14	14	16	18	20	22	25	28
	偏差 h9	0 -0.110						0 -0.130			
S		0.40~0.60	0.60~0.80					1.0~1.2			
L		50~ 200	56~ 220	63~ 250	70~ 280	80~ 320	90~ 360	100~ 400	100~ 400	110~ 450	125~ 500
L 系列:6、8、10、12、14、16、18、20、22、25、28、32、36、40、45、50、56、63、70、80、90、100、110、125 等											

附录 K　平键和键槽的断面尺寸(GB/T 1095—2003)

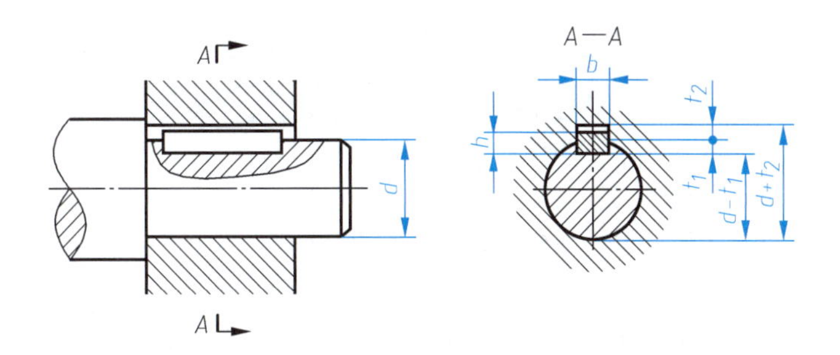

mm

轴	键	键槽											
		宽度 b						深度				半径 r	
		公称尺寸	极限偏差					轴 t_1		毂 t_2			
			较松键联结		一般键联结		较紧键联结						
公称直径 d	公称尺寸 $b×h$		轴 H9	毂 D10	轴 N9	毂 JS9	轴和毂 P9	公称尺寸	极限偏差	公称尺寸	极限偏差	最小	最大
自 6~8	2×2	2	+0.025 0	+0.060 +0.020	-0.004 -0.029	±0.0125	-0.006 -0.031	1.2	+0.1 0	1	+0.1 0	0.08	0.16
<8~10	3×3	3						1.8		1.4			
<10~12	4×4	4	+0.030 0	+0.078 +0.030	0 -0.030	±0.015	-0.012 -0.042	2.5		1.8			
<12~17	5×5	5						3.0		2.3		0.16	0.20
<17~22	6×6	6						3.5		2.8			
<22~30	8×7	8	+0.036 0	+0.098 +0.040	0 -0.036	±0.018	-0.015 -0.051	4.0	+0.2 0	3.3	+0.2 0		
<30~38	10×8	10						5.0		3.3		0.25	0.40
<38~44	12×8	12	+0.043 0	+0.120 +0.050	0 -0.043	±0.0115	-0.018 -0.061	5.5		3.3			
<44~50	14×9	14						5.5		3.8			
<50~58	16×10	16						6.0		4.3		0.40	0.60
<58~65	18×11	18						7.0		4.4			
<65~75	20×12	20	+0.052 0	+0.149 +0.065	0 -0.052	±0.026	-0.022 -0.074	7.5		4.9			
<75~85	22×14	22						9.0		5.4			
<85~95	25×14	25						9.0		5.4			
<95~110	28×16	28						10.0		6.4		0.06	1.0
<110~130	32×18	32	+0.062 0	+0.180 +0.080	0 -0.067	±0.031		11.0		7.4			
<130~150	36×20	36						12.0	+0.3 0	8.4	+0.3 0		
<150~170	40×22	40						13.0		9.4			
<170~200	45×25	45						15.0		10.4			
<200~230	50×28	50						17.0		11.4			

备注:①在工作图中,轴槽深用 t_1 或($d-t_1$)标注,轮毂槽深用($d+t_2$)标注。

②键的材料常用 45 钢。

③键槽的极限偏差按轴(t_1)和轮毂(t_2)的极限偏差选取,但轴槽深($d-t_1$)的极限偏差值应取负号。

附录 L　圆柱销（GB/T 119.1—2000）

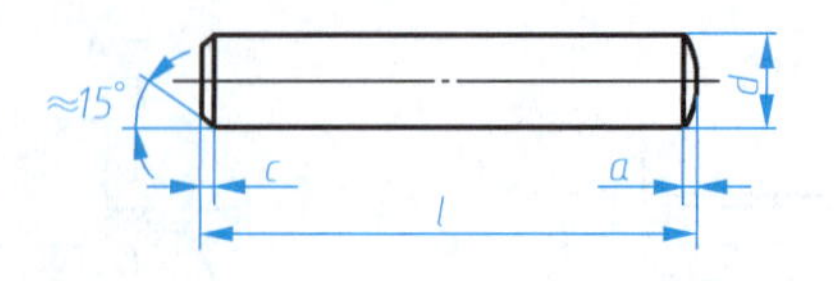

标记示例：销 GB/T 119.1—2000　8×30

表示公称直径 d=8mm，长度 l=30 mm，材料为钢，不经表面处理的圆柱销。

mm

d（公称直径）	0.6	0.8	1	1.2	1.5	2	2.5	3	4	5
c	0.12	0.16	0.20	0.25	0.30	0.35	0.40	0.50	0.63	0.80
L（商品规格范围公称长度）	2~6	2~8	4~10	4~12	4~16	6~20	6~24	8~30	8~40	10~50
d（公称直径）	6	8	10	12	16	20	25	30	40	50
c	1.2	1.6	2.0	2.5	3.0	3.5	4.0	5.0	6.3	8.0
L（商品规格范围公称长度）	12~60	14~80	18~95	22~140	26~180	35~200	50~200	60~200	80~200	95~200
l 系列	2、3、4、5、6、8、10、12、14、16、18、20、22、24、26、28、30、32、35、40、45、50、55、60、65、70、75、80、85、90、95、100、120、140、160、180、200									

附录 M　圆锥销（GB/T 117—2000）

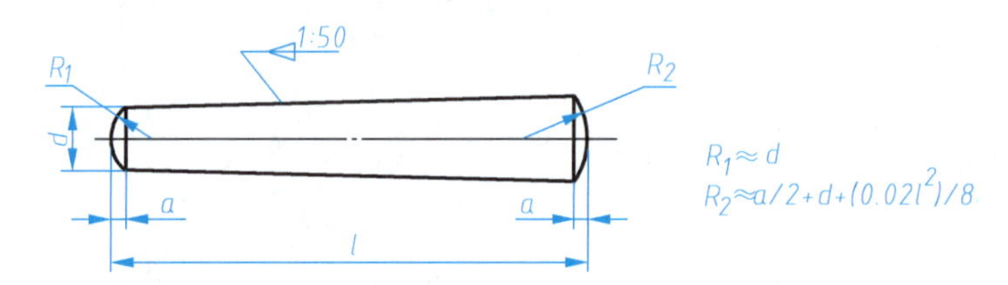

标记示例：销　GB/T 117—2000　10×70

表示公称直径 d=10 mm，长度 l=70 mm，材料为 35 钢，热处理硬度 28~38HRC，表面氧化处理的圆锥销。

mm

d（公称直径）	0.6	0.8	1	1.2	1.5	2	2.5	3	4	5
a	0.08	0.1	0.12	0.16	0.2	0.25	0.3	0.4	0.5	0.63
L（商品规格范围公称长度）	4~8	5~12	6~16	6~20	8~24	10~35	10~35	12~45	14~55	18~60
d（公称直径）	6	8	10	12	16	20	25	30	40	50
a	0.8	1	1.2	1.6	2	2.5	3	4	5	6.3
L（商品规格范围公称长度）	12~60	14~80	18~95	22~140	26~180	35~200	50~200	60~200	80~200	95~200
l 系列	2、3、4、5、6、8、10、12、14、16、18、20、22、24、26、28、30、32、35、40、45、50、55、60、65、70、75、80、85、90、95、100、120、140、160、180、200									

附录 N　开口销(GB/T 91—2000)

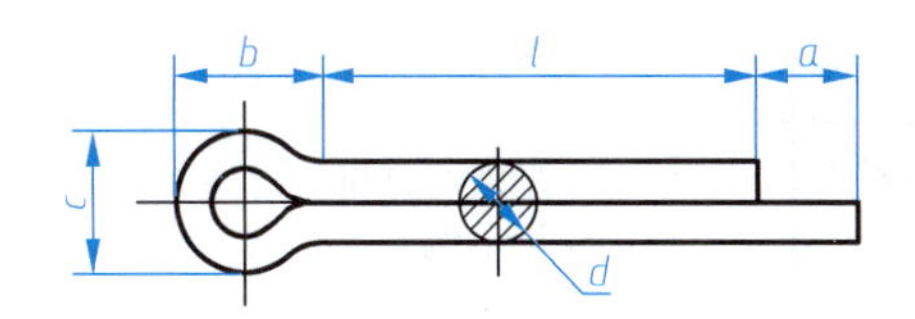

标记示例:销 GB/T 91—2000　8×30

表示公称直径 $d=8$ mm,长度 $l=30$ mm 的开口销

mm

公称规格		0.6	0.8	1	1.2	1.6	2	2.5	3.2	4	5	6.3	8	10	12
d	min	0.4	0.6	0.8	0.9	1.3	1.7	2.1	2.7	3.5	4.4	5.7	7.3	9.3	11.1
	max	0.5	0.7	0.9	1	1.4	1.8	2.3	2.9	3.7	4.6	5.9	7.5	9.5	11.4
c	max	1	1.4	1.8	2	2.8	3.6	4.6	5.8	7.4	9.2	11.8	15	19	24.8
	min	0.9	1.2	1.6	1.7	2.4	3.2	4	5.1	6.5	8	10.3	13.1	16.6	21.7
b		2	2.4	3	3	3.2	4	5	6.4	8	10	12.6	16	20	26
a	max	1.6			2.5				3.2	4				6.3	

备注:①销孔的公称直径等于 d 公称。

②$a_{min}=1/2a_{max}$。

附录O 深沟球轴承（GB/T 276—2013）

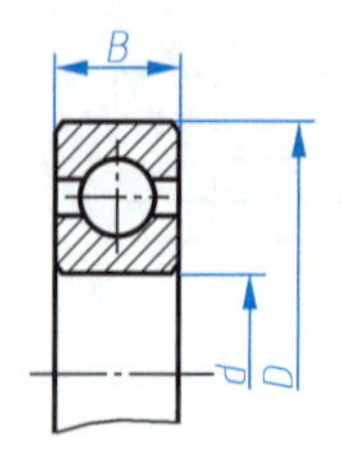

类型代号：6000型
标记示例：
滚动轴承 6208 GB/T 276—2013

轴承型号	尺寸/mm		
	d	D	B
尺寸系列代号01			
606	6	17	6
607	7	19	6
608	8	22	7
609	9	24	7
6000	10	26	8
6001	12	28	8
6002	15	32	9
6003	17	35	10
6004	20	42	12
6005	25	47	12
6006	30	55	13
6007	35	62	14
6008	40	68	15
6009	45	75	16
6010	50	80	16
6011	55	90	18
6012	60	95	18
尺寸系列代号02			
623	3	10	4
624	4	13	5
625	5	16	5
626	6	19	6
627	7	22	7
628	8	24	8
629	9	26	8
6200	10	30	9
6201	12	32	10
6202	15	35	11
6203	17	40	12
6204	20	47	14
6205	25	52	15
6206	30	62	16
6207	35	72	17

轴承型号	尺寸/mm		
	d	D	B
尺寸系列代号03			
634	4	16	5
635	5	19	6
6300	10	35	11
6301	12	37	12
6302	15	42	13
6303	17	47	14
6304	20	52	15
6305	25	62	17
6306	30	72	19
6307	35	80	21
6308	40	90	23
6309	45	100	25
6310	50	110	27
6311	55	120	29
6312	60	130	31
尺寸系列代号04			
6403	17	62	17
6404	20	72	19
6405	25	80	21
6406	30	90	23
6407	35	100	25
6408	40	110	27
6409	45	120	29
6410	50	130	31
6411	55	140	33
6412	60	150	35
6413	65	160	37
6414	70	180	42
6415	75	190	45
6416	80	200	48
6417	85	210	52
6418	90	225	54
6419	95	240	55

附录 P 圆锥滚子轴承(GB/T 297—2015)

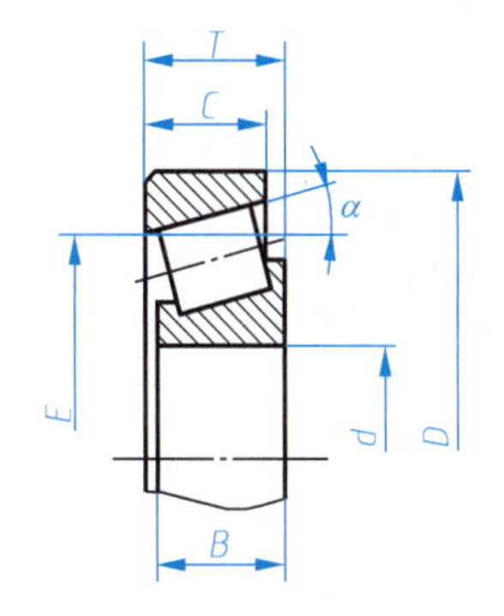

类型代号:30000型

标记示例:

滚动轴承 31208/297—2015

轴承型号	尺寸/mm						
	d	*D*	*T*	*B*	*C*	*E*≈	*α*≈
尺寸系列代号 02							
30204	20	47	15.25	14	12	37.3	11.2
30205	25	52	16.25	15	13	41.1	12.6
30206	30	62	17.25	16	14	49.9	13.8
30207	35	72	18.25	17	15	58.8	15.3
30208	40	80	19.75	18	16	65.7	16.9
30209	45	85	20.75	19	16	70.4	18.6
30210	50	90	21.75	20	17	75	20
30211	55	100	22.75	21	18	84.1	21
30212	60	110	23.75	22	19	91.8	22.4
30213	65	120	24.75	23	20	101.9	24
30214	70	125	26.25	24	21	105.7	25.9
30215	75	130	27.25	25	22	110.4	27.4
30216	80	140	28.25	26	22	119.1	28
30217	85	150	30.5	28	24	126.6	29.9
30218	90	160	32.5	30	26	134.9	32.4
30219	95	170	34.5	32	27	143.3	35.1
30220	100	180	37	34	29	151.3	36.5
尺寸系列代号 03							
30307	35	80	22.75	21	18	65.7	17
30308	40	90	25.25	23	20	72.7	19.5
30309	45	100	27.75	25	22	81.7	21.5
30310	50	110	29.25	27	23	90.6	23
30311	55	120	31.5	29	25	99.1	25
30312	60	130	33.5	31	26	107.1	26.5
30313	65	140	36	33	28	116.8	29
30314	70	150	38	35	30	125.2	30.6
30315	75	160	40	37	31	134	32
30316	80	170	42.5	39	33	143.1	34
30317	85	180	44.5	41	34	150.4	36
30318	90	190	46.5	43	36	159	37.5
30319	95	200	49.5	45	38	165.8	40
30320	100	215	51.5	47	39	178.5	42

轴承型号	尺寸/mm						
	d	*D*	*T*	*B*	*C*	*E*≈	*a*≈
尺寸系列代号 22							
32206	30	62	21.5	20	17	48.9	15.4
32207	35	72	24.25	23	19	57	17.6
32208	40	80	24.75	23	19	64.7	19
32209	45	85	24.75	23	19	69.6	20
32210	50	90	24.75	23	19	74.2	21
32211	55	100	26.75	25	21	82.8	22.5
32212	60	110	29.75	28	24	90.2	24.9
32213	65	120	32.75	31	27	99.4	27.2
32214	70	125	33.25	31	27	103.7	28.6
32215	75	130	33.25	31	27	108.9	30.2
32216	80	140	35.25	33	28	117.4	31.3
32217	85	150	38.5	36	30	124.9	34
32218	90	160	42.5	40	34	132.6	36.7
32219	95	170	45.5	43	37	140.2	39
32220	100	180	49	46	39	148.1	41.8
尺寸系列代号 23							
32304	20	52	22.25	21	18	39.5	13.4
32305	25	62	25.25	24	20	48.6	15.5
32306	30	72	28.75	27	23	55.7	18.8
32307	35	80	32.75	31	25	62.8	20.5
32308	40	90	35.25	33	27	99.2	23.4
32309	45	100	38.25	36	30	78.3	25.6
32310	50	110	42.25	40	33	86.2	28
32311	55	120	45.5	43	35	94.3	30.6
32312	60	130	48.5	46	37	102.9	32
32313	65	140	51	48	39	111.7	34
32314	70	150	54	51	42	119.7	36.5
32315	75	160	58	55	45	127.8	39
32316	80	170	61.5	58	48	136.5	42
32317	85	180	63.5	60	49	144.2	43.6
32318	90	190	67.5	64	53	151.7	46
32319	95	200	71.5	67	55	160.3	49
32320	100	215	77.5	73	60	171.6	53

附录Q　推力球轴承(GB/T 301—2015)

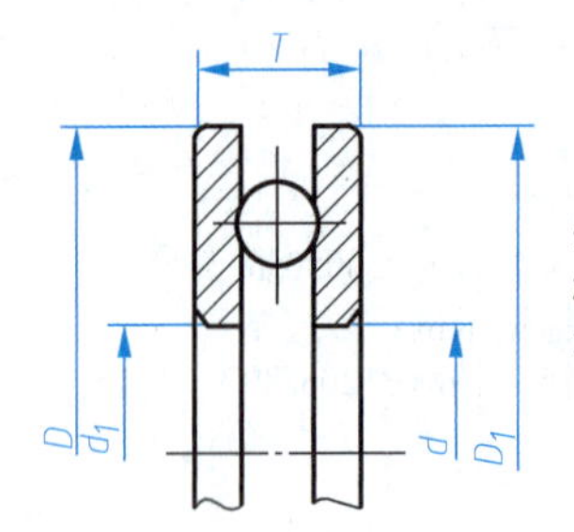

类型代号:50000型
标记示例:
滚动轴承51208 GB/T 301—2015

轴承型号	尺寸/mm				
	d	D	T	d_1	D_1
	尺寸系列代号 11				
51100	10	24	9	11	24
51101	12	26	9	13	26
51102	15	28	9	16	28
51103	17	30	9	18	30
51104	20	35	10	21	35
51105	25	42	11	26	42
51106	30	47	11	32	47
51107	35	52	12	37	52
51108	40	60	13	42	60
51109	45	65	14	47	65
51110	50	70	14	52	70
51111	55	78	16	57	78
51112	60	85	17	62	85
51113	65	90	18	67	90
51114	70	95	18	72	95
51115	75	100	19	77	100
51116	80	105	19	82	105
51117	85	110	19	87	110
51118	90	120	22	92	120
51120	100	135	25	102	135
尺寸系列代号 12					
51200	10	26	11	12	26
51201	12	28	11	14	28
51202	15	32	12	17	32
51203	17	35	12	19	35
51204	20	40	14	22	40
51205	25	47	15	27	47
51206	30	52	16	32	52
51207	35	62	18	37	62
51208	40	68	19	42	68
51209	45	73	20	47	73
51210	50	78	22	52	78

轴承型号	尺寸/mm				
	d	D	T	d_1	D_1
	尺寸系列代号 12				
51211	55	90	25	57	90
51212	60	95	26	62	95
51213	65	100	27	67	100
51214	70	105	27	72	105
51215	75	110	27	77	110
51216	80	115	28	82	115
51217	85	125	31	88	125
51218	90	135	35	93	135
51220	100	150	38	103	150
尺寸系列代号 13					
51304	20	47	18	22	47
51305	25	52	18	27	52
51306	30	60	21	32	60
51307	35	68	24	37	68
51308	40	78	26	42	78
51309	45	85	28	47	85
51310	50	95	31	52	95
51311	55	105	35	57	105
51312	60	110	35	62	110
51313	65	115	36	67	115
51314	70	125	40	72	125
尺寸系列代号 14					
51407	35	80	32	37	80
51408	40	90	36	42	90
51409	45	100	39	47	100
51410	50	110	43	52	110
51411	55	120	48	57	120
51412	60	130	51	62	130
51413	65	140	56	68	140
51414	70	150	60	73	150
51415	75	160	65	78	160
51416	80	170	68	83	170

附录 R 轴的极限偏差(摘录 GB/T 1800.2—2020)

公称尺寸/mm		常用公差带/μm												
		a	b		c			d				e		
大于	至	11	11	12	9	10	11	8	9	10	11	7	8	9
—	3	-270 -330	-140 -200	-140 -240	-60 -85	-60 -100	-60 -120	-20 -34	-20 -45	-20 -60	-20 -80	-14 -24	-14 -28	-14 -39
3	6	-270 -345	-140 -215	-140 -260	-70 -100	-70 -118	-70 -145	-30 -48	-30 -60	-30 -78	-30 -105	-20 -32	-20 -38	-20 -50
6	10	-280 -370	-150 -240	-150 -300	-80 -116	-80 -138	-80 -170	-40 -62	-40 -76	-40 -98	-40 -130	-25 -40	-25 -47	-25 -61
10	14	-290 -400	-150 -260	-150 -330	-95 -165	-95 -165	-95 -205	-50 -77	-50 -93	-50 -120	-50 -160	-32 -50	-32 -59	-32 -75
14	18													
18	24	-300 -430	-160 -290	-160 -370	-110 -162	-110 -194	-110 -240	-65 -98	-65 -117	-65 -149	-65 -195	-40 -61	-40 -73	-40 -92
24	30													
30	40	-310 -470	-170 -330	-170 -420	-120 -182	-120 -220	-120 -280	-80 -119	-80 -142	-80 -180	-80 -240	-50 -75	-50 -89	-50 -112
40	50	-320 -480	-180 -340	-180 -430	-130 -192	-130 -230	-130 -290							
50	65	-340 -530	-190 -380	-190 -490	-140 -214	-140 -260	-140 -330	-100 -146	-100 -174	-100 -220	-100 -290	-60 -90	-60 -106	-60 -134
65	80	-360 -550	-200 -390	-200 -500	-150 -224	-150 -270	-150 -340							
80	100	-380 -600	-220 -440	-220 -570	-170 -257	-170 -310	-170 -399	-120 -174	-120 -207	-120 -260	-120 -340	-72 -107	-72 -126	-72 -159
100	120	-410 -630	-240 -460	-240 -590	-180 -267	-180 -320	-180 -400							
120	140	-520 -710	-260 -510	-260 -660	-200 -300	-200 -360	-200 -450	-145 -208	-145 -245	-145 -305	-145 -395	-85 -125	-85 -148	-85 -185
140	160	-460 -770	-280 -530	-280 -680	-210 -310	-210 -370	-210 -460							
160	180	-580 -830	-310 -560	-310 -710	-230 -330	-230 -390	-230 -480							
180	200	-660 -950	-340 -630	-340 -800	-240 -355	-240 -425	-240 -530	-170 -242	-170 -285	-170 -355	-170 -460	-100 -146	-100 -172	-100 -215
200	225	-740 -1 030	-380 -670	-380 -840	-260 -375	-260 -445	-260 -550							
225	250	-820 -1 110	-420 -710	-420 -880	-280 -395	-280 -465	-280 -570							
250	280	-920 -1 240	-480 -800	-480 -1000	-300 -430	-300 -510	-300 -620	-190 -271	-190 -320	-190 -400	-190 -510	-110 -162	-110 -191	-110 -240
280	315	-1 050 -1 370	-540 -860	-540 -1 060	-330 -460	-330 -540	-330 -650							
315	355	-1 200 -1 560	-600 -960	-800 -1 170	-360 -500	-360 -590	-360 -720	-210 -299	-210 -350	-210 -440	-210 -570	-125 -182	-125 -214	-125 -265
355	400	-1 350 -1 710	-680 -1 040	-680 -1 250	-400 -540	-400 -630	-400 -760							

备注:公称尺寸小于 1 mm 时,各级的 *a* 和 *b* 均不采用。

续上表

公称尺寸/mm		常用公差带/μm															
		f					g			h							
大于	至	5	6	7	8	9	5	6	7	5	6	7	8	9	10	11	12
—	3	-6 -10	-6 -12	-6 -16	-6 -20	-6 -31	-2 -6	-2 -8	-2 -12	0 -4	0 -6	0 -10	0 -14	0 -25	0 -40	0 -60	0 -100
3	6	-10 -15	-10 -18	-10 -22	-10 -28	-10 -40	-4 -9	-4 -12	-4 16	0 -5	0 -8	0 -12	0 -18	0 -30	0 -48	0 -75	0 -120
6	10	-13 -19	-13 -22	-13 -28	-13 -35	-13 -49	-5 -11	-5 -14	-5 -20	0 -6	0 -9	0 -15	0 -22	0 -36	0 -58	0 -90	0 -150
10	14	-16 -24	-16 -27	-16 -34	-16 -43	-16 -59	-6 -14	-6 -17	-6 -24	0 -8	0 -11	0 -18	0 -27	0 -43	0 -70	0 -110	0 -180
14	18																
18	24	-20 -29	-20 -33	-20 -41	-20 -53	-20 -72	-7 -16	-7 -20	-7 -28	0 -9	0 -13	0 -21	0 -33	0 -52	0 -84	0 -130	0 -210
24	30																
30	40	-25 -36	-25 -41	-25 -50	-25 -64	-25 -87	-9 -20	-9 -25	-9 -34	0 -11	0 -16	0 -25	0 -39	0 -62	0 -100	0 -160	0 -250
40	50																
50	65	-30 -43	-30 -49	-30 -60	-30 -76	-30 -104	-10 -23	-10 -29	-10 -40	0 -13	0 -19	0 -30	0 -46	0 -74	0 -120	0 -190	0 -300
65	80																
80	100	-36 -51	-36 -58	-36 -71	-36 -90	-36 -123	-12 -27	-12 -34	-12 -47	0 -15	0 -22	0 -35	0 -54	0 -87	0 -140	0 -220	0 -350
100	120																
120	140	-43 -61	-43 -68	-43 -83	-43 -106	-43 -143	-14 -32	-14 -39	-14 -54	0 -18	0 -25	0 -40	0 -63	0 -100	0 -160	0 -250	0 -400
140	160																
160	180																
180	200	-50 -70	-50 -79	-50 -96	-50 -122	-50 -165	-15 -35	-15 -44	-15 -61	0 -20	0 -29	0 -46	0 -72	0 -115	0 -185	0 -290	0 -460
200	225																
225	250																
250	280	-56 -79	-56 -88	-56 -108	-56 -137	-56 -186	-17 -40	-17 -49	-17 -69	0 -23	0 -32	0 -52	0 -81	0 -130	0 -210	0 -320	0 -520
280	315																
315	355	-62 -87	-62 -98	-62 -119	-62 -151	-62 -202	-18 -43	-18 -54	-18 -75	0 -25	0 -36	0 -57	0 -89	0 -140	0 -230	0 -360	0 -570
355	400																

续上表

公称尺寸/mm		常用公差带/μm														
		js			k			m			n			p		
大于	至	5	6	7	5	6	7	5	6	7	5	6	7	5	6	7
—	3	±2	±3	±5	+4 0	+6 0	+10 0	+6 +2	+8 +2	+12 +2	+8 +4	+10 +4	+14 +4	+10 +6	+12 +6	+16 +6
3	6	±2.5	±4	±6	+6 +1	+9 +1	+13 +1	+9 +4	+12 +4	+16 +4	+13 +8	+16 +8	+20 +8	+17 +12	+20 +12	+24 +12
6	10	±3	±4.5	±7	+7 +1	+10 +1	+16 +1	+12 +6	+15 +6	+21 +6	+16 +10	+19 +10	+25 +10	+21 +15	+24 +15	+30 +15
10	14	±4	±5.5	±9	+9 +1	+12 +1	+19 +1	+15 +7	+18 +7	+25 +7	+20 +12	+23 +12	+30 +12	+26 +18	+29 +18	+38 +18
14	18															
18	24	±4.5	±6.5	±10	+11 +2	+15 +2	+23 +2	+17 +8	+21 +8	+29 +8	+24 +15	+28 +15	+36 +15	+31 +22	+35 +22	+43 +22
24	30															
30	40	±5.5	±8	±12	+13 +2	+18 +2	+27 +2	+20 +9	+25 +9	+34 +9	+28 +17	+33 +17	+42 +17	+37 +26	+42 +26	+51 +26
40	50															
50	65	±6.5	±9.5	±15	+15 +2	+21 +2	+32 +2	+24 +11	+30 +11	+41 +11	+33 +20	+39 +20	+50 +20	+45 +32	+51 +32	+62 +32
65	80															
80	100	±7.5	±11	±17	+18 +3	+25 +3	+38 +3	+28 +13	+35 +13	+48 +13	+38 +23	+45 +23	+58 +23	+52 +37	+59 +37	+72 +37
100	120															
120	140	±9	±12.5	±20	+21 +3	+28 +3	+43 +3	+33 +15	+40 +15	+55 +15	+45 +27	+52 +27	+67 +27	+61 +43	+68 +43	+83 +43
140	160															
160	180															
180	200	±10	±14.5	±23	+24 +4	+33 +4	+50 +4	+37 +17	+46 +17	+63 +17	+51 +31	+60 +31	+77 +31	+70 +50	+79 +50	+96 +50
200	225															
225	250															
250	280	±11.5	±16	±26	+27 +4	+36 +4	+56 +4	+43 +20	+52 +20	+72 +20	+57 +34	+66 +34	+86 +34	+79 +56	+88 +56	+108 +56
280	315															
315	355	±12.5	±18	±28	+29 +4	+40 +4	+61 +4	+46 +21	+57 +21	+78 +21	+62 +37	+73 +37	+94 +37	+87 +62	+98 +62	+119 +62
355	400															

续上表

公称尺寸/mm		常用公差带/μm														
		r			s			t			u		v	x	y	z
大于	至	5	6	7	5	6	7	5	6	7	6	7	6	6	6	6
—	3	+14 +10	+16 +10	+20 +10	+18 +14	+20 +14	+24 +14	—	—	—	+24 +18	+28 +18	—	+26 +20	—	+32 +26
3	6	+20 +15	+23 +15	+27 +15	+24 +19	+27 +19	+31 +19	—	—	—	+31 +23	+35 +23	-	+36 +28	—	+43 +35
6	10	+25 +19	+28 +19	+34 +19	+29 +23	+32 +23	+38 +23	—	—	—	+37 +28	+43 +28	-	+43 +34	—	+51 +42
10	14	+31 +23	+34 +23	+41 +23	+36 +28	+39 +28	+46 +28	—	—	—	+44 +33	+51 +33	—	+51 +40	—	+61 +50
14	18							—	—	—			+50 +39	+56 +45	—	+71 +60
18	24	+37 +28	+41 +28	+49 +28	+44 +35	+48 +35	+56 +35	—	—	—	+54 +41	+62 +41	+60 +47	+67 +54	+76 +63	+86 +73
24	30							+50 +41	+54 +41	+62 +41	+61 +48	+69 +48	+68 +55	+77 +64	+88 +75	+101 +88
30	40	+45 +34	+50 +34	+59 +34	+54 +43	+59 +43	+68 +43	+59 +48	+64 +48	+73 +48	+76 +60	+85 +60	+84 +68	+96 +80	+110 +94	+128 +112
40	50							+65 +54	+70 +54	+79 +54	+86 +70	+95 +70	+97 +81	+113 +97	+130 +114	+152 +136
50	65	+54 +41	+60 +41	+71 +41	+66 +53	+72 +53	+83 +53	+79 +66	+85 +66	+96 +66	+106 +87	+117 +87	+121 +102	+141 +122	+163 +144	+191 +172
65	80	+56 +80	+62 +43	+73 +43	+72 +59	+78 +59	+89 +59	+88 +75	+94 +75	+105 +75	+121 +102	+132 +102	+139 +120	+165 +146	+193 +174	+229 +210
80	100	+66 +51	+73 +51	+86 +51	+86 +71	+93 +71	+106 +71	+106 +91	+113 +91	+126 +91	+146 +124	+159 +124	+168 +146	+200 +178	+236 +214	+280 +258
100	120	+69 +54	+76 +54	+89 +54	+94 +79	+101 +79	+114 +79	+110 +104	+126 +104	+136 +104	+166 +144	+179 +144	+194 +172	+232 +210	+276 +254	+332 +310
120	140	+81 +63	+88 +63	+103 +63	+110 +92	+117 +92	+132 +92	+140 +122	+147 +122	+162 +122	+195 +170	+210 +170	+227 +202	+273 +248	+325 +300	+390 +365
140	160	+83 +65	+90 +65	+150 +65	+118 +100	+125 +100	+140 +100	+152 +134	+159 +134	+174 +134	+215 +190	+230 +190	+253 +228	+305 +280	+365 +340	+440 +415
160	180	+86 +68	+93 +68	+108 +68	+126 +108	+133 +108	+148 +108	+164 +146	+171 +146	+186 +146	+235 +210	+250 +210	+227 +252	+335 +310	+405 +380	+490 +465
180	200	+97 +77	+106 +77	+123 +77	+142 +122	+151 +122	+168 +122	+185 +166	+195 +166	+212 +166	+265 +236	+282 +236	+313 +284	+379 +350	+454 +425	+549 +520
200	225	+100 +80	+109 +80	+126 +80	+150 +130	+159 +130	+176 +130	+200 +180	+209 +180	+226 +180	+287 +258	+304 +258	+339 +310	+414 +385	+499 +470	+604 +575
225	250	+104 +84	+113 +84	+130 +84	+160 +140	+169 +140	+186 +140	+216 +196	+225 +196	+242 +196	+313 +284	+330 +284	+369 +340	+454 +425	+549 +520	+669 +640
250	280	+117 +94	+126 +94	+146 +94	+181 +158	+290 +158	+210 +158	+241 +218	+250 +218	+270 +218	+347 +315	+367 +315	+417 +385	+507 +475	+612 +580	+742 +710
280	315	+121 +98	+130 +98	+150 +98	+193 +170	+202 +170	+222 +170	+263 +240	+272 +240	+292 +240	+382 +350	+402 +350	+457 +425	+557 +525	+682 +650	+822 +790
315	355	+133 +108	+144 +108	+165 +108	+215 +190	+226 +190	+247 +190	+293 +268	+304 +268	+325 +268	+426 +390	+447 +290	+511 +475	+626 +590	+766 +730	+936 +900
355	400	+139 +114	+150 +114	+171 +114	+233 +208	+244 +208	+265 +208	+319 +294	+330 +294	+351 +294	+471 +435	+492 +435	+566 +530	+696 +660	+856 +820	+1 036 +1 000

附录 S　孔的极限偏差（摘录 GB/T 1800.2—2020）

公称尺寸/mm		常用公差带/μm													
		A	B		C	D				E		F			
大于	至	11	11	12	11	8	9	10	11	8	9	6	7	8	9
—	3	+330 +270	+200 +140	+240 +140	+120 +60	+34 +20	+45 +20	+60 +20	+80 +20	+28 +14	+39 +14	+12 +6	+16 +6	+20 +6	+31 +6
3	6	+345 +270	+215 +140	+260 +140	+145 +70	+48 +30	+60 +30	+78 +30	+105 +30	+38 +20	+50 +20	+18 +10	+22 +10	+28 +10	+40 +10
6	10	+370 +280	+240 +150	+300 +150	+170 +80	+62 +40	+76 +40	+98 +40	+170 +40	+47 +25	+61 +25	+22 +13	+28 +13	+35 +13	+49 +13
10	14	+400 +290	+260 +150	+330 +150	+205 +95	+77 +50	+93 +50	+120 +50	+160 +50	+59 +32	+75 +32	+27 +16	+34 +16	+43 +16	+59 +16
14	18														
18	24	+430 +300	+290 +160	+370 +160	+240 +110	+98 +65	+117 +65	+149 +65	+195 +65	+73 +40	+92 +40	+33 +20	+41 +20	+53 +20	+72 +20
24	30														
30	40	+470 +310	+330 +170	+420 +170	+280 +120	+119 +80	+142 +80	+180 +80	+240 +80	+89 +50	+112 +50	+41 +25	+50 +25	+64 +25	+87 +25
40	50	+480 +320	+340 +180	+430 +180	+290 +130										
50	65	+530 +340	+389 +190	+490 +190	+330 +140	+146 +100	+170 +100	+220 +100	+290 +100	+106 +60	+134 +80	+49 +30	+60 +30	+76 +30	+104 +30
65	80	+550 +360	+330 +200	+500 +200	+340 +150										
80	100	+600 +380	+440 +220	+570 +220	+390 +170	+174 +120	+207 +120	+260 +120	+340 +120	+126 +72	+159 +72	+58 +36	+71 +36	+90 +36	+123 +36
100	120	+630 +410	+460 +240	+590 +240	+400 +180										
120	140	+710 +460	+510 +260	+660 +260	+450 +200	+208 +145	+245 +145	+305 +145	+395 +145	+148 +85	+185 +85	+68 +43	+83 +43	+106 +43	+143 +43
140	160	+770 +520	+530 +280	+680 +280	+460 +210										
160	180	+830 +580	+560 +310	+710 +310	+480 +230										
180	200	+950 +660	+630 +340	+800 +340	+530 +240	+240 +170	+285 +170	+355 +170	+460 +170	+172 +100	+215 +100	+79 +50	+96 +50	+122 +50	+165 +50
200	225	+1 030 +740	+670 +380	+840 +380	+550 +260										
225	250	+1 110 +820	+710 +420	+880 +420	+570 +280										
250	280	+1 240 +920	+800 +480	+1 000 +480	+620 +300	+271 +190	+320 190	+400 +190	+510 +190	+191 +110	+240 +110	+88 +56	+108 +56	+137 +56	+186 +56
280	315	+1 370 +1 050	+860 +540	+1 060 +540	+650 +330										
315	355	+1 560 +1 200	+960 +600	+1 170 +600	+720 +360	+299 +210	+350 +210	+440 +210	+570 +210	+214 +125	+265 +125	+98 +62	+119 +62	+151 +62	+202 +62
355	400	+1 710 +1 350	+1 040 +680	+1 250 +680	+760 +400										

备注：公称尺寸小于 1 mm 时，各级的 A 和 B 均不采用。

续上表

公称尺寸/mm		常用公差带/μm														
		G		H							JS			K		
大于	至	6	7	6	7	8	9	10	11	12	6	7	8	6	7	8
—	3	+8 +2	+12 +2	+6 0	+10 0	+14 0	+25 0	+40 0	+60 0	+100 0	±3	±5	±7	0 −6	0 −10	0 −11
3	6	+12 +4	+16 +4	+8 0	+12 0	+18 0	+30 0	+48 0	+75 0	+120 0	±4	±6	±9	+2 −6	+3 −9	+5 −13
6	10	+14 +5	+20 +5	+9 0	+15 0	+22 0	+36 0	+58 0	+90 0	+150 0	±4.5	±7	±11	+2 −7	+5 −10	+6 −16
10	14	+17 +6	+24 +6	+11 0	+18 0	+27 0	+43 0	+70 0	+110 0	+180 0	±5.5	±9	±13	+2 −9	+6 −12	+8 −19
14	18															
18	24	+20 +7	+28 +7	+13 0	+21 0	+33 0	+52 0	+84 0	+130 0	+210 0	±6.5	±10	±16	+2 −11	+6 −15	+10 −22
24	30															
30	40	+25 +9	+34 +9	+16 0	+25 0	+39 0	+62 0	+100 0	+160 0	+250 0	±8	±12	±19	+3 −13	+7 −18	+12 −27
40	50															
50	65	+29 +10	+40 +10	+19 0	+30 0	+46 0	+74 0	+120 0	+190 0	+300 0	±9.5	±15	±23	+4 −15	+9 −21	+14 −32
65	80															
80	100	+34 +12	+47 +12	+22 0	+35 0	+54 0	+87 0	+140 0	+220 0	+350 0	±11	±17	±27	+4 −18	+10 −25	+16 −33
100	120															
120	140	+39 +14	+54 +14	+25 0	+40 0	+63 0	+100 0	+160 0	+250 0	+400 0	±12.5	±20	±31	+4 −21	+12 −28	+20 −43
140	160															
160	180															
180	200	+44 +15	+61 +15	+29 0	+46 0	+72 0	+115 0	+185 0	+290 0	+460 0	±14.5	±23	±36	+5 −24	+13 −33	+22 −50
200	225															
225	250															
250	280	+49 +17	+69 +17	+32 0	+52 0	+81 0	+130 0	+210 0	+320 0	+520 0	±16	±26	±40	+5 −27	+16 −36	+25 −56
280	315															
315	355	+54 +18	+75 +18	+36 0	+57 0	+89 0	+140 0	+230 0	+360 0	+570 0	±18	±28	±44	+7 −29	+17 −40	+28 −61
355	400															

续上表

公称尺寸/mm		常用公差带/μm														
		M			N			P		R		S		T		U
大于	至	6	7	8	6	7	8	6	7	6	7	6	7	6	7	7
—	3	-2 -8	-2 -12	-2 -16	-4 -10	-4 -14	-4 -18	-6 -12	-6 -16	-10 -16	-10 -20	-14 -20	-14 -24	—	—	-18 -28
3	6	-1 -9	0 -12	+2 -16	-5 -13	-4 -16	-2 -20	-9 -17	-8 -20	-12 -20	-11 -23	-16 -24	-15 -27	— —	—	-19 -31
6	10	-3 -12	0 -15	+1 -21	-7 -16	-4 -19	-3 -25	-12 -21	-9 -24	-16 -25	-13 -28	-20 -29	-17 -32	—	—	-22 -37
10	14	-4 -15	0 -18	+2 -25	-9 -20	-5 -23	-3 -20	-15 -26	-11 -29	-20 -31	-16 -34	-25 -36	-21 -39	—	—	-26 -44
14	18															
18	24	-4 -17	0 -21	+4 -29	-11 -24	-7 -28	-3 -36	-18 -31	-14 -35	-24 -37	-20 -41	-31 -44	-27 -48	—	—	-33 -54
24	30													-37 -50	-33 -54	-40 -61
30	40	-4 -20	0 -25	+5 -34	-12 -28	-8 -33	-3 -42	-21 -37	-17 -42	-29 -45	-25 -50	-38 -54	-34 -59	-43 -59	-39 -64	-51 -76
40	50													-49 -65	-45 -70	-61 -76
50	65	-5 -24	0 -30	+5 -41	-14 -33	-9 -39	-4 -50	-26 -45	-21 -51	-35 -54	-30 -60	-47 -66	-42 -72	-60 -79	-55 -85	-86 -106
65	80									-37 -56	-32 -62	-53 -72	-48 -78	-69 -88	-64 -94	-91 -121
80	100	-6 -28	0 -35	+6 -43	-16 -38	-10 -45	-4 -58	-30 -52	-24 -59	-44 -66	-38 -73	-64 -86	-58 -93	-84 -106	-78 -113	-111 -146
100	120									-47 -69	-41 -76	-72 -94	-66 -101	-97 -119	-91 -126	-131 -166
120	140	-8 -33	0 -40	+8 -55	-20 -45	-12 -52	-4 -67	-36 -61	-28 -68	-56 -81	-48 -88	-85 -110	-77 -117	-115 -140	-107 -147	-155 -195
140	160									-58 -83	-50 -90	-93 -118	-85 -125	-137 -152	-110 -159	-175 -215
160	180									-61 -86	-53 -93	-101 -126	-93 -133	-139 -164	-131 -171	-195 -235
180	200	-8 -37	0 -46	+9 -63	-22 -51	-14 -60	-5 -77	-41 -70	-33 -79	-68 -97	-60 -106	-113 -142	-101 -155	-157 -186	-149 -195	-219 -265
200	225									-71 -100	-63 -109	-121 -150	-113 -159	-171 -200	-163 -209	-241 -287
225	250									-75 -104	-67 -113	-131 -160	-123 -169	-187 -216	-179 -225	-317 -263
250	280	-9 -41	0 -52	+9 -72	-25 -57	-14 -66	-5 -86	-47 -79	-36 -88	-85 -117	-74 -126	-149 -181	-138 -190	-209 -241	-198 -250	-295 -347
280	315									-89 -121	-78 -130	-161 -193	-150 -202	-231 -263	-220 -272	-330 -382
315	355	-10 -46	0 -57	+11 -78	-26 -62	-16 -73	-5 -94	-51 -87	-41 -98	-97 -133	-87 -144	-179 -215	-169 -226	-257 -293	-247 -304	-369 -426
355	400									-103 -139	-93 -150	-197 -233	-187 -244	-283 -319	-273 -330	-414 -471

附录 T 常用的金属材料与非金属材料

1. 非金属材料

标准编号	名　称	牌号或代号	性能及应用举例	说　明
GB/T 5574—2008	普通橡胶板	1613	中等硬度,具有较好的耐磨性和弹性,适用于制作具有耐磨、耐冲击及缓冲性能好的垫圈、密封条和垫板等	
	耐油橡胶板	3707 3807	较高硬度,较好的耐溶剂膨胀性,可在-30~+100 ℃机油、汽油等介质中工作,可制作垫圈	
FZ/T 25001—2010	工业用毛毡	T112 T122 T132	用作密封、防漏油、防震、缓冲衬垫等	毛毡厚度 1.5~2.5 mm
GB/T 7134—2008	有机玻璃	PMMA	耐酸耐碱。制造具有一定透明度和强度的零件、油杯、标牌、管道、电气绝缘件等	分为有色和无色两种
QB/T 2200-1996	软钢纸板		供汽车、拖拉机的发动机及其他工业设备上制作密封垫片	纸板厚度 0.5~3 mm
JB/ZQ 4196—2011	尼龙棒材及管材	PA	有高抗拉强度和良好冲击韧性,可耐热达 100 ℃,耐弱酸、弱碱,耐油性好,灭音性好。可以制作齿轮等机械零件	
QB/T 5257—2018	聚四氟乙烯(板、棒)	PTFE	化学稳定性好,高耐热耐寒性,自润滑好,用于耐腐蚀耐高温密封件、密封圈、填料、衬垫等	

备注:QB—轻工行业标准;JB—机械行业标准;FZ—纺织行业标准。

2. 金属材料

标准编号	名　称	牌　号	使用举例	说　明
GB/T 700—2006	普通碳素结构钢	Q215	受力不大的螺钉、凸轮、轴、焊接件等	"Q"表示普通碳素钢,符号后的数字表示材料的抗拉强度
		Q235	螺栓、螺母、拉杆、轴、连杆、钩等	
		Q255	金属构造物中的一般机件、拉杆、轴等	
		Q275	重要的螺钉、销、齿轮、连杆、轴等	
GB/T 699—2015	优质碳素结构钢	30	曲轴、轴销、连杆、横梁等	数字表示平均含碳量的万分数,含锰在 0.7%~1.2%时需注出"Mn"
		35	螺栓、键、销、曲轴、摇杆、拉杆等	
		40	齿轮、齿条、链轮、凸轮、曲柄轴等	
		45	齿轮轴、联轴器、活塞销、衬套等	
		65Mn	大尺寸的各种扁、圆弹簧。如发条等	
GB/T 1299—2014	碳素工具钢	T8 T8A	用于制造能随震动工具。如简单的模子、冲头、钻中等硬度的钻头	用"T"后附以平均含碳量的千分数表示。有 T7~T13

续上表

标准编号	名　称	牌　号	使用举例	说　明
GB/T 3077—2015	合金结构钢	15Cr	船舶主机用螺栓、活塞销、凸轮等	
		35SiMn	齿轮、轴以及 430 ℃以下的重要紧固件	
		20Mn2	小齿轮、活塞销、气门推杆、钢套等	
GB/T 11352—2009	铸钢	ZG 310-570	齿轮、机架、汽缸、联轴器等	
GB/T 9439—2010	灰铸铁	HT150	端盖、泵体、阀壳、底座、工作台等	“HT”为灰铸铁代号，后面数字表示抗拉强度
		HT200 HT350	汽缸、机体、飞轮、齿轮、齿条、阀体	
GB/T 5231—2022	普通黄铜	H62	弹簧、垫圈、螺帽、销钉、导管	“H”表示黄铜，62 表示含铜量
GB/T 1176—2013	38 黄铜	ZCuZn38	弹簧、螺钉、垫圈、散热器	“ZCu”表示铸造铜合金
GB/T 1173—2013	铸造铝合金	ZL102	支架、泵体、汽缸体	ZL102 表示含硅 10%~13%，其余为铝的铝硅合金
		ZL104	风机叶片、汽缸头	
GB/T 3190—2020	变形铝及铝合金	1060	储槽、热交换器、深冷设备	
		2A13	适用中等强度零件，焊接性能好	

附录 U　常用的热处理和表面处理名词解释

名　词		说　明	应　用
退　火		将钢件加热到临界温度以上（一般是 710~715 ℃，个别合金钢 800~900 ℃）30~50 ℃，保温一段时间，然后缓慢冷却（一般在炉中冷却）	用来消除铸、锻、焊零件的内应力，降低硬度，便于切削加工，细化金属晶粒，改善组织，增加韧性
正　火		将钢件加热到临界温度以上，保温一段时间，然后在空气中冷却，冷却速度比退火快	用来处理低碳和中碳结构钢及渗碳零件，使其组织细化，增加强度与韧性，减少内应力，改善切削性能
淬　火		将钢件加热到临界温度以上，保温一段时间，然后在水、盐水或油中（个别材料在空气中）急速冷却，使其得到高硬度	用来提高钢的硬度和强度极限。但淬火会引起内应力使钢变脆，所以淬火必须回火
回　火		回火是将淬硬的钢件加热到临界点以下的温度，保温一段时间，然后在空气中或油中冷却下来	用来消除淬火后的脆性和内应力，提高钢的塑性和冲击韧性
调　质		淬火后在 450~650 ℃进行高温回火，称为调质	用来使钢获得高的韧性和足够的强度。重要的齿轮、轴及丝杆等零件需调质处理
表面淬火	火焰淬火	用火焰或高频电流将零件表面迅速加热至临界温度以上，急速冷却	使零件表面获得高硬度，而心部保持一定的韧性，既耐磨又能承受冲击。表面淬火常用来处理齿轮等
	高频淬火		

续上表

名　词	说　明	应　用
渗碳淬火	在渗碳剂中将钢件加热到900~950 ℃,停留一定时间,将碳渗入钢表面,深度为0.5~2 mm,淬火后回火	增加钢件的耐磨性能、表面强度、抗拉强度及疲劳极限。适用于低碳、中碳(含碳量小于0.40%)结构钢的中小型零件
氮　化	氮化是在500~600 ℃通入氨的炉子内加热,向钢的表面渗入氮原子的过程。氮化层为0.025~0.8 mm,氮化时间需40~50 h	增加钢件的耐磨性能、表面硬度、疲劳极限和抗蚀能力。适用于合金钢、碳钢、铸铁件,如机床主轴、丝杆以及在潮湿碱水和燃烧气体介质的环境中工作的零件
碳氮共渗	在820~860 ℃炉内通入碳和氮,保温1~2 h,使钢件的表面同时渗入碳、氮原子,可得到0.2~0.5 mm氰化层	增加表面硬度、耐磨性、疲劳强度和耐蚀性。用于要求硬度高、耐磨的中小型及薄片零件和刀具等
固溶处理和时效	低温回火后,精加工之前,加热到100~160 ℃,保持10~40 h。对铸件也可以用天然时效(放在露天中一年以上)	使工件消除内应力和稳定形状,用于量具、精密丝杆、床身导轨、床身等
发　黑 发　蓝	将金属零件放在很浓的碱和氧化剂溶液中加热氧化,使金属表面形成一层氧化铁所组成的保护性薄膜	防腐蚀、美观。用于一般连接的标准件和其他电子类零件
硬　度	检测材料抵抗硬物压入其表面的状况。HB用于退火、正火、调质的零件;HRC用于淬火、回火及表面渗碳、渗氮等处理的零件;HV用于薄层硬化的零件	硬度代号:HB——布氏硬度 HRC——洛氏硬度 HV——维氏硬度

参 考 文 献

[1] 朱静,谢军,王国顺,等.现代机械制图[M].3版.北京:机械工业出版社,2023.
[2] 大连理工大学工程图学教研室.机械制图[M].7版.北京:高等教育出版社,2013.
[3] 许玢,李德英.SolidWorks 2018 完全自学手册[M].北京:人民邮电出版社,2019.
[4] 刘鸿莉,宋丕伟.SolidWorks 机械设计简明实用基础教程[M].2版.北京:北京理工大学出版社,2022.
[5] CAD/CAM/CAE/技术联盟.AutoCAD 2020 中文版机械设计从入门到精通[M].北京:清华大学出版社,2020.
[6] 毛昕,黄英,肖平阳,等.画法几何及机械制图[M].4版.北京:高等教育出版社,2010.
[7] 穆浩志.工程图学与 CAD 基础教程[M].2版.北京:机械工业出版社,2022.
[8] 何铭新,钱可强,徐祖茂,等.机械制图[M].7版.北京:高等教育出版社,2015.
[9] 焦永和,张彤,张昊,等.机械制图手册[M].6版.北京:机械工业出版社,2022.
[10] 全国技术产品文件标准化技术委员会,中国标准出版社第三编辑室.技术产品文件标准汇编:机械制图卷[M].2版.北京:中国标准出版社,2009.
[11] 全国技术产品文件标准化技术委员会,中国标准出版社第三编辑室.技术产品文件标准汇编:技术制图卷[M].3版.北京:中国标准出版社,2011.